EUL VERLAG

Rechnungslegung und Wirtschaftsprüfung

Herausgegeben von Prof. (em.) Dr. Dr. h. c. Jörg Baetge, Münster, Prof. Dr. Hans-Jürgen Kirsch, Münster, und Prof. Dr. Stefan Thiele, Wuppertal

Band 63
Alexander Flügel
Die Bilanzierung von Lebensversicherungsgeschäften nach IFRS – Eine Analyse unter besonderer Berücksichtigung des Asset-Liability-Managements
Lohmar – Köln 2018 • 284 S. • € 64,- (D) • ISBN 978-3-8441-0537-7

Band 64
Christoph König
Umsatzrealisierung in der Airline-Industrie nach IFRS 15 – Analyse und Konkretisierung der Vorschriften für Beförderungs- und Zusatzleistungen
Siegburg 2018 • 328 S. • € 68,- (D) • ISBN 978-3-8441-0552-0

Band 65
Philipp Dollereder
Die bilanzielle Abbildung von Leasingverhältnissen beim Leasingnehmer nach IFRS 16 – Kritische Analyse und Konkretisierung der Vorschriften zur Definition, zum Zeitraum und zur Bewertung
Siegburg 2018 • 320 S. • € 68,- (D) • ISBN 978-3-8441-0557-5

Band 66
Markus May
Die Solvabilitätspublizität von Versicherungsunternehmen nach Solvency II – Analyse und Würdigung der Berichtsvorschriften sowie inhaltliche Gestaltungsempfehlungen für ausgewählte Kapitel des Berichts über die Solvabilität und Finanzlage
Siegburg 2018 • 312 S. • € 68,- (D) • ISBN 978-3-8441-0563-6

JOSEF EUL VERLAG

Reihe: Rechnungslegung und Wirtschaftsprüfung · Band 66

Herausgegeben von Prof. (em.) Dr. Dr. h. c. Jörg Baetge, Münster, Prof. Dr. Hans-Jürgen Kirsch, Münster, und Prof. Dr. Stefan Thiele, Wuppertal

Dr. Markus May

Die Solvabilitätspublizität von Versicherungsunternehmen nach Solvency II

Analyse und Würdigung der Berichtsvorschriften sowie inhaltliche Gestaltungsempfehlungen für ausgewählte Kapitel des Berichts über die Solvabilität und Finanzlage

Mit einem Geleitwort von Prof. Dr. Dr. h. c. Jörg Baetge, Westfälische Wilhelms-Universität Münster

EUL VERLAG

Bibliografische Information der Deutschen Nationalbibliothek

Die Deutsche Nationalbibliothek verzeichnet diese Publikation in der Deutschen Nationalbibliografie; detaillierte bibliografische Daten sind im Internet über <http://dnb.d-nb.de> abrufbar.

Dissertation, Westfälische Wilhelms-Universität Münster, 2015

D 6

ISBN 978-3-8441-0563-6
1. Auflage Oktober 2018

JOSEF EUL VERLAG GmbH
Zeithstr. 356
53721 Siegburg
Tel.: 0 22 05 / 90 10 6-80
Fax: 0 22 05 / 90 10 6-88
E-Mail: info@eul-verlag.de
https://www.eul-verlag.de

Bei der Herstellung unserer Bücher möchten wir die Umwelt schonen. Dieses Buch ist daher auf säurefreiem, 100% chlorfrei gebleichtem, alterungsbeständigem Papier nach DIN 6738 gedruckt.

Geleitwort

Kunden eines Versicherungsunternehmens müssen sich darauf verlassen können, dass ihr Vertragspartner – das Versicherungsunternehmen – die vereinbarten Leistungen auch in (ferner) Zukunft erbringen kann. Dementsprechend ist der Schutz der Versicherungsnehmer und der Begünstigten von Versicherungsleistungen das erklärte Hauptziel der Versicherungsaufsicht. Die Versicherungsaufsicht wurde durch das europäische Reformprojekt „Solvency II" mit Wirkung zum 1. Januar 2016 und dem Hauptziel, diesen Schutz der Versicherungsnehmer zu erhöhen, umfassend geändert.

Als ein Instrument zur Erhöhung des Schutzes der Versicherungsnehmer wurden durch Solvency II erstmals umfassende versicherungsaufsichtsrechtliche Offenlegungspflichten eingeführt, d.h. es wurde eine branchenspezifische Unternehmenspublizitätspflicht im Versicherungsaufsichtsgesetz kodifiziert. Diese Publizitätspflicht führt dazu, dass Versicherungsunternehmen nunmehr jährlich ihren sogenannten „Solvency and Financial Condition Report" (SFCR, Bericht über die Solvabilität und Finanzlage) offenlegen müssen. Die diesbezüglichen Berichtsvorschriften sind Gegenstand dieser Arbeit.

Im Schrifttum fehlte es an einer differenzierten inhaltlichen Auseinandersetzung mit den einzelnen Berichtsgegenständen der Solvabilitätspublizität. Der Verfasser untersucht in der vorliegenden Arbeit, wie der SFCR inhaltlich zu gestalten ist, um den Anforderungen des Rechts- bzw. Regelungsgebers gerecht zu werden und die Informationsbedürfnisse der Adressaten zu erfüllen. Dazu leitet er den Berichtszweck und die berechtigten Informationsinteressen der Berichtsadressaten aus dem Regelwerk von Solvency II ab. Ferner entwickelt und spezifiziert er Grundsätze ordnungsmäßiger Solvabilitäts- und Finanzberichterstattung. Der Verfasser verfolgt das Ziel, Regelungslücken bzw. -unklarheiten (unpräzise Berichtsvorschriften) zu identifizieren und anschließend auszufüllen bzw. zu klären. Das heißt, die Vorschriften werden anhand der berechtigten Informationsinteressen der Berichtsadressaten inhaltlich (hypothetisch-normativ) konkretisiert und zweckorientiert ausgelegt. Sofern diese Untersuchungsergebnisse von den berichterstellenden Unternehmen beachtet werden, tragen diese dazu bei, den Informationsgehalt der Berichte zu erhöhen und eine zeitliche und zwischenbetriebliche Vergleichbarkeit der (berichteten) Solvabilitäts- und Finanzlage der verschiedenen Versicherungsunternehmen zu fördern. Dass eine solche Untersuchung und Zielsetzung von hoher praktischer Relevanz ist, zeigt die Resonanz des Bund der Versicherten e.V. unter der Schlagzeile „Solvenzberichte: Lebensversicherern bleibt noch viel zu tun." auf die erstmals veröffentlichen Berichte, wonach zusammengefasst wird, „dass viele Lebensversicherer noch Lernbedarf insbesondere in Sachen Transparenz haben." BaFin-Exekutivdirektor Dr. Frank Grund konstatiert: „Mit dem ersten Durchlauf des SFCR sind wir zufrieden. Das Ergebnis ist positiv. Es gibt aber natürlich noch Mängel, die abgestellt werden müssen."

Die vorliegende Untersuchung ist in sieben Abschnitte gegliedert. Im **ersten Abschnitt** werden die Problemstellung und der Gang der Untersuchung erläutert.

Im **zweiten Abschnitt** ordnet der Verfasser den SFCR in den Gesamtkontext der Regelungen von Solvency II ein. Er skizziert dazu einerseits die Zusammenhänge zwischen der Solvabilitätspublizität und den anderen Regelungsgegenständen von Solvency II. Andererseits erläutert er die diesbezüglich zu beachtenden Besonderheiten des Rechtsetzungsverfahrens und klärt den Begriff der Solvabilität. Zum besseren Verständnis der umfassenden branchenspezifischen Rechtsvorschriften stellt der Verfasser diesen Abschnitten einen über die Besonderheiten des Versicherungsgeschäfts voran, woraus die besondere Regelungsbedürftigkeit des Versicherungsgeschäfts, nämlich Versicherungsnehmer zu schützen, hervorgeht. Diese Grundlagen werden vom Verfasser sowohl im Rahmen der später folgenden Zweck- und Adressatendiskussion als auch zur Fundierung von Grundsätzen ordnungsmäßiger Solvabilitäts- und Finanzberichterstattung herangezogen.

Mit Hilfe der hermeneutischen Methode werden vom Verfasser im **dritten Abschnitt** konkrete Grundlagen zum SFCR gelegt. Insbesondere werden der Berichtszweck und die Adressaten, wobei jeweils auf die vom Gesetzgeber erhoffte Marktdisziplin verwiesen wird, diskutiert. Marktdisziplin vertraut darauf, dass Marktteilnehmer sich mit Hilfe des Berichts über die Solvabilität und Finanzlage über die Führung, die Risiken und die finanzielle Lage eines Versicherungsunternehmens informieren und solche mit schlechten diesbezüglichen Eigenschaften zu Verbesserungen drängen. Um sie zu fördern, wurden mit Solvency II die Transparenzvorschriften erhöht. Auf Basis der Agency-Theorie erarbeitet der Verfasser, dass Marktdisziplin nur funktionieren könne, wenn es Adressaten gibt, die einen Anreiz dazu haben, die vom Versicherungsunternehmen publizierten Solvabilitätsinformationen auszuwerten und bei ihren Entscheidungen zu berücksichtigen, wenn diese dazu in der Lage bzw. fähig sind und wenn deren getroffene Entscheidungen einen Rückkopplungseffekt auf das berichtende Versicherungsunternehmen im Sinne einer Disziplinierung des Management haben. Ferner werden Grundsätze ordnungsmäßiger Solvabilitäts- und Finanzberichterstattung entwickelt.

Im **vierten Abschnitt** zeigt der Verfasser die inhaltlichen Überschneidungen zwischen den Solvabilitätsberichtsvorschriften und den handelsrechtlichen Lageberichtsvorschriften und legt zugleich dar, wie diese Überschneidungen sowohl vom Gesetzgeber als auch vom Verfasser in seiner Arbeit berücksichtigt wurden.

Im **fünften Abschnitt** analysiert der Autor die einzelnen Berichtsvorschriften für die Kapitel „Geschäftstätigkeit und Geschäftsergebnisse", „Governance-System" und „Risikoprofil" des Solvabilitäts- und Finanzberichts, würdigt diese vor dem Hintergrund des Berichtszwecks und der berechtigten Informationsinteressen der Adressaten und gibt sogleich inhaltliche Gestaltungsempfehlungen. Diese gewinnt er einerseits aus den Regelungsvorgaben für die zugrunde liegenden Sachverhalte und andererseits aus den Vorgaben der handelsrechtlichen Lageberichterstattung sowie aus dem diesbezüglichen Schrifttum.

Im **sechsten Abschnitt** fasst der Autor die wichtigsten Ergebnisse der von ihm vorgelegten Arbeit zusammen. Darin regt der Verfasser an, die Berichtspflichten auf prospektive Berichtsgegenstände auszudehnen, welche nach derzeitigem Stand der Öffentlichkeit vorenthalten werden.

Die Arbeit schließt im **siebten Abschnitt** mit einem Ausblick auf die erwartete Entwicklung der Qualität der publizierten Berichte. Sogleich bereitet er künftige Untersuchungen vor, die auf Basis der jüngst erstmals veröffentlichten Berichte empirisch erfolgen kann.

Der Verfasser bearbeitet mit dem Thema der Solvabilitätspublizität von Versicherungsunternehmen nach Solvency II ein hochaktuelles Thema von großer praktischer Bedeutung. Es wäre zu wünschen, dass die in dieser Dissertation erarbeiten Gestaltungsempfehlungen berücksichtigt werden – und zwar seitens der Versicherungsunternehmen, wenn sie ihre Solvabilitäts- und Finanzberichte erstellen und seitens der Bundesanstalt für Finanzdienstleitungsaufsicht, wenn sie den Informationsgehalt der Berichte auswertet, denn nur inhaltlich hochwertige Berichte erfüllen ihren Zweck der Informationsvermittlung für den Adressaten.

Münster in Westfalen, im September 2017 Prof. Dr. Dr. h.c. Jörg Baetge

Vorwort

Die vorliegende Arbeit entstand während meiner Tätigkeit als wissenschaftlicher Mitarbeiter im Forschungsteam Baetge und meiner Tätigkeit als fachlicher Mitarbeiter bei der Allianz SE in München. Sie wurde im Oktober 2015 von der Westfälischen Wilhelms-Universität als Dissertation angenommen.

Meinem hochverehrten Doktorvater, Herrn Professor Dr. Dr. h. c. Jörg Baetge, danke ich herzlichst für die wissenschaftliche Betreuung der Arbeit und für die Übernahme des Erstgutachtens. Seine stete Diskussionsbereitschaft und sehr wertvollen Anregungen haben wesentlich zum Gelingen dieser Arbeit beigetragen. Mein herzlicher Dank gilt auch Professor Dr. Peter Kajüter für die Zweitbegutachtung und Professor Dr. Thomas Apolte für die Mitwirkung in der Promotionskommission.

Meinen ehemaligen Kolleginnen und Kollegen im Forschungsteam Baetge und am Institut für Rechnungslegung und Wirtschaftsprüfung unter der Leitung von Professor Dr. Hans-Jürgen Kirsch danke ich für ihre mannigfaltige Unterstützung und stete Diskussionsbereitschaft hinsichtlich Struktur und Inhalt der vorliegenden Arbeit sowie diverser fachlicher und nicht-fachlicher Exkurse.

Zu großem Dank bin ich ferner der Allianz SE verpflichtet, die dieses Promotionsvorhaben nicht nur finanziell gefördert hat, sondern mir vor allem das Vertrauen schenkte, bereits als Berufseinsteiger an einem entsprechenden themenbezogenen Fachprojekt mitzuwirken. Dies ermöglichte mir das Verfassen einer wissenschaftlich fundierten, indes zugleich auch für die Praxis wertvollen Dissertation.

Nicht genug danken kann ich meiner Partnerin Jutta, die mir trotz Miterlebens von Motivationsschwächen, Tiefpunkten und Launen auf dem Weg zur Promotion außergewöhnlichen Rückhalt und noch während des Promotionsverfahrens ihr Ja-Wort gab. Sie hat mir den Rücken in so vielerlei Hinsicht frei gehalten, ihre eigenen Ansprüche hinter das Gelingen dieser Promotion gestellt und durch ihre stetige Unterstützung zu diesem beigetragen.

Ferner gebührt mein Dank meiner Familie und ganz besonderes meinen Eltern, die mich zu meinen Ausbildungsschritten ermuntert und dabei auf vielfältige Weise gefördert haben.

München, im Oktober 2017 Dr. Markus May

Inhaltsübersicht

Inhaltsverzeichnis

Verzeichnis der Abbildungen

Verzeichnis der Tabellen

Abkürzungsverzeichnis

§ Paragraph

% Prozent

A

A Anlage

Abs. Absatz/Absätze

ADS Adler/Düring/Schmaltz

AEUV Vertrag über die Arbeitsweise der Europäischen Union

a. F. alte Fassung

AG Aktiengesellschaft(en)

AktG Aktiengesetz

ALM *Asset-Liability-Management* (Aktiv-Passiv-Steuerung)

AnlV Verordnung über die Anlage des gebundenen Vermögens von Versicherungsunternehmen

Art. Artikel

Aufl. Auflage

B

BaFin Bundesanstalt für Finanzdienstleistungsaufsicht

Bd. Band

BerVersV Verordnung über die Berichterstattung von Versicherungsunternehmen gegenüber der Bundesanstalt für Finanzdienstleistungsaufsicht (Versicherungsberichterstattungs-Verordnung); wird zum 01.01.2016 aufgehoben.

BilMoG Gesetz zur Modernisierung des Bilanzrechts (Bilanzrechtsmodernisierungsgesetz)

BMF Bundesministerium der Finanzen

BoS *Board of Supervisors*

BR Bundesrat

bspw. beispielsweise

BT Deutscher Bundestag

bzw. beziehungsweise

C

ca. circa

CEIOPS *Committee of European Insurance and Occupational Pensions Supervisors,* Ausschuss der Europäischen Aufsichtsbehörden für das Versicherungswesen und die betriebliche Altersversorgung

CF *Conceptual Framework*

CFA *Chartered Financial Analyst*

CP *Consultation Paper*

D

DG ECFIN *Directorate General for Economic and Financial Affairs* (Generaldirektion Wirtschaft und Finanzen)

d. h. das heißt

DRS Deutscher Rechnungslegungs Standard

DRSC Deutsches Rechnungslegungs Standards Committee e.V.

Drucks. Drucksache

DVO Delegierte Verordnung

E

EDV Elektronische Datenverarbeitung

EEA *European Economic Area* (Europäischer Wirtschaftsraum)

EG Europäische Gemeinschaft(en)

EGHGB Einführungsgesetz zum Handelsgesetzbuch

EIOPA *European Insurance and Occupational Pensions Authority,* Europäische Aufsichtsbehörde für das Versicherungswesen und die betriebliche Altersversorgung

EIOPC *European Insurance and Occupational Pensions Committee,* Europäischer Ausschuss für das Versicherungswesen und die betriebliche Altersversorgung

EK Eigenkapital

EU Europäische Union

EuGH Europäischer Gerichtshof

EWG Europäische Wirtschaftsgemeinschaft

F

f. folgende (Singular)

ff. folgende (Plural)

FKAG Gesetz zur zusätzlichen Aufsicht über beaufsichtigte Unternehmen eines Finanzkonglomerats (Finanzkonglomerate-Aufsichtsgesetz)

FLAOR *Forward Looking Assessment of Own Risks,* Vorausschauende Prüfung der unternehmenseigenen Risiken

FMA Österreichische Finanzmarktaufsicht

Fn. Fußnote

G

GDV Gesamtverband der Deutschen Versicherungswirtschaft e.V.

GE Geldeinheit(en)

ggfs. gegebenenfalls

ggü. gegenüber

GoSFB Grundsätze ordnungsmäßiger Solvabilitäts- und Finanzberichterstattung

GuV	Gewinn- und Verlustrechnung

H

HGB	Handelsgesetzbuch
Hj.	Halbjahr
Hrsg.	Herausgeber
hrsg. v.	herausgegeben von

I

IAS	*International Accounting Standards*
IAIS	*International Association of Insurance Supervisors*
ICP	*Insurance Core Principles*
i. d. R.	in der Regel
i. d. S.	in diesem Sinne
i. e. S.	im engeren Sinne
IFRS	*International Financial Reporting Standards*
IKS	internes Kontrollsystem
inkl.	inklusiv(e)
insb.	insbesondere
InvG	Investmentgesetz (außer Kraft getreten)
IRR	Interne Revision und Risikomanagement (Arbeitskreis)
i. S.	im Sinne
i. S. d.	im Sinne des/der
i. V. m.	in Verbindung mit
i. w. S.	im weiteren Sinne

K

Kap.	Kapitel
KapAusstV	Verordnung über die Kapitalausstattung von Versicherungsunternehmen
KonTraG	Gesetz zur Kontrolle und Transparenz im Unternehmensbereich
KWG	Gesetz über das Kreditwesen (Kreditwesengesetz)

L

lit.	Litera (Buchstabe)

M

MaRisk VA	Aufsichtsrechtliche Mindestanforderungen an das Risikomanagement
MCR	*Minimum Capital Requirement* (Mindestkapitalanforderung)
mind.	mindestens

N

n. F.	neue Fassung
No.	Numero (Nummer)
Nr.	Nummer(n)

O

o. ä. oder ähnliche/r/s

o. A. ohne Angabe

o. g. oben genannt

ORSA *Own Risk and Solvency Assessment,* Unternehmenseigene Risiko- und Solvabilitätsbeurteilung

Q

QRT *Quantitative Reporting Template*

R

RechVersV Verordnung über die Rechnungslegung von Versicherungsunternehmen (Versicherungsunternehmens-Rechnungslegungsverordnung)

resp. respektive

RL Richtlinie

RMS Risikomanagementsystem

Rn. Randnummer

RSR *Regular Supervisory Report*

S

S. Seite(n)

SCR *Solvency Capital Requirement* (Solvenz- bzw. Solvabilitätskapitalanforderung)

SE *Societas Europaea* (Europäische Gesellschaft)

SFCR *Solvency and Financial Condition Report*

s. o. siehe oben

sog. so genannte(r/s/n)

T

Tz. Textziffer

U

u. und

u. a. und andere / unter anderen/m

Unterabs. Unterabsatz

usw. und so weiter

V

VAG Gesetz über die Beaufsichtigung der Versicherungsunternehmen (Versicherungsaufsichtsgesetz)

VaR *Value-at-Risk*

VersRiLiG Versicherungsbilanzrichtlinien-Gesetz

VersVergV	Verordnung über die aufsichtsrechtlichen Anforderungen an Vergütungssysteme im Versicherungsbereich (Versicherungs-Vergütungsverordnung); wird zum 01.01.16 neugefasst.
vgl.	vergleiche
VO	Verordnung
VVaG	Versicherungsverein auf Gegenseitigkeit
VVG	Gesetz über den Versicherungsvertrag (Versicherungsvertragsgesetz)
VVG-InfoV	Verordnung über Informationspflichten bei Versicherungsverträgen

W

WP	Wirtschaftsprüfer/in

Z

ZAG	Gesetz über die Beaufsichtigung von Zahlungsdiensten (Zahlungsdiensteaufsichtsgesetz)
z. B.	zum Beispiel

1 Einleitung

11 Problemstellung

Solvency II ist ein Reformprojekt der Europäischen Union im Bereich der Regulierung und staatlichen Beaufsichtigung von Versicherungs- und Rückversicherungsunternehmen[1]. Solvency II wird die bisher geltenden Solvabilitätsvorschriften[2] für Versicherungs- und Rückversicherungsunternehmen zum 1. Januar 2016 ablösen. Solvency II ist eine der bedeutendsten Reformen des europäischen (und damit des deutschen) Versicherungsaufsichtsrechts seit mindestens zwei Jahrzehnten.[3] „Solvency II bündelt 13 bestehende Richtlinien [...] und schafft durch eine weitgehende Vollharmonisierung die Grundlagen für eine neue Architektur des Versicherungsaufsichtsrechts."[4] Vor allem die mangelnde Risikoorientierung der zuvor bestehenden Regelungen und die unzureichende länder- und finanzsektorenübergreifende Konvergenz waren Anlass, ein neues Solvabilitätssystem zu entwickeln.[5]

---

[1] Versicherungsunternehmen sind Anbieter von Versicherungsschutz gegen Zahlung von Versicherungsprämien. „Versicherung ist Deckung eines im einzelnen ungewissen, insgesamt aber schätzbaren Geldbedarfs auf der Grundlage eines durch Zusammenfassung einer genügend großen Anzahl von Einzelwirtschaften herbeigeführten Risikoausgleichs." HAX, K., Versicherungswesen, S. 22. Vgl. zum Versicherungsbegriff und zu den Grundlagen des Geschäftsmodells von Versicherungsunternehmen, HAX, K., Versicherungswesen, S. 9-50 sowie zum Versicherungsgeschäft FARNY, D., Versicherungsbetriebslehre, S. 21-24. Rückversicherungsunternehmen versichern (Erst-)Versicherungsunternehmen gegen die von diesen übernommenen Risiken. Vgl. FARNY, D., Versicherungsbetriebslehre, S. 449 f., 594. Rückversicherungsunternehmen werden in der vorliegenden Untersuchung nicht berücksichtigt.

[2] In Solvabilitätsvorschriften werden Anforderungen an die Kapitalausstattung von Versicherungsunternehmen geregelt. Vgl. zum Begriff der Solvabilität ausführlich Abschnitt 231.

[3] Die letzte bedeutende Reform war die Neuordnung der Versicherungsaufsicht und die damit verbundene Deregulierung durch die 3. EG-Richtlinie, welche in Deutschland durch das Dritte Durchführungsgesetz/EWG zum Gesetz über die Beaufsichtigung der Versicherungsunternehmen (Versicherungsaufsichtsgesetz, VAG) vom 21.7.1994 umgesetzt wurde. Vgl. dazu FARNY, D., Versicherungsbetriebslehre, S. 114; BÜRKLE, J., Aufsichtsbehördliche Eingriffsbefugnisse, S. 192; BÜRKLE, J., Vorgaben für die interne Governance, S. 878.

[4] LÜTTRINGHAUS, J., Grundlagen der Reform des europäischen Versicherungsaufsichtsrechts, S. 822, Auslassung durch den Verfasser. Vgl. auch BÜRKLE, J., Compliance, S. 50. BÜRKLE und GROTE zählen 14 europäische Richtlinien, die durch Solvency II gebündelt werden. Vgl. BÜRKLE, J., Aufsichtsbehördliche Eingriffsbefugnisse, S. 192; BÜRKLE, J., Vorgaben für die interne Governance, S. 878; GROTE, J., Besondere aufsichtsbehördliche Eingriffsbefugnisse, S. 229-231. Dieser Unterschied geht auf die Mitzählung der Richtlinie 2007/44/EG (vom 05.09.2007 zum Erwerb und Erhöhung von Beteiligungen im Finanzsektor) zurück, die neben Versicherungsrichtlinien noch weitere Richtlinien änderte. Vgl. SCHRÄPEL, S., Proportionalitätsprinzip unter Solvency II, S. 12 (Fn. 46).

[5] Vgl. RICHTLINIE 2009/138/EG DES EUROPÄISCHEN PARLAMENTS UND DES RATES VOM 25. NOVEMBER 2009 BETREFFEND DIE AUFNAHME UND AUSÜBUNG DER VERSICHERUNGS- UND DER RÜCKVERSICHERUNGSTÄTIGKEIT (SOLVABILITÄT II) (NEUFASSUNG), 2009/138/EG (im Folgen-

Das „gegenwärtige System [sei] nicht mehr angemessen."[6,7] Primäres **Ziel der Regulierung und Beaufsichtigung** des Versicherungs- und Rückversicherungsgewerbes besteht in dem **angemessenen Schutz der Versicherungsnehmer**[8] **und Anspruchsberechtigten.**[9] Im Kontext der Solvabilitätsvorschriften knüpft dieser Schutzgedanke vor allem an den **Schutz der Gläubigerinteressen** der Versicherungsnehmer und Versicherten bzw. Anspruchsberechtigten aus Versicherungsverträgen an.[10]

den zitiert mit EU, RL 2009/138/EG), Erwägungsgrund 15. Vgl. auch FARNY, D., Versicherungsbetriebslehre, S. 827 f.

6 EU, RL 2009/138/EG, Erwägungsgrund 14, Einfügung durch den Verfasser.

7 Vgl. auch FMA - ÖSTERREICHISCHE FINANZMARKTAUFSICHT, Versicherungsaufsichtsrecht, S. 7 f.

8 Als Versicherungsnehmer wird die nachfragende Partei eines Versicherungsvertrags bezeichnet. Zwischen ihm und dem Versicherungsunternehmen wird der Versicherungsvertrag abgeschlossen. Versicherter ist die durch einen Versicherungsvertrag vertraglich vereinbarte, versicherte Person. Als Anspruchsberechtigte werden natürliche oder juristische Personen bezeichnet, die einen Anspruch aufgrund eines Versicherungsvertrags gegenüber dem Versicherungsunternehmen haben. Als Anspruchsberechtigte gelten in diesem Sinne also nicht Gläubiger, die Ansprüche aus anderen, nichtversicherungsvertragsbezogenen Verträgen haben. Anspruchsberechtigter kann vom Versicherungsnehmer und der versicherten Person abweichen. Als Beispiel sei die Risikolebensversicherung genannt, bei der die Zahlung zugunsten eines Hinterbliebenen (Anspruchsberechtigter) für den Todesfall des Versicherten vereinbart wurde. Im Folgenden wird nicht zwischen Versicherungsnehmer, Versichertem und Anspruchsberechtigtem differenziert, denn von ihnen ist ein gemeinsames Anspruchsinteresse ggü. dem Versicherungsunternehmen zu vermuten, nämlich, dass das Versicherungsunternehmen im Versicherungsfall die versprochene Leistung erbringt. Siehe auch Fn. 10.

9 Vgl. EU, RL 2009/138/EG, Erwägungsgrund 16. Dieses Hauptziel wird im Schrifttum zum Thema Versicherungsaufsicht der sog. „Schutztheorie" zugeordnet. Die Schutztheorie basiert auf der Überlegung, dass eine „nicht beaufsichtigte, rein marktwirtschaftliche Versicherung zu Ergebnissen führen kann, die aus der Sicht der Versicherungsnehmer als nachteilig beurteilt werden und deshalb allgemein und unter dem Aspekt des Verbraucherschutzes als unerwünscht gelten". FARNY, D., Versicherungsbetriebslehre, S. 110. Vgl. auch FÜHRER, C./GRIMMER, A., Versicherungsbetriebslehre, S. 299. Nachteilseffekte ergeben sich in einem unregulierten Markt aus den Besonderheiten des Versicherungsgeschäfts und der aufgrund von fehlender versicherungsspezifischer Vorbildung der Versicherungsnehmer in der Regel begrenzten Fähigkeit, zweckmäßige marktwirtschaftliche Versicherungsentscheidungen zu treffen. Vgl. FARNY, D., Versicherungsbetriebslehre, S. 110. Vgl. einführend zu den Aufsichtstheorien über die Zwecke der Versicherungsaufsicht FARNY, D., Versicherungsbetriebslehre, S. 108-114 sowie BRAUMÜLLER, P., Versicherungsaufsichtsrecht, S. 45-55 und FÜHRER, C./GRIMMER, A., Versicherungsbetriebslehre, S. 298-300.

10 Zu berücksichtigen ist, dass ein Versicherungsnehmer durch einen Versicherungsvertrag mit einem Versicherungsunternehmen sowohl in einem Gläubiger- als auch in einem Schuldnerverhältnis mit divergierenden Interessen steht. Als Schuldner hat ein Versicherungsnehmer die vertraglich vereinbarten Versicherungsprämien zu zahlen. Im Fall des Eintritts eines versicherten Ereignisses hat ein Versicherungsnehmer Leistungsansprüche aus seinem Versicherungsvertrag. Als Schuldner ist ein individueller Versicherungsnehmer an möglichst niedrigen Prämien interessiert, wobei er im Versicherungsfall darauf baut, dass das Versicherungsunternehmen zahlungsfähig ist. Vgl. FARNY, D., Versicherungsbetriebslehre, S. 110. Vgl. hierzu auch HAX zum Kontext von Rentabilität und Sicherheit der Kapitalanlagen eines Versicherers: „Was an Kapitalerträgen hereinkommt, braucht von den Versicherten nicht in Form von Prämien aufgebracht zu werden [...]. Aus diesem Grunde wird man sich in der Lebensversicherung bemühen, den Grundsatz der Sicherheit in möglichst optimaler

Ein gestiegener Wettbewerbsdruck[11] auf die Versicherer habe das Risiko der Bestandsfestigkeit von Versicherungsunternehmen in der jüngeren Vergangenheit erhöht.[12] Und durch die Deregulierung des Versicherungsmarkts, z. B. durch den Wegfall der Vorabkontrolle oder -genehmigung von Versicherungsprodukten bzw. -bedingungen, sei die Effektivität der staatlichen Aufsicht eingeschränkt.[13] Ein erhöhter Wettbewerbsdruck sei auf die Deregulierung[14] des Versicherungsmarktes und ein gestiegenes Preisbewusstsein der Kunden zurückzuführen. Gestiegene finanzielle Auswirkungen von Naturkatastrophen und erhöhte Kapitalmarktrisiken, einschließlich des anhaltenden Niedrigzinsumfelds, hätten ebenfalls zu dem Risikoanstieg bezüglich der Bestandsfestigkeit von Versicherungsunternehmen beigetragen.[15] Ein Versicherungsnehmer ist aber darauf angewiesen, dass ein Versicherungsunternehmen dem ihm gegebenen Dauerschutzversprechen[16], welches aus Sicht des Versicherungsnehmers einen (bedingten) Zahlungsanspruch[17] gegen das Versicherungsunternehmen darstellt, auch tatsächlich auf Dauer nachkommen kann. Das heißt, dass ein Versicherungsunternehmen den finanziellen Anspruch des Versicherungsnehmers bei Fälligkeit bzw. Eintritt des versicherten Risikoereignisses auch noch nach vielen Jahren tatsächlich erfüllen kann. Für den Versicherungsnehmer hat das Sicherheitsziel[18] daher sehr hohe Priorität, d. h. die Erfüllungssicherheit seines (bedingten) Zahlungsanspruchs stellt für ihn ein sehr

Weise mit dem Grundsatz der Rentabilität zu kombinieren", HAX, K., Versicherungswesen, S. 82, Auslassung durch den Verfasser.

11 Vgl. SPREMANN, K., Zielkonflikt, S. 7; PERLET, H./GUHE, J., Risikomanagement, S. 146; RITTMANN, M., Neuausrichtung der Versicherungsaufsicht, S. 1.

12 Vgl. FAULHABER, M., Risikosteuerung, S. 102-104.

13 Vgl. EHRLICH, K., Wertorientierte Steuerung von Versicherungsunternehmen, S. 13; FARNY, D., Versicherungsbetriebslehre, S. 115; FAULHABER, M., Risikosteuerung, S. 98 f. Vgl. zur Deregulierung des europäischen Binnenmarkts für Versicherungen RABE, T., Deregulierung, S. 239-242.

14 Vgl. hierzu Fn. 3 und Fn. 13.

15 Vgl. ähnlich RITTMANN, M., Neuausrichtung der Versicherungsaufsicht, S. 1.

16 Durch Versicherungsschutz, der zwischen einem Versicherungsnehmer und einem Versicherungsunternehmen i. d. R. für einen bestimmten Zeitraum abgeschlossen wird, übernimmt ein Versicherungsunternehmen die im Versicherungsvertrag bzw. in den Versicherungsbedingungen eingeschlossenen und ggfs. betragsmäßig begrenzten finanziellen Folgen von versicherten Ereignissen während eines bestimmten Zeitraums.

17 Wird reiner Versicherungsschutz gewährt, handelt es sich um einen bedingten Zahlungsanspruch, der von während der Vertragslaufzeit in Zukunft ggfs. eintretenden Versicherungsfällen abhängig ist. In Versicherungszweigen mit Spar- und Entsparprozessen hat ein Versicherungsnehmer einen unbedingten Anspruch darauf, dass das von ihm dem Versicherungsunternehmen überlassene Kapital verzinst und zurückgezahlt wird. Vgl. FARNY, D., Shareholder Value versus Policyholder Value von Versicherungsunternehmen, S. 11.

18 Vgl. zu dem Sicherheitsziel „Verdienstquelle sichern" und dem Ertragsziel „Geld verdienen" BAETGE, J., Bilanzen, S. 5 f.; BAETGE, J./KIRSCH, H.-J./THIELE, S., Bilanzen, S. 6 f.

bedeutendes Qualitätsmerkmal[19] des Versicherungsprodukts dar.[20] Einen aus dieser Überlegung zu postulierenden Gläubigerschutzgedanken spiegeln bereits die Erwägungsgründe der Solvency II-Richtlinie wider. Die Mitgliedstaaten sollen den Versicherungsunternehmen beispielsweise „die Bildung ausreichender versicherungstechnischer Rückstellungen vorschreiben“[21], damit Versicherungsunternehmen „ihren Verpflichtungen gegenüber Versicherungsnehmern und Begünstigten nachkommen können“[21]. Ferner solle die sog. Solvenzkapitalanforderung[22] „anrechnungsfähige Eigenmittel in einer Höhe widerspiegeln, die den Versicherungs- und Rückversicherungsunternehmen die Möglichkeit gibt, signifikante Verluste auszugleichen, und **den Versicherungsnehmern und Begünstigten hinreichende Gewähr dafür bietet, dass Zahlungen bei Fälligkeit geleistet werden.“** [23] Diese hinreichende Gewähr soll durch die Vorschriften von Solvency II in quantifizierter Weise gewährleistet werden: Die Solvenzkapitalanforderung sollte „bei dem ökonomischen Kapital angesetzt werden, das Versicherungs- und Rückversicherungsunternehmen halten müssen, um sicherzustellen, dass es höchstens in einem von 200 Fällen zur Insolvenz kommen kann oder diese Unternehmen mit einer Wahrscheinlichkeit von 99,5 % in den kommenden zwölf Monaten weiterhin in der Lage sein werden, ihren Verpflichtungen gegenüber den Versicherungsnehmern und Begünstigten nachzukommen.“[24]

Da der Versicherungsnehmer höchstens eingeschränkt fähig ist, eigenständig das Versicherungsunternehmen nach dem Qualitätsmerkmal der Zahlungssicherheit auszuwählen, ergibt sich eine Schutzbedürftigkeit des Versicherungsnehmers durch den Staat, welche durch eine staatliche Regulierung[25] und Aufsicht[26] erfüllt werden soll.[27] Die Regulierung von

[19] Ein weiteres bedeutendes Qualitätsmerkmal ist beispielsweise der Kundenservice des Versicherungsunternehmens.

[20] Vgl. RITTMANN, M., Neuausrichtung der Versicherungsaufsicht, S. 11; TELSCHOW, I., Steuerung von Versicherungsunternehmen, S. 32 f. Vgl. zur Qualität als Aspekt des Versicherungsproduktes ausführlich VELTHUIS, A., Qualität als Aspekt des Versicherungsproduktes, o. A.

[21] EU, RL 2009/138/EG, Erwägungsgrund 53.

[22] Vgl. dazu Abschnitt 234.22.

[23] EU, RL 2009/138/EG, Erwägungsgrund 62, Hervorhebung durch den Verfasser.

[24] EU, RL 2009/138/EG, Erwägungsgrund 64.

[25] Unter Regulierung „wird die Verankerung von Normen in staatlichen Erlassen verstanden, welche das Verhalten von Finanzinstituten ex ante regeln sollen“. DAL SANTO, D., Eigenmittelvorschriften, S. 204.

[26] Unter Aufsicht wird „die staatliche Überwachungstätigkeit, mit der die Einhaltung der Normen resp. die Wahrung der als schutzwürdig erachteten Interessen des Gläubiger- und Systemschutzes sichergestellt werden kann“ verstanden. DAL SANTO, D., Eigenmittelvorschriften, S. 204.

und Aufsicht über Versicherungsunternehmen lässt sich als **Gläubigerschutz durch Risikobegrenzung** zusammenfassen.[28]

Neben dem Richtlinien-Hauptziel, Schutz der Versicherungsnehmer und Anspruchsberechtigten, werden „Finanzstabilität sowie faire und stabile Märkte“[29] als weitere Ziele der Regulierung und Aufsicht durch Solvency II angeführt, die indes das vorrangige Ziel nicht beeinträchtigen dürfen.[30] Zwar wird das Ziel, die Versicherungsnehmer zu schützen, nicht erst mit dem Reformprojekt Solvency II in das Versicherungsaufsichtsrecht eingeführt, denn dieses Ziel wurde bereits dem zuvor gültigen Versicherungsaufsichtsrecht zugrunde gelegt, indes soll das Reformprojekt „zu einem noch besseren Schutz der Versicherungsnehmer führen“[31]. Der Schutz soll dadurch gewährleistet werden, dass Versicherungsunternehmen wirksamen Solvabilitätsvorschriften unterliegen sollen.[32] Im Gegensatz zu Solvency I[33] werden mit Solvency II nicht bloß die jeweils zuvor bestehenden Regelungen modifiziert, sondern es wird ein „neuartiges Prinzip der Aufsichtsdurchführung“[34] eingeführt. Kerngedanke ist, dass sich die aufsichtsrechtlichen Kapitalanforderungen an Versicherungsunternehmen künftig stärker als in Solvency I an der tatsächlichen Finanz- und Risikolage eines Versicherungsunternehmens orientieren sollen. Das Aufsichtssystem nach Solvency II umfasst im Gegensatz zu Solvency I nicht nur überwiegend quantitative Aufsichtselemente, sondern auch qualitative Aufsichtselemente. Denn die ausschließliche Vorgabe einer Mindestkapitalausstattung wird nicht mehr als ausreichender Solvenzschutz angesehen.[35] In Solvency II sollen nicht nur die Anforderungen an die Kapitalausstattung, sondern auch an das Governance-System (insb. an das Risikomanagement) und das Berichtswesen von Versicherungsunternehmen erhöht werden. Für die Versicherungsaufsicht nach Solvency II

27 Vgl. hierzu Abschnitt 22.

28 Vgl. im Bankenkontext auch HARTMANN-WENDELS, T./PFINGSTEN, A./WEBER, M., Bankbetriebslehre, S. 316 ff.

29 EU, RL 2009/138/EG, Erwägungsgrund 16.

30 Vgl. EU, RL 2009/138/EG, Erwägungsgrund 16. Vgl. zu den Regelungszielen auch BÜRKLE, J., Vorgaben für die interne Governance, S. 879 sowie ausführlich WANDT, M./SEHRBROCK, D., Regelungsziele der Solvency II-Rahmenrichtlinie, S. 193-203.

31 EU, RL 2009/138/EG, Erwägungsgrund 17.

32 Vgl. EU, RL 2009/138/EG, Erwägungsgrund 14.

33 Solvency I bezeichnet das große vorangegangene Reformprojekt, welches 2002 umgesetzt wurde und das die bis dahin geltenden Solvabilitätsvorschriften modifizierte. Vgl. dazu Abschnitt 233.

34 FARNY, D., Versicherungsbetriebslehre, S. 116.

35 Vgl. RITTMANN, M., Neuausrichtung der Versicherungsaufsicht, S. 3. Vgl. auch EU, RL 2009/138/EG, Erwägungsgrund 29.

wird dazu das aus der Bankenbranche bekannte 3-Säulen-Modell der Aufsicht gemäß Basel II bzw. Basel III übernommen.[36] **Säule 1** repräsentiert primär **quantitative Vorschriften** dafür, wie Aktiva und Passiva zu Aufsichtszwecken marktnah zu bewerten sind. Zudem umfasst Säule 1 Vorschriften für die zu ermittelnden Mindest- und Solvenzkapitalanforderungen (Eigenmittelvorschriften), die sich nach der Risikolage des Versicherungsunternehmens richten und deren Unterschreitung aufsichtlich sanktioniert wird. In **Säule 2** werden die Vorschriften zu den **qualitativen Anforderungen** an Versicherungsunternehmen, z. B. Mindestanforderungen an die interne Unternehmenskontrolle, das Governance-System und das Risikomanagement eines Versicherungsunternehmens, und für den **aufsichtlichen Überprüfungsprozess** festgelegt. In **Säule 3** werden **Melde- und Berichtspflichten** geregelt. Durch die Berichterstattung soll ein Versicherungsunternehmen einerseits gegenüber den Aufsichtsbehörden, andererseits gegenüber der Öffentlichkeit, transparent machen, wie es die Vorschriften der ersten und zweiten Säule von Solvency II intern umgesetzt hat und laufend erfüllt.[37] Säule 3 kann daher nicht losgelöst von den Säulen 1 und 2 existieren. Sie spiegelt vielmehr die Ergebnisse der ersten beiden Säulen wider. Bezüglich der Berichterstattung wird in Säule 3 zwischen den beiden Adressaten – der/n Aufsichtsbehörde(n) und der Öffentlichkeit – unterschieden. Entsprechend sind von Versicherungsunternehmen zwei Berichte zu erstellen, durch die unterschiedliche[38] adressatenspezifische Berichtspflichten erfüllt werden sollen.

Gegenüber den Aufsichtsbehörden sind zum einen Meldeformulare, sogenannte *Quantitative Reporting Templates (QRT)* zu übermitteln, mit denen bestimmte quantitative Informationen zu erfassen sind. Zum anderen ist ein Bericht zu erstellen und den Aufsichtsbehörden verfügbar zu machen *(Regular Supervisory Report, RSR),*[39] durch den die quantitativen Informationen mit qualitativen Angaben ergänzt und erläutert werden. Durch diese beiden **vertraulichen Berichtsinstrumente** sollen den Aufsichtsbehörden diejenigen Informatio-

[36] Vgl. für eine ausführliche Beschreibung und eine Abbildung des 3-Säulen-Modells nach Solvency II Abschnitt 234.2.

[37] Vgl. auch GAL, J./SEHRBROCK, D., 10. VAG-Novelle, S. 50.

[38] Die gegenüber der Öffentlichkeit zu berichtenden Informationen sind eine Teilmenge der an die Aufsichtsbehörde(n) zu berichtenden Informationen, denn der SFCR wird auch den Aufsichtsbehörden verfügbar gemacht. Indes erhalten diese einen weiteren, den SFCR ergänzenden, Bericht.

[39] Dieser Bericht ergänzt und erweitert den Bericht über die Solvabilität und Finanzlage.

nen übermittelt werden, die für die Zwecke der Aufsicht erforderlich sind.[40] Neben diesen Berichtspflichten an die Aufsichtsbehörden werden im VAG n. F. umfassende **Berichterstattungspflichten gegenüber der Öffentlichkeit** in Form des sogenannten ***„Solvency and Financial Condition Report"*** **(*SFCR*, Bericht über die Solvabilität und Finanzlage)** kodifiziert. In der hier vorgelegten Arbeit wird das Ergebnis der diesbezüglichen Berichterstattung an die Öffentlichkeit (in Abbildung 1 fett umrandet) als **Solvabilitätspublizität** bezeichnet. Bisher war eine derartige Publizitätspflicht gegenüber der Öffentlichkeit dem Versicherungsaufsichtsrecht fremd.[41] Dieses neu geschaffene Publizitätsinstrument ist ein Bericht, der sowohl quantitative Informationen in Form ausgewählter QRT-Informationen als auch qualitative Informationen umfasst, welche auch an die Aufsichtsbehörden zu übermitteln sind. Eine Übersicht über die Regelungsinhalte von Solvency II und die sich daraus ergebenden aufsichtsrechtlichen Berichtspflichten wird in Abbildung 1 gezeigt.

Durch die Strich-Punkt-Linie in Abbildung 1 wird verdeutlicht, dass die drei Regelungsfelder miteinander verbunden sind und daher nicht losgelöst voneinander betrachtet werden können.[42] Die Vorgaben für die Geschäftsorganisation (mittleres Feld; Säule 2) umfassen beispielsweise zahlreiche Anforderungen an das Risikomanagement und die versicherungsmathematische Funktion[43]. Ein funktionierendes Risikomanagement und eine funktionierende versicherungsmathematische Funktion sind als organisatorische Einheiten (Säule 2) vorauszusetzen, um die geforderte Eigenmittelausstattung (linkes Feld; Säule 1) zu berechnen. Die Berichtspflichten (rechtes Feld; Säule 3) umfassen Angaben, die sowohl das linke (Säule 1) als auch das mittlere (Säule 2) Feld betreffen.

---

40 Vgl. EU, RL 2009/138/EG, Art. 35 bzw. § 43 ff. VAG n. F. sowie DIENER, M./NEUKAMP, C., Finanzverfassung, S. 176.

41 Vgl. BROSZEIT, T./KRUSCHITZ, E., Offenlegungspflichten, S. 1604.

42 Vgl. PERLET, H./GUHE, J., Risikomanagement, S. 159.

43 Der sog. versicherungsmathematischen Funktion, die von Mitarbeitern mit Kenntnissen der Versicherungs- und der Finanzmathematik (z. B. Aktuare) ausgeübt wird, obliegt einerseits die Aufgabe, die Berechnung der versicherungstechnischen Rückstellungen zu koordinieren und dabei zur Objektivierung dieser (z. B. durch eine Prüfung der Angemessenheit der verwendeten Berechnungsmodelle und -annahmen) beizutragen und andererseits die Zeichnungs-, Annahme- und Rückversicherungspolitik des Versicherungsunternehmens zu beurteilen. Vgl. § 31 Abs. 1-3 VAG n. F.

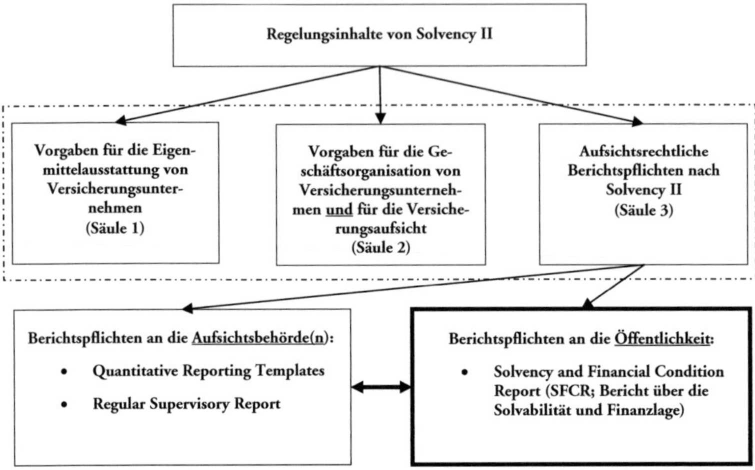

Abbildung 1: Überblick über die Regelungsinhalte von Solvency II und die aufsichtsrechtlichen Berichtspflichten[44]

Die Solvabilitätspublizität wird sowohl auf Einzelversicherungsunternehmens- als auch auf Gruppenebene geregelt. Dabei wird in den Vorschriften zum Gruppenbericht auf die zum Einzelbericht verwiesen, so dass diese auch für den Gruppenbericht anzuwenden sind. Die Vorgaben für den Gruppenbericht umfassen lediglich zusätzliche gruppenspezifische Angaben. In der hier vorliegenden Untersuchung werden nur die Berichtsgegenstände des **Einzelberichts** berücksichtigt.

Der Bericht über die Solvabilität und Finanzlage (SFCR) des Versicherungsunternehmens soll veröffentlicht werden, um **Markttransparenz** herzustellen.[45] Durch eine erhöhte Markttransparenz soll die sog. Marktdisziplin gefördert werden. Dieser Begriff ist so zu verstehen, dass Marktteilnehmer die Versicherungsunternehmen disziplinieren. Der Begriff wäre mit „Disziplinierung der Versicherungsunternehmen durch die Marktteilnehmer“ am treffendsten beschrieben. Demgemäß steht **„Markt“** stellvertretend für Marktteilnehmer, deren Interessenserfüllung von dem Verhalten des Versicherungsunternehmens – vertreten

[44] Eigene Darstellung. Vgl. ausführlich zum 3-Säulen-Modell von Solvency II Abschnitt 234.2.

[45] Vgl. dazu ausführlich Abschnitt 33.

durch seine Manager und Mitarbeiter – abhängig ist.[46] **„Disziplin“** stellt darauf ab, dass sich das Versicherungsunternehmen im Sinne der Interessen der Marktteilnehmer verhält, da es andernfalls Sanktionen durch die Marktteilnehmer fürchten muss.[47] Marktdisziplin kann gewissermaßen als erwünschter, sanktionierender Rückkopplungseffekt von Unternehmenspublizität verstanden werden, der von den Marktteilnehmern ausgeht und auf das Verhalten des Versicherungsunternehmens einwirkt. Marktdisziplin sei eine – wenn auch nur behauptete und noch nicht zweifelsfrei empirisch belegte – erwünschte Konsequenz von Rechenschaft gegenüber bzw. Informationsvermittlung des Versicherungsunternehmens an die Marktteilnehmer. Marktdisziplin basiert auf der „Überlegung, dass Mechanismen über die institutionalisierten Versicherungsregulierungen hinaus dazu beitragen könnten, Auswirkungen eines potenziellen Marktversagens [...] auf dem Versicherungsmarkt zu verhindern bzw. einzudämmen“[48]. Sie ergänzt andere Instrumente – z. B. Zulassungsbestimmungen für Versicherungsunternehmen, Vorgaben für die Geschäftsorganisation und den -betrieb von Versicherungsunternehmen, Eigenmittelvorschriften, aufsichtliche Überprüfungsverfahren und Eingriffsbefugnisse, geprüfte Jahresabschlüsse –, die zum Schutz der Versicherungsnehmer beitragen. Der SFCR (in Abbildung 1 fett umrandet) ist ein Instrument zur Rechenschaft bzw. Informationsvermittlung, durch den die für die Marktdisziplin notwendige Markttransparenz gewährleistet werden soll.[49] Dieser Bericht ist **Untersuchungsgegenstand dieser Arbeit.**[50]

46 Beispielsweise ist ein Eigenkapitalgeber daran interessiert, dass ein Versicherungsunternehmen, an dem er beteiligt ist, so wirtschaftet, dass eine angemessene Rendite auf sein eingesetztes Kapital erzielt wird.

47 Um bei dem o. g. Beispiel des Eigenkapitalgebers zu bleiben, wäre eine mögliche Sanktion z. B. die Absetzung des Vorstands oder aber auch der Verkauf von Aktien, die zu einem Kursrückgang führen können und aktienkursbasierte Vergütungskomponenten des Vorstands mindern.

48 HARTUNG, T., Versicherungsaufsicht, S. 63, Auslassung durch den Verfasser.

49 Bereits in der Bankenregulierung formulierte der BASELER AUSSCHUSS FÜR BANKENAUFSICHT das Ziel, die Marktdisziplin zu erhöhen, zu deren Zweck die Kreditinstitute vorgegebene Informationen veröffentlichen müssen, „die es den Marktteilnehmern gestatten, Kerninformationen über den Anwendungsbereich, das Eigenkapital, die Risikopositionen, die Risikomessverfahren und – daraus abgeleitet – die Angemessenheit der Eigenkapitalausstattung des Instituts beurteilen zu können.“ BASELER AUSSCHUSS FÜR BANKENAUFSICHT, Überarbeitete Rahmenvereinbarung (Basel II), S. 201 (Tz. 809). Vgl. zur Umsetzung im deutschen Recht § 26a KWG.

50 Die aufsichtsrechtlichen Vorgaben für SFCR umfassen gesonderte, ergänzende Vorgaben für den Bericht von Versicherungsgruppen (Art. 359 DVO). Vgl. DELEGIERTE VERORDNUNG (EU) 2015/35 DER KOMMISSION VOM 10. OKTOBER 2014 ZUR ERGÄNZUNG DER RICHTLINIE 2009/138/EG DES EUROPÄISCHEN PARLAMENTS UND DES RATES BETREFFEND DIE AUFNAHME UND AUSÜBUNG DER VERSICHERUNGS- UND DER RÜCKVERSICHERUNGSTÄTIGKEIT (SOLVABILI-

Die aufsichtsrechtlichen Berichtsvorgaben umfassen die Berichtsgegenstände „Geschäftstätigkeit und Geschäftsergebnisse“, „Governance-System“, „Risikoprofil“, „Aufsichtsbilanz (Solvabilitätsübersicht)“ und „Kapitalmanagement“. Die Berichtsvorgaben sind indes nicht vollständig in einem Gesetz geregelt. Sie sind daher aus verschiedenen Quellen zu erschließen.[51] Grund dafür ist die Anwendung des sog. Lamfalussy-Verfahrens im Rahmen der Gesetzgebung zu Solvency II, welches im Folgenden kurz skizziert wird.

Sämtliche *,Vorschriften'* von Solvency II, d. h. sowohl solche für die Eigenmittelausstattung, Geschäftsorganisation und Versicherungsaufsicht als auch solche, die die Solvabilitätspublizität betreffen, werden über eine modifizierte Form des Lamfalussy-Verfahrens erlassen, welches erstmals im Versicherungssektor angewendet wird.[52] Die *,Vorschriften'* umfassen sowohl **formalrechtlich bindende Rechtsvorschriften** (in nationale Gesetze zu transponierende Richtlinien und unmittelbar anzuwendende EU-Verordnungen) als auch lediglich **faktisch bindende Regelungen** (sog. Leitlinien und Empfehlungen).[53] Daher wird im Folgenden von **Recht- und Regelsetzung** gesprochen. Unter dem Lamfalussy-Verfahren wird ein mehrstufiges Rechts- und Regelsetzungsverfahren verstanden, bei dem sich die von den Versicherungsunternehmen und nationalen Aufsichtsbehörden einzuhaltenden Vorschriften aus unterschiedlichen Rechts- bzw. Regelungsquellen der EU ergeben. Sie werden von verschiedenen Institutionen erarbeitet bzw. verabschiedet und sind unterschiedlich detailliert gestaltet. Mithilfe des mehrstufigen Verfahrens sollen im Vergleich zu dem bisherigen Rechtsetzungsverfahren die von den Vorschriften betroffenen Institutionen stärker einbezogen werden und Rechts- bzw. Regelungsgeber sollen schneller auf Marktentwicklungen reagieren können.[54] Ferner erfolge durch Solvency II ein Übergang von einem unter Solvency I regelbasierten Rechts- und Aufsichtssystem auf einen mehr prinzipien- und risikobasierten Ansatz.[55] Dieser prinzipienorientierte Ansatz führe dazu, dass die Berichtsvorga-

TÄT II), DVO, im Folgenden zitiert mit „DVO“. Wie bereits angegeben, liegt der Fokus dieser Untersuchung auf dem Einzelbericht.

51 Vgl. für eine Übersicht der zitierten Regelungsquellen Tabelle 2: Übersicht ausgewählter in der vorliegenden Untersuchung zitierten Rechts- und Regelungsquellen (eigene Darstellung) in Abschnitt 234.3.

52 Vgl. ausführlich zum Rechts- bzw. Regelsetzungsverfahren von Solvency II durch das Lamfalussy-Verfahren Abschnitt 234.3.

53 Vgl. dazu ausführlich Abschnitt 234.3.

54 Vgl. ausführlich zum Rechts- bzw. Regelsetzungsverfahren von Solvency II durch das Lamfalussy-Verfahren Abschnitt 234.3.

55 Vgl. FARNY, D., Versicherungsbetriebslehre, S. 116 und S. 552.

ben in der Richtlinie, d. h. auf der ersten Ebene des Lamfalussy-Verfahrens nur abstrakt gestaltet seien, um häufige Änderungen der Richtlinie vermeiden zu können. Bezüglich der in der Richtlinie nur abstrakt formulierten Vorgaben für den SFCR sollen diese abstrakten Berichtsvorschriften der Richtlinie auf den nachgelagerten (europäischen) Rechts- und Regelungsebenen[56] des Lamfalussy-Verfahrens weiter konkretisiert werden.

Im Schrifttum ist die Solvabilitätspublizität nach Solvency II bisher nicht hinreichend behandelt worden. So werden die Berichtsgegenstände bezüglich der Solvabilitäts- und Finanzlage im rechts- und wirtschaftswissenschaftlichen Schrifttum wenig konkretisiert.[57]

Aus rechts- und wirtschaftswissenschaftlicher Perspektive stellt sich die Frage, wie der SFCR inhaltlich zu gestalten ist, um den Anforderungen des Rechts- bzw. Regelungsgebers[58] gerecht zu werden und die Informationsbedürfnisse der Adressaten zu erfüllen. Dazu sind (a) der Berichtszweck und (b) die berechtigten Informationsinteressen der Berichtsadressaten aus dem Regelwerk von Solvency II abzuleiten.[59] Mit der vorliegenden Arbeit werden zwei Hauptziele verfolgt:

1. Die Vorschriften von Solvency II zu den Berichtspflichten von Versicherungsunternehmen an die Öffentlichkeit sollen (a) gemäß dem Berichtszweck und (b) gemäß den berechtigten Informationsinteressen der Adressaten **analysiert** und **gewürdigt** werden. Ferner sollen Grundsätze ordnungsmäßiger Solvabilitäts- und Finanzberichterstattung entwickelt bzw. spezifiziert werden.

2. Regelungslücken bzw. -unklarheiten (unpräzise Berichtsvorschriften) sollen identifiziert und anschließend ausgefüllt bzw. geklärt werden. Das heißt, die Vorschriften

---

56 Die Rechts- und Regelungsebenen des Lamfalussy-Verfahren werden in Abschnitt 234.3 auch grafisch schematisiert. Vgl. dazu Abbildung 6 auf Seite 50.

57 Eine kurze inhaltliche Auseinandersetzung mit den Berichtspflichten gegenüber der Öffentlichkeit aus wirtschaftswissenschaftlicher Perspektive findet sich bei NGUYEN, T., Offenlegungspflichten, S. 651-658 sowie aus rechtlicher Sicht bei DREHER, M./SCHAAF, M., Veröffentlichungspflichten von Versicherungsunternehmen, S. 129-185.

58 Als Rechtsquellen werden die Solvency II-Richtlinie, das diese Richtlinie umsetzende Versicherungsaufsichtsgesetz und EU-Verordnungen bezeichnet. Sie werden von den europäischen bzw. deutschen Rechtsetzungsorganen erlassen. Als Regelungsquellen werden Leitlinien und Empfehlungen bezeichnet, die vor allem von der europäischen Versicherungsaufsichtsbehörde EIOPA verkündet werden und welche nur faktisch, nicht aber formalrechtlich bindend sind. Vgl. ausführlich zu den Rechts- und Regelungsquellen von Solvency II Abschnitt 234.3.

59 Da es sich um eine deutschsprachige Untersuchung handelt, erfolgt diese Untersuchung aus deutscher Perspektive.

sollen entsprechend den berechtigten Informationsinteressen der Berichtsadressaten **inhaltlich konkretisiert** und **zweckorientiert ausgelegt** werden. Im Ergebnis sollen die Berichte einen hohen Informationsgehalt gewährleisten und eine zeitliche und zwischenbetriebliche Vergleichbarkeit der (berichteten) Solvabilitäts- und Finanzlage der verschiedenen Versicherungsunternehmen fördern, um so die Markttransparenz zu verbessern.

Sowohl für die Analyse und Würdigung der Berichtsvorschriften von Solvency II als auch für die Ermittlung diesbezüglicher Regelungslücken und -unklarheiten sind der Regelungszweck zugrunde zu legen und darüber hinaus die Informationsbedürfnisse der Adressaten zu berücksichtigen. Außerdem sind die Grundsätze ordnungsmäßiger Solvabilitäts- und Finanzberichterstattung zu konkretisieren. Die vorliegende Untersuchung soll damit vier Teilfragen beantworten:

(1) Welcher Zweck wird mit der Solvabilitätsberichterstattung nach Solvency II verfolgt?

(2) Wer sind die Adressaten (= „berechtigte Informationsinteressenten“) des SFCR des Versicherungsunternehmens bzw. wie lässt sich der vom Richtliniengeber genannte Adressat „Öffentlichkeit“ konkretisieren?

(3) Welche berechtigten Informationsinteressen haben die Adressaten und welche Grenzen sind diesbezüglich zu beachten?

(4) Welche Berichtsgrundsätze lassen sich aus den Antworten auf die Fragen (1) - (3) für die Solvabilitätsberichterstattung herleiten?

Da der SFCR von Versicherungsunternehmen erstmals 2017 für das Geschäftsjahr 2016 zu publizieren ist, können in der hier vorgelegten Arbeit keine *„best practice“*-Regeln aus der Berichtspraxis gewonnen werden. Vielmehr lassen sich lediglich inhaltliche Gestaltungsempfehlungen aus den Vorgaben zu anderen Publizitätsinstrumenten und aus dem diesbezüglichen Schrifttum, insb. zum handelsrechtlichen (Konzern-)Lagebericht, gewinnen,[60] die

[60] Dies ist aufgrund von inhaltlichen Überschneidungen der aufsichtsrechtlichen und handelsrechtlichen Berichtspflichten möglich. So sind beispielsweise sowohl im Lagebericht nach § 289 HGB bzw. im Konzernlagebericht nach § 315 HGB i. V. m. DRS 20 als auch im SFCR Informationen zu geben, die sowohl im handelsrechtlichen als auch im aufsichtsrechtlichen Publizitätsinstrument

als Ideen für die inhaltliche Gestaltung für den zu publizierenden SFCR herangezogen werden.[61] Dabei werden nur solche Berichtsgegenstände berücksichtigt, die aufsichtsrechtlich vorgegeben werden.

Solche in dieser Untersuchung entwickelten inhaltlichen Gestaltungsempfehlungen, die ausschließlich die aufsichtsrechtlichen Berichtsvorgaben konkretisieren, könnten von der europäischen Versicherungsaufsichtsbehörde EIOPA im Zuge des Lamfalussy-Verfahrens auf Ebene der Leitlinien und Empfehlungen, in denen bisher nur „der erwartete Mindestinhalt ausgewählter Abschnitte der Bericht spezifiziert wird“[62], übernommen werden und diese kontinuierlich verbessern. Dadurch könnten die aufsichtsrechtlichen Berichtsvorgaben für Versicherungsunternehmen weiter konkretisiert und vereinheitlicht werden. So ließen sich die Ermessensspielräume hinsichtlich der inhaltlichen Gestaltung und des Berichtsausmaßes reduzieren und dadurch könnten neben einer zeitlichen auch eine zwischenbetriebliche Vergleichbarkeit der Berichte erreicht werden. Diejenigen in dieser Untersuchung entwickelten inhaltlichen Gestaltungsempfehlungen, die über die aufsichtsrechtlich vorgegebenen Berichtsgegenstände hinaus gehen, könnten von den Versicherungsunternehmen bei ihrer Berichterstellung im Sinne freiwilliger Berichtsangaben als *best practice*-Empfehlung berücksichtigt werden oder vom Gesetzgeber als Empfehlungen im Rahmen einer Novellierung der Vorschriften beachtet werden.

12 Gang der Untersuchung

In **Abschnitt 2** werden die Grundlagen für das Verständnis des Reformprojekts Solvency II gelegt. Dazu wird in Grundzügen dargestellt, wie Versicherungsunternehmen bezüglich ihrer Solvabilität nach Solvency I derzeit noch beaufsichtigt werden und es werden die Re-

unter dem Begriff „Risikobericht“ zusammengefasst werden können. Vgl. zu diesen Berichtsüberschneidungen ausführlich Abschnitt 42.

[61] Der deutsche Gesetzgeber war in der Vergangenheit bei der Normierung der Lageberichterstattung wiederholt Vorreiter und hat durch entsprechende gesetzliche Regelungen ergänzt durch Rechnungslegungsstandards des DRSC „seinen Anspruch als Ideengeber zur Lageberichterstattung in Europa“ unterstrichen. KIRSCH, H.-J./SCHEELE, A., Risikoberichterstattung, S. 1154. Vgl. zur internationalen Vorreiterrolle für den Risikobericht auch KAJÜTER, P./ESSER, S., Risiko- und Chancenberichterstattung, S. 381. Die handelsrechtliche (Konzern-)Lageberichterstattung wird im deutschen Schrifttum seit Jahrzehnten intensiv diskutiert. Indem die Ergebnisse dieser Diskussion in dieser Untersuchung erstmals vom Autor auf die Solvabilitätsberichterstattung übertragen werden, kann diese Diskussion einen Beitrag dazu leisten, die Vorschriften für die Solvabilitätsberichterstattung in dieser Untersuchung zu konkretisieren.

[62] EIOPA, Leitlinien über die Berichterstattung und die Veröffentlichung, S. 3 (Tz. 1.4). Vgl. dazu auch EIOPA, Final Report on public consultation No. 14/047 (SFCR), S. 10 (Tz. 1.4).

gelungsziele von Solvency II herausgearbeitet. Danach wird die Grundkonzeption der künftigen Versicherungsaufsicht nach Solvency II, mit der die Regelungsziele erreicht werden sollen, entsprechend den drei Säulen von Solvency II erläutert. Dabei wird die neue Aufsichtskonzeption nach Solvency II dargestellt, die qualitative Aspekte stärker als zuvor einbezieht, um den Schutz der Versicherungsnehmer zu erreichen. Ferner wird das Lamfalussy-Verfahren dargestellt, mit dem die Rechts- und Regelungsquellen von Solvency II beständig weiter entwickelt werden. Dies ist nicht nur Grundlage, um die zahlreichen in dieser Untersuchung verwendeten Rechts- und Regelungsquellen einordnen zu können, sondern anhand dieses Verfahrens kann auch belegt werden, wie die in dieser Untersuchung entwickelten Gestaltungsempfehlungen vom Rechts- und Regelungsgeber berücksichtigt bzw. übernommen werden könnten.

Die betriebswirtschaftlichen und rechtlichen Grundlagen zur Solvabilitätsberichterstattung werden in **Abschnitt 3** erarbeitet. Zunächst werden die Berichtsgegenstände des SFCR benannt, um den Untersuchungsgegenstand zu konkretisieren. Sodann werden Theorien zur Marktdisziplin analysiert, welche mithilfe der Berichtspflichten in Säule 3 als zusätzliches Instrument für den Schutz der Versicherungsnehmer gefördert werden soll. Anschließend werden Berichtszweck und -adressaten der Solvabilitätsberichterstattung hermeneutisch ermittelt und die Informationsbedürfnisse der Adressaten bestimmt, an welchen sich die inhaltlichen Gestaltungsempfehlungen zu orientieren haben. Zudem werden die Vorgaben zur Aufstellungs- und Publizitätspflicht, zur Berichtsprüfung und zu den Offenlegungsfristen erläutert. Schließlich werden in diesem Abschnitt Grundsätze der Solvabilitätsberichterstattung entwickelt bzw. konkretisiert.

In **Abschnitt 4** werden die inhaltlichen Überschneidungen zwischen den versicherungsaufsichtsrechtlichen Vorgaben nach Solvency II zum SFCR und denen zum deutschen handelsrechtlichen (Konzern-)Lagebericht gemäß § 289 HGB bzw. § 315 HGB i. V. m. DRS 20 ermittelt. Denn im folgenden Abschnitt soll u. a. für jeden aufsichtsrechtlich in der delegierten Verordnung (DVO) vorgegebenen Berichtsgegenstand geprüft werden, ob sich aus der sich überschneidenden handelsrechtlichen Berichtspflicht und mithilfe des diesbezüglichen Schrifttums inhaltliche Gestaltungsempfehlungen für den SFCR herleiten lassen.

In **Abschnitt 5** werden die Berichtsvorschriften für den SFCR nach Solvency II im Detail analysiert und vor dem Hintergrund des Berichtszwecks und der berechtigten Informationsinteressen der zuvor bestimmten Adressaten gewürdigt und der Inhalt des SFCR konkretisiert. Hierzu wird zunächst die Berichtsstruktur gemäß den Vorgaben durch Solvency II vorgestellt. In jedem Unterabschnitt werden die diesbezüglichen Regelungen dargestellt, analysiert und gewürdigt. Der Aufbau dieses Abschnitts richtet sich nach dem für den SFCR in Anlage XX der DVO vorgegebenen Gliederungsschema und der Abschnitt ist nach den in der DVO vorgegebenen Berichtsgegenständen weiter untergliedert. Denn bezüglich der Solvabilitätspublizität ist die DVO die einzige Rechtsquelle, durch die die Berichtsgegenstände zugleich vollständig abgebildet und für diese Untersuchung ausreichend granular vorgegeben werden. Anschließend werden je Berichtsgegenstand Vorschläge dafür unterbreitet, wie die Berichtskapitel basierend auf den hergeleiteten Informationsbedürfnissen der Adressaten inhaltlich zu gestalten sind.

In **Abschnitt 6** wird die aufsichtsrechtlich neu eingeführte Solvabilitätspublizität ganzheitlich gewürdigt und die wesentlichen Empfehlungen, welche die Vorschriften für die inhaltliche Gestaltung der Berichte über die Solvabilität und Finanzlage konkretisieren sollen, zusammengefasst.

In **Abschnitt 7** wird ein Ausblick auf die künftigen Entwicklungen gegeben und weiterer Forschungsbedarf formuliert, welcher entstehen wird, sobald die ersten Berichte über die Solvabilität und Finanzlage von den Versicherungsunternehmen publiziert sein werden.

2 Besonderheiten des Versicherungsgeschäfts und Grundlagen der Solvabilitätsaufsicht

21 Vorbemerkungen

Werden versicherungsaufsichtsrechtliche Berichtsvorschriften danach beurteilt, ob sie dem Zweck[63] der Solvabilitätsberichterstattung dienen, nämlich dass Versicherungsunternehmen geeignete Informationen über ihre Solvabilität und Finanzlage an die Öffentlichkeit vermitteln, müssen dieser Beurteilung ausgewählte wirtschaftliche Grundlagen des Versicherungsgeschäfts und der damit einhergehenden Solvabilitätsaufsicht von Versicherungsunternehmen vorangestellt werden. Die Kenntnis dieser Grundlagen ist vorauszusetzen, um die Schutzbedürftigkeit der Versicherungsnehmer zeigen zu können und ihre potentiellen Informationsinteressen herzuleiten, welche für die in dieser Untersuchung entwickelten, branchenspezifischen, inhaltlichen Gestaltungsempfehlungen für die Solvabilitätspublizität zu beachten sind. Im nachfolgenden Abschnitt werden daher zunächst die Besonderheiten bei der „Produktion" von Versicherungsschutz und ihre Bedeutung für die Marktregulierung dargestellt (Abschnitt 22).[64] In Abschnitt 23 werden die Grundlagen der Regulierung und Aufsicht von Versicherungsunternehmen nach den bis zum Inkrafttreten von Solvency II am 1. Januar 2016 geltenden Vorschriften (Solvency I) und nach den künftigen Regelungen von Solvency II beschrieben. Insbesondere ein Überblick über das Solvency II-Projekt ist notwendig, um die Entstehungsgeschichte der neuen Vorschriften nachvollziehen zu können und um die aufsichtsrechtlich vorgegebenen Berichtsgegenstände des SFCR in den Gesamtkontext der neuen Versicherungsaufsichtsvorschriften einordnen zu können. Seine Kenntnis ist vorauszusetzen, um geeignete Konkretisierungen für die Berichtspflichten formulieren zu können.

---

63 Vgl. zum Zweck der Solvabilitätspublizität ausführlich Abschnitt 34.

64 Auf einen Überblick über die Versicherungszweige und Teilbereiche des Versicherungsgeschäfts wird hier verzichtet. Vgl. dazu statt vieler SURREY, I., Bilanzierung von Versicherungsgeschäften, S. 25- 48 mit Verweisen auf das einschlägige Schrifttum.

22 Besonderheiten des Versicherungsgeschäfts und ihre Bedeutung für die Versicherungsregulierung

Versicherungsunternehmen „produzieren“ Versicherungsschutz und setzen diesen zur nutzenstiftenden Verwendung an ihre Kunden, die Versicherungsnehmer, ab.[65] Versicherungsschutz ist ein notwendiges Sicherheitsgut, durch das die Gefahr, dass bestehende Einkommensquellen und Vermögenswerte sowohl von Haushalten als auch von Unternehmen beeinträchtigt werden, auf ein Versicherungsunternehmen gegen (periodische) Prämienzahlung übertragen wird. Das Kerngeschäft von Versicherungsunternehmen besteht darin, Risiken zu übernehmen.[66] Versicherungsunternehmen erfüllen dabei eine wichtige volkswirtschaftliche Aufgabe.[67]

Wesentliche Charakteristika des Versicherungsprodukts sind die Zeitraumbezogenheit, die Stochastizität, die Kollektivbezogenheit und die Immaterialität.[68] Die **Zeitraumbezogenheit** drückt sich in den kontinuierlichen und permanenten Produktionsprozessen von Versicherungsschutz aus, welche einerseits eine (periodische) Prämienzahlung des Versicherungsnehmers und andererseits bei Eintritt des versicherten Ereignisses eine Zahlung der Versicherung auslösen.[69] Diese Zahlungen fallen zeitlich auseinander. Der Versicherungsnehmer als Kunde des Versicherungsunternehmens geht mit seiner Prämienzahlung in Vorleistung und wird so zum Gläubiger des Versicherungsunternehmens.[70] Demgegenüber gewährt das Versicherungsunternehmen einen Versicherungsschutz, der dem Abschluss des Versicherungsvertrags (Absatz) zeitlich nachgelagert ist.[71] Der Versicherungsnehmer kann dadurch erst ex post die Qualität des Versicherungsschutzes abschließend beurteilen.[72] Ver-

[65] Vgl. FARNY, D., Versicherungsbetriebslehre, S. 21, 584.

[66] Ferner umfasst das Produkt Versicherungsschutz regelmäßig ein Spar- und Entspargeschäft sowie ein Dienstleistungsgeschäft. Vgl. ausführlich FARNY, D., Versicherungsbetriebslehre, S. 21-57, 584 f.

[67] Vgl. FARNY, D., Versicherungsbetriebslehre, S. 96.

[68] Vgl. ROCKEL, W., U. A., Versicherungsbilanzen, S. 7-10; RITTMANN, M., Neuausrichtung der Versicherungsaufsicht, S. 18-19.

[69] Vgl. ROCKEL, W., U. A., Versicherungsbilanzen, S. 7.

[70] Vgl. zu diesem Vorauszahlungsprinzip auch BÜTTNER, T./GOECKE, O./KNOBLAUCH, R., Liquiditätsrisiken bei Versicherungsunternehmen, S. 62. Vgl. zu der Rolle des Versicherungsnehmers als Gläubiger und Schuldner bereits Fn. 10.

[71] Vgl. ALBRECHT, P., Versicherungsproduktion, S. 317.

[72] Vgl. zur Qualität als Aspekt des Versicherungsproduktes ausführlich VELTHUIS, A., Qualität als Aspekt des Versicherungsproduktes, o. A.

sicherungsprodukte sind also als Erfahrungs- bzw. Vertrauensgüter zu kategorisieren.[73] Sie zeichnen sich dadurch aus, dass die Produkteigenschaften frühestens nach dem Kauf bzw. erst bei Eintritt eines versicherten Ereignisses festgestellt werden können. **Stochastizität** bedeutet, dass die „vom Versicherer versprochenen finanziellen Leistungen [...] vom unsicheren Eintritt bestimmter versicherter Tatbestände“ [74] abhängen. Daher können die Aufwendungen des Versicherungsunternehmens der Zeit nach bzw. der Zeit und Höhe nach ex ante nicht mit Sicherheit bestimmt werden.[75] Diese Unsicherheit wirkt damit auch auf die (unsichere) künftige Solvabilitäts- und Finanzlage eines Versicherungsunternehmens. Versicherungsschutz lässt sich vom Versicherungsunternehmen nur für ein großes Kollektiv von Versicherungsnehmern produzieren, weil erst durch das Gesetz der großen Zahl die zahlreichen stochastisch auftretenden Einzelrisiken bei dem Versichertenkollektiv zu einem berechenbaren Gesamtrisiko werden. Eine **Kollektivbildung** ist also Voraussetzung dafür, dass das Versicherungsunternehmen die aus der Stochastizität resultierenden Risiken tragen kann. Mit wachsendem Versicherungskollektiv werden die relativen Schwankungen der Aufwendungen geringer.[76] Die **Immaterialität** des Versicherungsprodukts zeigt sich dadurch, dass das Gut Versicherungsschutz weder lager- noch transportfähig ist.[77] Die Immaterialität kann dazu beitragen, dass Versicherungsprodukte den Kunden weniger vertraut und verständlich sind als dingliche Güter und deswegen besonders erläuterungsbedürftig sind. Versicherungskunden können die Qualität eines Versicherungsanbieters und -produkts deswegen auch nur eingeschränkt selbst beurteilen.

73 Nach dem Grad der Unsicherheit und der Überprüfbarkeit von Eigenschaften sowie den damit verbundenen Informationskosten werden Suchgüter, Erfahrungsgüter und Vertrauensgüter (inkl. Kontraktgütern) unterschieden. Die Unterscheidung von Such- und Erfahrungsgütern geht auf NELSON zurück. Vgl. NELSON, P., Information and Consumer Behavior, S. 312; NELSON, P., Advertising as Information, S. 730. BLANKART/POMMEREHNE ergänzten diese Klassifizierung um das Vertrauensgut. Vgl. BLANKART, C./POMMEREHNE, W., Wettbewerb und Markt, S. 438. Vertrauensgüter sind Güter, bei denen die Güterqualität selbst nach Kauf (also durch Erfahrung) nicht immer feststellbar ist. Das Vertrauensgut stellt einen Spezialfall der Erfahrungsgüter dar, in dem die Wiederholungskauffrequenz so gering ist, dass aufgrund der fehlenden Erfahrung mit dem Gut nach dem Kauf keine Schlussfolgerungen über die Qualität des Guts gezogen werden können. Dies trifft auf die meisten Versicherungsprodukte zu. Hier kann die Qualität des Versicherungsschutzversprechens i. d. R. erst dann erkannt werden, wenn ein versichertes Ereignis eingetreten ist. Dies kann unter Umständen nie oder erst Jahrzehnte nach Vertragsschluss sein.

74 ROCKEL, W., U. A., Versicherungsbilanzen, S. 8, Auslassung durch den Verfasser.

75 Vgl. für ein Zahlenbeispiel zum Risikoausgleich über die Zeit, der den Risikoausgleich im Kollektiv überlagert FÜHRER, C./GRIMMER, A., Versicherungsbetriebslehre, S. 23.

76 Vgl. RITTMANN, M., Neuausrichtung der Versicherungsaufsicht, S. 18. Ferner entsteht ein Risikoausgleich über die Zeit.

77 Vgl. FARNY, D., Versicherungsbetriebslehre, S. 585.

Nach dem Transfer von Risiken vom Versicherungsnehmer auf ein Versicherungsunternehmen ist der Versicherungsnehmer im Versicherungsfall darauf angewiesen, dass das Versicherungsunternehmen gemäß seinem vertraglich gegebenen Dauerschutzversprechen eine vereinbarte Versicherungsleistung erbringt. Anderenfalls würden der Versicherungsnehmer und/oder ein zu entschädigender Dritter einen finanziellen Schaden erleiden, obwohl er sich gerade vor diesem Schaden durch den Transfer von Risiken auf ein Versicherungsunternehmen zu schützen versucht hat.[78] Die Erfüllungssicherheit des Dauerschutzversprechens ist daher ein wichtiges Qualitätsmerkmal für das Versicherungsprodukt.[79] ALBRECHT führt dazu aus: „Die Produktion von Versicherungsschutz, d. h. das Versprechen von Sicherheit, setzt voraus, daß der Versprechende selbst, also das Versicherungsunternehmen, ein hohes Maß an Existenzsicherheit aufweisen muß. Das Versicherungsschutzversprechen hat nur dann einen Sinn, wenn es mit sehr hoher Wahrscheinlichkeit auch eingelöst werden kann.“[80] Ein daraus abgeleitetes Sicherheitsziel für den Bestand des Versicherungsunternehmens steht indes in einem gewissen konkurrierenden Verhältnis zu dem Ziel privatwirtschaftlicher[81] Versicherungsunternehmen, Gewinne zu erzielen (Ertragsziel)[82] bzw. die Eigenkapitalrendite zu maximieren.[83] Die an das Versicherungsunternehmen gerichteten Interessen der Versicherungsnehmer und der Eigner des Versicherungsunternehmens können daher divergieren. Zugleich ist zu beachten, dass Versicherungsnehmer „häufig zu wenig von den Risiken, die ein Versicherungsunternehmen eingeht“[84], verstehen. Die Interessen der Versicherungsnehmer werden daher durch eine staatliche Regulierung des

---

78 Vgl. RITTMANN, M., Neuausrichtung der Versicherungsaufsicht, S. 11.

79 Vgl. RITTMANN, M., Neuausrichtung der Versicherungsaufsicht, S. 11; TELSCHOW, I., Steuerung von Versicherungsunternehmen, S. 32.

80 ALBRECHT, P., Gewinn und Sicherheit, S. 3.

81 Den Versicherungsvereinen auf Gegenseitigkeit sowie Anstalten und Körperschaften des öffentlichen Rechts wird auch das Ziel der Bedarfsdeckung zugeschrieben. Vgl. FARNY, D., Versicherungsbetriebslehre, S. 95, 333-335.

82 Vgl. FARNY, D., Versicherungsbetriebslehre, S. 333-341. Vgl. zu dem Zielkonflikt zwischen dem Sicherheitsziel „Verdienstquelle sichern“ und dem Ertragsziel „Geld verdienen“ auch BAETGE, J., Bilanzen, S. 5 f.; BAETGE, J./KIRSCH, H.-J./THIELE, S., Bilanzen, S. 6 f.

83 Als Ziele von Versicherungsunternehmen sind der Vollständigkeit wegen zu nennen: Gewinnziele, Sicherheitsziele, Bedarfsdeckungsziele, Wachstumsziele und sonstige nicht monetäre Ziele. Vgl. für eine Zusammenfassung HARTUNG, T., Versicherungsgesellschaften, S. 123-132.

84 EHRLICH, K., Wertorientierte Steuerung von Versicherungsunternehmen, S. 16.

Versicherungsgewerbes und durch eine Versicherungsaufsicht geschützt,[85] wodurch die Versicherungsbranche zu den am stärksten regulierten Branchen zählt.[86]

23 Solvabilitätsaufsicht von Versicherungsunternehmen

231. Vorbemerkungen

Zur Regulierung und Beaufsichtigung von Versicherungsunternehmen existiert eine Vielzahl von Aufsichtsmitteln. Sie lassen sich nach zahlreichen rechtlichen und faktischen Kriterien gliedern. Die Aufsichtsmittel umfassen Publizitätsvorschriften, die Vorgabe von diversen Normen z. B. für den Geschäftsbetrieb und die Produkte eines Versicherungsunternehmens, die Eintragung der Versicherungsunternehmen in ein Register, die Konzession von Versicherungsunternehmen sowie materielle Eingriffe in den Geschäftsbetrieb der Versicherungsunternehmen z. B. im Falle von Verstößen gegen Normen.[87] Im folgenden Abschnitt wird das Aufsichtsmittel „Vorgabe von Normen“ für die Geschäftstätigkeit der Versicherungsunternehmen, und hier insb. von Normen für die Ausstattung mit Eigenmitteln *(Solvabilitätsnormen)*, welche durch Solvency II neu geregelt werden, erläutert.[88] Gemäß diesen Normen „müssen Versicherungsunternehmen bestimmte Solvabilitätsmittel in Form von Eigenkapital oder anderen Sicherheitsmitteln zur Verfügung halten, wodurch eine Mindestsicherheit der Ansprüche der Versicherungsnehmer gewährleistet“[89] werden soll.

In den Abschnitten 232 und 233 werden zunächst der Solvabilitätsbegriff definiert und die nach dem bisherigen Versicherungsaufsichtsgesetz (VAG a. F.)[90] geltenden Solvabilitäts-

---

85 Eine solche Begründung der Existenz und Berechtigung der staatlichen Regulierung des Versicherungsmarktes und Aufsicht über die Versicherungsanbieter wird im Schrifttum, z. B. von FARNY, der sog. Schutztheorie zugeordnet. Vgl. FARNY, D., Versicherungsbetriebslehre, S. 110. Vgl. auch FÜHRER, C./GRIMMER, A., Versicherungsbetriebslehre, S. 299. Vgl. dazu ausführlich bereits Fn. 9.

86 Vgl. SCHRADIN, H., Entwicklung der Versicherungsaufsicht, S. 611. Neben dem Schutz der Interessen der Versicherungsnehmer liegen weitere Ziele der staatlichen Regulierung und Versicherungsaufsicht darin, Missstände im Versicherungswesen zu verhindern und zu beseitigen (Gefahrentheorie/(gewerbe-)polizeiliche Theorie), die Funktionsfähigkeit der Versicherungswirtschaft sowie faire und transparente Märkte zu gewährleisten (Strukturtheorie) und das Versicherungswesen für allgemeine und besondere wirtschaftspolitische Zwecke zu nutzen (wirtschaftspolitische Theorie). Vgl. ausführlich FARNY, D., Versicherungsbetriebslehre, S. 108-144.

87 Vgl. zu diesen Kriterien ausführlich FARNY, D., Versicherungsbetriebslehre, S. 112-114.

88 Vgl. FARNY, D., Versicherungsbetriebslehre, S. 113. Vgl. zu den weiteren Inhalten der Versicherungsaufsicht FARNY, D., Versicherungsbetriebslehre, S. 133-141.

89 FARNY, D., Versicherungsbetriebslehre, S. 113.

90 Im Folgenden wird mit „VAG a. F.“ die Fassung des Versicherungsaufsichtsgesetzes bezeichnet, welche bis zur Umsetzung der Solvency II-Richtlinie (2009/138/EG) (zuletzt geändert durch die

normen in ihren Grundzügen dargestellt. Deren Kenntnis ist Voraussetzung für das Verständnis der Reformmotive und des damit einhergehenden neuen Aufsichtsmodells von Solvency II. Anschließend werden die Entstehungsgründe und Ziele der Reform von diesen Solvabilitätsnormen durch Solvency II (Abschnitt 234.1) und das dem neuen Versicherungsaufsichtsrecht zugrunde liegende 3-Säulen-Modell, mit welchem die Reformziele erreicht werden sollen (Abschnitt 234.2), dargestellt. Mithilfe der Kenntnis der Solvency II-Architektur können die Berichtsgegenstände des Berichts über die Solvabilität und Finanzlage in den Gesamtkontext der neuen Versicherungsaufsichtsvorschriften eingeordnet werden. Dies ist notwendig, um geeignete Konkretisierungen für die Berichtspflichten in Form von inhaltlichen Gestaltungsempfehlungen formulieren zu können.

232. Der Solvabilitätsbegriff

Im Bereich des Versicherungswesens hat sich keine eindeutige Definition des Begriffs „Solvabilität" etabliert bzw. der Begriff wird unterschiedlich gebraucht.[91] Mit Bezug auf die Versicherungsaufsicht wird „Solvabilität" in drei verschiedenen, indes miteinander verwandten, Bedeutungen verwendet.[92]

„Solvabilität" wird erstmals in dem Kompositum **„Solvabilitätsspanne"** in den Diskussionen über die ersten beiden EWG-Koordinierungsrichtlinien[93] auf dem Versicherungssektor erwähnt.[94] Der in der ersten Koordinierungsrichtlinie für den Versicherungssektor, die in

Omnibus-II-Richtlinie (2014/51/EU)) in deutsches Recht Gültigkeit besaß. Mit „VAG n. F." wird auf die durch das Gesetz zur Modernisierung der Finanzaufsicht über Versicherungen geänderte Fassung referenziert, welche ab 1. Januar 2016 in Kraft tritt. Vgl. Art. 3 Abs. 1 des Gesetzes zur Modernisierung der Finanzaufsicht über Versicherungen. Vgl. zur Omnibus-II-Richtlinie: Richtlinie 2014/51/EU des Europäischen Parlaments und des Rates vom 16. April 2014 zur Änderung der Richtlinien 2003/71/EG und 2009/138/EG und der Verordnungen (EG) Nr. 1060/2009, (EU) Nr. 1094/2010 und (EU) Nr. 1095/2010 im Hinblick auf die Befugnisse der Europäischen Aufsichtsbehörde (Europäische Aufsichtsbehörde für das Versicherungswesen und die betriebliche Altersversorgung) und der Europäischen Aufsichtsbehörde (Europäische Wertpapier- und Marktaufsichtsbehörde). Im Folgenden „Omnibus-II-Richtlinie" genannt, zitiert mit EU, RL 2014/51/EU.

91 Vgl. MÜLLER, H., Neuordnung, S. 358; HENNIES, M., Finanzaufsicht, S. 73.

92 Vgl. EUROPÄISCHE KOMMISSION, MARKT/2535/02-DE, S. 13.

93 Durch die Koordinierungsrichtlinie 73/239/EWG von 1973 für die Schadenversicherung und die Koordinierungsrichtlinie 79/267/EWG von 1979 für die Lebensversicherung wurden europäische Rechts- und Verwaltungsvorschriften zur Aufnahme und Ausübung der Tätigkeit der Direktversicherung festgelegt. Vgl. zur Geschichte und Entwicklung des Versicherungsaufsichtsrechts in der europäischen Gemeinschaft ausführlich TIGGES, M., Entwicklung der Versicherungsaufsicht, S. 129-141.

94 Vgl. MÜLLER, H., Solvabilitätsvorschriften, S. 723.

französischer Sprache verfasst worden war, verwendete Ausdruck *„marge de solvabilité"* wurde „in mehr oder weniger verballhornter Weise"[95] in die deutsche Sprache übernommen, als die Richtlinie ins Deutsche übersetzt und in nationales Recht umgesetzt wurde.[96] Die Solvabilitätsspanne[97] bezeichnet indes keine Bandbreite an Werten, wie der Ausdruck Spanne vermuten lässt, sondern einen „wohldefinierten Kapitalbetrag"[98], nämlich die aufsichtsrechtlich geforderte Mindesteigenmittelausstattung („Mindestspanne"[99]) von Versicherungsunternehmen, welche sich nach VAG a. F. nach dem Geschäftsumfang bemisst.[100] Der geforderten Mindesteigenmittelausstattung werden die für die Erfüllung zulässigen Eigenmittel gegenübergestellt („verfügbare Spanne"[101]).[102] Daher bedeutet Solvabilität zunächst einmal „genormte Mindestrelationen zwischen bestimmten Größen des Jahresabschlusses."[103]

Mit der zweiten, allgemeiner gefassten Bedeutung des Begriffs „Solvabilität" wird allgemein auf all jene Vorschriften referenziert, mit denen die zeitpunktbezogene **Finanzsolidität** von Versicherungsunternehmen sichergestellt werden soll.[104] Diese Vorschriften beziehen sich nicht nur auf die o. g. Solvabilitätsspannenanforderung zum Bewertungsstichtag, sondern auch auf die Vorschriften darüber, wie die versicherungstechnischen Rückstellungen zu berechnen und Werte der Vermögensgegenstände[105] bzw. der Vermögenswerte[106] zu ermitteln sind. Diese Begriffsauffassung ist durch das Solvency I-Regime[107] geprägt. Würde indes unter dem Begriff „Solvabilität" nur die Fähigkeit eines Versicherungsunternehmens ver-

95 MÜLLER, H., Solvabilitätsvorschriften, S. 723.

96 Siehe bspw. § 53c VAG a. F.

97 Das aufsichtsrechtliche Konzept der Solvabilitätsspanne wird im folgenden Abschnitt 233 erläutert.

98 SCHRADIN, H., Entwicklung der Versicherungsaufsicht, S. 617.

99 Die Mindestspanne wird auch als „Soll-Solvabilität" bezeichnet. Vgl. FARNY, D., Solvabilität, S. 40, 44 f.

100 Vgl. § 53c VAG a. F. i. V. m. der Verordnung über die Kapitalausstattung von Versicherungsunternehmen (KapAusstV). Der Wortzusatz „Spanne" wird in der Kommentarliteratur als missglückt bezeichnet. Vgl. GAUSE, B., in: Münchener Kommentar zum VVG, Systematische Einführung in das Aufsichtsrecht, Rn. 315.

101 Die verfügbare Spanne wird auch als „Ist-Solvabilität" bezeichnet. Vgl. FARNY, D., Solvabilität, S. 45 f.

102 Vgl. dazu Abschnitt 233.

103 FARNY, D., Solvabilität, S. 38.

104 Vgl. EUROPÄISCHE KOMMISSION, MARKT/2535/02-DE, S. 13.

105 Vgl. § 253 Abs. 1 HGB.

106 Vgl. IAS 38 (Immaterielle Vermögenswerte).

107 Vgl. zu Solvency I Abschnitt 233.

standen, seinen vertraglichen (finanziellen) Verpflichtungen nachzukommen, wäre der Begriff nicht von dem Begriff „Solvenz" unterscheidbar.[108]

In der Diskussion über das neue Versicherungsaufsichtssystem Solvency II wird daher mit dem Begriff **„Gesamtsolvabilität"** die zuletzt genannte Begriffsauffassung, nämlich Finanzsolidität, um qualitative Aspekte ergänzt, welche zu der dritten Bedeutung erweitert wird.[109] Gemäß dieser Begriffsfassung sind bei der Bestimmung der Finanzsolidität explizit auch unternehmensspezifische Aspekte des Geschäftsbetriebs (Produkte, Preise, Verwaltung, Qualität der Führungskräfte usw.) sowie des Umfelds (Konjunkturzyklus, Wettbewerbsbedingungen, usw.) zu berücksichtigen.[110] So wird der Terminus „Gesamtsolvabilität" nach der Europäischen Kommission zugleich zum Sinnbild einer grundsätzlichen Neukonzeption des europäischen Versicherungs-Aufsichtssystems.[111]

Der auch im deutschen verwendete englische Projektname „Solvency II" wird als Schlagwort für ein neues komplexes Solvabilitätssystem verwendet, welcher sich am besten mit „Finanzaufsicht" umschreiben lässt.[112]

Die Ausführungen belegen, dass der Begriff Solvabilität durch seine Eindeutschung aus dem Französischen nicht eindeutig definiert bzw. im Kontext des Projekts Solvency II nicht trennscharf abgegrenzt werden kann. Besonders deutlich zeigt sich dies beim Begriff der Solvenz- bzw. Solvabilitätskapitalanforderung. Hierbei handelt es sich um eine zentrale Rechengröße von Solvency II.[113] Diese wird in der deutschen Fassung der Solvency II-Richtlinie als „Solvenzkapitalanforderung"[114] bezeichnet, im Versicherungsaufsichtsgesetz n. F., das diese Richtlinie in nationales Recht umsetzt, indes als „Solvabilitätskapitalanforderung"[115].

108 Vgl. MÜLLER, H., Neuordnung, S. 358; HENNIES, M., Finanzaufsicht, S. 73.

109 Vgl. EUROPÄISCHE KOMMISSION, MARKT/2535/02-DE, S. 14.

110 Vgl. EUROPÄISCHE KOMMISSION, MARKT/2535/02-DE, S. 14.

111 Vgl. EUROPÄISCHE KOMMISSION, Aufsichtssystem, S. 1, 3. Zur Neukonzeption des europäischen Aufsichtssystems vgl. Abschnitt 234.1.

112 Vgl. SCHRADIN, H., Entwicklung der Versicherungsaufsicht, S. 618.

113 Vgl. dazu Abschnitt 234.22.

114 Z. B. EU, RL 2009/138/EG, Art. 101.

115 Z. B. §§ 96, 97 VAG n. F.

233. Solvency I und die Solvabilitätsaufsicht gemäß dem bis 31.12.2015 geltenden Versicherungsaufsichtsgesetz

Gelegentlich werden unter dem Begriff „Solvency I" sämtliche europäische Rechtsgrundlagen zur Solvabilitätsaufsicht von (Rück-)Versicherungsunternehmen, -gruppen und Finanzkonglomeraten subsumiert, die anzuwenden sind, bis Solvency II in Kraft tritt.[116] Präziser lässt sich Solvency I als das vorangegangene Reformprojekt bezeichnen, durch das das bis dahin gültige Solvabilitätssystem in Europa modifiziert wurde, und welches von der EU durch zwei Richtlinien im Jahr 2002 verabschiedet und anschließend von den Mitgliedstaaten in nationales Recht umgesetzt wurde.[117] Der Ursprung von Solvency I liegt im Jahr 1994, in dem eine Kommission unter Leitung von Dr. Helmut Müller (sog. Müller-Kommission) einberufen wurde, welche eine „komparative[ ] Bestandsaufnahme der derzeit gültigen Solvabilitätssysteme in Europa"[118] vornahm und im sog. Müller-Bericht im Jahr 1997 Diskussionsvorschläge zur Modernisierung der europäischen Solvabilitätsaufsicht unterbreitete.[119] Diese Vorschläge waren indes eher als Modifikationen von und Ergänzungen zu den bis dato geltenden Regelungen anzusehen, da „das derzeitige einfache und solide System, das auf gesunden Grundsätzen basiert und eine umfassende Transparenz aufweist, zufrieden stellend funktioniert"[120] habe.[121]

Gemäß den Solvabilitätsvorschriften des bisherigen VAG (Solvency I) wird die Solvabilität eines Versicherungsunternehmens[122] bestimmt, indem zwei überwiegend aus dem handels-

[116] Vgl. FARNY, D., Solvabilität, S. 812; HARTUNG, T., Versicherungsaufsicht, S. 54; Erwägungsgrund 63 der Omnibus-II-Richtlinie (2014/51/EU).

[117] Die Richtlinie 2002/13/EG wurde zur Änderung der „Ersten Schadenversicherungsrichtlinie 73/239/EWG" und die Richtlinie 2002/12/EG, inzwischen ersetzt durch die Richtlinie 2002/83/EG, wurde zur Änderung der „Ersten Lebensversicherungsrichtlinie 79/267/EWG" aus den 1970er Jahren verabschiedet. Die Aufsicht über Versicherungsgruppen (sog. solo-plus-Aufsicht) und Finanzkonglomerate wurde mit den Richtlinien 98/78/EG und 2002/87/EG geregelt.

[118] SCHRADIN, H., Entwicklung der Versicherungsaufsicht, S. 633, Auslassung durch den Verfasser.

[119] Vgl. SCHRADIN, H., Entwicklung der Versicherungsaufsicht, S. 633.

[120] EU, Richtlinie 2002/13/EG des europäischen Parlaments und des Rates vom 5. März 2002 zur Änderung der Richtlinie 73/239/EWG des Rates hinsichtlich der Bestimmungen über die Solvabilitätsspanne für Schadenversicherungsunternehmen, Nr. 6 der Begründung in der Richtlinie.

[121] Für eine Auflistung der wesentlichen Änderungen durch Solvency I an der zuvor bestehenden Solvenzaufsicht wird auf das Schrifttum zu Solvency I verwiesen. Vgl. etwa SCHRADIN, H., Entwicklung der Versicherungsaufsicht, S. 633-639.

[122] Die folgenden Ausführungen beziehen sich – wie die gesamte Untersuchung – auf ein einzelnes Versicherungsunternehmen („Solo-Solvabilität"), da nur die Grundzüge der Solvabilitätsvorschriften gezeigt werden sollen. Bezüglich der abweichenden und ergänzenden Spezialvorschriften für Versicherungsgruppen (Konzernsolvabilität, „Solo-Plus-Solvabilität") und Finanzkonglomerate so-

rechtlichen Jahresabschluss ermittelte Kenngrößen – das Solvabilitäts-Soll und das Solvabilitäts-Ist – miteinander verglichen werden.[123] Das **Solvabilitäts-Soll** bezeichnet die aufsichtsrechtlich geforderte Höhe an sog. „freie[n] unbelastete[n] Eigenmittel[n]“[124] eines Versicherungsunternehmens, welche sich nach dem gesamten Geschäftsumfang des Versicherungsunternehmens bestimmt. Beim Solvabilitäts-Soll werden drei Ausprägungen unterschieden: (1) der „Mindestgarantiefonds“ als absoluter Mindestbetrag, (2) der „Garantiefonds“, der als ein Drittel der Solvabilitätsspanne definiert ist und (3) die „Solvabilitätsspanne“ als bedeutendste Ausprägungsform, deren Ermittlungsmethodik im folgenden Absatz erläutert wird. Rechtsgrundlagen sind § 53c VAG a. F. und die Verordnung über die Kapitalausstattung von Versicherungsunternehmen (Kapitalausstattungs-Verordnung – KapAusstV).[125] Das **Solvabilitäts-Ist** entspricht den tatsächlich vorhandenen Eigenmitteln des Versicherungsunternehmens, die zum „Nachweis einer ausreichenden Unternehmenssicherheit“[126] stets[127] mindestens in Höhe des geforderten Solvabilitäts-Solls vorhanden sein müssen.[128] Wird dies nicht gewährleistet, können gemäß § 81b VAG a. F. verschiedene Maßnahmen von der Aufsichtsbehörde ergriffen werden, die das Versicherungsunternehmen wieder zu gesunden Finanzverhältnissen führen sollen.[129]

Die Solvabilitätsspanne als bedeutendste Ausprägungsform des Solvabilitäts-Solls wird sparten- und versicherungszweigspezifisch ermittelt.[130] Sie dient als Maßgröße bzw. **Schätzer für die Gesamtrisikolage** des Versicherungsunternehmens.[131] Für das Nicht-Lebensversicherungsgeschäft wird die Solvabilitätsspanne als der höhere Betrag aus Bei-

wie die für Rückversicherungsunternehmen wird auf das Schrifttum verwiesen. Vgl. etwa FARNY, D., Versicherungsbetriebslehre, S. 830-837.

[123] Vgl. MÜLLER, H., Solvabilitätsvorschriften, S. 725.

[124] § 53c Abs. 1 VAG a. F.

[125] Vgl. auch DIENER, M./NEUKAMP, C., Finanzverfassung, S. 157-160.

[126] FARNY, D., Versicherungsbetriebslehre, S. 811.

[127] Gemäß § 53c VAG a. F. sind die Solvabilitätsanforderungen stets zu erfüllen. Aufgrund der Verwendung von Daten aus dem Jahresabschluss kann der Nachweis indes nur stichtagsbezogen erfolgen. Vgl. zu dieser Problematik FARNY, D., Versicherungsbetriebslehre, S. 813.

[128] Vgl. MÜLLER, H., Solvabilitätsvorschriften, S. 725.

[129] Vgl. RITTMANN, M., Neuausrichtung der Versicherungsaufsicht, S. 30; FARNY, D., Versicherungsbetriebslehre, S. 812, 816.

[130] Vgl. DIENER, M./NEUKAMP, C., Finanzverfassung, S. 156.

[131] Vgl. FARNY, D., Versicherungsbetriebslehre, S. 812.

trags- oder Schadenindex definiert.[132] Der Beitragsindex wird auf Basis der Bruttoprämien[133] des letzten Geschäftsjahres und der Selbstbehaltungsquote[134], der Schadenindex als durchschnittliche Schadenaufwendungen für Versicherungsfälle der letzten drei bzw. sieben Geschäftsjahre unter Berücksichtigung der Selbstbehaltungsquote – jeweils mittels vorgegebener Anrechnungsmultiplikatoren – ermittelt.[135] Im Lebensversicherungsgeschäft basiert die Solvabilitätsspanne im Wesentlichen auf dem riskierten Kapital (versicherungstechnisches Risiko) und den mathematischen Reserven (Kapitalanlagerisiko) – ebenfalls unter Berücksichtigung gewisser Selbstbehaltungsquoten und Anrechnungsmultiplikatoren.[136] Das riskierte Kapital wird als Unterschiedsbetrag zwischen den im Vertragsbestand zugesagten Versicherungssummen und dem dafür angesparten Kapital ermittelt. Die mathematischen Reserven entsprechen dem versicherungstechnisch berechneten Fremdkapital, aus dem die Kapitalanlagen finanziert werden.[137]

Das Solvabilitäts-Ist als sogenannte freie unbelastete Eigenmittel ist aus dem bilanziellen Eigenkapital abzuleiten. Hierzu werden bestimmte Bestandteile vom handelsrechtlichen Eigenkapital abgezogen und andere ggfs. hinzugerechnet.[138]

Als Zwischenfazit ist hervorzuheben, dass im Rahmen der Regulierung und Beaufsichtigung der finanziellen Verhältnisse eines Versicherungsunternehmens gemäß der Solvenz-

---

132 Vgl. § 1 KapAusstV; DIENER, M./NEUKAMP, C., Finanzverfassung, S. 157; RITTMANN, M., Neuausrichtung der Versicherungsaufsicht, S. 30.

133 Als Bruttoprämien oder auch Bruttobeiträge werden die vom Versicherungsnehmer zu zahlenden Versicherungsprämien für den Versicherungsschutz (einschließlich aller kalkulierten Nebenkosten) bezeichnet. Vgl. zum Ermittlungsschema der sog. gebuchten Bruttobeiträge § 36 RechVersV; ROCKEL, W., U. A., Versicherungsbilanzen, S. 233 f. Die Verordnung über die Rechnungslegung der Versicherungsunternehmen (RechVersV) wurde auf Basis der Verordnungsermächtigung in § 330 HGB erlassen, um das HGB nicht unnötig mit branchenspezifischen Regelungen auszudehnen.

134 Die Selbstbehaltungsquote ist eine versicherungstechnische Kennzahl, mit der der Anteil des Risikos des Erstversicherers, welcher nicht durch eine Rückversicherung gedeckt wird, gemessen wird. Sie ermittelt sich als Verhältnis des Geschäfts für eigene Rechnung zum Bruttogeschäft bzw. der Netto- zu den Bruttoaufwendungen für Versicherungsfälle. Vgl. dazu auch FARNY, D., Periodenrechnung im Versicherungsunternehmen, S. 161; KISLAT, D., Kapitalanlagen und Controlling, S. 234, 237.

135 Vgl. ausführlich § 1 KapAusstV; FARNY, D., Versicherungsbetriebslehre, S. 817 f.; DIENER, M./NEUKAMP, C., Finanzverfassung, S. 157-159.

136 Vgl. § 4 KapAusstV; FARNY, D., Versicherungsbetriebslehre, S. 821; RITTMANN, M., Neuausrichtung der Versicherungsaufsicht, S. 30 f.; DIENER, M./NEUKAMP, C., Finanzverfassung, S. 159-160.

137 Vgl. FARNY, D., Versicherungsbetriebslehre, S. 819; RITTMANN, M., Neuausrichtung der Versicherungsaufsicht, S. 31.

138 Vgl. ausführlich zu den in die Eigenmittel einbeziehbaren und davon abzuziehenden Bestandteilen § 53c Abs. 3 VAG a. F. i. V. m. Rundschreiben R 4/2005 der BaFin. Vgl. BAFIN, R 4/2005 (VA).

aufsicht nach bisherigem VAG einfache, pauschale, quantitativ orientierte und numerisch fest vorgegebene Regeln angewendet werden, mit denen die Risikolage des Versicherungsunternehmens aus Größen des handelsrechtlichen Jahresabschlusses ermittelt bzw. geschätzt wird und die Höhe der vorzuhaltenden Eigenmittel danach bestimmt werden sollen.[139] Sie spiegeln aber eher nur zufällig die tatsächliche Risikolage des Versicherungsunternehmens wider. Im Rahmen der Solvenzaufsicht nach altem VAG werden entsprechende Berichte an die Aufsichtsbehörde übermittelt,[140] indes bestehen aufsichtsrechtlich hinsichtlich der Solvabilitäts- und Finanzlage des Versicherungsunternehmens keine Berichtspflichten gegenüber der Öffentlichkeit.[141]

234. Die künftige Regulierung von Versicherungsunternehmen und Solvabilitätsaufsicht nach Solvency II

234.1 Entstehungsgründe, Regelungsziele und Entwicklung von Solvency II

Wie bereits am Anfang der Einleitung erwähnt, ist Solvency II ein Gesetzgebungsprojekt der EU, mit dem die Regulierung von und Finanzaufsicht über Versicherungsunternehmen grundlegend reformiert wird.[142] Als Baustein des „Aktionsplans für Finanzdienstleistungen“ (*Financial Services Action Plan, FSAP*)[143] wurde das Projekt von der EU-Kommission im Jahr 1999 initiiert.[144] Ziel des Reformprojekts „ist es, den europäischen Rahmen für die Beaufsichtigung von Versicherungsunternehmen zu überarbeiten.“[145] Das Projekt Solven-

---

[139] Vgl. HARTUNG, T., Versicherungsaufsicht, S. 54. Vgl. zur Kritik an der Bestimmung der Risikolage eines Versicherungsunternehmens anhand des Prämien- bzw. Schadenindexes DIENER, M./NEUKAMP, C., Finanzverfassung, S. 163; FARNY, D., Versicherungsbetriebslehre, S. 827-830; SAUER, R., Bilanzierung von Versicherungsunternehmen, S. 30, mit weiteren Verweisen auf das Schrifttum.

[140] Vgl. dazu Versicherungsberichterstattungs-Verordnung (BerVersV; wird zum 01.01.2016 aufgehoben).

[141] Vgl. RITTMANN, M., Neuausrichtung der Versicherungsaufsicht, S. 33.

[142] Vgl. DIENER, M./NEUKAMP, C., Finanzverfassung, S. 167; FOLLMANN, D., Basel II und Solvency II, S. 60.

[143] Mit dem Aktionsplan (vorher Aktionsrahmen) wurden politische Ziele und spezielle Maßnahmen festgelegt, die den Binnenmarkt für Finanzdienstleistungen verbessern sollten. Hierzu zählten insbesondere die Ziele, offene und sichere Privatkundenmärkte zu schaffen und die Aufsichtsregeln und Überwachung zur Gewährleistung der Stabilität der EU-Finanzmärkte zu modernisieren. Vgl. EUROPÄISCHE KOMMISSION, IP/99/327, o. A.

[144] Vgl. BÜRKLE, J., Rechtliche Dimension, S. 1595; SCHRADIN, H., Entwicklung der Versicherungsaufsicht, S. 631 f. Operativ verantwortlich zeichnete der Versicherungsausschuss der Europäischen Kommission bzw. dessen Unterausschuss Solvabilität.

[145] EUROPÄISCHE KOMMISSION, MARKT/2535/02-DE, S. 1.

cy II weist indes nur eine semantische Verwandtschaft mit dem Projekt Solvency I[146] auf.[147] Mit Solvency II werden im Gegensatz zu Solvency I nicht die Vorschriften zur Berechnung der Eigenmittelanforderungen von Versicherungsunternehmen erneut modifiziert. Solvency II wird als „Revolution in der europäischen Versicherungsaufsicht"[148] bezeichnet, denn das gesamte Versicherungsaufsichtsmodell wird wesentlich reformiert.[149] SCHANTÉ/CAUDET bezeichnen Solvency II als „ein Projekt von ehrgeiziger Komplexität"[150]. Diese Komplexität ist vor allem dem im Folgenden zu zeigenden Umfang des Projekts, aber auch der Vielzahl der beteiligten Akteure[151] und rechtlichen Dimensionen[152] geschuldet. Um diese Komplexität für diese Untersuchung beherrschbar zu machen, werden in diesem und den folgenden Abschnitten die Grundzüge von Solvency II und auch das Rechtsetzungs- und Regelgebungsverfahren einschließlich der darin beteiligten Institutionen dargestellt.

Das Projekt Solvency II ist in zwei Phasen aufgeteilt.[153] In der ersten Phase wurde die grundlegende Struktur des künftigen Aufsichtssystems festgelegt, während in der zweiten Phase die Detailregelungen erarbeitet werden. Die erste Phase begann 2001 und wurde 2003 abgeschlossen. In dieser Phase wurden die damalige Situation der Regulierung und Aufsicht des Versicherungssektors und mögliche Grundlagen, Prinzipien und Konzepte eines neuen Aufsichtssystems (Solvency II) diskutiert.[154] Auf Basis einer Analyse von in

---

146 Vgl. hierzu Abschnitt 233.

147 Vgl. SCHRADIN, H., Entwicklung der Versicherungsaufsicht, S. 641.

148 FMA - ÖSTERREICHISCHE FINANZMARKTAUFSICHT, Versicherungsaufsichtsrecht, S. V.

149 Vgl. FMA - ÖSTERREICHISCHE FINANZMARKTAUFSICHT, Versicherungsaufsichtsrecht, S. V.

150 SCHANTÉ, D./CAUDET, L., Solvabilitätsregeln, S. 82.

151 Vgl. für eine Übersicht SCHANTÉ, D./CAUDET, L., Solvabilitätsregeln, S. 73-83.

152 Vgl. hierzu Abschnitt 234.3.

153 Vgl. EUROPÄISCHE KOMMISSION, MARKT/2535/02-DE, S. 1; ERDMANN, K./KAULBACH, D., Erst- und Rückversicherungsrecht, S. 167; ELING, M./SCHMEISER, H., Versicherungsaufsicht unter Solvency II, S. 768 f.; SCHRADIN, H., Finanzaufsicht, S. 12.

154 Vgl. ELING, M./SCHMEISER, H., Versicherungsaufsicht unter Solvency II, S. 768. Die Arbeitsergebnisse der ersten Phase basieren auf zwei in Auftrag gegebenen Studien: 1. „Study into the methodologies to assess the overall financial position of an insurance undertaking from the perspective of prudential supervision", durchgeführt von der Wirtschaftsprüfungsgesellschaft KPMG (KPMG-Studie, 2002) und 2. „Report on prudential supervision of insurance undertakings", durchgeführt von einer Arbeitsgruppe bestehend aus Vertretern nationaler Aufsichtsbehörden und benannt nach dem damaligen Vorsitzenden der britischen Finanzmarktaufsicht Paul Sharma (Sharma-Report, 2002/03). In der KPMG-Studie werden die Themen Risiken und Risikomodelle, versicherungstechnische Passiva, Bewertung der Aktiva und Investitionsrisiken, Rückversicherung, alternativer Risikotransfer und Verfahren zur Risikoreduzierung, potenzielle Auswirkungen der Änderungen der Rechnungslegungsvorschriften und Rolle der Rating-Agenturen analysiert sowie eine vergleichende Analyse verschiedener Solvabilitätsspannensysteme durchgeführt. Der Sharma-Report beschreibt

Schwierigkeiten geratenen Versicherungsunternehmen wurden von den nationalen Aufsichtsbehörden aufsichtspraktische Problembereiche ermittelt und zusammengetragen. Dazu wurde konstatiert, „dass ein angemessenes Aufsichtssystem eine Vielzahl von Instrumenten benötigt, die eine stärkere Differenzierung der Interventionsschwellen der Aufsicht in Abhängigkeit von den finanziellen Merkmalen des Versicherers ermöglichen“[155]. Ferner wurde festgelegt, dass die künftige Regulierung und Aufsicht von Versicherungsunternehmen auf einem sogenannten 3-Säulen-Modell[156] analog zu dem damals bereits aus der Bankenaufsicht bekannten Aufsichtsmodell (Basel II[157]; heute: Basel III) aufbauen soll.

Ein Katalog von allgemeinen Anforderungen an eine neue Versicherungsaufsicht, welche zueinander in einem Spannungsverhältnis stehen, wurde vorgeschlagen, als das Reformprojekt initiiert wurde:[158]

- Schutz der Versicherungsnehmer,
- Gewährleistung von Vergleichbarkeit, Transparenz und Kohärenz, um gleiche und damit gerechte Wettbewerbsbedingungen zu erzielen,
- Festlegung von Solvabilitätsanforderungen, die besser (als nach bis dato anzuwendenden Regeln) mit der tatsächlichen Risikolage eines Versicherungsunternehmens vereinbar sind,
- Vermeidung unangemessener Komplexität,
- Berücksichtigung der Marktentwicklung,
- Aufstellung prinzipienorientierter Grundsätze,
- Anlehnung an bestehende, einheitliche Rechnungslegungskonzepte und
- Vermeidung unnötiger Eigenmittelkosten zum Schutz der weltweiten Wettbewerbsfähigkeit der europäischen Versicherungsindustrie.

Als **Hauptziel** der Entwicklung eines neuen europaweit harmonisierten Aufsichtssystems wurde durch die EU für Solvency II festgelegt, den **Schutz der Versicherungsnehmer zu**

auf Basis konkreter Aufsichtserfahrungen der nationalen Aufsichtsbehörden die Problembereiche der bisherigen Aufsicht. Vgl. KPMG/EUROPÄISCHE KOMMISSION, KPMG-Studie, o. A., EUROPÄISCHE KOMMISSION, Sharma-Report, o. A.

155 SCHRADIN, H., Entwicklung der Versicherungsaufsicht, S. 645.

156 Vgl. zum Inhalt des 3-Säulen-Modells der Regulierung und Aufsicht von Versicherungsunternehmen Abschnitt 234.2.

157 Das erste Diskussionspapier zu den Basel II-Regelungen geht auf das Jahr 2001 zurück.

158 Vgl. EUROPÄISCHE KOMMISSION, MARKT/2095/99, S. 2 (Tz. 2.2).

erhöhen.[159] Dieses Hauptziel der Versicherungsaufsicht und damit auch das aller Vorschriften des VAG n. F., durch welches die Solvency II-Richtlinie in nationales Recht umgesetzt wurde, sind vom Gesetzgeber vorgegeben und kodifiziert. Gemäß § 294 Abs. 1 VAG n. F. ist das „**Hauptziel** der Beaufsichtigung [der Versicherungsunternehmen] der **Schutz der Versicherungsnehmer** und der Begünstigten von Versicherungsleistungen."[160] Dieses Hauptziel wird bereits vom Richtliniengeber in seinen Erwägungsgründen angeführt: **„Vorrangiges Ziel der Regulierung und Beaufsichtigung des Versicherungs- und Rückversicherungsgewerbes ist ein angemessener Schutz der Versicherungsnehmer und Anspruchsberechtigten."**[161] Dieses Hauptziel der Versicherungsaufsicht, das als Hauptzweck der Versicherungsaufsicht bezeichnet wird, wird durch eine Vielzahl von Regelungen zu erreichen versucht, die u. a. Vorgaben zur Risikomessung und zu Kapitalanforderungen,[162] zur Kapitalausstattung[163] und zur Geschäftsorganisation[164] umfassen.[165] Anhand der Erwägungsgründe 64 und 127 der Solvency II-Richtlinie werden die Intentionen des Richtliniengebers bezüglich des den Regelungen zugrunde gelegten Schutzes der Versicherungsnehmer dargelegt: „Um ein **gutes Risikomanagement zu fördern** und die gesetzlichen Kapitalanforderungen mit den Branchengepflogenheiten in Einklang zu bringen, sollte die Solvenzkapitalanforderung bei dem ökonomischen Kapital angesetzt werden, das Versicherungs- und Rückversicherungsunternehmen halten müssen, um **sicherzustellen**, dass es **höchstens in einem von 200 Fällen zur Insolvenz kommen kann** oder diese **Unternehmen mit einer Wahrscheinlichkeit von 99,5 % in den kommenden zwölf Monaten weiterhin in der Lage sein werden, ihren Verpflichtungen gegenüber den Versicherungsnehmern und Begünstigten nachzukommen.**"[166] „Es ist äußerst wichtig, dass Forderungen, die Versicherten, Versicherungsnehmern, Begünstigten und geschädigten Dritten,

159 Vgl. WEHLING, A./WINTER, M., Vertrauen in die Assekuranz, S. 1390, EHRLICH, K., Wertorientierte Steuerung von Versicherungsunternehmen, S. 21, BÜRKLE, J., Rechtliche Dimension, S. 1596, FMA - ÖSTERREICHISCHE FINANZMARKTAUFSICHT, Versicherungsaufsichtsrecht, S. 8.

160 § 294 Abs. 1 VAG n. F., Einfügung und Hervorhebungen durch den Verfasser.

161 EU, RL 2009/138/EG, Erwägungsgrund 16, Hervorhebung durch den Verfasser.

162 Vgl. §§ 96-123 VAG n. F.

163 Vgl. §§ 89-95 i. V. m. §§ 74-88 VAG n. F.

164 Vgl. §§ 23-34 VAG n. F.

165 Vgl. dazu das 3-Säulen-Modell, das Solvency II zugrunde liegt und in Abschnitt 234.2 charakterisiert wird.

166 EU, RL 2009/138/EG, Erwägungsgrund 64, Hervorhebungen durch den Verfasser. Vgl. dazu auch Erwägungsgrund 53 der DVO.

die einen Direktanspruch gegen das Versicherungsunternehmen haben, aufgrund von Versicherungsgeschäften zustehen, im Liquidationsverfahren geschützt sind, wobei sich dieser Schutz allerdings nicht auf Forderungen erstrecken sollte, die nicht aufgrund von Verpflichtungen aus Versicherungsverträgen oder sonstigen Versicherungsgeschäften bestehen, [...].“[167] Ferner äußert sich der deutsche Gesetzgeber in dem allgemeinen Teil seiner Gesetzesbegründung wie folgt: „Die Richtlinie führt weiter entwickelte Solvabilitätsanforderungen für Versicherungsunternehmen ein, denen eine ganzheitliche Risikobetrachtung zugrunde liegt, und stellt neue Bewertungsvorschriften hinsichtlich Vermögenswerten und Verbindlichkeiten auf, die künftig mit Marktwerten anzusetzen sind. Auf diese Weise **soll das Risiko der Insolvenz eines Versicherungsunternehmens verringert werden.**“[168] Durch die quantifizierte Höchstruinwahrscheinlichkeit und den Schutz der Forderungen der Versicherungsnehmer im Liquidationsfall wird der in Solvency II kodifizierte **Schutz der Versicherungsnehmer** in Form eines **Gläubigerschutzes** konkretisiert. D. h., Versicherungsnehmer sollen davor geschützt werden, dass ihre finanziellen Ansprüche gegen das Versicherungsunternehmen wertlos werden, weil das Versicherungsunternehmen zahlungsunfähig wird.

Das Hauptziel wird ergänzt von Nebenzielen, wie dem, die Stabilität des Finanzsystems zu erhöhen und dem, für „faire und stabile Märkte“[169] zu sorgen.[170] Durch das Reformprojekt Solvency II wird das gesamte Versicherungsaufsichtsrecht reformiert.[171] Das Hauptziel, den Schutz der Versicherungsnehmer zu erhöhen, wird primär über die Vorgabe neuer Solvabilitätsvorschriften einschließlich von Anforderungen an den Geschäftsbetrieb eines Versicherungsunternehmens verfolgt. Im Gegensatz zu den Vorgaben unter Solvency I, wonach vor allem das Geschäftsvolumen als Maßstab für die geforderte Höhe der Eigenmittelausstattung eines Versicherungsunternehmens diente, umfasst Solvency II Vorschriften zu einer risikoadäquaten Eigenmittelausstattung, welche sich stärker individualisiert an dem tatsäch-

[167] EU, RL 2009/138/EG, Erwägungsgrund 127.

[168] BT-Drucksache 17/9342, S. 134.

[169] EU, RL 2009/138/EG, Erwägungsgrund 16.

[170] Vgl. EU, RL 2009/138/EG, Erwägungsgrund 16.

[171] In Deutschland wird Solvency II durch eine Novelle des VAG umgesetzt. Mit dem Gesetz zur Modernisierung der Finanzaufsicht über Versicherungen wurde eine Neufassung des Versicherungsaufsichtsgesetzes erarbeitet.

lichen Risikoprofil eines Versicherungsunternehmens orientieren solle.[172] Dazu wird auf die „Gesamtsolvabilität"[173] abgestellt, d. h. im Wesentlichen, dass die bisher nahezu ausschließlich quantitativ und eher vergangenheitsorientiert geprägte Überwachung um qualitative und zukunftsbezogene Kontrollansätze ergänzt wird.[174] Um die Unzulänglichkeiten eines überwiegend quantitativ regelbasierten Aufsichtssystems zu beheben, sollen der Aufsicht auch solche Risiken unterworfen werden, die sich nicht oder nur schwierig messen lassen (z. B. Qualität des Managements und der internen Risikokontrolle).[175] Um von einem eher quantitativ statischen zu einem mehr dynamisch qualitativen Aufsichtsmodell überzugehen, werden in Solvency II aufsichtsrechtliche Vorgaben – statt als rein regelbasierte Normen – stärker als prinzipienbasierte Anforderungen festgelegt.[176] Grund für die Neukonzeption des Versicherungsaufsichtsmodells ist die Erfahrung der Aufsichtsbehörden, dass ein unzureichendes Risikomanagement[177] selbst bei ausreichend angenommener Kapitalausstattung des Versicherungsunternehmens zu seiner Insolvenz führen kann.[178] Der durch auslegungsbedürftige, prinzipienbasierte Anforderungen entstehende Gestaltungsspielraum – sowohl seitens der Versicherungsunternehmen als auch seitens der Finanzaufsicht – soll dazu führen, dass die Geschäftsleitung stärker als zuvor für die finanzielle Stabilität des eigenen Versicherungsunternehmens verantwortlich ist. Das Aufsichtssystem nach Solvency II soll Anreize schaffen, dass das Versicherungsunternehmen selbst das aktuelle und zukünftige eigene Risikoprofil ganzheitlich betrachtet und erfasst.[179] Die Maßnahmen sollen dazu führen, dass das Versicherungsunternehmen selbst, aber auch die zuständige(n) Aufsichtsbehör-

[172] Vgl. zur grundsätzlichen Bestimmung des Risikoprofils Abschnitt 234.22.

[173] Vgl. zum Begriff Gesamtsolvabilität bereits Abschnitt 232.

[174] Vgl. BÜRKLE, J., Rechtliche Dimension, S. 1596.

[175] Vgl. HARTUNG, T., Versicherungsaufsicht, S. 55; RITTMANN, M., Neuausrichtung der Versicherungsaufsicht, S. 34 f.

[176] Vgl. HARTUNG, T., Versicherungsaufsicht, S. 55; BÜRKLE, J., Rechtliche Dimension; FARNY, D., Versicherungsbetriebslehre, S. 116.

[177] Hierbei sind insbesondere eine unvorsichtige Prämienkalkulation sowie eine ungeeignete Kapitalanlagepolitik zu nennen. Vgl. MÜLLER, H., Solvabilitätsvorschriften, S. 728.

[178] Vgl. RITTMANN, M./ROCKEL, W., Rechnungslegung und Aufsicht, S. 451; GRÄWERT, A./STEVENS, A./TADROS, R., Regulierungsrahmen, S. 395.

[179] Durch die aufsichtsrechtliche Option, ein sog. internes Modell statt der Standardformel zur Berechnung der geforderten Eigenmittelausstattung zu verwenden, das ggfs. zu einer geringeren Anforderung von Eigenmitteln führt, ist dieser Anreiz gegeben. Vgl. hierzu Abschnitt 234.22. Ferner ist von der Sanktionsmöglichkeit von den Aufsichtsbehörden, den Versicherungsunternehmen Kapitalaufschläge aufzuerlegen, die zu einer erhöhten Solvabilitätskapitalanforderung führen, eine Anreizwirkung zu erwarten.

de(n), Insolvenzgefahren frühzeitig erkennen. Auf diese Weise soll Solvency II zur Funktionsfähigkeit der Versicherungswirtschaft beitragen und die Stabilität des Finanzsystems sicherstellen.

Ein weiteres Ziel des europäischen Versicherungsaufsichtssystems nach Solvency II besteht darin, Aufsichtskonvergenz zu erzielen.[180] Eine Aufsichtskonvergenz soll nicht nur die Vergleichbarkeit unter europäischen Versicherern erhöhen sowie zu fairen und stabilen Märkten führen, sondern auch Kohärenz zwischen den Finanzbranchen erzielen, damit Aufsichtsarbitrage[181] im internationalen Wettbewerb und finanzbranchenübergreifend unterbunden wird.[182] Dazu sollen Versicherungsunternehmen in Europa auf vergleichbare Art und Weise ihre Risiken und die vorhandenen Eigenmittel (Finanzlage) erfassen und mit gleichen aufsichtlichen Maßstäben überwacht werden (Harmonisierung).

Vollharmonisierung[183] der europäischen Versicherungsaufsicht und eine auf prinzipienorientierten Vorschriften basierende Aufsicht stehen dabei hinsichtlich der Vergleichbarkeit in einem Spannungsverhältnis: Einerseits soll die Regulierung und Aufsicht europaweit einheitlich sein, andererseits gibt es sowohl für die Versicherungsunternehmen als auch für die Aufsichtsbehörden mehr Auslegungs- und Ermessensspielräume.[184] Dies ist auch ein Grund dafür, weshalb Transparenz durch zusätzliche Berichterstattung gefördert werden soll. Ein Hauptziel dieser Arbeit liegt darin, normative Vorgaben (inhaltliche Gestaltung) für den SFCR zu entwickeln, damit die Berichterstattung von Versicherungsunternehmen über ihre Solvabilität und Finanzlage soweit vereinheitlicht wird, dass die von den Versicherungsunternehmen zu erstellenden Berichte zwischenbetrieblich vergleichbar werden.[185] EIOPA for-

---

180 Vgl. EU, RL 2009/138/EG, Erwägungsgrund 40; LIPOWSKY, U., Aufsichtliches Überprüfungsverfahren, S. 59.

181 Als Aufsichtsarbitrage wird der Sachverhalt bezeichnet, dass Finanzdienstleister bei unterschiedlich strikten Aufsichtsvorschriften in verschiedenen Rechtsräumen den jeweils für sich günstigsten wählen und von dort aus grenzüberschreitend agieren bzw. dass Geschäfte in die Branche verlegt werden, in der diese von den geringsten Restriktionen betroffen sind.

182 Vgl. RITTMANN, M./ROCKEL, W., Rechnungslegung und Aufsicht, S. 446.

183 Vgl. zur Vollharmonisierung der Versicherungsaufsicht durch Solvency II ausführlich DREHER, M./LANGE, M., Vollharmonisierung, S. 825-830.

184 Vgl. FMA - ÖSTERREICHISCHE FINANZMARKTAUFSICHT, Versicherungsaufsichtsrecht, S. 6.

185 Damit wird in dieser Arbeit ein Soll-Objekt für den SFCR definiert. Ein Ist-Objekt auf Basis einer empirischen Studie (*best practice*-Empfehlung) kann indes (noch) nicht dagegen gestellt werden, denn die Berichte über die Solvabilität und Finanzlage sind erstmals für Geschäftsjahre zu veröffentlichen, die am oder nach dem 30. Juni 2016 enden. Vgl. § 344 VAG n. F. In der Analyse der

mulierte dazu: *„Public disclosure requirements vary widely across Member States. These differing requirements do not provide a level playing field, leading to different level of information being disclosed in relation to the financial position of the insurance and reinsurance undertakings. Therefore* ***new requirements should harmonise the structure and content of the SFCR*** *(through the Directive and Implementing Measures) and the templates to be used for key information (through this technical standard under public consultation)."*[186] Daraus geht hervor, dass das dieser Untersuchung zugrunde gelegte Forschungsziel, nämlich eine normative Konkretisierung des SFCR zu den Zielen der Solvency II-Vorgaben und der europäischen Aufsichtsbehörde kongruent ist, so dass die in dieser Untersuchung entwickelten Gestaltungsempfehlungen für die Solvency II-Vorgaben übernommen werden könnten.[187]

234.2 Das 3-Säulen-Modell in Solvency II

234.21 Vorbemerkungen

Die aufsichtsrechtlichen Vorschriften gemäß Solvency II werden sinnbildlich als 3-Säulen-Modell dargestellt.[188] Vereinfacht beschrieben, werden unter der ersten Säule (1) die quantitativ orientierten und risikotheoretisch begründeten Vorschriften zur Ermittlung der Risikoposition und Finanzlage und die Eigenmittelanforderungen subsumiert. Unter der zweiten Säule (2) werden qualitative Anforderungen, besonders solche an das Governance-System eines Versicherungsunternehmens und an das aufsichtliche Überprüfungsverfahren beschrieben. Durch die dritte Säule (3) werden quantitative und qualitative Berichtspflichten an die Aufsichtsbehörden und die Öffentlichkeit geregelt. In Abbildung 2 wird der Aufbau von Solvency II schematisch dargestellt.

In den folgenden drei Abschnitten werden die Inhalte der drei Säulen knapp konkretisiert. Dies ist notwendig, da Säule 3 – welche die in der vorliegenden Untersuchung zu analysierenden, zu würdigenden und wo notwendig zu konkretisierenden Berichtspflichten um-

---

veröffentlichten Berichte und Gewinnung von *best-practice*-Empfehlungen liegt zukünftiger Forschungsbedarf. Vgl. hierzu Abschnitt 7.

[186] EIOPA, Final report on public consultation No. 14/055 (SFCR), S. 18 (Tz. 1.8), Hervorhebung durch den Verfasser.

[187] Vgl. dazu Abschnitt 234.3.

[188] Vgl. statt vieler DIENER, M./NEUKAMP, C., Finanzverfassung, S. 167; FMA - ÖSTERREICHISCHE FINANZMARKTAUFSICHT, Versicherungsaufsichtsrecht, S. 13; FARNY, D., Versicherungsbetriebslehre, S. 839; BÜRKLE, J., Compliance, S. 50.

fasst – nicht losgelöst von den Säulen 1 und 2 betrachtet werden kann.[189] Durch die Berichtsvorschriften in Säule 3 sollen Versicherungsunternehmen Transparenz darüber schaffen, wie sie die Vorgaben der Säulen 1 und 2 erfüllen.[190]

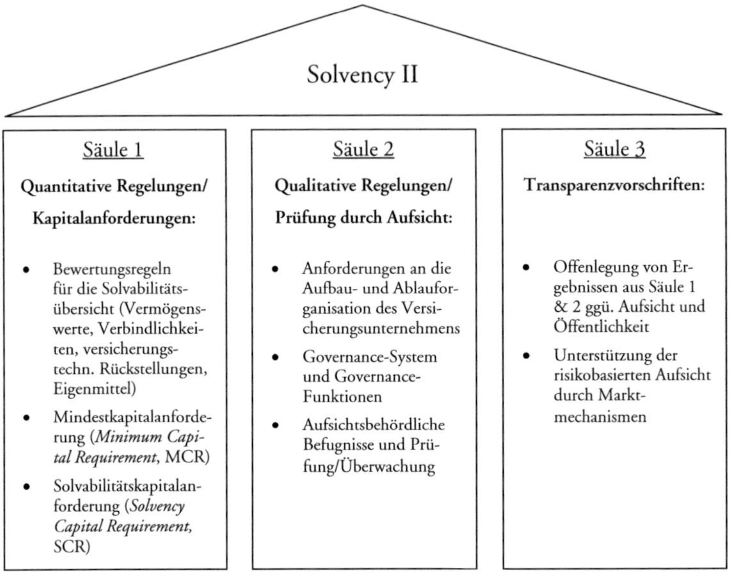

Abbildung 2: Aufbau von Solvency II – Das 3-Säulen-Modell[191]

234.22 Säule 1 – Quantitative Anforderungen

Säule 1 bildet die umfangreichen quantitativen Anforderungen von Solvency II ab und wird vereinzelt als „Herzstück“[192] oder „Kernstück“[193] von Solvency II bezeichnet, da viele

[189] Dem begrenzten Umfang und dem Schwerpunkt dieser Untersuchung geschuldet, muss auf eine detaillierte, vollständige Darstellung der Vorschriften zu den Säulen 1 und 2 verzichtet werden, indes wird jeweils auf die entsprechenden Vorschriften und das einschlägige Schrifttum verwiesen. Die Ausführungen konzentrieren sich daher auf die Grundprinzipien der Versicherungsaufsicht nach Solvency II, um den Wandel in der Aufsicht im Vergleich zu den Solvabilitätsregelungen nach Solvency I zu verdeutlichen. Ferner werden solche Regelungen aus den Säulen 1 und 2, auf die sich einzelne Berichtspflichten beziehen, im Hauptteil der vorliegenden Untersuchung jeweils zusammen mit den diesbezüglichen Berichtspflichten analysiert.

[190] So auch BÜRKLE, der von „Wechselwirkungen“ zwischen den drei Säulen spricht, da sich alle Säulen gegenseitig beeinflussen. Vgl. BÜRKLE, J., Vorgaben für die interne Governance, S. 880.

[191] Abbildung in Anlehnung an DIENER, M./NEUKAMP, C., Finanzverfassung, S. 167; FMA - ÖSTERREICHISCHE FINANZMARKTAUFSICHT, Versicherungsaufsichtsrecht, S. 13.

Regelungen der zweiten und dritten Säule auf Säule 1 aufbauen bzw. hieran anknüpfen.[194] Mit einem neuen Maßstab der Kapitalanforderungen, nämlich der Verwendung von risikoabhängigen statt bisher vom Geschäftsvolumen geprägten Rechengrößen, erfolgt durch Solvency II ein Paradigmenwechsel in den aufsichtsrechtlichen Solvabilitätsanforderungen.[195] Das Grundkonzept von Solvency II ist dem von Solvency I in einem Punkt ähnlich: Ein gefordertes Eigenmittelniveau (Solvabilitätskapitalanforderung) wird den tatsächlich verfügbaren Eigenmitteln gegenübergestellt. Indes werden diese Beträge nach Solvency II auf vollkommen andere Art und Weise ermittelt.

Die verfügbaren Eigenmittel werden mithilfe einer wirtschaftlichen Bewertung der gesamten Bilanz ermittelt, mit welcher indes „nicht die Bilanz im Sinne der Rechnungslegung [...], sondern eine davon getrennte „ökonomische Bilanz““[196] (Solvabilitätsübersicht) gemeint ist.[197] Aus der Differenz zwischen den für die Zwecke dieser Solvabilitätsübersicht ermittelten Vermögenswerten und Verbindlichkeiten wird die Summe der Eigenmittel, welche grundsätzlich zur Deckung der aufsichtsrechtlichen Kapitalanforderungen herangezogen werden, in einem dreistufigen Verfahren errechnet.[198] Auf der ersten Stufe werden die Eigenmittel als Summe der Basiseigenmittel (ökonomisches Kapital der Bilanz zuzüglich bestimmter Nachrangverbindlichkeiten abzüglich eigener Aktien) und der ergänzenden Eigenmittel[199] (z. B. Beitragsnachzahlungen) bestimmt. Auf der zweiten Stufe werden die Eigenmittel in drei Klassen aufgeteilt, die ihre unterschiedlichen Eigenschaften reflektieren. Die Eigenmittel werden nach den Kriterien Nachrangigkeit, Verlustausgleichsfähigkeit, Permanenz, keine festgelegte Laufzeit und Bedienungsaufwand unterteilt. Auf der dritten

192 WIESEMANN, H.-O., Eigenmittelregeln, S. 339.

193 DIENER, M./NEUKAMP, C., Finanzverfassung, S. 169.

194 Vgl. WIESEMANN, H.-O., Eigenmittelregeln, S. 339.

195 Vgl. hier und nachfolgend in diesem Absatz DREHER, M., Solvenzanforderungen, S. 382-386.

196 DREHER, M., Solvenzanforderungen, S. 383, Auslassung durch den Verfasser.

197 Vgl. § 74 Abs. 1 VAG n. F. i. V. m. der Begründung zu § 74 VAG n. F., S. 301. Diese ökonomische Bilanz basiert auf Marktwerten bzw. berechneten Gegenwartswerten. Für diesen Ansatz spricht, dass im Falle einer Unternehmenskrise (insb. Überschuldung) und der in diesem Fall notwendigen Auflösung von Aktiva nicht die bilanziellen Ansätze, sondern Veräußerungspreise relevant werden. Vgl. SCHMEISER, H., Risikomanagement von Versicherungsunternehmen, S. 142.

198 Vgl. hierzu und zu den folgenden Ausführungen zur Ermittlung der Eigenmittel DIENER, M./ NEUKAMP, C., Finanzverfassung, S. 172 f. Vgl. zu diesbezüglichen Leitlinien auch ausführlich EIOPA, Leitlinien zur Einstufung der Eigenmittel; EIOPA, Leitlinien zu ergänzenden Eigenmitteln.

199 Ihre Anrechenbarkeit setzt eine Genehmigung durch die Aufsichtsbehörde voraus.

Stufe wird die Anerkennung bestimmter Teile der Eigenmittel, die nicht unter allen Umständen einen vollständigen Verlustausgleich bieten, betragsmäßig begrenzt.

Auch das geforderte Eigenmittelniveau (Kapitalanforderung) wird nach neuen Regeln berechnet. Dadurch, dass die aufsichtsrechtliche Kapitalanforderung, die Solvenz- bzw. Solvabilitätskapitalanforderung *(Solvency Capital Requirement, SCR)*[200], nach Solvency II stärker risikoorientiert und zukunftsgerichtet ermittelt wird, sollen die Solvabilitätskennzahlen die „tatsächliche Risikosituation“[201] des Versicherungsunternehmens besser widerspiegeln.[202] Das heißt, Solvency II sieht eine Annäherung des regulatorischen Kapitals an das ökonomische Kapital vor. „Das ökonomische Kapital ist das ökonomisch notwendige Risikokapital eines Versicherungsunternehmens, um eine längerfristige Geschäftsfortführung zu ermöglichen. Der Begriff ist daher dem Risikomanagement und damit der Säule 2 von Solvency II zuzuordnen. Das Solvenzkapital bildet dagegen eine finanzmathematische Größe zur risikoadäquaten Eigenmittelausstattung eines Versicherungsunternehmens i. S. d. versicherungsaufsichtsrechtlichen Anforderungen nach Säule 1 von Solvency II.“[203] Die Kapitalanforderung wird entweder mittels eines sogenannten Standardmodells (Standardformel) oder eines partiellen oder vollständigen internen Modells ermittelt. Sie wird durch modulartige Aggregation von Einzelrisiken verschiedener Risikokategorien unter Berücksichtigung der Korrelationen zwischen den Risikokategorien berechnet.[204]

Die Eigenmittel müssen mindestens in Höhe dieser Solvenzkapitalanforderung vorhanden sein. Wird die Solvenzkapitalanforderung durch vorhandene Eigenmittel gerade gedeckt bzw. überschritten, wird davon ausgegangen, dass von dem Versicherungsunternehmen auch unvorhergesehene beträchtliche Verluste aufgefangen werden können (im Falle des

---

200 Im VAG n. F. wird dies als Solvabilitätskapitalanforderung bezeichnet, in der deutschen Fassung der Solvency II-Richtlinie als Solvenzkapitalanforderung. Vgl. dazu bereits Abschnitt 232. Die Begriffe werden in dieser Untersuchung als Synonyme verwendet.

201 FMA - ÖSTERREICHISCHE FINANZMARKTAUFSICHT, Versicherungsaufsichtsrecht, S. 169.

202 Vgl. BÜRKLE, J., Vorgaben für die interne Governance, S. 880. Vgl. kritisch zu diesen neuen Berechnungsvorgaben DREHER, der die Komplexität, Volatilität und Prozyklizität, welche die neuen Solvenzvorschriften mit sich bringen, als problematisch erachtet. Vgl. DREHER, M., Solvenzanforderungen, S. 389-402. (Der Beitrag basiert indes nicht auf dem aktuellsten Rechtsstand.)

203 DREHER, M., Solvenzanforderungen, S. 385 (Fn. 20).

204 Vgl. für einen Überblick der Risikokategorien DIENER, M./NEUKAMP, C., Finanzverfassung, S. 170-173.

Standardmodells: Ausschluss der Insolvenz auf Basis des Value at Risk (VaR) binnen eines Jahres auf einem Signifikanzniveau von 99,5 %).

Bei der regulatorischen Kapitalanforderung nach Solvency II werden zwei Ausprägungsformen unterschieden, bei deren jeweiliger Unterschreitung durch die vorhandenen Eigenmittel unterschiedliche aufsichtliche Konsequenzen folgen: Neben der oben genannten Solvenzkapitalanforderung ist aus aufsichtsrechtlicher Sicht zudem die sog. Mindestkapitalanforderung (*„Minimum Capital Requirement"; MCR*) zu beachten, welche betragsmäßig unter der Solvenzkapitalanforderung liegt.[205] Wird diese „rote Linie"[206] unterschritten, werden die Interessen der Versicherungsnehmer als ernsthaft gefährdet beurteilt und unmittelbare Maßnahmen durch die Aufsicht ergriffen.[207] Sie wird ferner mittels strengerer Vorgaben berechnet und ist ausschließlich mit anrechnungsfähigen Basiseigenmitteln zu decken.

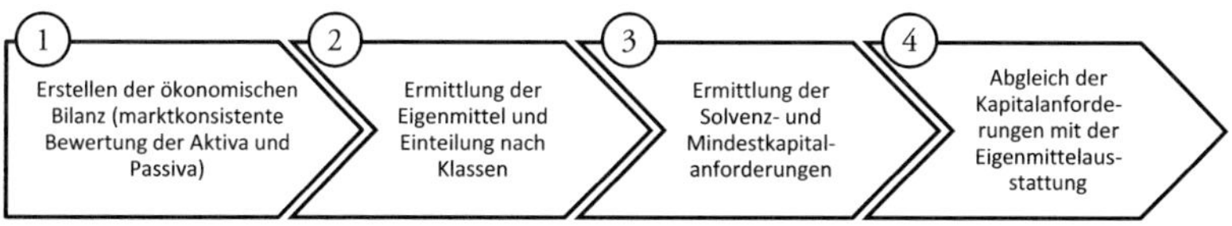

Abbildung 3: Schematische Darstellung des Prozesses zur Solvabilitätsermittlung[208]

Abbildung 3 stellt das oben skizzierte Vorgehen zur Solvabilitätsermittlung grafisch dar. Abbildung 4 zeigt die Prozessschritte 2 und 4 detailliert.

Da Solvency II nicht nur von quantitativen Vorgaben geprägt ist, sondern auch stärker qualitative Aspekte bei der Beurteilung der Solvabilität eines Versicherungsunternehmens berücksichtigt, was mit dem Begriff „Gesamtsolvabilität" zum Ausdruck gebracht wird, werden in Säule 2 qualitative Anforderungen gestellt und das aufsichtliche Überprüfungsverfahren geregelt, welche zusammen im folgenden Abschnitt erläutert werden.

205 Das SCR muss mindestens einmal im Jahr berechnet und fortlaufend überwacht werden. Das MCR ist vierteljährlich zu berechnen. Vgl. EU, RL 2009/138/EG, Art. 102 u. 129 Abs. 4; §§ 98, 123 VAG n. F.

206 DREHER, M., Solvenzanforderungen, S. 386.

207 Vgl. zu den unterschiedlichen aufsichtlichen Konsequenzen der Unterschreitung dieser Beträge durch die vorhandenen Eigenmittel Abschnitt 234.23.

208 Eigene Darstellung.

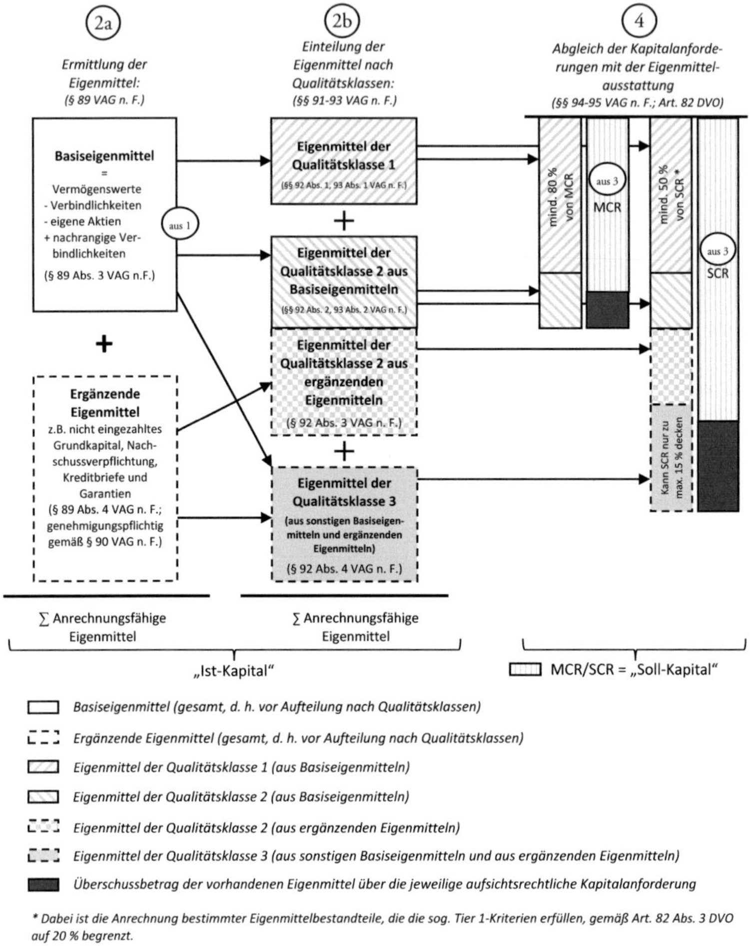

Abbildung 4: Ermittlung der Eigenmittel, Einteilung nach Qualitätsklassen und Abgleich mit den Kapitalanforderungen[209]

[209] Eigene Darstellung. Vgl. zu den quantitativen Einschränkungen der Anrechenbarkeit auch BAFIN, Solvency II Vorbereitungs-Leitlinien: Eigenmittelanforderungen, Leitlinie 14.

234.23 Säule 2 – Qualitative Anforderungen und aufsichtliches Überprüfungsverfahren

Säule 2 umfasst einerseits **qualitative Mindestanforderungen an die Ausübung der Tätigkeit eines Versicherungsunternehmens**,[210] andererseits werden in ihr Grundsätze und Methoden des **aufsichtlichen Überprüfungsverfahrens** benannt.[211] Die qualitativen **Mindestanforderungen** umfassen zahlreiche Vorgaben für die Governance-Architektur von Versicherungsunternehmen. Die Vorgaben zur Governance-Architektur sind ein „tiefgreifende[r] Einschnitt[ ] in die unternehmerische Organisationsautonomie“[212]. Da historische Schieflagen von Versicherungsunternehmen weniger durch Solvenzprobleme, sondern vielmehr durch Managementdefizite ausgelöst worden seien, dienten die qualitativen Vorschriften in Säule 2 als Instrument der Krisenprävention.[213] Für ein solides und vorsichtiges Management eines Versicherungsunternehmens sei es eine Voraussetzung, die Anforderungen an die Governance-Architektur einzuhalten. Die Governance-Architektur setze sich aus den Governance-Systemen und den Governance-Funktionen zusammen.[214] Die Vorgaben für das Governance-System betreffen das interne Kontrollsystem[215] und das Risikomanagementsystem[216], die Vorgaben für die Governance-Funktionen betreffen die folgenden vier kritischen „Schlüsselfunktionen“[217]: die Risikomanagementfunktion[218], die Compliance-

[210] Aus deutscher Perspektive ist hiervon bereits ein Teil vor Einführung von Solvency II im Rahmen des § 64a VAG a. F. i. V. m. den Mindestanforderungen an das Risikomanagement für Versicherungen (MaRisk VA) umgesetzt. Vgl. ELLENBÜRGER, F., U. A., MaRisk für Versicherungen, S. 1, 12-14; GAL, J./SEHRBROCK, D., 10. VAG-Novelle, S. 34

[211] Vgl. FMA - ÖSTERREICHISCHE FINANZMARKTAUFSICHT, Versicherungsaufsichtsrecht, S. 12. Vgl. auch LÜTTRINGHAUS, der im Rahmen der zweiten Säule qualitative Governance-Vorgaben und Instrumente bzw. Maßnahmen der Versicherungsaufsicht unterscheidet. LÜTTRINGHAUS, J., Governance- und Aufsichtsregeln, S. 856-859.

[212] BÜRKLE, J., Rechtliche Dimension, S. 1599, Einfügung und Auslassung durch den Verfasser.

[213] Vgl. BÜRKLE, J., Rechtliche Dimension, S. 1599; WANDT, M., Solvency II Aufsicht, S. 475; MÜLLER, H., Versicherungsaufsicht, S. 310 f.; ZIMMERMANN, C./BACH, C./RAUB, J., Risikomanagement, S. 300.

[214] Vgl. BÜRKLE, J., Compliance und Revision, S. 221; BÜRKLE, J., Vorgaben für die interne Governance, S. 881-885.

[215] Das interne Kontrollsystem hat zumindest Verwaltungs- und Rechnungslegungsverfahren, einen internen Kontrollrahmen, eine angemessene unternehmensinterne Berichterstattung auf allen Unternehmensebenen und eine Funktion, durch die die Einhaltung der Anforderungen überwacht wird (Compliance-Funktion), zu umfassen. Vgl. § 29 Abs. 1 VAG n. F. und EU, RL 2009/138/EG, Art. 46 Abs. 1.

[216] Vgl. § 26 VAG n. F. und EU, RL 2009/138/EG, Art. 44.

[217] EU, RL 2009/138/EG, Erwägungsgrund 33.

Funktion[219], die interne Revision[220] und die versicherungsmathematische Funktion[221][222]. Diese stehen „gleichrangig und gleichberechtigt nebeneinander, ohne untereinander weisungsbefugt zu sein."[223] Auch wenn der System- und Funktionsbegriff in den Solvency II-Vorgaben nicht trennscharf unterschieden wird, kann mit System eine Gesamtheit von vorwiegend organisatorischen Regelungen (einschließlich Strategien, Prozessen und Meldeverfahren) im Versicherungsunternehmen bezeichnet werden, wohingegen mit Funktionen konkrete operative Aufgaben beschrieben werden. In Abbildung 5 wird diese aufsichtsrechtliche Governance-Architektur grafisch gezeigt.

Indes ist zum Einschnitt in die unternehmerische Organisationsautonomie anzumerken, dass als Vorgabe im Bereich der Unternehmensorganisation aufgrund des prinzipienorientierten Rechts von Solvency II lediglich Ziele benannt werden, für die dem Versicherungsunternehmen Wahlmöglichkeiten gelassen werden, wie es diese Ziele erreichen möchte.[224]

---

218 Das Risikomanagement umfasst die Strategien, Prozesse und internen Meldeverfahren, die erforderlich sind, um Risiken, denen ein Versicherungsunternehmen tatsächlich oder möglicherweise ausgesetzt ist, zu identifizieren, zu bewerten, zu überwachen, zu steuern und über sie aussagefähig zu berichten. Vgl. § 26 Abs. 1 S. 2 VAG n. F.; EU, RL 2009/138/EG, Art. 44 Abs 1. Dabei sind durch das Risikomanagement sowohl solche Risiken abzudecken, die zur Berechnung des SCR bzw. MCR einzubeziehen sind als auch solche, die dadurch noch nicht vollumfänglich erfasst sind.

219 Die Compliance-Funktion überwacht die Konformität der Unternehmensorganisation mit den externen, gesetzlichen Vorgaben und internen Vorgaben, wie Strategien, Leitlinien, Prozessen und Meldeverfahren. Der Compliance-Funktion wird neben der Kontroll- bzw. Überwachungsfunktion eine Beratungs-, Frühwarn- und Risikomanagementfunktion zugeschrieben. Vgl. zur Compliance und Revision im Versicherungssektor nach Solvency II BÜRKLE, J., Compliance und Revision, S. 220-226; BÜRKLE, J., Compliance, S. 50-56; EU, RL 2009/138/EG, Art. 46 Abs. 2 bzw. § 29 VAG n. F.

220 Der internen Revision obliegt die Aufgabe, zu prüfen und zu bewerten, ob die gesamte Geschäftsorganisation des Versicherungsunternehmens und insbesondere das interne Kontrollsystem angemessen und wirksam sind. Vgl. § 30 Abs. 1 VAG n. F.; EU, RL 2009/138/EG, Art. 47 Abs. 1.

221 Die versicherungsmathematische Funktion ist mit Fragen der Bewertung der versicherungstechnischen Rückstellungen betraut. Vgl. § 31 VAG n. F.; EU, RL 2009/138/EG, Art. 48. Vgl. auch Fn. 43.

222 Vgl. EU, RL 2009/138/EG, Erwägungsgrund 30 sowie Art. 13, Nr. 29. Eine detaillierte Darstellung der Vorgaben für das Governance-System und die Governance-Funktionen ist an dieser Stelle nicht zweckmäßig. Die Vorgaben werden im Hauptteil dieser Untersuchung (Kapitel 5) analysiert, um inhaltliche Gestaltungsempfehlungen für die Berichterstattung über das Governance-System und die Governance-Funktionen zu entwickeln.

223 BAFIN, Solvency II Vorbereitungs-Leitlinien: Allgemeine Governance-Anforderungen, Leitlinie 134.

224 Vgl. BÜRKLE, J., Vorgaben für die interne Governance, S. 880.

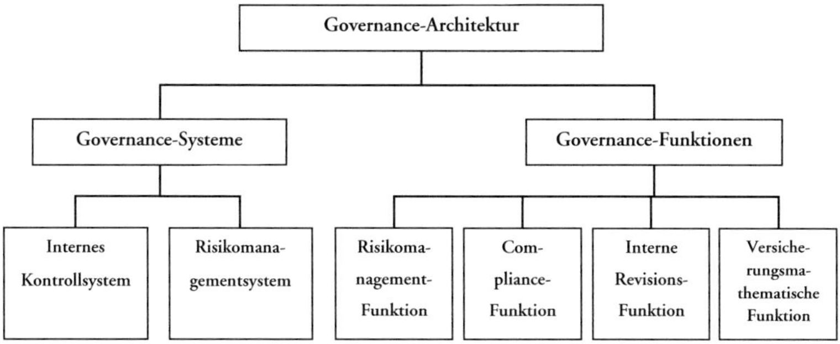

Abbildung 5: Aufsichtsrechtliche Governance-Architektur nach Solvency II[225]

Gemäß § 23 Abs. 1 VAG n. F. muss das Governance-System im Hinblick auf Art, Umfang und Komplexität der Tätigkeiten des Versicherungsunternehmens angemessen sein. Es liegt in der Verantwortung des Versicherungsunternehmens, ein angemessenes und wirksames Governance-System zu etablieren.[226] Der deutsche Gesetzgeber formulierte dazu: „Diese Form der Regulierung gibt den beaufsichtigten Unternehmen durch den Verzicht auf starre gesetzliche Vorgaben größere Handlungsfreiheit. Im Gegenzug müssen erhöhte Anforderungen an die Entscheidungsprozesse innerhalb der Unternehmen gestellt werden."[227] Aufgrund dieser gestiegenen Handlungsfreiheit ist eine größere Transparenz bezüglich der Governance-relevanten Themen zu fordern, weshalb im SFCR hierüber ausführlich zu berichten ist.[228]

Ferner werden Anforderungen an ausgelagerte Aktivitäten[229] und die persönliche Zuverlässigkeit und fachliche Eignung von Managern im Sinne von Geschäftsleitern und Trägern sogenannter Schlüsselfunktionen gestellt.[230] Darüber hinaus wird in Säule 2 von Versiche-

225 Abbildung entnommen aus BÜRKLE, J., Compliance und Revision, S. 221.

226 Vgl. § 23 Abs. 2 u. 3 VAG n. F. Vgl. auch EU, RL 2009/138/EG, Art. 41 Abs. 1 Unterabs. 2 i. V. m. Art. 47 Abs. 1.

227 BT-Drucks. 16/6518, S. 10.

228 Vgl. hierzu Abschnitt 55.

229 Vgl. § 32 VAG n. F.; EU, RL 2009/138/EG, Art. 49 sowie ausführlich zu aufsichtsrechtlichen Vorgaben für ausgelagerte Aktivitäten von Versicherungsunternehmen HORAK, T., Outsourcing bei Versicherungsunternehmen, o. A.

230 Vgl. §§ 24, 32 VAG n. F. sowie EU, RL 2009/138/EG, Art. 42. Vgl. hierzu auch GAL, J./ SEHRBROCK, D., 10. VAG-Novelle, S. 38-44. In Art. 42 wird der Begriff Schlüsselfunktionen als Oberbegriff für „Personen, die das Unternehmen tatsächlich leiten oder andere Schlüsselfunktionen

rungsunternehmen verlangt, die Risikolage und Solvabilität des eigenen Versicherungsunternehmens zu bewerten (*„Forward Looking Assessment of Own Risks, FLAOR*; zu deutsch: Vorausschauende Prüfung der unternehmenseigenen Risiken; bzw. *„Own Risk and Solvency Assessment", ORSA*; zu deutsch: Unternehmenseigene Risiko- und Solvabilitätsbeurteilung).[231] Hierbei soll vom Versicherungsunternehmen überprüft werden, ob die Annahmen, die der Standardformel zugrunde liegen, mit welcher die Solvabilitäts- und Mindestkapitalanforderungen berechnet werden, wesentlich vom tatsächlichen Risikoprofil des Versicherungsunternehmens abweichen. Damit soll festgestellt werden, ob die mit der Standardformel kalkulierte Solvabilitätskapitalanforderung tatsächlich ausreicht, die vorhandenen Risiken adäquat zu decken.[232]

Zusammen mit den quantitativ geprägten Regelungen zu der Solvabilitätsübersicht und den Eigenmitteln sowie zu den Solvabilitäts- und Mindestkapitalanforderungen (Säule 1), bilden die oben genannten qualitativen Anforderungen den Ausgangspunkt des **aufsichtlichen Überprüfungsverfahrens (*„supervisory review process"*)** im Rahmen der laufenden[233] Aufsicht. Gemäß Art. 36 Abs. 1 Satz 1 der Solvency II-Richtlinie sollen „Aufsichtsbehörden die Strategien, Prozesse und Meldeverfahren, die von den Versicherungs- und Rückversicherungsunternehmen zwecks Einhaltung der gemäß dieser Richtlinie erlassenen Rechts- und Verwaltungsvorschriften festgelegt wurden, überprüfen und beurteilen."[234] Zu diesem Zweck überprüfen und beurteilen die Aufsichtsbehörden, ob Versicherungsunternehmen die Anforderungen an die Governance-Systeme und die Governance-Funktionen einschließlich der unternehmenseigenen Risiko- und Solvabilitätsbeurteilung, sowie die

innehaben" verwendet (Schlüsselfunktionen i. w. S.). Außerhalb des Art. 42 wird mit dem Begriff Schlüsselfunktionen auf die o. g. vier Funktionen verwiesen (Schlüsselfunktion i. e. S.). Zur besseren Unterscheidung werden im VAG Schlüsselfunktionen i. w. S. als Schlüsselaufgaben bezeichnet. Vgl. Begründung zu § 24 VAG n. F.

231 Vgl. § 27 VAG n. F.; EU, RL 2009/138/EG, Art. 45. Die Bezeichnung FLAOR stammt aus den Vorgaben im Rahmen der sog. Vorbereitungsphase auf Solvency II. Vgl. EIOPA, FLAOR-Principles, S. 2.

232 Vgl. § 27 Abs. 2 Nr. 3 VAG n. F.; GAL, J./SEHRBROCK, D., 10. VAG-Novelle, S. 35.

233 Die sog. Zulassungsaufsicht, durch die die Aufnahme des Geschäftsbetriebs von einem Versicherungsunternehmen geregelt wird, wird hier nicht thematisiert.

234 Vgl. zur bedeutungsgleichen Umsetzung im VAG § 294 Abs. 5 S. 1 VAG n. F.

Anforderungen an die versicherungstechnischen Rückstellungen und an die Kapitalanforderungen erfüllen und ob sie die Anlagegrundsätze einhalten.[235]

Im Rahmen des aufsichtlichen Überprüfungsverfahrens ist das Prinzip der Aufsichtsleiter zu nennen, nach welchem die aufsichtlichen Maßnahmen danach abgestuft werden, wie stark die Solvenzkapitalanforderung und ob die Mindestkapitalanforderung durch die vorhandenen Eigenmittel unterschritten werden. Durch eine Abstufung der aufsichtlichen Sanktionen soll der in Solvency II implementierte Proportionalitätsgrundsatz[236] gewahrt werden.[237] Wird die Solvenzkapitalanforderung von einem Versicherungsunternehmen erstmalig unterschritten, ist von diesem Unternehmen beispielsweise binnen zwei Monaten ein Sanierungsplan zur Wiederherstellung gesunder Finanzverhältnisse zu erstellen und von der Aufsichtsbehörde genehmigen zu lassen.[238] Wird die Solvenzkapitalanforderung längere Zeit unterschritten, kann dem Versicherungsunternehmen von der Aufsichtsbehörde die Verfügungsbefugnis über Vermögenswerte eingeschränkt oder entzogen werden[239] oder sogar das Neugeschäft untersagt werden.[240] Wird die Mindestkapitalanforderung unterschritten, hat die Aufsichtsbehörde die Vorlage eines von ihr zu genehmigenden Finanzierungsplans binnen eines Monats vom Versicherungsunternehmen zu verlangen,[241] die Verfügungsbefugnis über Vermögenswerte zu beschränken oder zu entziehen[242] oder gar die Geschäftstätigkeit zu untersagen (Entzug der Zulassung)[243].[244]

---

[235] Vgl. EU, RL 2009/138/EG, Art. 36 Abs. 2. Ferner fällt die Prüfung interner bzw. partieller Risikomodelle durch die Aufsicht unter Säule 2. Vgl. ausführlich zu den Aufgaben der Versicherungsaufsicht § 294 VAG n. F. Vgl. zu den Anlagegrundsätzen § 124 VAG n. F.

[236] Vgl. EU, RL 2009/138/EG, Erwägungsgründe 19 u. 20. Vgl. zum Proportionalitätsgrundsatz auch § 296 VAG n. F. sowie Art. 29 Abs. 4 der Solvency II-Richtlinie (Grundsatz der Verhältnismäßigkeit).

[237] Vgl. hier und im Folgenden LÜTTRINGHAUS, J., Governance- und Aufsichtsregeln, S. 857 f.

[238] Vgl. § 134 Abs. 2 VAG n. F.; EU, RL 2009/138/EG, Art. 138 Abs. 2.

[239] Vgl. § 134 Abs. 7 VAG n. F.; EU, RL 2009/138/EG, Art. 138 Abs. 5, Art. 140.

[240] Vgl. EU, RL 2009/138/EG, Art. 141. Vgl. zur Umsetzung in deutsches Recht § 137 VAG n. F.

[241] Vgl. § 135 Abs. 2 VAG n. F.; EU, RL 2009/138/EG, Art. 139 Abs. 2.

[242] Vgl. § 135 Abs. 3 VAG n. F.; EU, RL 2009/138/EG, Art. 139 Abs. 3.

[243] Vgl. EU, RL 2009/138/EG, Art. 144 Abs. 1, Unterabs. 2. Vgl. zur Umsetzung in deutsches Recht § 137 VAG n. F. sowie § 304 Abs. 1 Nr. 2 VAG n. F. zum Widerruf der Erlaubnis zum Geschäftsbetrieb bei Nichterfüllung der Mindestkapitalanforderung.

[244] Vgl. zu den Eingriffsbefugnissen im Rahmen der laufenden Aufsicht GROTE, J., Besondere aufsichtsbehördliche Eingriffsbefugnisse, S. 239-243; LÜTTRINGHAUS, J., Governance- und Aufsichtsregeln, S. 857 f. Zur Beurteilung des aufsichtlichen Überprüfungsverfahren aus Sicht der Versicherungswirtschaft vgl. LIPOWSKY, U., Aufsichtliches Überprüfungsverfahren, S. 59-72.

Im Zusammenhang mit der aufsichtlichen Überprüfung der qualitativen Anforderungen, wie die Tätigkeit des Versicherungsunternehmens auszuüben ist, kann die Aufsichtsbehörde einen Kapitalaufschlag auf die berechnete Solvenzkapitalanforderung verlangen.[245] Dieser Aufschlag auf die nach der Standardformel berechnete Solvenzkapitalanforderung kann erhoben werden, wenn die Geschäftsorganisation eines Versicherungsunternehmens nicht den Vorgaben entspricht.[246] Qualitative Elemente wie Prozessabläufe, Kontrollen und das Berichtswesen innerhalb des Versicherungsunternehmens gewinnen daher an Bedeutung.[247]

234.24 Säule 3 – Anforderungen an die Offenlegung

Unter Säule 3 von Solvency II werden sämtliche Melde- und Berichtspflichten zusammengefasst, die sowohl gegenüber der Aufsichtsbehörde als auch gegenüber der Öffentlichkeit bestehen. Durch die Berichtspflichten in Säule 3 soll vom Versicherungsunternehmen Transparenz darüber geschaffen werden, wie es die Vorschriften der ersten und zweiten Säule von Solvency II umgesetzt hat und wie seine Solvabilitäts- und Finanzlage ist.[248] Der Aufsichtsbehörde sind zum einen Meldeformulare, sogenannte *Quantitative Reporting Templates (QRT),* mit denen bestimmte, ausschließlich quantitative Informationen nach detaillierten Vorgaben erfasst werden, zu übermitteln. Zum anderen ist ein Bericht zu erstellen und den Aufsichtsbehörden verfügbar zu machen *(Regular Supervisory Report, RSR).* Durch diese beiden **vertraulichen Berichtsinstrumente** sollen den Aufsichtsbehörden – zusammen mit dem SFCR – diejenigen Informationen übermittelt werden, die für die Zwecke der Aufsicht erforderlich sind.[249]

Überdies werden durch Solvency II aufsichtsrechtlich erstmals umfassende **Berichterstattungspflichten gegenüber der Öffentlichkeit** in Form des sogenannten ***„Solvency and Financial Condition Report"*** **(*SFCR*, Bericht über die Solvabilität und Finanzlage)** – wenn auch nicht immer ausreichend konkret – kodifiziert. Durch diesen Bericht sind an die Öffentlichkeit sowohl quantitative Informationen in Form ausgewählter QRT-Informationen als auch qualitative Informationen zu übermitteln. Eine derartige aufsichts-

[245] Vgl. § 301 VAG n. F.; EU, RL 2009/138/EG, Art. 37.

[246] Vgl. § 301 Abs. 1 Nr. 3 VAG n. F.; EU, RL 2009/138/EG, Art. 37 Abs. 1 lit c.

[247] Vgl. NGUYEN, T., Offenlegungspflichten, S. 651.

[248] Vgl. auch GAL, J./SEHRBROCK, D., 10. VAG-Novelle, S. 50.

[249] Vgl. § 43 ff. VAG n. F. Vgl. auch EU, RL 2009/138/EG, Art. 35 sowie auch DIENER, M./ NEUKAMP, C., Finanzverfassung, S. 176.

rechtliche Publizitätspflicht gegenüber der Öffentlichkeit war dem Versicherungsaufsichtsrecht vor Solvency II fremd.[250] Mithilfe der Veröffentlichung des SFCR des Versicherungsunternehmens soll **Markttransparenz** hergestellt werden, von welcher der positive Effekt einer **Marktdisziplin** erwartet wird. Marktdisziplin stellt auf die „Selbstregulierungskraft des Marktes"[251] ab und bedeutet, dass informierte Marktteilnehmer das Verhalten des Managements eines Versicherungsunternehmens in einer bestimmten, gewünschten Weise beeinflussen, die dem Schutz der Versicherungsnehmer – zusätzlich zur institutionalisierten Versicherungsaufsicht – dient.[252] Wie aus der Darstellung des 3-Säulen-Modells von Solvency II hervorgeht, ist die neu eingeführte Solvabilitätspublizität indes nur ein zusätzliches Instrument, durch das der Schutz der Versicherungsnehmer gefördert werden soll. Die Vorgaben für die Führung und den Betrieb eines Versicherungsunternehmens sowie die laufende Versicherungsaufsicht durch Aufsichtsbehörden sind bzw. bleiben die dominierenden Instrumente zum Schutz der Versicherungsnehmer. Der SFCR soll die institutionalisierte Versicherungsaufsicht ergänzen, indem der Markt als zusätzliches Korrektiv genutzt wird.[253] Durch diesen Bericht sollen die für das Funktionieren der Marktdisziplin notwendigen Informationen vermittelt werden.[254] Dieser Bericht ist **Untersuchungsgegenstand dieser Arbeit**. Die Grundlagen zu diesem Bericht werden daher ausführlich in Kapitel 3 gelegt und seine Berichtsinhalte in Kapitel 5 dargestellt, analysiert und gewürdigt.

Nachdem in den vorangegangenen Abschnitten die Grundlagen zum Projekt „Solvency II" gelegt worden sind, damit die Solvabilitätspublizität in das Gesamtprojekt eingeordnet werden konnte, wird im folgenden Abschnitt das Rechtsetzungs- und Regelgebungsverfahren von Solvency II analysiert. In diesem Abschnitt wird das Zusammenwirken der zahlreichen in der hier vorgelegten Untersuchung verwendeten Rechts- und Regelungsquellen erläutert und eine Übersicht der zu beachtenden und in der Untersuchung zitierten Rechts- und Regelungsquellen gezeigt. Ferner kann mithilfe der Darstellung dieses Verfahrens dar-

---

250 Nach altem VAG bestand keine Pflicht zur Offenlegung von Solvabilitätsdaten gegenüber der Öffentlichkeit. Vgl. BROSZEIT, T./KRUSCHITZ, E., Offenlegungspflichten, S. 1604.

251 FMA - ÖSTERREICHISCHE FINANZMARKTAUFSICHT, Versicherungsaufsichtsrecht, S. V.

252 Vgl. zum Wirkungsmechanismus der Marktdisziplin Abschnitt 33.

253 Vgl. HARTUNG, T., Versicherungsaufsicht, S. 63.

254 Ferner könnte gemäß TICHY von einer Publizitätspflicht eine Eigenkontrollfunktion ausgehen, d. h. dass „Publizität selbst, ohne irgendeinen unmittelbaren Eingriff von außen eine regulatorische Wirkung entfalte[n]" kann. TICHY, E., Inhalt des Lageberichts, S. 10, Einfügung durch den Verfasser.

gelegt werden, wie die in dieser Untersuchung entwickelten inhaltlichen Gestaltungsempfehlungen vom Rechts- und Regelungsgeber berücksichtigt bzw. übernommen werden könnten.

234.3 Rechtsetzungs- und Regelgebungsverfahren von Solvency II und Rechtsanwendung aus deutscher Perspektive

Nicht nur das Regelwerk Solvency II an sich, welches mithilfe der oben schematisch dargestellten 3-Säulen-Struktur erläutert wurde, weise eine große Komplexität auf, sondern auch das „für viele Marktteilnehmer nur schwer nachvollziehbar[e]“[255] Rechtsetzungs- und Regelgebungsverfahren von Solvency II.[256] Dessen Verständnis ist indes notwendig, um die in der vorliegenden Untersuchung zitierten Rechts- und Regelungsquellen, die einen unterschiedlichen Detailierungsgrad aufweisen und eine unterschiedliche formalrechtliche Bindungswirkung entfalten, nachvollziehen zu können. Ferner ist ein solches Verständnis unabdingbar dafür, die **hermeneutische Methode** anzuwenden – besonders hinsichtlich des Auslegungskriteriums des **Bedeutungszusammenhangs**[257] der Vorschriften –, mit deren Hilfe die Berichtsvorschriften (ganzheitlich) ausgelegt werden.[258]

Die Komplexität des Rechtsetzungs- und Regelgebungsverfahrens resultiert aus der Anwendung einer modifizierten Form des sogenannten Lamfalussy-Verfahrens.[259] Das Lamfalussy-

---

[255] WEBER-REY, D./HORAK, T., Europäischer Finanzsektor und Gesetzgebungsverfahren, S. 721, Einfügung durch den Verfasser.

[256] Vgl. KRÄMER, G., Versicherungsaufsichtsgesetz, S. 5; LÜTTRINGHAUS, J., Grundlagen der Reform des europäischen Versicherungsaufsichtsrechts, S. 823.

[257] Angemerkt sei, dass die Entstehungsgeschichte der Rechtsvorschriften im Folgenden nur nachrangig beachtet wird, denn einerseits ist das VAG n. F. das Ergebnis einer Neuentwicklung des Versicherungsaufsichtsrechts auf Basis europarechtlicher Vorschriften, in denen erstmals die Solvabilitätspublizität für Versicherungsunternehmen aufsichtsrechtlich geregelt wird. Das Auslegungskriterium kann daher nicht weiterhelfen. Andererseits praktiziert der EuGH in ständiger Rechtsprechung (nur) die folgenden Auslegungsmaßstäbe für Gemeinschaftsvorschriften (hier: Richtlinie): Auslegung anhand des Regelungswortlauts, des Regelungszusammenhangs und des Regelungsziels. „Die Entstehungsgeschichte stellt für den EuGH aufgrund der häufigen Änderungen im Rahmen der europäischen Rechtssetzung, die dem Einfluss verschiedener Institutionen unterliegt und am Ende oft in politischen Kompromissen endet, jedenfalls in der neueren Judikatur kein entscheidendes Auslegungskriterium dar“. Vgl. und Zitat BÜRKLE, J., Aufsichtsbehördliche Eingriffsbefugnisse, S. 202.

[258] Vgl. zur hermeneutischen Methode LARENZ, K., Methodenlehre der Rechtswissenschaft, S. 206-211; BAETGE, J./KIRSCH, H.-J./THIELE, S., Bilanzen, S. 109-114.

[259] Die Komplexität des Rechtsetzungs- und Regelgebungsverfahrens resultiert unter anderem daraus, dass die Regelungen sich nicht aus einer Rechtsquelle entnehmen lassen, sondern aus mehreren Rechtsquellen erschlossen werden müssen. Vgl. WEBER-REY, D./HORAK, T., Europäischer Finanzsektor und Gesetzgebungsverfahren, S. 721.

Verfahren[260] ist ein mehrstufiges Verfahren, das den **EU-Gesetzgebungsprozess beschleunigen** und seine **Flexibilität** und **Transparenz** erhöhen soll.[261] Das Ziel der Anwendung des Lamfalussy-Verfahrens besteht darin, die „Regulierung schneller und einfacher an Marktentwicklungen anpassen zu können“[262]. Außerdem wird mit dem Verfahren angestrebt, **externen Sachverstand** für den Rechtsetzungsprozess zu nutzen.[263] Das Verfahren wurde ursprünglich für den Wertpapiersektor entwickelt und später auf den gesamten EU-Finanzmarkt ausgeweitet; seit 2005 auch auf den EU-Versicherungsmarkt.[264] Dieses besondere Verfahren umfasst **vier Ebenen** (*levels*).[265] Das Verfahren ist „quasi dem Meta-Bereich der europäischen Rechtsentwicklung auf dem Gebiet der Finanzdienstleistungen zuzurechnen“[266]. Die angestrebte Flexibilität und Beschleunigung des Gesetzgebungsprozesses wird dadurch erreicht, dass die Regelungsinhalte bzw. der Grad ihrer Konkretisierung auf unterschiedliche Regelungsebenen verlagert werden, an denen unterschiedliche (europäische) Institutionen beteiligt sind. Durch öffentliche Beratungsverfahren wird externer Sachverstand genutzt und die Transparenz der Gesetz- bzw. Regelentstehung erhöht. Abbildung 6

[260] Das Lamfalussy-Verfahren wurde nach Baron Alexandre Lamfalussy, der als Vorsitzender einer Expertengruppe dieses Rechtsetzungsverfahren für den Wertpapiersektor (mit)entwickelte, benannt. Vgl. ausführlich zur Entstehungsgeschichte des Lamfalussy-Verfahrens SCHMOLKE, K., Einbeziehung des Komitologieverfahrens in den Lamfalussy-Prozess, S. 436-438. Vgl. kritisch, ob das nunmehr modifizierte, mehrstufige Gesetzgebungsverfahren seit Inkrafttreten des Lissabon-Vertrags am 01.12.2009 noch Lamfalussy-Verfahren genannt werden sollte, WEBER-REY, D./HORAK, T., Europäischer Finanzsektor und Gesetzgebungsverfahren, S. 721.

[261] Vgl. SCHMOLKE, K., Einbeziehung des Komitologieverfahrens in den Lamfalussy-Prozess, S. 445. Vgl. zum Zweck der Flexibilität auch WANDT, M., Prinzipienbasiertes Recht, S. 17; EUROPÄISCHE KOMMISSION, Aufsichtssystem, S. 4; EUROPÄISCHE KOMMISSION, Erweiterung des 'Lamfalussy-Konzepts' auf die Versicherungsregulierung, S. 1.

[262] WANDT, M., Prinzipienbasiertes Recht, S. 12.

[263] Vgl. RÖTTING, M./LANG, C., Lamfalussy-Verfahren, S. 8; CLAßEN, R./HEEGEMANN, V., Lamfalussy-Verfahren, S. 1200.

[264] Die jüngsten Änderungen an dem Verfahren wurden in Zusammenhang mit der Umgestaltung der europäischen Aufsichtsstruktur zum 01.01.2011 und den Änderungen an der Solvency II-Rahmenrichtlinie durch die Omnibus II-Richtlinie (Richtlinie 2014/51/EU), die am 22.05.2014 mit ihrer Veröffentlichung im Amtsblatt der Europäischen Union in Kraft getreten war, vorgenommen.

[265] Vgl. SCHMOLKE, K., Lamfalussy-Prozess, S. 912-914; KRÄMER, G., Versicherungsaufsichtsgesetz, S. 5; FMA - ÖSTERREICHISCHE FINANZMARKTAUFSICHT, Versicherungsaufsichtsrecht, S. 2; LÜTTRINGHAUS, J., Grundlagen der Reform des europäischen Versicherungsaufsichtsrechts, S. 823; DREHER, M./LANGE, M., Vollharmonisierung, S. 827. Aufgrund der jüngeren Änderungen in dem Gesetzgebungsverfahren, etabliert sich im Schrifttum zunehmend eine Zählweise, die eine zusätzliche Ebene 2b bzw. 2,5 einführt. Vgl. etwa WANDT, M., Prinzipienbasiertes Recht, S. 6; GOLDMANN, J./PURNHAGEN, K., Europäische Versicherungsaufsicht, S. 33; WEBER-REY, D./HORAK, T., Europäischer Finanzsektor und Gesetzgebungsverfahren, S. 723.

[266] SCHRADIN, H., Entwicklung der Versicherungsaufsicht, S. 632.

zeigt eine Übersicht über die Regelungsebenen des Verfahrens, die im Folgenden erläutert werden.

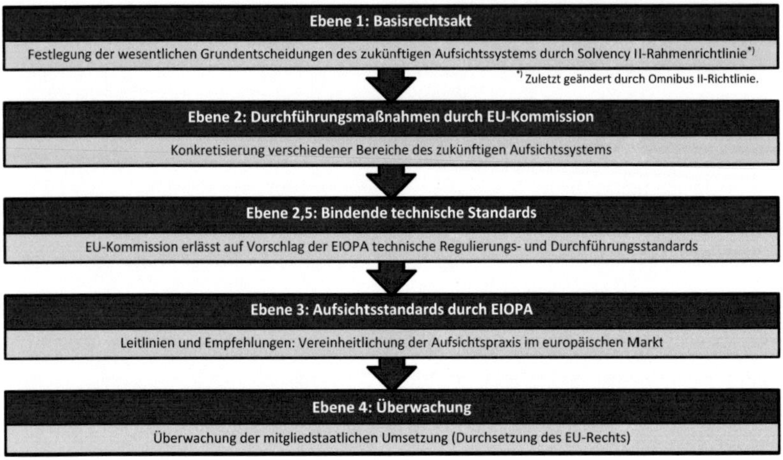

Abbildung 6: Übersicht über die Regelungsebenen gemäß dem Lamfalussy-Verfahren [267]

Auf der **ersten Ebene des Lamfalussy-Verfahrens (Basisrechtsakt)** erfolgt die politische Rahmen- oder Basisrechtsetzung auf Vorschlag der Europäischen Kommission nach dem Verfahren der Mitentscheidung (ordentliches Gesetzgebungsverfahren) gemäß Art. 294 AEUV durch den Rat der Europäischen Union und das Europäische Parlament als Gesetzgeber.[268] Auf dieser Ebene werden „politische[ ] Grundentscheidungen, die den Rahmen des Regelungsprogramms vorgeben“[269], getroffen. Die Solvency II-Rahmenrichtlinie (zuletzt geändert durch die Omnibus II-Richtlinie) ist dieser Ebene zuzuordnen. Um zukünftige Änderungen dieser Richtlinie zu vermeiden, die mit einem den Basisrechtsakt betreffenden langwierigen Gesetzgebungsprozess verbunden wären, werden in der Richtlinie Vorschriften kodifiziert, welche erst auf den nachgelagerten Ebenen des Lamfalussy-Verfahrens wei-

[267] Inhaltlich und grafisch in Anlehnung an WEBER-REY, D./HORAK, T., Europäischer Finanzsektor und Gesetzgebungsverfahren, S. 722, indes zwecks Bezugs auf den Versicherungssektor modifiziert.

[268] Vgl. WANDT, M., Prinzipienbasiertes Recht, S. 12; WEBER-REY, D./HORAK, T., Europäischer Finanzsektor und Gesetzgebungsverfahren, S. 721. Der Basisrechtsakt kann grundsätzlich als Richtlinie oder Verordnung erlassen werden. Im Fall von Solvency II wurde eine (Rahmen-)Richtlinie erlassen.

[269] MÖLLERS, T., Lamfalussy-Verfahren, S. 483, Auslassung durch den Verfasser.

ter konkretisiert werden. Dafür werden auf der ersten Ebene Art und Umfang der Durchführungsbefugnisse (Ebene 2 bzw. 2.5), die auf die Europäische Kommission übertragen werden, festgelegt.[270]

Auf der **zweiten Ebene (Durchführungsmaßnahmen durch die EU-Kommission)** erfolgt die Detail- und Durchführungsnormsetzung durch die Europäische Kommission mittels **delegierter Rechtsakte** gemäß Art. 290 AEUV oder **Durchführungsrechtsakte** gemäß Art. 291 AEUV – je nach Art der im Basisrechtsakt vorgesehenen Befugnisübertragung.[271] Im Fall des delegierten Rechtsakts kann sich die Europäische Kommission vom Fachausschuss, dem Europäischen Ausschuss für das Versicherungswesen und die betriebliche Altersversorgung *(European Insurance and Occupational Pensions Committee – EIOPC)*[272], unterstützen lassen.[273] Durchführungsrechtsakte werden mit Unterstützung des eben genannten Fachausschusses durch die Europäische Kommission erlassen.[274] Die delegierten Rechtsakte und die Durchführungsrechtsakte umfassen zwei unterschiedliche Kompetenzgrundlagen. Die delegierten Rechtsakte ermächtigen die Europäische Kommission, nichtwesentliche Vorschriften des Basisrechtsakts zu ergänzen und in diesem Rahmen zu ändern, wohingegen die Durchführungsrechtsakte nur die einheitliche Durchführung sicherstellen sollen, nicht aber zu ihrer Ergänzung oder Änderung ermächtigen.[275]

---

270 Vgl. RÖTTING, M./LANG, C., Lamfalussy-Verfahren, S. 8.

271 Vgl. WEBER-REY, D./HORAK, T., Europäischer Finanzsektor und Gesetzgebungsverfahren, S. 722. Durch den jederzeit möglichen Widerruf der Befugnisübertragung an die Kommission oder durch fristgerechte Erhebung eines Einwands gegen einen konkreten delegierten Rechtsakt können der Rat der Europäischen Union und das Europäische Parlament im Fall des delegierten Rechtsakts eine Ebene 2- bzw. 2,5-Regelung ablehnen. Im Fall der Durchführungsrechtsakte ist eine Beteiligung des Rats der Europäischen Union und des Europäischen Parlaments faktisch ausgeschlossen. Vgl. ebenda. Für die Durchführungsrechtsakte sei dies nicht notwendig, da sie nur die bestehenden Rechtsakte mit Detailregelungen ausfüllen, nicht aber in wesentlichen Punkten ergänzen oder ändern. Vgl. RÖTTING, M./LANG, C., Lamfalussy-Verfahren, S. 10, 14; FMA - ÖSTERREICHISCHE FINANZMARKTAUFSICHT, Versicherungsaufsichtsrecht, S. 3.

272 Dieser Fachausschuss ist mit hochrangigen Vertretern der nationalen Finanzministerien unter Leitung der EU-Kommission besetzt. Vgl. EUROPÄISCHE KOMMISSION, 2004/9/EG, Art. 3.

273 Vgl. WEBER-REY, D./HORAK, T., Europäischer Finanzsektor und Gesetzgebungsverfahren, S. 722.

274 Hinsichtlich der Zusammenarbeit von Kommission und Fachausschuss sind Prüfverfahren von Beratungsverfahren zu unterscheiden. Bei einem Prüfverfahren kann der Durchführungsrechtsakt regelmäßig nur einvernehmlich erlassen werden, wohingegen die Kommission im Beratungsverfahren entgegen der Beratung des Fachausschusses entscheiden kann. Vgl. WEBER-REY, D./HORAK, T., Europäischer Finanzsektor und Gesetzgebungsverfahren, S. 722.

275 Vgl. WEBER-REY, D./HORAK, T., Europäischer Finanzsektor und Gesetzgebungsverfahren, S. 722; KRÄMER, G., Versicherungsaufsichtsgesetz, S. 7.

Auf den **Ebenen 2,5 und 3 (technische Standards und Aufsichtsstandards)** werden die Rechtsnormen federführend durch die für das Versicherungswesen und die betriebliche Altersvorsorge zuständige europäische Aufsichtsbehörde EIOPA (*European Insurance and Occupational Pensions Authority*) einheitlich ausgelegt, angewendet und durchgesetzt.[276] Durch diese verschiedenen Ebenen werden rechtlich bindende, sogenannte technische Regulierungs- und Durchführungsstandards[277] (zusammen als technische Standards bezeichnet; Ebene 2,5) von sie auslegenden formalrechtlich nicht bindenden Leitlinien und Empfehlungen (Aufsichtsstandards; Ebene 3) unterschieden. Zwar werden sowohl die technischen Standards als auch die Leitlinien und Empfehlungen von EIOPA unter Berücksichtigung der Ergebnisse öffentlicher Konsultationen, die die Interessengruppen einbeziehen sollen, und der Ergebnisse durchgeführter Kosten-Nutzen-Analysen erarbeitet. Doch werden im Gegensatz zu den technischen Standards, welche von der EU-Kommission erlassen werden müssen, die Leitlinien und Empfehlungen für die zuständigen nationalen Behörden und Versicherungsunternehmen von EIOPA selbst verkündet.[278] Leitlinien und Empfehlungen betreffen nur Themenbereiche, die nicht ausreichend detailliert von den technischen Standards abgedeckt werden. Da die technischen Standards – wie auch die Leitlinien und Empfehlungen auf der Ebene 3 – einerseits von EIOPA erarbeitet werden, andererseits im Gegensatz zu den Leitlinien und Empfehlungen jedoch von der Kommission als Verordnung erlassen werden und formalrechtlich bindend sind und somit Eigenschaften der Regelungen der Ebene 2 aufweisen, werden die technischen Standards als **Ebene 2,5** erfasst.[279] Die Leitlinien und Empfehlungen haben zwar formalrechtlich keine, indes eine

[276] Vgl. GAUSE, B., in: Münchener Kommentar zum VVG, Systematische Einführung in das Aufsichtsrecht, Rz. 327. Die europäische Aufsichtsbehörde ist mit hochrangigen Vertretern der nationalen Aufsichtsbehörden besetzt.

[277] Technische Regulierungsstandards sind gemäß Art. 10-14 EIOPA-VO (1094/2010) delegierte Rechtsakte i. S. von Art. 290 AEUV, technische Durchführungsstandards dagegen sind gemäß Art. 15 EIOPA-VO (1094/2010) Durchführungsrechtsakte gemäß Art. 291 AEUV. Technische Regulierungsstandards dienen der stimmigen Vereinheitlichung der Regeln in EU-Rechtsvorschriften, wohingegen durch die technischen Durchführungsstandards eine einheitliche Anwendung verbindlicher EU-Rechtsvorschriften erfolgen soll.

[278] Vgl. RÖTTING, M./LANG, C., Lamfalussy-Verfahren, S. 10. Darüber hinaus kann EIOPA Beschlüsse gegenüber den nationalen Behörden und ggfs. auch den Marktteilnehmern im Fall der Verletzung des Unionsrechts sowie im Krisen- und Streitfall erlassen. Vgl. RÖTTING, M./LANG, C., Lamfalussy-Verfahren, S. 11.

[279] Der Regelfall sieht vor, dass die EU-Kommission einen von EIOPA erarbeiteten Entwurf ohne Vorbehalte annimmt. Die EU-Kommission übt also lediglich Kontrollbefugnisse aus. Eine Ablehnung oder Teilbilligung erfolgt beispielsweise bei Verletzung des Unionsrechts oder des Grundsat-

hohe faktische Bindungswirkung.[280] Ferner wird der Vergleich der Aufsichtspraktiken der nationalen Aufsichtsbehörden zum Zwecke der europaweit einheitlichen Aufsicht dieser Ebene zugeordnet. Diese länderübergreifende Abstimmung der Aufsichtspraktiken ist notwendig, um eine uneinheitliche Aufsicht in verschiedenen Ländern zu vermeiden, da Versicherungsunternehmen im Wesentlichen weiterhin von den jeweiligen nationalen Aufsichtsbehörden beaufsichtigt werden.

Auf der **vierten Ebene** überprüft die Europäische Kommission in Zusammenarbeit mit den Mitgliedstaaten, den Regulierungsbehörden der Ebene 3 und dem privaten Sektor, ob und wie die Solvency II-Richtlinie und die Durchführungsbestimmungen in den einzelnen EU-Mitgliedstaaten umgesetzt und eingehalten werden.[281].

Im Ergebnis können durch die Trennung wesentlicher Grundregeln und nicht-wesentlicher Durchführungsregeln kleinere Änderungen an den Rechtsnormen und Aufsichtsregeln leichter und damit schneller auf den der Solvency II-Rahmenrichtlinie nachgelagerten Rechts- und Regelungsebenen durchgesetzt werden als dies der Fall wäre, wenn die Rahmenrichtlinie geändert werden müsste. Denn dies würde verlangen, dass der Rat der Europäischen Union und das Europäische Parlament beteiligt werden müssten.[282] Bereits die Einführung von Solvency II hat gezeigt, wie lang sich dieser Prozess hinziehen kann. Bereits 2009 wurde die Solvency II-Richtlinie veröffentlicht, doch aufgrund vorzunehmender Änderungen, die mit der Omnibus II-Richtlinie 2014 auf den Weg gebracht wurden, tritt Solvency II erst am 1. Januar 2016 in Kraft.

Tabelle 1 gibt einen Überblick über die Mitwirkung der beteiligten Akteure[283] auf den unterschiedlichen Regelungsebenen des vorgestellten Gesetzgebungsverfahrens.

---

zes der Verhältnismäßigkeit. Vgl. WEBER-REY, D./HORAK, T., Europäischer Finanzsektor und Gesetzgebungsverfahren, S. 723.

280 Vgl. ausführlich RÖTTING, M./LANG, C., Lamfalussy-Verfahren, S. 10-11; WEBER-REY, D./HORAK, T., Europäischer Finanzsektor und Gesetzgebungsverfahren, S. 725; WANDT, M./GAL, J., Befugnisse von EIOPA, S. 166 f.; SASSERATH-ALBERTI, N., Aufgaben und Befugnisse, S. 136-138.

281 Vgl. BÜRKLE, J., Rechtliche Dimension, S. 1597.

282 Vgl. WANDT, M., Prinzipienbasiertes Recht, S. 13, 15. Ferner müsste jede Richtlinienänderung von den EU-Mitgliedstaaten im jeweiligen Verfahren der nationalen Gesetzgebung in Landesrecht umgesetzt werden.

283 Vgl. für eine Erläuterung der beteiligten Akteure, die die rechtlichen Rahmenbedingungen für Versicherungsunternehmen beeinflussen SCHANTÉ, D./CAUDET, L., Solvabilitätsregeln, S. 72-80.

Ebene des Verfahrens		EU-Kommission	EU-Parlament und Rat der EU	EIOPA
Ebene 1: Basisrechtsakt		• Entwurf Basisrechtsakt • Abgabe von Stellungnahmen	• Annahme im ordentlichen Gesetzgebungsverfahren	• Fakultative Konsultation durch EU-Kommission
Ebene 2: Durchführungsmaßnahmen	Delegierter Rechtsakt (Art. 290 AEUV)	• Erlass des delegierten Rechtsakts	• Befugnisübertragung auf Kommission • Erheben von Einwänden • Widerruf Befugnisübertragung • Informationsrechte	• Beratung der EU-Kommission
	Durchführungsrechtsakt (Art. 291 AEUV)	• Erlass des Durchführungsrechtsakts	• Festlegung der Kontrollausübung durch Verordnung • Informationsrechte • Hinweise an EU-Kommission • Ausnahme: Erlass des Durchführungsrechtsakts durch Rat	• Beratung der EU-Kommission
Ebene 2,5: Bindende technische Standards	Technischer Regulierungsstandard (Art. 10 ff. EIOPA-VO)	• Erlass des Regulierungsstandards • Ggf. auch Entwurf des Regulierungsstandards	• Befugnisübertragung • Erheben von Einwänden • Widerruf Befugnisübertragung • Informationsrechte • Möglichkeit, Ad-hoc-Sitzung einzuberufen	• Entwurf des Regulierungsstandards
	Technischer Durchführungsstandard (Art. 15 EIOPA-VO)	• Erlass des Durchführungsstandards	• Informationsrechte	• Entwurf des Durchführungsstandards
Ebene 3: Aufsichtsstandards	Leitlinien und Empfehlungen (Art. 16 EIOPA-VO)	• Informationsrecht	• Informationsrechte	• Selbstständige Erarbeitung und Veröffentlichung
Ebene 4: Überwachung		• Überwachung der Umsetzung in den Mitgliedstaaten	---	• Überwachung der Umsetzung durch nationale Aufsichtsbehörden und Institute

Tabelle 1: Gesetzgebungsverfahren: Mitwirkung der verschiedenen Akteure zur Rechtsetzung bzw. Regelgebung von Solvency II[284]

Die Transformation der Solvency II-Rahmenrichtlinie (unter Beachtung der Änderungen durch die Omnibus II-Richtlinie) in deutsches Recht erfolgte im Wesentlichen über eine Neufassung des VAG durch das Gesetz zur Modernisierung der Finanzaufsicht über Versi-

[284] Modifiziert entnommen aus WEBER-REY, D./HORAK, T., Europäischer Finanzsektor und Gesetzgebungsverfahren, S. 726.

cherungen. Die Regelungsinstrumente der Ebenen 2 und 2.5 werden als EU Verordnungen erlassen, so dass sie in den EU-Mitgliedstaaten als Gesetze unmittelbar anzuwenden sind.[285] Dagegen sind die Leitlinien und Empfehlungen, die von EIOPA erarbeitet und veröffentlicht werden, formalrechtlich nicht bindend. Sie entfalten indes eine faktische Bindungswirkung.

Für die hier vorgelegte Untersuchung bedeutet die Anwendung des Lamfalussy-Verfahrens für die Solvency II-Rechtsetzung und Regelgebung, dass solche in der hier vorgelegten Untersuchung entwickelten inhaltlichen Gestaltungsempfehlungen, die die Berichtsgegenstände lediglich weiter konkretisieren und die von EIOPA als geeignete Interpretationen angesehen werden durch Änderung bzw. Ergänzung der Leitlinien und Empfehlungen übernommen werden könnten. Solche inhaltlichen Gestaltungsempfehlungen, die über eine Konkretisierung der durch die DVO vorgegebenen Berichtsgegenstände hinausgehen, sind entweder von den Versicherungsunternehmen auf freiwilliger Basis zu beachten oder Rechtsquellen auf den oberen Ebenen des Lamfalussy-Verfahrens müssten geändert werden. Zusätzliche Berichtsgegenstände, die nicht durch die DVO vorgegeben werden, werden nur selten ergänzt, da sie – wenn überhaupt – von den Versicherungsunternehmen auf freiwilliger Basis berichtet werden müssten.

Tabelle 2 zeigt einen nach den Ebenen des Lamfalussy-Verfahrens geordneten Überblick über ausgewählte in der vorliegenden Untersuchung zitierten Rechts- und Regelungsquellen. Dieser hilft dem Leser dieser Untersuchung nicht nur, um die Kurzzitierweise nachvollziehen und die zitierten Rechts- und Regelungsquellen einordnen zu können, sondern verdeutlicht am Beispiel der Berichtspflichten die Komplexität des Solvency II-Projekts.

Im Ergebnis haben Versicherungsunternehmen und die nationale(n) Aufsichtsbehörde(n) verschiedene Rechts- und Regelungsquellen mit unterschiedlichem Konkretisierungsgrad, die sich gegenseitig ergänzen – und leider z. T. auch inhaltlich überschneiden, d. h. Redundanzen aufweisen –,[286] zu beachten. Auch wenn der Konkretisierungsgrad auf den unte-

[285] Vgl. Art. 288 Unterabs. 2 AEUV.

[286] Vgl. etwa die identischen Vorgaben zum Mittel der Offenlegung gemäß Art. 301 Nr. 2 DVO vs. Art. 10 Abs. 1 lit b) CP-14/055.

ren Ebenen steigt, bleiben alle Regelungen prinzipienbasiert. Man kann also bei den unteren Ebenen nicht von regelbasiertem Recht sprechen.[287]

Regelungsebene	Bezeichnung der Rechts- bzw. Regelungsnorm	Stand	Zitation
Ebene 1: Basisrechtsakt	Richtlinie 2009/138/EG des Europäischen Parlaments und des Rates vom 25. November 2009 betreffend die Aufnahme und Ausübung der Versicherungs- und Rückversicherungstätigkeit (Solvabilität II) (Neufassung)	17.12.2009 (verabschiedete Richtlinie)	EU, RL 2009/138/EG
Ebene 1: Basisrechtsakt	Richtlinie 2014/51/EU des Europäischen Parlaments und des Rates vom 16. April 2014 zur Änderung der Richtlinien 2003/71/EG und 2009/138/EG und der Verordnungen (EG) Nr. 1060/2009, (EU) Nr. 1094/2010 und (EU) Nr. 1095/2010 im Hinblick auf die Befugnisse der Europäischen Aufsichtsbehörde (Europäische Aufsichtsbehörde für das Versicherungswesen und die betriebliche Altersversorgung) und der Europäischen Aufsichtsbehörde (Europäische Wertpapier- und Marktaufsichtsbehörde)	22.05.2014 (verabschiedete Richtlinie)	EU, RL 2014/51/EU
Ebene 2: Durchführungsmaßnahmen (delegierter Rechtsakt)	Delegierte Verordnung (EU) 2015/35 der Kommission vom 10. Oktober 2014 zur Ergänzung der Richtlinie 2009/138/EG des Europäischen Parlaments und des Rates betreffend die Aufnahme und Ausübung der Versicherungs- und der Rückversicherungstätigkeit (Solvabilität II)	17.01.2015 (verabschiedete Verordnung)	DVO [=delegierte Verordnung/Durchführungsverordnung]
Ebene 2,5: Bindende technische Standards - Entwurf -	EIOPA-CP-14/055 Consultation Paper on the proposal for draft Implementing Technical Standards on the procedures, formats and templates of the solvency and financial condition report	27.11.2014 (Konsultationspapier von EIOPA, auf dessen Basis die technischen Standards zum SFCR verabschiedet wurden)	EIOPA-CP-14/055
Ebene 3: Aufsichtsstandards	EIOPA-BoS-15/109 DE Leitlinien über die Berichterstattung und die Veröffentlichung	2015	EIOPA, Leitlinien über die Berichterstattung und die Veröffentlichung
Ebene 3: Aufsichtsstandards - Entwurf -	EIOPA-CP-14/017 Consultation Paper on the proposal for Guidelines on system of governance and own risks and solvency assessment	02.06.2014 (Konsultationspapier von EIOPA, auf welchem die Governance-Leitlinien von EIOPA basieren)	EIOPA, CP-14/017
Ebene 4	Gesetz zur Modernisierung der Finanzaufsicht über Versicherungen	2015 (Verabschiedetes Gesetz; anzuwenden ab 1.1.2016)	VAG n. F. (Versicherungsaufsichtsgesetz neuer Fassung)
o. A.	EIOPA-14-322 The underlying assumptions in the standard formula for the Solvency Capital Requirement calculation	25.07.2014	EIOPA-14-322

Tabelle 2: Übersicht ausgewählter in der vorliegenden Untersuchung zitierten Rechts- und Regelungsquellen (eigene Darstellung)

[287] Vgl. hierzu WANDT, M., Prinzipienbasiertes Recht, S. 13 f. DREHER/LANGE nehmen dazu kritisch Stellung. Sie beurteilen Solvency II nur auf der obersten Ebene als partiell prinzipienorientiert. Vgl. DREHER, M./LANGE, M., Vollharmonisierung, S. 829.

3 Grundlagen zum Bericht über die Solvabilität und Finanzlage (Säule 3 von Solvency II)

31 Vorbemerkungen

In den folgenden Abschnitten werden ausführlich die Grundlagen zum SFCR gelegt. Als Grundlagen sind vor allem der Zweck der Berichterstattung über die Solvabilität und Finanzlage von Versicherungsunternehmen (Abschnitt 34) sowie die Adressaten des Berichts über die Solvabilität und Finanzlage und ihre Informationsbedürfnisse (Abschnitt 35) zu ermitteln. Der Berichtszweck und die Berichtsadressaten sollen mithilfe der hermeneutischen Methode ermittelt werden. Wie in den jeweiligen Abschnitten gezeigt werden wird, führen die hermeneutischen Auslegungskriterien Wortlaut und Wortsinn, Bedeutungszusammenhang und Entstehungsgeschichte der gesetzlichen Vorschriften indes nicht stets zu befriedigenden Ergebnissen. Und auch aus den Gesetzesmaterialien und den Ansichten des Gesetzgebers geht lediglich hervor, dass Säule 3 – und damit der hier vorgenommene Versuch, Berichtszweck und -adressaten zu ermitteln – im Zusammenhang mit dem sog. Mechanismus der Marktdisziplin steht. Die ganzheitliche Auslegung der Rechtsvorschriften bezüglich der konzeptionellen Grundlagen der Solvabilitätspublizität muss daher – wie zu zeigen sein wird – aufgrund mangelnder Ergebnisse der genannten übrigen Auslegungskriterien **überwiegend auf betriebswirtschaftliche bzw. objektiv-teleologische Gesichtspunkte** gestützt werden. Dabei ist zu beachten, dass die gewonnenen Auslegungen weder im Widerspruch zu Wortlaut und Wortsinn des Gesetzes stehen noch dem Zweck des Versicherungsaufsichtsgesetzes zuwiderlaufen dürfen. Die Auslegung des Gesetzes und die Ermittlung des Berichtszwecks und der Berichtsadressaten setzt ein umfassendes Verständnis der Fachbegriffe und des Realitätsbereichs voraus. Dazu gehört besonders ein Verständnis für den sog. Mechanismus der Marktdisziplin, der auf eine die Versicherungsunternehmen durch Marktteilnehmer disziplinierende Wirkung von Transparenz abzielen soll, mit welchem der Gesetzgeber die Vorschriften von Säule 3 begründet. Dieser in den begleitenden Gesetzesmaterialien genannte Mechanismus liefert einen Hinweis auf den im Gesetz implizit zum Ausdruck kommenden Zweck der Solvabilitätspublizität.

Im Folgenden werden zunächst die Berichtsvorschriften des VAG n. F. dargestellt (Abschnitt 32), um das Untersuchungsobjekt, den SFCR zu konkretisieren, für welchen sein

Zweck und seine Adressaten bestimmt werden sollen. Sodann wird der sog. Mechanismus der Marktdisziplin ausführlich analysiert (Abschnitt 33). Dieser ist Ausgangspunkt zur betriebswirtschaftlich zweckorientierten bzw. objektiv-teleologischen Auslegung der Rechtsvorschriften. In den beiden folgenden Abschnitten (34 und 35) wird versucht, den Berichtszweck und die Adressaten der Solvabilitätspublizität zu ermitteln. Ferner werden Erstellungs- und Prüfungspflichten (Abschnitt 36), Offenlegungsintervall und -fristen sowie die Form der Offenlegung (Abschnitt 37) dargestellt, um die Solvabilitätspublizität vollständig zu beschreiben. Das Grundlagenkapitel wird mit Abschnitt 38 abgeschlossen, in dem Grundsätze ordnungsmäßiger Solvabilitäts- und Finanzberichterstattung diskutiert werden.

32 Überblick über die Berichtsinhalte des Berichts über die Solvabilität und Finanzlage

Wie im Abschnitt 234.3 dargelegt wurde, sind die Vorschriften zu Solvency II, d. h. auch die aufsichtsrechtlichen Vorgaben für den SFCR, verschiedenen Rechts- und Regelungsquellen mit unterschiedlichem Detaillierungsgrad zu entnehmen, wobei das VAG n. F. aus der Perspektive eines deutschen Versicherungsunternehmens die oberste unmittelbar anzuwendende Rechtsquelle ist.[288] In diesem Abschnitt werden die Berichtsvorgaben aus dem VAG n. F., durch welches die Vorgaben der Solvency II-Richtlinie in deutsches Recht umgesetzt wurden, dargestellt, und dem Leser der vorliegenden Untersuchung damit das Untersuchungsobjekt, der SFCR, vorgestellt. Die detaillierteren Vorgaben aus der DVO, aus den technischen Standards sowie den Leitlinien und Empfehlungen werden jeweils für jeden Berichtsgegenstand im Hauptteil (Kapitel 5) dargestellt, analysiert und gewürdigt und falls notwendig anhand der Informationsinteressen der Berichtsadressaten konkretisiert. Gemäß § 40 Abs. 1 VAG n. F. haben Versicherungsunternehmen „mindestens einmal jährlich, spätestens 14 Wochen nach Ende des Geschäftsjahres, einen Solvabilitäts- und Finanzbericht zu veröffentlichen." Die Vorgaben für diesen Bericht sind in §§ 40-42 VAG n. F. kodifiziert. Während in § 40 VAG n. F. Berichtsturnus, Veröffentlichungsfristen und die Berichtsgegenstände grob geregelt werden, werden in § 41 VAG n. F. die Nichtveröffentlichung von Informationen und in § 42 VAG n. F. die (unterjährige) Aktua-

[288] Vgl. für eine Übersicht der zitierten Rechts- und Regelungsquellen bereits Tabelle 2: Übersicht ausgewählter in der vorliegenden Untersuchung zitierten Rechts- und Regelungsquellen (eigene Darstellung).

lisierungspflicht des SFCR kodifiziert. In diesem Abschnitt wird zunächst nur auf die vorgeschriebenen übergeordneten Berichtsgegenstände eingegangen, um das Untersuchungsobjekt zu konkretisieren:

„In dem Solvabilitäts- und Finanzbericht sind wesentliche Informationen über die Solvabilitäts- und Finanzlage des Versicherungsunternehmens darzulegen. [...] Dabei sind zu beschreiben:

1. *die Geschäftstätigkeit und die Geschäftsergebnisse des Unternehmens,*
2. *die Geschäftsorganisation unter Bewertung ihrer Angemessenheit für das Risikoprofil des Unternehmens,*
3. *für jede Risikokategorie gesondert das Gefährdungspotential, die Risikokonzentrationen, die Risikominderungsmaßnahmen und die Risikosensitivität,*
4. *für die Vermögenswerte, versicherungstechnischen Rückstellungen und sonstigen Verbindlichkeiten gemäß der Solvabilitätsübersicht jeweils gesondert die für ihre Bewertung verwendeten Grundlagen und Methoden zusammen mit einer Erklärung der wesentlichen Unterschiede zu den Grundlagen und Methoden, die zu ihrer Bewertung im Jahresabschluss herangezogen wurden sowie*
5. *das Kapitalmanagement unter Angabe mindestens der Struktur und des Betrags der Eigenmittel und ihrer Qualität sowie der Beträge der Solvabilitätskapitalanforderung und der Mindestkapitalanforderung."*[289]

Die Angabepflichten im SFCR umfassen also fünf Themenbereiche, wovon die ersten drei in der vorliegenden Untersuchung detailliert analysiert werden. Für die unter Nr. 4 und 5 genannten Berichtsgegenstände können – dem Umfang dieser Arbeit geschuldet – nicht die notwendigen Grundlagen gelegt werden.[290] Die für den SFCR geforderten Informationen können in finanzielle, formal-organisatorische und in solche über das Risikomanagement systematisiert werden.[291] Als finanzielle Informationen werden die Beschreibung der Geschäftstätigkeit und der Geschäftsergebnisse, der Bewertungsgrundlagen für Solvabilitätszwecke und die Beschreibung des Kapitalmanagements bezeichnet und als formal-

[289] § 40 Abs. 2 VAG n. F., Auslassung durch den Verfasser.

[290] Durch § 40 Abs. 2 Nr. 4 VAG n. F. wird von Versicherungsunternehmen verlangt, für beinahe alle Positionen der Solvabilitätsübersicht (Vermögenswerte, versicherungstechn. Rückstellungen und sonstige Verbindlichkeiten) die Grundlagen und Methoden, die zu ihrer Bewertung verwendet wurden, zu beschreiben sowie diese mit den Grundlagen und Methoden zu vergleichen, die zu Bewertungszwecken im Jahresabschluss verwendet werden. Dies setzt voraus, sich zunächst intensiv mit den Grundlagen der Bilanzierung von Versicherungsunternehmen nach aufsichtsrechtlichen und handelsrechtlichen Vorschriften zu befassen und kann in der vorliegenden Untersuchung nicht zusätzlich geleistet werden.

[291] Vgl. DREHER, M./SCHAAF, M., Veröffentlichungspflichten von Versicherungsunternehmen, S. 141, 183.

organisatorische Informationen die über die Geschäftsorganisation.[292] Der SFCR umfasst sowohl quantitative als auch qualitative Informationen.[293]

33 Theorien zur disziplinierenden Wirkung von Transparenz und ihre Bedeutung für Säule 3

Durch die Vorgaben der dritten Säule von Solvency II wird von Versicherungsunternehmen verlangt, zahlreiche Informationen, vor allem in Bezug auf ihr Geschäft, ihre Organisation und ihre Solvabilität und Finanzlage,[294] offenzulegen.[295] Diese Offenlegung bedeutet für Versicherungsunternehmen, dass diese Informationen auch der breiten Öffentlichkeit, und nicht nur der Aufsichtsbehörde, bekannt zu machen sind.[296] Mit den Offenlegungsvorschriften wird vom Gesetzgeber das Ziel verfolgt, die Markttransparenz[297] zu erhöhen, wodurch der sog. **Mechanismus der Marktdisziplin**[298] gestärkt werden soll,[299] welcher einen funktionierenden Versicherungsmarkt fördern soll. Dieser wird im Folgenden analysiert und somit der Zweck- und Adressatendiskussion vorangestellt, denn die vermuteten und erhofften Wirkungen der Finanz- und Solvabilitätsberichterstattung bilden die Grundlage dafür, den Berichtszweck und die Berichtsadressaten sowie ihre berechtigten Informationsinteressen aus dem Regelwerk von Solvency II zu ermitteln.

Marktdisziplin stellt auf die „Selbstregulierungskraft des Marktes“[300] ab und man vertraut darauf, dass informierte Marktteilnehmer einen disziplinierenden Effekt (Kontrollfunktion)

[292] Vgl. DREHER, M./SCHAAF, M., Veröffentlichungspflichten von Versicherungsunternehmen, S. 142-151.

[293] Vgl. auch EU, RL 2009/138/EG, Art. 35 Abs. 3 lit. a.

[294] Die vorgeschriebenen Inhalte des SFCR wurden in Abschnitt 32 gezeigt und sie werden in Kapitel 5 ausführlich dargestellt und durch den Autor analysiert, gewürdigt und konkretisiert.

[295] Vgl. EU, RL 2009/138/EG, Art. 51; § 40 VAG n. F.

[296] Der Adressatenkreis wird in Abschnitt 35 konkretisiert. Ferner wird im Rahmen des in diesem Abschnitt diskutierten Mechanismus der Marktdisziplin ein Überblick über die **potenziellen** Adressaten gegeben.

[297] Allgemein gefasst, bedeutet Markttransparenz, dass „der Nachfrager alle am Markt erhältlichen Güter, ihre Eigenschaften, ihre Preise und die Läden, in denen sie zu kaufen sind, kennt.“ SCHULENBURG, J.-M. V. D., Marktgeschehen bei unvollständigen Nachfragerinformationen, S. 700. Im Kontext des folgenden Abschnitts stellt der Begriff Markttransparenz auf die Kenntnis der Eigenschaften des Versicherungsanbieters – und hierbei besonders in Bezug auf seine solvabilitätsbezogenen Eigenschaften – ab.

[298] Vgl. für eine Einführung in das Thema Marktdisziplin auch ELING, M., Role of Market Discipline in the Insurance Industry, S. 131-147.

[299] Vgl. zur Zweckbestimmung der Solvabilitätspublizität ausführlich Abschnitt 34.

[300] FMA - ÖSTERREICHISCHE FINANZMARKTAUFSICHT, Versicherungsaufsichtsrecht, S. V.

auf das Management eines (Versicherungs-)Unternehmens ausüben, so dass sich das Management im Sinne dieser informierten Marktteilnehmer verhält. Marktdisziplin könnte also treffender als die erhoffte Disziplinierung der Versicherungsunternehmen durch gut informierte Marktteilnehmer bezeichnet werden. Aus dieser Bezeichnung geht hervor, dass es sich um ein theoretisches Gedankenmodell handelt, also um einen auf Hypothesen beruhenden Mechanismus, der für Solvency II aufgrund des Anwendungszeitpunkts noch nicht empirisch erforscht werden konnte.[301]

Der Mechanismus der Marktdisziplin beruht auf der „Überlegung, dass Mechanismen über die institutionalisierten Versicherungsregulierungen hinaus dazu beitragen könnten, Auswirkungen eines potenziellen Marktversagens [...] auf dem Versicherungsmarkt zu verhindern bzw. einzudämmen“[302]. Die Gefahr eines solchen potenziellen Marktversagens besteht vor allem dann, wenn unvollkommene Versicherungsmärkte weder einer regulatorischen Aufsicht noch – infolge einer fehlenden Transparenz (Informationsmängel) – einer effektiven Marktdisziplin unterworfen sind. Versicherungsmärkte sind aufgrund verschiedener Verstöße gegen die Bedingungen eines vollkommenen Marktes unvollkommen.[303] Von diesen Verstößen wird im Folgenden der Verstoß gegen das Postulat der symmetrischen Informationsverteilung analysiert,[304] weil dieser in Zusammenhang mit der Solvabilitätspublizität steht, wie im weiteren Verlauf der Untersuchung gezeigt wird.

301 Vgl. für eine Überblickstudie zu empirischen Arbeiten über Marktdisziplin im Versicherungs- und vor allem im Bankensektor ELING, M., Market discipline in insurance, S. 185-219. Da sich Marktdisziplin im Bankensektor von der im Versicherungssektor unterscheidet und zum Versicherungssektor zu wenige empirische Befunde – welche entweder nicht für den europäischen Markt oder vor Solvency II ermittelt wurden – vorliegen, werden die raren Studienergebnisse in der vorliegenden Untersuchung nicht aufgeführt.

302 HARTUNG, T., Versicherungsaufsicht, S. 63, Auslassung durch den Verfasser.

303 Vgl. zu den Annahmen eines vollständigen (Kapital-)markts PERRIDON, L./STEINER, M./RATHGEBER, A., Finanzwirtschaft, S. 81 f.

304 Außerdem entstehen in vollkommenen Märkten weder Transaktionskosten noch Kosten, um Informationen zu beschaffen. Auch dies ist im Versicherungsmarkt nicht gegeben. Ein vollkommener Markt impliziert auch, dass keine Finanzintermediäre (Versicherungsunternehmen) notwendig sind. Sie haben indes auch unter der Annahme symmetrischer Informationsverteilung eine Daseins-Berechtigung, sofern quantitative, qualitative, örtliche oder zeitliche Friktionen gegeben sind. Die Rolle des Versicherungsunternehmens als Finanzintermediär wird im Folgenden nicht untersucht. Vgl. zur Erklärung von Finanzintermediation als Folge von Transaktionskosten BENSTON, G./SMITH JR., C., Theory of financial intermediaton, S. 219-229 sowie zur Bewältigung von Informationsasymmetrien grundlegend DIAMOND, D., Financial Intermediation and Delegated Monitoring, S. 393-410 (im Banken-Kontext).

Die asymmetrische Informationenverteilung zwischen Versicherungsunternehmen und Versicherungsnehmern geht in der Realität regelmäßig zu Lasten der Versicherungsnehmer.[305] Aufgrund des Vorauszahlungsprinzips und der Eigenschaften der Versicherungsprodukte als Erfahrungs- bzw. Vertrauensgüter[306], zeichnet sich das durch den Versicherungsnehmer wahrgenommene Preis-Leistungs-Verhältnis dadurch aus, dass von ihm ex ante, d. h. vor dem Kauf, zwar der Preis, nicht aber die Leistung beobachtet werden kann. Diese (endogene[307]) Qualitätsunsicherheit wird auch als *hidden characteristics* bzw. *hidden information* bezeichnet.

In Folge dieser asymmetrischen Informationsverteilung zwischen Versicherungsunternehmen (Agent) und Versicherungsnehmern (Prinzipal) werden die Versicherungsnehmer ggfs. nicht ausreichend über die Qualität des angebotenen Versicherungsschutzversprechens informiert[308], d. h. im Kontext von Solvency II, dass Versicherungsunternehmen mit einer

[305] Vgl. KOCH, O., Markttransparenz durch Versicherungsaufsicht, S. 130; MOLINARI, R./NGUYEN, T., Anforderungen, S. 67. Zu beachten ist, dass bei einem Versicherungsvertrag auch eine **asymmetrische Informationsverteilung zu Lasten des Versicherungsunternehmens** vorliegen kann. Dies ist beispielsweise dann der Fall, wenn der Versicherungsnehmer besser über die (erhöhte) Eintrittswahrscheinlichkeit eines Schadenereignisses informiert ist als das Versicherungsunternehmen zum Zeitpunkt der Preisfestlegung bzw. des Vertragsschlusses oder wenn der Versicherungsnehmer nach Vertragsschluss in Gewissheit des Versicherungsschutzes das Eintrittsrisiko durch sein Verhalten erhöht oder gar **Versicherungsbetrug** durch Falschangaben begangen wird. Diese Informationsnachteile lassen sich indes eher durch marktliche Handlungs- und Regelsysteme bewältigen (z. B. ärztliche Voruntersuchung bei Abschluss einer privaten Kranken- oder Berufsunfähigkeitsversicherung, eine Selbstbeteiligung im Schadenfall wie in der Kraftfahrzeugversicherung oder der Einsatz von Versicherungsdetektiven bei nicht plausiblen Schadenfällen). Vgl. auch HORSCH, A., Agency und Versicherungsintermediation, S. 534-535; OSETROVA, A., Regulierung des Versicherungsmarkts, S. 135-137. Gleichwohl ist es für den Adressaten des SFCR wichtig zu erfahren, wie das Versicherungsunternehmen sich präventiv gegen Versicherungsbetrug schützt und wie es Versicherungsbetrug aufdeckt und dagegen vorgeht, denn ein starker Anstieg von Versicherungsbetrug führt nicht nur dazu, dass vom Versicherungsunternehmen die Versicherungsbeiträge (Preise) erhöht werden müssen, sondern auch dazu, dass die Existenz des Versicherungskollektivs gefährdet wird. Vgl. zu diesbezüglich empfohlenen Berichtsangaben Abschnitt 555.2.

[306] Vgl. bereits Abschnitt 22 sowie Fn. 73.

[307] Die Informationsökonomik unterscheidet Unsicherheit aufgrund von asymmetrischen Informationen in Ereignisunsicherheit (exogene Unsicherheit) und Marktunsicherheit (endogene Unsicherheit).

[308] Die Qualität des Versicherungsschutzversprechens ist eine mehrdimensionale Eigenschaft. Für den Versicherungsnehmer sind im Leistungsfall vor allem zwei Fragen von Relevanz: Ist der Versicherer, bei dem die Versicherung abgeschlossen wurde, finanziell in der Lage den Schaden zu regulieren (Leistungsfähigkeit) und ist er willens, dies zu tun (Leistungswille)? Vgl. zu dieser Klassifizierung HORSCH, A., Agency und Versicherungsintermediation, S. 535. Während die erste Frage auf die finanzielle Solidität abstellt, befasst sich die zweite Frage mit Aspekten der Vertragstreue, Servicequalität, Kulanz etc. In dieser Untersuchung wird – den aufsichtsrechtlichen Berichtsvorgaben entsprechend – der Fokus auf die Frage nach der finanziellen Solidität gelegt, da der Untersuchungsgegenstand, der SFCR (die Solvabilitätsberichterstattung), darüber Auskunft geben soll. Gleichwohl wer-

(zu) hohen Ruinwahrscheinlichkeit diese Eigenschaft dem Versicherungsnehmer gegenüber verschweigen. Eine solche Informationsasymmetrie kann zu einem Marktversagen in Form der sog. ***Adverse Selection***[309] führen,[310] wie im folgenden Absatz **hypothetisch** gezeigt wird.[311]

Wenn Versicherungsnachfrager die Eigenschaften (hier im Sinne der Solvabilität) des Versicherungsanbieters zumindest **vor dem Kauf** – bzw. sogar bis zum Leistungsfall – nicht beobachten können, können sie aufgrund der mangelnden Differenzierungsmöglichkeit zwischen den verschiedenen Anbietern nur eine auf Basis vergangener Insolvenzen von Versicherungsunternehmen historisch geprägte einheitliche Durchschnittsqualität für jeden Versicherungsanbieter im Markt annehmen. In der Konsequenz entwickeln Versicherungsnehmer für diese unterstellte einheitliche Durchschnittsqualität eine nach Anbieter undifferenzierte, d. h. lediglich durchschnittliche, Zahlungsbereitschaft. Für die guten Anbieter (hier im Sinne von sehr solventen Anbietern) ist diese Zahlungsbereitschaft zu niedrig, um wirtschaftlich zu sein (z. B. legen sie Kundengelder im Vergleich zu den anderen Anbietern nur in sehr sicheren, indes niedriger rentierenden Kapitalanlagen an und müssen deswegen höhere Versicherungsprämien fordern). Aufgrund des durchschnittlichen Einheitspreises müssten die besonders sicheren Anbieter aus dem Markt ausscheiden oder ihr Risiko erhöhen und würden so selbst zu einem unsicheren Anbieter. Als Konsequenz steigen die Anbieterausfälle am Markt insgesamt, was durch die Versicherungsnehmer beobachtbar ist. Als

den bezüglich freiwillig in den SFCR aufzunehmender Informationen, die über die Vorgaben der DVO hinausgehen, Vorschläge gemacht, wie das Versicherungsunternehmen die Versicherungsnehmer auch über ihren Leistungswillen informieren könnte.

309 Das Phänomen der *Adverse Selection* wurde vom Nobelpreisträger Akerlof für den Gebrauchtwagenmarkt gezeigt. Vgl. AKERLOF, G., Quality Uncertainty and the Market Mechanism, S. 488-500. Der am Beispiel des Gebrauchtwagenmarkts gezeigte Marktmechanismus lässt sich auf Versicherungsmärkte übertragen.

310 Vgl. dagegen ausführlich zur positiven Anbieterselektion bei (hypothetischer) symmetrischer Solvenz-Information KOCH, O., Markttransparenz durch Versicherungsaufsicht, S. 133-139.

311 Die folgenden Ausführungen basieren auf den Forschungsergebnissen der Informationsökonomik und der unmittelbar anschließenden Neuen Institutionenökonomik (insb. dem Teilgebiet der Principal-Agent-Theory). Vor dem Hintergrund des Umfangs dieser Arbeit und dem Zweck dieses Abschnitts erscheint es weder angemessen noch zweckmäßig, die in den genannten Disziplinen gewonnenen Forschungsergebnisse vollständig systematisiert wiederzugeben. Sowohl die Problembereiche (Arten der Informationsasymmetrien und die daraus resultierenden negativen Auswirkungen) als auch mögliche Problemlösungen werden sowohl allgemein als auch im Kontext von Finanzkontrakten intensiv im Schrifttum diskutiert. Für eine Übersicht vgl. statt vieler im Bankenkontext HARTMANN-WENDELS, T./PFINGSTEN, A./WEBER, M., Bankbetriebslehre, S. 97-109 und im Versicherungskontext OSETROVA, A., Regulierung des Versicherungsmarkts, S. 114-143; HORSCH, A., Agency und Versicherungsintermediation, S. 531-536.

Reaktion auf die offensichtlich gesunkene durchschnittliche historische Anbieterqualität der Versicherungsunternehmen, passen die Versicherungsnehmer bei einer dynamischen Betrachtung ihre Zahlungsbereitschaft nach unten an. Diese aufgrund der Anbieterausfälle im Markt gesunkene Zahlungsbereitschaft reicht nun auch nicht mehr für die einst einigermaßen soliden Anbieter. Es entsteht eine Abwärtsspirale der Zahlungsbereitschaft und Anbieterqualität am Markt, die zum Marktversagen führen kann.[312] Im Ergebnis würden so die Versicherungsanbieter absteigend nach ihrer Qualität aus dem Markt ausscheiden oder bis zu ihrem verzögerten Ausscheiden zunächst zu unsicheren Anbietern werden, da der durchschnittlich erzielbare Marktpreis für Versicherungsleistungen für sie zu niedrig ist. Dadurch bricht der Markt letztlich zusammen, da nur ein schlechter Anbieter am Markt verbleibt.

Nach dem Kauf von Versicherungsschutz tritt zudem das Problem der **Verhaltensunsicherheit** auf, welche auch als *hidden action* bzw. *hidden intention* bezeichnet wird. Dies bedeutet, dass der Versicherungsnehmer das Verhalten des Versicherungsanbieters nicht beobachten (bzw. nicht einschätzen) und/oder nicht verhindern kann.[313] Beispielsweise könnte ein Versicherungsunternehmen mit hoher Solvabilität langfristige Kapitallebensversicherungsverträge mit den Versicherungsnehmern abschließen, die bereit sind, für die hohe Solvabilität höhere Versicherungsprämien zu zahlen und anschließend durch hohe Ausschüttungen an seine Eigentümer seine Solvabilität entgegen den Interessen der Versicherungsnehmer schwächen. Aufgrund der hohen Such- und Abschlusskosten würde es den Versicherungsnehmern nicht möglich sein, verlustfrei die Versicherung zu wechseln. Eine solche Verhaltensänderung des Agenten entgegen den Vorstellungen des Prinzipals wird als *Moral Hazard* bezeichnet.

Als Lösungsmöglichkeiten des Problems der asymmetrischen Informationsverteilung vor und nach Vertragsschluss wurden in der Literatur verschiedene Strategien entworfen und ihre Wirksamkeit diskutiert.[314] Im Kontext des Mechanismus der Marktdisziplin sind ***Screening*** und ***Signaling*** als Problemlösungsstrategien vor Vertragsschluss sowie die Strategie des ***Monitoring*** nach Vertragsschluss hervorzuheben. ***Screening*** bezeichnet den Vorgang der Informationsbeschaffung durch die schlechter informierte Seite über ihren Ver-

312 Vgl. KOCH, O., Markttransparenz durch Versicherungsaufsicht, S. 139-141.

313 Vgl. zu der Tatsache, dass Verhaltensunsicherheit auch umgekehrt, d. h. zu Lasten des Versicherungsunternehmens, nach Vertragsschluss besteht bereits Fn. 305.

314 Vgl. für eine Übersicht OSETROVA, A., Regulierung des Versicherungsmarkts, S. 118.

tragspartner vor Vertragsschluss.[315] ***Signaling*** bezeichnet das Senden von (möglichst glaubwürdigen) entscheidungsrelevanten Informationen durch die besser informierte (Agent) an die schlechter informierte Seite (Prinzipal) vor Vertragsschluss.[316] ***Monitoring*** bezeichnet den Einsatz geeigneter Kontrollsysteme, mit denen die Transparenz über die Handlungen des Agenten nach Vertragsschluss erhöht werden soll.[317] Alle genannten Lösungsstrategien basieren auf der Vermittlung von Informationen, um die Eigenschaften und das Verhalten des Agenten beobachtbar zu machen. Im Umkehrschluss bedeutet dies, dass die o. g. *Agency*-Probleme umso ausgeprägter sind, je mehr Informationsbeschränkungen bestehen.[318]

An die o. g. Problemlösungsstrategien *Screening*, *Signaling* und *Monitoring* knüpft der Mechanismus der Marktdisziplin, welcher durch eine erhöhte Markttransparenz gefördert werden soll. Obwohl der Begriff „Marktdisziplin" bereits vor den Transparenzvorschriften von Solvency II durch den BASELER AUSSCHUSS FÜR BANKENAUFSICHT eingeführt worden ist und dieser seitdem im Schrifttum übernommen worden ist,[319] hat sich im Schrifttum keine einheitliche Definition herausgebildet. Marktdisziplin soll hier verstanden werden als (wahrgenommene) Möglichkeit von verschiedenen Interessengruppen, den (Solvenz-) Zustand eines Versicherungsunternehmens sowie die Führung eines Versicherungsunternehmens zu beurteilen (*screening*), zu überwachen (*monitoring*) und zu beeinflussen *(influencing)* und dadurch im Rahmen einer gewissen Kontrollfunktion eine disziplinierende Wirkung auf das Management eines Versicherungsunternehmens auszuüben.[320] Zu diesen

[315] Vgl. grundlegend zum Thema *Screening* STIGLITZ/JOSEPH E., Theory of Screening, S. 283-287. In dem hier betrachteten Fall bedeutet dies, dass sich der Versicherungsnehmer systematisch Informationen über die Unternehmenssicherheit des Versicherungsunternehmens beschafft, diese auswertet und in seiner Entscheidung berücksichtigt. Vgl. KOCH, O., Markttransparenz durch Versicherungsaufsicht, S. 143-145.

[316] Vgl. grundlegend die Arbeiten von SPENCE: SPENCE, M., Signaling, S. 355-374; SPENCE, M., Signaling, Screening and Information, S. 319-358; sowie im Versicherungskontext KOCH, O., Markttransparenz durch Versicherungsaufsicht, S. 145-148. Beispielsweise könnte ein Versicherungsunternehmen unabhängige externe Rating-Urteile über seine Kreditwürdigkeit publizieren.

[317] Vgl. OSETROVA, A., Regulierung des Versicherungsmarkts, S. 118.

[318] Vgl. ELING, M., Market discipline in insurance, S. 216.

[319] Vgl. BASELER AUSSCHUSS FÜR BANKENAUFSICHT, Überarbeitete Rahmenvereinbarung (Basel II), S. 201 (Tz. 809).

[320] Vgl. ELING, M., Market discipline in insurance, S. 185 f.; ELING, M., Marktsignale, S. 658. Im Folgenden liegt der Fokus der vorliegenden Untersuchung auf der Möglichkeit, die Solvabilität und Finanzlage eines Versicherungsunternehmen zu beurteilen und laufend zu überwachen, welche durch die Transparenzvorschriften der dritten Säule von Solvency II verbessert werden soll. Vgl. zur

Interessengruppen können beispielsweise Kunden, Kapitalgeber[321], Intermediäre (Makler, Vertreter), Bewerter (Analysten, Wirtschaftsprüfer) und Rating-Agenturen zählen.[322]

HARTUNG nennt drei **Voraussetzungen für das (mögliche) Funktionieren des Mechanismus der Marktdisziplin** auf Basis einer erhöhten Markttransparenz. Diese von HARTUNG genannten Voraussetzungen sind plausibel. Sie werden daher für diese Untersuchung übernommen. Demgemäß müssen die dem Versicherungsunternehmen gegenüberstehenden Marktakteure **erstens** einen **Anreiz** haben, die Solvabilität und Finanzlage des Versicherungsunternehmens zu beurteilen und bei ihren (finanziellen) Entscheidungen zu berücksichtigen. **Zweitens** müssen sie **in die Lage versetzt** werden, diese Beurteilung vornehmen zu können (Möglichkeit zur Beurteilung), und **drittens** müssen sie über geeignete **Sanktionsmöglichkeiten** verfügen, damit der gewünschte disziplinierende Effekt auf das Management des Versicherungsunternehmens erzielt wird.[323] Vereinfachend wird hier unterstellt, dass ein **Anreiz**, die Solvabilität und Finanzlage zu beurteilen und zu berücksichtigen, immer dann gegeben ist, wenn ein (künftiger) Zahlungsanspruch besteht bzw. durch Eintritt eines Versicherungsfalls entstehen könnte. Dieser Annahme folgend, haben vor allem Kunden und Kapitalgeber ein Interesse an der künftigen Zahlungsfähigkeit des Versicherungsunternehmens. HARTUNG zufolge sind Eigenkapitalgeber und Versicherungsnehmer für ein disziplinierendes Handeln prädestiniert.[324] Die durch Solvency II geregelte Solvabilitätspublizität von Versicherungsunternehmen soll eine schärfere Analyse und eine betriebs- und länderübergreifende Vergleichbarkeit der Angemessenheit der Solvenzvorkehrungen von Versicherungsunternehmen ermöglichen (**Möglichkeit zur Beurteilung**).[325]

Unterscheidung der dritten Komponente (*influencing*) in eine direkte und indirekte Beeinflussung FLANNERY, M., Market Discipline, S. 109-110.

321 Grundsätzlich schließt dies sowohl Eigen- als auch Fremdkapitalgeber ein. Es ist indes zu beachten, dass der größte Fremdkapitalgeber einer Versicherung regelmäßig die Gruppe der Kunden ist.

322 Zwar ist auch der Staat möglicher Stakeholder eines Versicherungsunternehmens. Der Staat ist indes kein Marktakteur, sondern greift in den Markt als übergeordnete Regulierungsinstanz ein. Lieferanten sind im Versicherungskontext zu vernachlässigen, da Versicherungsunternehmen für ihre Leistungserstellung keine Vorprodukte beziehen. Vgl. zur hermeneutischen Ermittlung der Adressaten Abschnitt 35.

323 Vgl. HARTUNG, T., Versicherungsaufsicht, S. 65.

324 Vgl. HARTUNG, T., Versicherungsaufsicht, S. 64. Zu berücksichtigen ist indes, dass die Interessen von Eigenkapitalgebern und Versicherungsnehmern divergieren. Vgl. OSETROVA, A., Regulierung des Versicherungsmarkts, S. 130; FARNY, D., Shareholder Value versus Policyholder Value von Versicherungsunternehmen, S. 73-75.

325 Vgl. ELING, M., Market discipline in insurance, S. 190.

Indes ist zu beachten, dass mehr Informationen „nicht per se eine bessere Informationslage“[326] bedeuten. Denn neben den Informationsinteressen sind die intellektuellen Informationsverarbeitungskapazitäten der Adressaten zu berücksichtigen, die eine „uneinheitliche Urteilsfähigkeit“[327] vermuten lassen.[328] Aus diesem Grund wird die disziplinierende Wirkung der Aktionen von Kapitalgebern und Kunden sowie ggfs. zusätzlich eine von Informationsintermediären unterschieden.[329] So ist anzunehmen, dass die Mehrzahl der Privatkunden nicht imstande ist, die finanzielle Solidität eines Versicherungsunternehmens zu beurteilen.[330] Diese Vermutung wird später für die Adressatendiskussion aufgegriffen. Als dritte Voraussetzung für das Funktionieren des Mechanismus Marktdisziplin wurde genannt, dass die Marktakteure über geeignete **Sanktionsmöglichkeiten** verfügen müssen. Diese erscheinen überwiegend gegeben. Eigenkapitalgeber können ihre Anlagen flexibel allokieren. Kunden können sich durch ihre Informationsintermediäre (z. B. Versicherungsmakler, Versicherungs-Rating-Agenturen) informieren lassen und die Informationen bei der Auswahl des Versicherungsanbieters berücksichtigen. Im Gegensatz zu Neukunden müssen Bestandskunden indes Wechselkosten berücksichtigen, wenn sie den Anbieter wechseln wollen.

Zusammenfassend lässt sich zum Mechanismus der Marktdisziplin resümieren, dass von einer erhöhten Markttransparenz erwartet wird, dass Aufsichtsbehörden weniger in den Versicherungsmarkt eingreifen müssen, da die informierten Marktteilnehmer durch ihr Verhalten bereits selbst darauf hinwirken, dass sich Versicherungsunternehmen in ihrem Sinne verhalten.[331] Dies bedeutet im Kontext der Solvabilitätsberichterstattung, dass Versicherungsunternehmen ihre Solvabilitätseigenschaften offenbaren sollen und solche Versicherungsunternehmen, die nicht ausreichend solvent sind, durch die Marktteilnehmer dazu diszipliniert werden sollen, zu versuchen, solventer zu werden. Zwar bleibt die institutiona-

[326] ELING, M., Marktsignale, S. 663.

[327] HORSCH, A., Agency und Versicherungsintermediation, S. 535.

[328] Vgl. KOCH, O., Markttransparenz durch Versicherungsaufsicht, S. 158.

[329] Vgl. ELING, M., Market discipline in insurance, S. 187 f.

[330] Das Problem wird dadurch verstärkt, dass private Versicherungskunden in Deutschland eher eine geringe Bereitschaft dazu haben, sich die entsprechenden Informationen zu beschaffen bzw. bei mangelnden Fachkenntnissen als Experten-Dienstleistung zu erwerben. Vgl. OSETROVA, A., Regulierung des Versicherungsmarkts, S. 127; FARNY schätzt, dass 95 bis 98 % der Versicherungsverträge von privaten Haushalten abgeschlossen werden, die sich äußerst begrenzt mit Risikothemen und ihrer Versicherung auskennen. Vgl. FARNY, D., Regulierung von Versicherungsmärkten, S. 1006.

[331] Vgl. ELING, M., Market discipline in insurance, S. 185.

lisierte Versicherungsregulierung und -aufsicht das wesentliche Instrument zum Schutz der Versicherungsnehmer, indes soll der Mechanismus der Marktdisziplin – wie in Abschnitt 34 dargelegt wird – zusätzlich zum Schutz der Versicherungsnehmer beitragen.[332] **Ob der Mechanismus der Marktdisziplin in der Praxis funktionieren wird, hängt entscheidend davon ab, ob durch den SFCR relevante Informationen an die Adressaten vermittelt werden, und ob die Adressaten den Bericht lesen, auswerten und bei ihren Entscheidungen (finanzielle Mitteldispositionen) berücksichtigen, denn nur so würde tatsächlich eine disziplinierende Wirkung auf das Versicherungsunternehmen entstehen können.** EILING gibt diesbezüglich zu bedenken: „*If market participants are not aware of risk and/or are unable to evaluate risk at a reasonable cost, there will be no market discipline.*"[333] Das dem Mechanismus der Marktdisziplin unterstellte Adressatenverhalten ist nach Veröffentlichung der Berichte empirisch, z. B. durch Befragung, zu überprüfen. Hierin liegt weiterer **Forschungsbedarf.**[334] Daher können in der vorliegenden Untersuchung nur **normativ-hypothetische Informationsanforderungen an die Berichterstattung** formuliert werden, die erst später, d. h. nach vielen Erfahrungen mit der Solvabilitätspublizität und deren zu ermittelnden Wirkungen, empirisch überprüft werden können.

Im Folgenden wird der Berichtszweck des SFCR hermeneutisch ermittelt und die diesbezügliche Bedeutung des auf Hypothesen basierenden Mechanismus der Marktdisziplin analysiert.

34 Berichtszweck des Berichts über die Solvabilität und Finanzlage

Eine wichtige Grundlage für die spätere Ermittlung von Grundsätzen ordnungsmäßiger Solvabilitätsberichterstattung ist der Zweck, der mit dem aufsichtsrechtlich kodifizierten Solvabilitäts- und Finanzbericht verfolgt wird.[335] Ferner ist die Zweckermittlung notwendig, um Berichtsvorschriften auch objektiv-teleologisch, d. h. dem Zweck der Solvabilitätspublizität entsprechend und adressatengerecht, zusammen mit den anderen Kriterien der herme-

[332] Vgl. auch BALLWIESER, der ausführt: „Nicht verkannt wird, dass sich Adressaten nicht nur selbst schützen sollen, sondern Unterstützung durch Institutionen wie Bundesaufsichtsämter erhalten." BALLWIESER, W., Informations-GoB, S. 116.

[333] ELING, M., Market discipline in insurance, S. 219.

[334] Vgl. zusammenfassend zum künftigen Forschungsbedarf Abschnitt 7.

[335] Vgl. so für den handelsrechtlichen Lagebericht BAETGE, J./FISCHER, T./PASKERT, D., GoL, S. 7.

neutischen Methode auslegen zu können.[336] In den gesetzlichen Regelungen zum SFCR wird – sowohl auf Rechtsebene des VAG n. F. als auch auf Basis der dazu erlassenen EU-Verordnungen – kein expliziter Zweck der Solvabilitätspublizität als solcher genannt. Daher muss dieser durch Auslegung des Gesetzes und der EU-Verordnungen ermittelt werden. Da durch das VAG n. F. eine europäische Richtlinie umgesetzt wird, wird auch die Solvency II-Richtlinie berücksichtigt.

In § 40 Abs. 2 S. 1 VAG n. F. wird Folgendes zur Solvabilitätspublizität kodifiziert: „In dem Solvabilitäts- und Finanzbericht sind **wesentliche Informationen** über die Solvabilitäts- und Finanzlage des Versicherungsunternehmens **darzulegen**"[337]. Ferner steht in § 40 Abs. 1 S. 1 VAG n. F.: „Versicherungsunternehmen haben mindestens einmal jährlich, spätestens 14 Wochen nach Ende des Geschäftsjahres, einen **Solvabilitäts- und Finanzbericht zu veröffentlichen.**"[338] Aus dem Wortlaut geht hervor, dass mittels des SFCR **wesentliche Informationen über die Solvabilitäts- und Finanzlage** des Versicherungsunternehmens von diesem **zu veröffentlichen** sind. Daraus folgt, dass die **Veröffentlichung von Informationen** der **Hauptzweck des Solvabilitäts- und Finanz<u>berichts</u>** ist. Dieses Ergebnis ist indes als trivial bzw. als Tautologie oder Pleonasmus zu bewerten, denn berichten heißt informieren. Das Ergebnis dieser Zweckbestimmung kann daher nicht zur weiteren Auslegung des Gesetzes anhand objektiv-teleologischer Gesichtspunkte beitragen. Dies liegt daran, dass der SFCR nur das Instrument zur Veröffentlichung von Informationen ist, und daher nicht sein Zweck, sondern der übergeordnete Zweck, also der vom Gesetzgeber verfolgte Zweck der Veröffentlichungspflichten bezüglich Informationen über die Solvabilitäts- und Finanzlage eines Versicherungsunternehmens, ermittelt werden muss. Dies wird im Folgenden versucht.

§ 40 Abs. 2 VAG n. F. spezifiziert, dass der SFCR „wesentliche Informationen über die **Solvabilitäts- und Finanzlage** des Versicherungsunternehmens"[339] geben muss. Dazu sind gemäß § 40 Abs. 2 Nr. 1-3 VAG n. F. „1. die **Geschäftstätigkeit** und die **Geschäftsergebnisse** […], 2. die **Geschäftsorganisation** [… und] 3. für jede Risikokategorie gesondert das

336 Im Folgenden werden jeweils nur die relevanten Auslegungskriterien verwendet. Eine Prüfung der Verfassungskonformität entfällt deswegen.

337 § 40 Abs. 2 S. 1 VAG n. F., Hervorhebungen durch den Verfasser.

338 § 40 Abs. 1 S. 1 VAG n. F., Hervorhebung durch den Verfasser.

339 § 40 Abs. 2 VAG n. F., Hervorhebung durch den Verfasser.

Gefährdungspotenzial“[340] zu beschreiben. Durch diese Vorgaben werden die Berichtsgegenstände durch das VAG n. F. **inhaltlich** grob bestimmt.[341] Aus dem Wortsinn dieser Berichtsgegenstände ergibt sich der **Zeitbezug** der geforderten Informationen: „Geschäftsergebnisse“ weisen einen Vergangenheitsbezug auf, Angaben zur „Geschäftstätigkeit“ und „Geschäftsorganisation“ sind vergangenheits- und gegenwartsorientiert und „Gefährdungspotenzial“ ist eine gegenwartsbezogene Angabe, die indes zukunftsbezogene Beurteilungen erfordert. Zusätzlich ist die Solvency II-Richtlinie, auf deren Basis das VAG n. F. entwickelt wurde, zur Bestimmung des Zeitbezugs heranzuziehen. Gemäß Art. 35 Abs. 3 lit b (der Solvency II-Richtlinie), dessen Anwendung in Art. 51 Abs. 1 auch für den zu veröffentlichenden Solvabilitäts- und Finanzbericht vorgeschrieben ist, umfasst dieser **„historische**, **aktuelle** oder **prospektive** Elemente oder eine entsprechende Kombination daraus“[342]. Die aus dem VAG n. F. ermittelten Zeitbezüge der Informationen werden also durch den Richtlinienwortlaut bestätigt. Warum sich diese Richtlinienvorgabe nicht im Wortlaut des VAG n. F. wiederfindet, wird vom Gesetzgeber nicht begründet. Der VAG-Gesetzgeber verzichtet auf eine zeitliche Spezifizierung der zu gebenden Informationen. Weder kommentiert er diese, noch lehnt er sie ab, offenbar weil sich der Zeitbezug aus dem jeweiligen Berichtsgegenstand – wie oben geschildert – ergibt.[343] Dem Adressaten ist demgemäß ein **inhaltlich**[344] und **zeitlich umfassender Einblick in die Solvabilitäts- und Finanzlage** aber auch in die damit verbundenen Geschäftsergebnisse zu gewähren. Ein sol-

[340] § 40 Abs. 2 Nr. 1-3 VAG n. F., Hervorhebungen durch den Verfasser.

[341] Vgl. zum vollständigen Wortlaut der geforderten Berichtsgegenstände bereits Abschnitt 32. Die Berichtsgegenstände werden durch die DVO präzisiert. Diese Regelungen werden in Kapitel 5 dargestellt und je (untergeordnetem) Berichtsgegenstand analysiert.

[342] EU, RL 2009/138/EG, Art. 35 Abs. 3 lit b), Hervorhebungen durch den Verfasser.

[343] Anzumerken ist, dass der Gesetzgeber Art. 51 Abs. 1 i. V. m. Art. 35 Abs. 3 u. 4 der Solvency II-Richtlinie abweichend zu dieser umgesetzt hat. In Art. 35 Abs. 3 u. 4 werden die „[f]ür Aufsichtszwecke beizubringenden Informationen“ charakterisiert (qualitative/quantitative und historische/aktuelle/prospektive Elemente sowie Daten aus internen/externen Quellen) und Grundsätze für Informationen (vgl. dazu Abschnitt 38) aufgestellt. Durch Art. 51 Abs. 1 wird explizit geregelt, dass Art. 35 Abs. 3 u. 4 auch für die im Bericht an die Öffentlichkeit zu gebenden Informationen anzuwenden sind. Der Gesetzgeber hat in § 43 VAG n. F. (Informationspflichten bezüglich der für Aufsichtszwecke beizubringenden Informationen) die Grundsätze aus Abs. 4 selektiv für die aufsichtliche Berichterstattung umgesetzt und begründet dies wie folgt: „Mit Absatz 2 werden Grundsätze aus Artikel 35 Absatz 4 der Richtlinie umgesetzt, **soweit sie als Anforderungen für Unternehmen bei der Berichterstattung gegenüber der Aufsichtsbehörde relevant sind**.“ Ohne Begründung wurden ebenfalls selektiv einzelne Grundsätze auch für den öffentlichen Bericht in § 40 übernommen. Vgl. dazu ausführlich Abschnitt 38. Indes hat der Gesetzgeber Art. 35 Abs. 3 zur Charakterisierung der Informationen ohne Angabe von Gründen ausgelassen.

[344] Vgl. ausführlich zu den geforderten Inhalten Kapitel 5.

cher der Öffentlichkeit zu gewährender Einblick in die finanziellen Resultate der Geschäftstätigkeit eines Versicherungsunternehmens mit den geforderten Zeitbezügen lässt sich unter dem Begriff **Rechenschaft als Zweck** der vergangenheits- und gegenwartsbezogenen Berichterstattung zusammenfassen und ist durch die zusätzlich geforderten Angaben mit prognostischem Inhalt zu ergänzen. Somit wird der Rechenschaftszweck zum **Zweck der Informationsvermittlung** erweitert.[345] Der aus dem Wortlaut und Wortsinn ermittelte Zweck der Rechenschaft (bzw. Informationsvermittlung) des SFCR lässt sich anhand des Bedeutungszusammenhangs der spezifischen gesetzlichen Vorschriften zu einzelnen Berichtsgegenständen überprüfen bzw. konkretisieren.

Bereits in Abschnitt 234.24 wurde analysiert, dass Säule 3 des Solvency II zugrundeliegenden Aufsichtsmodells, und damit die Solvabilitätspublizität, dazu dient, offenzulegen, wie die gesetzlichen Vorgaben, die den Säulen 1 und 2 zuzuordnen sind, umgesetzt worden sind. Dies kann anhand zahlreicher Gesetzesbeispiele verdeutlicht werden, von denen im Folgenden zwei herausgegriffen werden.[346] Gemäß § 40 Abs. 2 Nr. 2 VAG n. F. ist über „die Geschäftsorganisation“ zu berichten und „ihre[ ] Angemessenheit für das Risikoprofil des Unternehmens“[347] zu bewerten. Vorgaben für die Geschäftsorganisation werden als Regelungsinhalt von Säule 2 kodifiziert. In § 23 VAG n. F. werden „[a]llgemeine Anforderungen an die Geschäftsorganisation“ formuliert: „Versicherungsunternehmen müssen über eine **Geschäftsorganisation** verfügen, die **wirksam** und **ordnungsgemäß** ist und die der Art, dem Umfang und der Komplexität ihrer Tätigkeiten **angemessen** ist. Die Geschäftsorganisation muss neben der **Einhaltung** der von den Versicherungsunternehmen zu beachtenden **Gesetze, Verordnungen und aufsichtsbehördlichen Anforderungen** eine **solide und umsichtige Leitung des Unternehmens gewährleisten**.“[348] Die Berichtspflicht im SFCR über die Geschäftsorganisation, einschließlich einer Bewertung ihrer Angemessenheit durch das Versicherungsunternehmen, ist also die in § 40 Abs. 2 Nr. 2 VAG n. F. geforder-

[345] Der Begriff **Informationsvermittlung** unterscheidet sich von dem der **Rechenschaft** im **Zeitbezug**. Rechenschaft wird nur über Vergangenes oder Gegenwärtiges abgelegt, wohingegen die Informationsvermittlung auch Berichtselemente mit Zukunftsbezug umfasst. Vgl. MOXTER, A., Bilanzlehre, S. 451; BAETGE, J./FISCHER, T./PASKERT, D., GoL, S. 8; BAETGE, J./SCHULZE, D., Lageberichterstattung über "Risiken der künftigen Entwicklung", S. 938; KRUMBHOLZ, M., Lagebericht, S. 18.

[346] In Kapitel 5 finden sich weitere Beispiele der Verknüpfung von Berichtsgegenständen mit den diese Berichtsbereiche determinierenden Vorschriften aus den Säulen 1 und 2.

[347] § 40 Abs. 2 Nr. 2 VAG n. F., Auslassung durch den Verfasser.

[348] § 23 Abs. 1 VAG n. F., Hervorhebungen durch den Verfasser.

te **zugehörige Pflicht im SFCR darüber zu berichten, wie das Versicherungsunternehmen die versicherungsaufsichtsrechtlichen Vorgaben aus Säule 2 für den Geschäftsbetrieb umgesetzt hat**. Mit dem zweiten Beispiel wird gezeigt, wie eine Berichtsvorschrift die Säule 1 betreffend gemäß § 40 Abs. 2 Nr. 5 VAG n. F. bezüglich des Kapitalmanagements „unter Angabe mindestens der **Struktur** und des **Betrags der Eigenmittel und ihrer Qualität** sowie der Beträge der **Solvabilitätskapitalanforderung** und der **Mindestkapitalanforderung**“[349] im SFCR umzusetzen ist. Vorschriften zur Ermittlung der Eigenmittel (§§ 89-90 i. V. m. §§ 74-88 VAG n. F.) und zu ihrer Einstufung in Qualitätsklassen (§§ 91-95 VAG n. F.) sowie die in Solvency II erstmals risikotheoretisch fundierte Ermittlung von Solvabilitäts- und Mindestkapitalanforderungen (§§ 96-110 u. 122 f. VAG n. F.) sind Kernstück des Solvency II-Regelwerks (Säule 1) und an diversen (in den Klammern aufgeführten) Stellen im VAG n. F. verankert. Beispielsweise haben Versicherungsunternehmen gemäß § 91 Abs. 1 VAG n. F. „ihre **Eigenmittelbestandteile in drei Qualitätsklassen einzustufen**“. An diesem Beispiel wird auch für Säule 1 gezeigt, dass bestimmte Berichtsgegenstände nach Säule 3 den Regelungsgegenständen in Säule 1 entsprechen. Die beiden für die Säulen 1 und 2 gezeigten entsprechenden Berichtspflichten dienen also dazu, dass Versicherungsunternehmen **Transparenz** darüber schaffen, ob und wie sie die aufsichtsrechtlichen Vorgaben der Säulen 1 und 2 umgesetzt und eingehalten haben und welche quantifizierten Ergebnisse aus der Messung der Solvabilitäts- und Finanzlage resultierten. Mit diesen Rechenschaftspflichten hat das Versicherungsunternehmen darzulegen, dass es gemäß den aufsichtsrechtlichen Vorgaben organisiert ist und gemäß diesen geführt wird. Dieser aus den Berichtsvorschriften des § 40 VAG n. F. und dem Bedeutungszusammenhang mit den aufsichtsrechtlichen Vorschriften hergeleitete Transparenzgedanke wird vom Gesetzgeber zur Begründung von Säule 3 angeführt. Dementsprechend werden im Gesetzentwurf der Bundesregierung die bereits mehrfach zitierten Vorschriften des § 40 VAG n. F. wie folgt begründet: „Um **Transparenz zu gewährleisten**, müssen Versicherungsunternehmen mindestens einmal jährlich **wesentliche Informationen** über ihre Solvabilitäts- und Finanzlage **veröffentlichen**, d. h. die **Informationen der Öffentlichkeit** in elektronischer und gegebenenfalls zusätzlich in gedruckter Form kostenlos **verfügbar ma-**

[349] § 40 Abs. 2 Nr. 5 VAG n. F., Hervorhebungen durch den Verfasser.

chen."[350] Durch diese Gesetzesmaterialien wird der aus den gesetzlichen Vorschriften abgeleitete Zweck des SFCR, nämlich Rechenschaft (bzw. Informationsvermittlung), unterstützt. Die Forderung nach Transparenz wird dementsprechend in § 18 Abs. 1 Nr. 2 VAG n. F. erhoben und zwar durch Untersagung oder Beschränkung einer bedeutenden Beteiligung. In der Vorschrift wird geregelt, dass die Aufsichtsbehörde einen beabsichtigten Erwerb einer bedeutenden Beteiligung oder deren Erhöhung untersagen kann, wenn Tatsachen die Annahme rechtfertigen, „dass das Versicherungsunternehmen durch die Begründung oder Erhöhung der Beteiligung mit dem Inhaber der bedeutenden Beteiligung in einen Unternehmensverbund eingebunden würde, der durch die Struktur des Beteiligungsgeflechts oder **durch mangelhafte wirtschaftliche Transparenz eine wirksame Aufsicht über das Versicherungsunternehmen** oder einen wirksamen Austausch von Informationen zwischen den zuständigen Stellen oder die Festlegung der Aufteilung der Zuständigkeiten zwischen diesen Stellen **beeinträchtigen kann**"[351]. In § 11 Abs. 2 Nr. 1 VAG n. F. wird geregelt, dass von der Aufsichtsbehörde sogar die Erlaubnis zum Geschäftsbetrieb versagt werden darf, wenn „das Versicherungsunternehmen mit anderen Personen oder Unternehmen in einen Unternehmensverbund eingebunden ist oder in einer engen Verbindung zu einem solchen steht und dieser [Verbund] durch die Struktur des Beteiligungsgeflechts oder **durch mangelhafte wirtschaftliche Transparenz eine wirksame Aufsicht über das Versicherungsunternehmen beeinträchtigt**"[352]. Die Transparenzforderung für den SFCR wird dadurch gestärkt, dass gemäß § 23 Abs. 1 VAG n. F. zu einer soliden und umsichtigen

---

350 Fast wortgleich so auch Erwägungsgrund 38 der Solvency II-Richtlinie: „Um Transparenz zu gewährleisten, sollten Versicherungs- und Rückversicherungsunternehmen mindestens einmal jährlich wesentliche Informationen über ihre Solvabilitäts- und Finanzlage veröffentlichen, d. h. die Informationen der Öffentlichkeit in gedruckter oder elektronischer Form kostenlos verfügbar machen. Die Veröffentlichung weiterer Informationen sollte den Unternehmen freigestellt sein." Vgl. dazu auch DREHER, M./SCHAAF, M., Veröffentlichungspflichten von Versicherungsunternehmen, S. 135; HARTUNG, T., Versicherungsaufsicht, S. 65. Die FMA sieht in den umfangreichen Offenlegungspflichten eine erhöhte Rechenschaftspflicht. Vgl. FMA - ÖSTERREICHISCHE FINANZMARKTAUFSICHT, Versicherungsaufsichtsrecht, S. 8.

351 § 18 Abs. 1 Nr. 2 VAG n. F., Hervorhebungen durch den Verfasser. Vgl. ähnlich an anderer Stelle: „Sofern Tatsachen **Anlass zu Zweifeln geben**, dass der Inhaber einer bedeutenden Beteiligung den in § 16 genannten Anforderungen genügt oder dass die Verbindung mit anderen Personen oder Unternehmen **wegen** der Struktur des Beteiligungsgeflechts oder **mangelhafter wirtschaftlicher Transparenz eine wirksame Aufsicht über das Versicherungsunternehmen möglich macht,** kann die Aufsichtsbehörde anordnen, dass der Inhaber die in § 9 Absatz 4 Nummer 2 Buchstabe c und d genannten Unterlagen vorzulegen und auf seine Kosten durch einen von der Aufsichtsbehörde zu bestimmenden Wirtschaftsprüfer prüfen zu lassen hat." (§ 20 VAG n. F., Hervorhebung durch den Verfasser).

352 § 11 Abs. 2 Nr. 1 VAG n. F., Einfügung und Hervorhebung durch den Verfasser.

Leitung des Unternehmens „eine **angemessene, transparente Organisationsstruktur** mit einer **klaren Zuweisung** und einer **angemessenen Trennung der Zuständigkeiten** sowie ein **wirksames unternehmensinternes Kommunikationssystem**“[353] gehören. Transparenz ist gemäß diesen beiden Gesetzesstellen nicht nur eine **Grundlage für eine wirksame Aufsicht** durch Aufsichtsbehörden, sondern sie ist auch notwendig, um überhaupt das Versicherungsgeschäft betreiben zu dürfen.

Zuletzt wird der Zweck der Solvabilitätspublizität in Beziehung zum Zweck des Versicherungsaufsichtsgesetzes, d. h. der Versicherungsaufsicht als übergeordnetem Zweck aller VAG-Regelungen gesetzt. Dieser übergeordnete Zweck der Versicherungsaufsicht und damit der aller Vorschriften des VAG n. F. ist der **Schutz der Versicherungsnehmer** und der Begünstigten von Versicherungsleistungen.[354] Als Bindeglied zwischen dem Zweck der Solvabilitätspublizität und dem übergeordneten Zweck der Versicherungsregulierung und -aufsicht, dem Schutz der Versicherungsnehmer, steht – wie im Folgenden auslegt wird – der sog. Mechanismus der Marktdisziplin[355]. In dem allgemeinen Teil der Gesetzesbegründung heißt es: „Säule III – Marktdisziplin und Veröffentlichungspflichten. Die dritte Säule befasst sich mit Marktdisziplin, Transparenz und Veröffentlichungspflichten und dem Meldewesen gegenüber den Aufsichtsbehörden.“[356] Ferner wurde in der Begründung des Entwurfs der EU-Verordnung (DVO) diesbezüglich dokumentiert: „In der Verordnung werden **Berichts- und Offenlegungspflichten gegenüber** Aufsichtsbehörden und **Öffentlichkeit** festgelegt. Durch die bessere Vergleichbarkeit und harmonisierte Angaben **sollen** die Wirksamkeit der Aufsicht erhöht und die **Marktdisziplin gefördert werden.**“[357] Dies wurde bereits 2003 ähnlich in einem Vermerk der Kommissionsdienststellen als Empfehlung für die dritte Säule von Solvency II formuliert: „Offenlegungspflichten im Rahmen der dritten Säule werden einen wichtigen Teil der künftigen Aufsichtsarchitektur in der EU darstellen. **Transparenz und Offenlegung könnten der Stärkung von Marktmechanismen** und der risikogestützten Beaufsichtigung **dienen**. Da diese Pflichten von den für die Säulen I und II gewählten Verfahren und Maßnahmen abhängen werden, ist deren genaue

[353] § 23 Abs. 1 VAG n. F., Hervorhebungen durch den Verfasser.

[354] Vgl. zum Ziel von Solvency II bereits Abschnitt 234.1.

[355] Vgl. dazu bereits Abschnitt 33.

[356] BR, Drucksache 430/14, S. 264.

[357] Begründung des Entwurfs der EU-Verordnung (DVO), S. 10 (unter 4.2), Hervorhebungen durch den Verfasser.

Festlegung erst im Laufe der weiteren Arbeiten an Solvabilität II möglich."[358] Ferner wurde in einer Folgenabschätzung, die von der Europäischen Kommission veröffentlich wurde, Folgendes zur Solvabilitätspublizität ausgedrückt: *„Under Solvency II, there will be specific measures* ***requiring public reporting and disclosure*** *as a means* ***to enhance market discipline*** *(Pillar Three measures)."*[359] Die vom Richtlinien- und Gesetzgeber vorgegebene Transparenz durch die Vermittlung von Informationen an die Öffentlichkeit – zusätzlich zu denen, die der Aufsichtsbehörde zu Aufsichtszwecken verfügbar zu machen sind – ist somit kein Selbstzweck.[360] Sie ist die vom Gesetzgeber zur Erfüllung einer der – wie in Abschnitt 33 beschriebenen, theoretisch fundierten – Voraussetzungen für das Funktionieren des Mechanismus der Marktdisziplin zu schaffende Informationsbasis und hat damit einen instrumentellen Charakter.[361] Das Ziel, also der mittelbare, übergeordnete Zweck der Veröffentlichungspflichten zur Informationsvermittlung liegt darin, Voraussetzungen dafür zu schaffen, dass die Marktdisziplin gestärkt und in der Folge der Schutz der Versicherungsnehmer erhöht wird.[362] Mithilfe des zu veröffentlichenden SFCR soll sich der Berichtsadressat ein Urteil über die Solvabilität, d. h. über die finanzielle Situation, die Risiken und die Führung des Versicherungsunternehmens, bilden können.[363] Die Publizitätsadressaten sollen angehalten werden und es soll ihnen durch entsprechende Berichterstattung ermöglicht werden, „in ihrem ökonomischen Handeln eine risikobewusste Unternehmenssteuerung unter Verwendung leistungsfähiger Risikomanagementsysteme zu honorieren, gegenteiliges Verhalten dagegen zu sanktionieren"[364] und sie sollen so „als zusätzliches Korrektiv für eine risikoorientierte Unternehmenssteuerung fungieren"[365]. Indes stimmen wir DREHER/SCHAAF zu, die die Meinung vertreten, dass Marktdisziplin „kein Richtlinienziel [ist], an dessen Erfolg die Veröffentlichungspflichten gegenüber der Allgemeinheit aus rechtli-

---

358 EUROPÄISCHE KOMMISSION, Aufsichtssystem, Tz. 42, Hervorhebungen durch den Verfasser.

359 DG ECFIN, Impact Assessment Solvency II, S. 22, Hervorhebungen durch den Verfasser.

360 Vgl. TICHY, E., Inhalt des Lageberichts, S. 9.

361 Vgl. Abschnitt 33.

362 Vgl. EUROPÄISCHE KOMMISSION, Aufsichtssystem, Tz. 42; CEIOPS, CEIOPS-DOC-53/09, Tz. 3.2, 3.8.1.

363 Vgl. FMA - ÖSTERREICHISCHE FINANZMARKTAUFSICHT, Versicherungsaufsichtsrecht, S. 74.

364 DREHER, M./SCHAAF, M., Veröffentlichungspflichten von Versicherungsunternehmen, S. 135. Vgl. auch GROTE, J./SCHAAF, M., Umsetzung der Solvency II-Richtlinie, S. 23.

365 SEHRBROCK, D./GAL, J., Solvency II Rechtsrahmen, S. 147. Vgl. auch SCHUBERT, T./ GRIEßMANN, G., Solvency II, S. 1402.

cher Sicht zu messen wären."[366] Aus rechtlicher Sicht sind die Veröffentlichungspflichten ausschließlich an dem Zweck der Rechenschaft bzw. Informationsvermittlung zu messen – unabhängig davon ob die erhofften, marktwirtschaftlichen Mechanismen greifen.

Durch den SFCR werden verschiedene Aufgaben bzw. Funktionen, die aus dem Zweck der Informationsvermittlung resultieren, erfüllt, die im Folgenden erarbeitet werden.

Gemäß § 40 Abs. 2 Nr. 2 VAG n. F. erfolgt eine Beschreibung der „Geschäftsorganisation unter **Bewertung** ihrer Angemessenheit für das Risikoprofil des Unternehmens". Ferner sind gemäß § 40 Abs. 2 Nr. 3 VAG n. F. „für jede Risikokategorie gesondert das **Gefährdungspotential** [und] die Risikokonzentrationen"[367] zu beschreiben. Zudem wird in § 40 Abs. 4 Nr. 1 VAG n. F. kodifiziert, dass zur Beschreibung der Eigenmittel vom Versicherungsunternehmen „eine **Analyse** aller wesentlichen Veränderungen im Vergleich zum Vorjahresberichtszeitraum"[368] im SFCR vorgenommen werden muss. Aus der vom Unternehmen selbst vorzunehmenden **Bewertung** der Angemessenheit der Geschäftsorganisation, der Beschreibung von **Gefährdungspotentialen** und der vorgenannten **Analyse** ist aus dem Gesetz eine **Analyse- und Beurteilungsfunktion** des SFCR herauszulesen. Ferner haben Versicherungsunternehmen gemäß § 27 Abs. 1 VAG n. F. als Element des Risikomanagementsystems (Säule 2-Vorgaben) „eine **unternehmenseigene Risiko- und Solvabilitätsbeurteilung** [...] regelmäßig sowie im Fall wesentlicher Änderungen in ihrem Risikoprofil unverzüglich vorzunehmen"[369]. Gemäß Art. 294 Abs. 4 DVO sind im SFCR (zumindest) bestimmte „Informationen über das Verfahren, das das Versicherungs- oder Rückversicherungsunternehmen eingeführt hat, um seiner Verpflichtung zur Vornahme einer unternehmenseigenen Risiko- und Solvabilitätsbeurteilung nachzukommen" zu geben. Zwar sind die Ergebnisse dieser Beurteilung nicht explizit zu veröffentlichen, sondern nur Angaben zum Verfahren zu machen,[370] indes fließen die Ergebnisse in den Berichtsgegenstand „Angaben zum Risikoprofil" ein, wie im Folgenden beleget wird. Gemäß § 27 Abs. 3 VAG n. F. umfasst die o. g. unternehmenseigene Risiko- und Solvabilitätsbeurtei-

[366] DREHER, M./SCHAAF, M., Veröffentlichungspflichten von Versicherungsunternehmen, S. 138, Einfügung durch den Verfasser.

[367] § 40 Abs. 2 Nr. 3 VAG n. F., Einfügung durch den Verfasser.

[368] § 40 Abs. 4 Nr. 1 VAG n. F.

[369] § 27 Abs. 1 VAG n. F., Auslassung und Hervorhebung durch den Verfasser.

[370] Vgl. zu diesem Berichtsgegenstand und zur Kritik an der Nichtveröffentlichung der Ergebnisse ausführlich Abschnitt 554.2.

lung im Rahmen der eigenständigen Bewertung des Solvabilitätsbedarfs beispielsweise „insbesondere die selbständige Durchführung von **Stresstests und Szenarioanalysen**“[371]. Unter den Angaben zum Risikoprofil findet sich mit Art. 295 Abs. 6 DVO ein entsprechender Berichtsgegenstand: „Hinsichtlich der Risikosensitivität enthält der Bericht über [die] Solvabilität und Finanzlage eine Beschreibung der verwendeten **Methoden**, der zugrunde gelegten **Annahmen** und der **Ergebnisse der Stresstests und Sensitivitätsanalysen** für wesentliche Risiken und Ereignisse.“[372] Dies bedeutet, dass sich die Ergebnisse der als Regelung von Säule 2 vorgegebenen Risiko- und Solvabilitätsbeurteilung auch im öffentlichen SFCR widerspiegeln, wodurch die Analyse- und Beurteilungsfunktion zusätzlich bestätigt wird.

In Art. 292 DVO wird Folgendes für den SFCR vorgegeben: „1. Der Bericht über [die] Solvabilität und Finanzlage enthält eine **klare, knappe Zusammenfassung**. Die Zusammenfassung des Berichts ist für Versicherungsnehmer und Anspruchsberechtigte verständlich. 2. In der Zusammenfassung werden **etwaige wesentliche Änderungen** in Bezug auf Geschäftstätigkeit und Leistung des Versicherungs- oder Rückversicherungsunternehmens, sein Governance-System, sein Risikoprofil, die Bewertung für Solvabilitätszwecke und das Kapitalmanagement im Berichtszeitraum **herausgestellt.**“[373] Zweifelsfrei kommt einer solchen Zusammenfassung bereits aufgrund des Wortsinns eine **Verdichtungsaufgabe** zu. Damit bleibt die Frage offen, ob dem gesamten Bericht eine solche Verdichtungsaufgabe zukommt. Gemäß § 40 Abs. 2 VAG n. F. sind in dem SFCR „**wesentliche Informationen** über die Solvabilitäts- und Finanzlage des Versicherungsunternehmens darzulegen. Die Angaben in diesem Bericht müssen sich in Bezug auf den **Grad ihrer Detaillierung** nach der Art, dem Umfang und der Komplexität der Geschäftstätigkeit und der Risiken des Unternehmens richten“[374]. Dem im VAG n. F. kodifizierten Grundsatz der Wesentlichkeit ist mit dem gleichnamigen Art. 291 DVO (Wesentlichkeit) ein eigener Artikel gewidmet, worin definiert wird, dass „Informationen [...] für die Zwecke dieses Kapitels dann als wesentlich zu betrachten [sind], wenn fehlende oder fehlerhafte Angaben den Entscheidungs-

---

[371] § 27 Abs. 3 VAG n. F., Hervorhebung durch den Verfasser. Eine Szenarioanalyse ist „die Analyse der Auswirkungen einer Kombination widriger Ereignisse“. Art. 1 Nr. 2 DVO.

[372] Art. 295 Abs. 6 DVO, Einfügung und Hervorhebungen durch den Verfasser.

[373] Art. 292 DVO, Einfügung und Hervorhebungen durch den Verfasser.

[374] § 40 Abs. 2 VAG n. F., Hervorhebung durch den Verfasser.

prozess oder das Urteil der Nutzer des Dokuments, einschließlich der Aufsichtsbehörden, beeinflussen könnten."[375] Aus dem Wesentlichkeitsgrundsatz und dem ggfs. geringen Grad der Detaillierung ist auf eine **Verdichtungsaufgabe** des gesamten Berichts zu schließen. Auf eine Verdichtungsaufgabe muss zudem auch geschlossen werden, wenn erneut der Bedeutungszusammenhang der Berichtsvorschriften in Säule 3 mit denen aus den Säulen 1 und 2 berücksichtigt wird. Wie bereits oben belegt wurde, sind die Berichtsvorgaben entsprechend zu den die Berichtsgegenstände betreffenden Vorschriften in den Säulen 1 und 2. Die Vorgaben zu den Säulen 1 und 2 sind aber sowohl im VAG n. F. als auch in der DVO – wie bereits schon am Seitenumfang bzw. an der Anzahl der Paragraphen bzw. Artikel deutlich wird – um ein Vielfaches detaillierter und umfangreicher als die diesbezüglichen Berichtspflichten. In dem Bericht, der nicht ausufern darf, was auch gegen den oben dargelegten Wesentlichkeitsgrundsatz verstieße, kann nicht detailliert über die Umsetzung jeder einzelnen Vorgabe aus den Säulen 1 und 2 berichtet werden. Doch ist ein den vorgegebenen Berichtsgegenständen entsprechendes aggregiertes Bild über die Umsetzung und die Ergebnisse der Säulen 1 und 2 zu vermitteln. Dem SFCR kommt demgemäß insofern eine Verdichtungsaufgabe zu, als mit ihm durch Säule 3 verdichtet Transparenz über die Umsetzung der Säulen 1 und 2 geschaffen wird.

Versicherungsunternehmen sind befugt, freiwillig weitere Informationen in ihrem SFCR aufzunehmen und zu veröffentlichen. Dies ist zwar nicht explizit in den Veröffentlichungsvorschriften im VAG n. F. kodifiziert, lässt sich aber anhand des § 40 Abs. 1 VAG n. F., der Solvency II-Richtlinie und der Begründung des Gesetzgebers zweifelsfrei belegen. Gemäß § 40 Abs. 2 VAG n. F. sind in „dem Solvabilitäts- und Finanzbericht **wesentliche Informationen über die Solvabilitäts- und Finanzlage des Versicherungsunternehmens** darzulegen."[376] Die anschließend unter den Nr. 1-5 aufgeführten Berichtsgegenstände[377] werden mit dem Ausdruck „Dabei sind zu beschreiben:" eingeleitet. Aus diesen beiden Gesetzesstellen geht hervor, dass die genannten Berichtsgegenstände nur die Mindestinhalte des SFCR kodifizieren und darüber hinaus gemäß § 40 Abs. 2 VAG n. F. auch weitere Informationen über die Solvabilitäts- und Finanzlage des Versicherungsunternehmens gegeben werden dürfen. Diese Auslegung wird durch den Richtlinienwortlaut und die Be-

[375] Art. 291 DVO, Auslassung und Einfügungen durch den Verfasser.

[376] § 40 Abs. 2 VAG n. F., Hervorhebung durch den Verfasser.

[377] Vgl. zu diesen im Wortlaut bereits Abschnitt 32.

gründung des deutschen Gesetzgebers zusätzlich gestützt: Gemäß Art. 54 Abs. 2 der Solvency II-Richtlinie können Versicherungsunternehmen „auf **freiwilliger Basis alle mit ihrer Solvabilität und ihrer Finanzlage in Verbindung stehenden Informationen und Erläuterungen veröffentlichen,** deren Veröffentlichung nicht bereits gemäß Artikel 51 und 53 sowie in Absatz 1 dieses Artikels gefordert wurde."[378] Der deutsche Gesetzgeber hat auf eine ausdrückliche Umsetzung dieses Absatzes verzichtet und begründet dies wie folgt: „Von der ausdrücklichen Umsetzung von Absatz 2 wird abgesehen, da es der in Artikel 54 Absatz 2 der Richtlinie enthaltenen **Klarstellung nicht bedarf**, wonach Versicherungsunternehmen über die in den Artikeln 51 und 53 der Richtlinie aufgestellten Anforderungen hinaus, freiwillig weitere Informationen in ihren Solvabilitäts- und Finanzbericht aufnehmen können."[379] Die Möglichkeit, freiwillige Angaben in den SFCR aufzunehmen, wird in Art. 298 DVO geregelt, und ist somit doch in unmittelbar anzuwendendem Recht explizit kodifiziert. Aufgrund der freiwillig zusätzlich aufzunehmenden Informationen, ist es über die dargestellten Zwecke und Aufgaben hinaus für Versicherungsunternehmen möglich, den SFCR als Instrument der Investor Relations, der Public Relations oder als Value Reporting einzusetzen. Dies lässt sich indes nicht als vom Gesetzgeber intendierten Zweck näher bestimmen, so dass diese Möglichkeiten in der vorliegenden Untersuchung bei den inhaltlichen Gestaltungsempfehlungen nicht weiter berücksichtigt werden.

Zusammenfassend erfüllt der SFCR zur Informationsvermittlung eine Analyse- und Beurteilungsfunktion sowie eine Verdichtungsaufgabe. Bislang wurde nicht näher auf die Adressaten des SFCR eingegangen und ihre (berechtigten) Informationsinteressen bestimmt. Dies erfolgt im folgenden Abschnitt.

35 Adressaten der Solvabilitätspublizität, deren Informationsinteressen und -begrenzung

351. Adressaten der Solvabilitätspublizität und deren Informationsinteressen

Analog zur handelsrechtlichen Rechnungslegung und zum deutschen (Konzern-)Lagebericht sind für den SFCR die **berechtigten Informationsempfänger,** die sog. **„Adressa-**

---

[378] EU, RL 2009/138/EG, Art. 54 Abs. 2, Hervorhebung durch den Verfasser.

[379] BT-Drucksache 430/14, S. 291 (zu § 42), Hervorhebung durch den Verfasser.

ten" zu ermitteln.[380] Im vorangegangenen Abschnitt wurde als Zweck der Solvabilitätspublizität die Rechenschaft bzw. Informationsvermittlung ermittelt. MOXTER formuliert, dass „Rechenschaft immer gegenüber bestimmten *„Adressaten"* erfolgt, und daß [sic!] der Rechenschaftsinhalt abhängt von den *„Informationsinteressen"* dieser Adressaten sowie von möglichen (unerwünschten) *„Nebenwirkungen"*."[381] „[M]an hat deshalb zunächst zu fragen, wessen Informationsbedürfnisse eigentlich durch den"[382] SFCR befriedigt werden sollen. MOXTER führt aus, dass eine sinnvolle Rechenschaft ohne einen wohldefinierten Adressaten nicht denkbar ist, denn „Rechenschaft hat immer eine Schutzfunktion; sie soll durch Änderung der *„Informationsverteilung"* Adressaten vor Nachteilen bewahren. Das ist nur möglich, wenn der Rechenschaftsinhalt am Informationsinteresse der Adressaten ausgerichtet wird"[383]. Dazu muss zunächst der Adressat bestimmt werden. MOXTER fasste bereits 1976 zusammen: „Es ist im konkreten Fall oft schwierig, den Rechenschaftsadressaten auszumachen; die eine Rechenschaftsverpflichtung enthaltenden gesetzlichen oder vertraglichen Vorschriften sind auch insoweit meist unklar."[384] Diese Aussage trifft auch für die fast 40 Jahre später kodifizierte Solvabilitätspublizität durch das VAG n. F. zu. Während die Adressaten für den vertraulichen **Bericht an die Aufsichtsbehörde(n)** kodifiziert sind, ist der Adressat des SFCR nach derzeitiger Rechtslage nicht ausreichend konkretisiert. Aufgrund der Unbestimmtheit des Adressatenkreises Öffentlichkeit[385] wird im Schrifttum kontrovers diskutiert, wer rechtlich legitimierter und tatsächlicher Adressat des SFCR sei.[386] Der Adressat wird im Folgenden hermeneutisch ermittelt.

---

[380] Vgl. für den Jahresabschluss (und Lagebericht) MOXTER, A., Bilanzlehre, S. 418 f.; MOXTER, A., Fundamentalgrundsätze, S. 95 f.; SPRENGER, R., Rechenschaftsgrundsätze, S. 41 f.

[381] MOXTER, A., Fundamentalgrundsätze, S. 94.

[382] MOXTER, A., Bilanzlehre, S. 418.

[383] MOXTER, A., Fundamentalgrundsätze, S. 94 .

[384] MOXTER, A., Fundamentalgrundsätze, S. 95.

[385] Ferner ist anzumerken, dass die Öffentlichkeit als Publizitätsadressat nur in den Erwägungsgründen für die Solvency II-Richtlinie genannt ist. In den Richtlinienvorgaben für den SFCR wird kein Adressat genannt.

[386] ELING nennt Aktionäre bzw. Investoren, Aktienanalysten, Kunden bzw. stellvertretend für diese Versicherungsvermittler und Ratingagenturen als Adressaten. Vgl. ELING, M., Marktsignale, S. 658 f. NGUYEN nennt als Interessengruppen der Offenlegung Wirtschaftsprüfer, Makler, Wettbewerber, Finanzbehörden, Aufsichtsbehörden, Anteilseigner, Investoren, Versicherungsnehmer, Ratingagenturen und die übrige interessierte Öffentlichkeit, ohne den Adressaten als berechtigten Informationsempfänger zu konkretisieren. Vgl. NGUYEN, T., Offenlegungspflichten, S. 653, Abb. 2. RITTMANN bzw. RITTMANN/ROCKEL betonen, dass aus dem Kreis der Öffentlichkeit vor allem Versicherungsnehmer und der Kapitalmarkt bzw. Finanzmarkt Interesse an risikorelevanten

Gemäß § 40 Abs. 1 S. 1 VAG n. F. haben Versicherungsunternehmen den „Solvabilitäts- und Finanzbericht zu veröffentlichen". Ferner ist der SFCR gemäß § 40 Abs. 1 S. 4 VAG n. F. „nach der Veröffentlichung unverzüglich der Aufsichtsbehörde zu übersenden." Demgemäß ist die Aufsichtsbehörde ein Adressat. Indes ist sie nicht der einzige Adressat, denn erstens müsste der Bericht für sie nicht veröffentlicht werden, sondern könnte vom Versicherungsunternehmen direkt an sie übermittelt werden, und zweitens wird ein, den SFCR inhaltlich ergänzender, Bericht an die Aufsichtsbehörden in den Solvency II-Vorschriften gesondert geregelt. Aus der VAG-Vorgabe, dass die Berichtsangaben „allgemein verständlich"[387] sein sollen, ist zu schließen, dass durch den SFCR eine breite Öffentlichkeit, und nicht etwa nur spezialisierte Berichtsempfänger wie Kapitalmarktanalysten, erreicht werden sollen. Durch die Publikation im Internet[388] und die Verpflichtung, „jedem, der den Bericht [...] anfordert, binnen 20 Arbeitstagen nach der Anforderung eine gedruckte Fassung des Berichts"[389] zuzusenden,[390] ist der SFCR jedenfalls dieser breiten Öffentlichkeit, d. h. praktisch jedermann, zugänglich zu machen.

Informationen haben könnten. Vgl. RITTMANN, M., Neuausrichtung der Versicherungsaufsicht, S. 45; RITTMANN, M./ROCKEL, W., Rechnungslegung und Aufsicht, S. 452. Die FMA benennt Versicherungsnehmer, Versicherungsvermittler, Rating-Agenturen, Investoren und andere Marktteilnehmer als Publizitätsadressaten. Vgl. FMA - ÖSTERREICHISCHE FINANZMARKTAUFSICHT, Versicherungsaufsichtsrecht, S. 8, 12. SEHRBROCK/GAL identifizieren den Kapitalmarkt und gerade nicht den Versicherungsnehmer als Adressaten. Sie weisen überdies darauf hin, dass gegenüber dem Versicherungsnehmer Transparenz vor allem in Bezug auf Versicherungsprodukte über produktbezogene Informations- und Beratungspflichten des Versicherungsvertragsgesetzes (VVG) und der Verordnung über Informationspflichten bei Versicherungsverträgen (VVG-InfoV) erreicht wird. Vgl. SEHRBROCK, D./GAL, J., Solvency II Rechtsrahmen, S. 147. DREHER/SCHAAF unterscheiden den Versicherungsnehmer und Versicherten sowie sonstige begünstigte Personen wie Bezugsberechtigte als primäre Publizitätsadressaten und die weitere Öffentlichkeit – wie zum Beispiel Wettbewerber und Anteilseigner der Versicherungsunternehmen, Versicherungsmakler, Presse, Rating-Agenturen – als sekundäre Publizitätsadressaten. Vgl. DREHER, M./SCHAAF, M., Veröffentlichungspflichten von Versicherungsunternehmen, S. 137 f. Ebenso GROTE/SCHAAF. Vgl. GROTE, J./SCHAAF, M., Umsetzung der Solvency II-Richtlinie, S. 23 und Fn. 59. KRIELE/LIM/REICH beziehen die Transparenzerhöhung auf Versicherungsnehmer und Aktionäre. Vgl. KRIELE, M./LIM, G./REICH, H., Solvabilitätskapital, S. 1048.

387 § 40 Abs. 2 VAG n. F. Damit werde ausdrücklich geregelt, dass „die Angaben auch für Nichtexperten verständlich formuliert sein müssen". Vgl. Gesetzesbegründung von § 40 Abs. 2 und 4 VAG n. F.

388 Vgl. Art. 301 Abs. 1-3 DVO.

389 Art. 301 Nr. 5 DVO, Auslassung durch den Verfasser.

390 Vgl. zur Form der Offenlegung ausführlich Abschnitt 37.

In einem der DVO – durch welche das VAG n. F. konkretisiert wird – zu den Veröffentlichungspflichten vorangegangenen Arbeitspapier[391] führt CEIOPS Folgendes an:

"Given the SFCR is a public document, it could be read by a wide variety of stakeholders external to the undertaking. Undertakings should consider the potential audience of the SFCR and their information needs when compiling this document. Potential readers could include other insurance and reinsurance undertakings, intermediaries, trade associations, financial analysts, professional advisors, rating agencies, investors, shareholders, and policyholders, alongside of course supervisory authorities."[392]

Aus den Formulierungen *„could be read"* und *„potential readers"* wird indes deutlich, dass in dem Textausschnitt nur die **Informationsempfänger**, **nicht** aber **die Adressaten** aufgelistet werden. Die Textstelle hilft somit nicht, um den Adressaten „Öffentlichkeit" zu konkretisieren. „Wenn man die Öffentlichkeit unter den Adressatengruppen aufführt, so muß [sic!] ein spezifisches, nicht durch die Aktionärsinformation zu befriedigendes Informationsbedürfnis der Allgemeinheit vorliegen."[393] Vor dem Hintergrund des mit den Solvency II-Vorschriften bezweckten Schutzes der Versicherungsnehmer im Sinne eines Gläubigerschutzes[394] leitet sich für den SFCR her, dass die Verbindlichkeitendeckungsfähigkeit von Versicherungsunternehmen einer öffentlichen Kontrolle unterworfen wird.[395] Diese Fähigkeit ist Grundlage der Unternehmensfortführung. Indes ist zu fragen, ob sich aus diesem allgemeinen Interesse an der Fortführung der Unternehmenstätigkeit eine gesetzlich vorgesehene Adressateneigenschaft der Öffentlichkeit herleiten lässt.[396] Da die anderen hermeneutischen Auslegungskriterien zu keinem Ergebnis führten, sind dazu im Folgenden besonders objektiv-teleologische Gesichtspunkte, d. h. solche, die sich aus dem Zweck der Solvabilitätspublizität und dem Zweck des VAG n. F. ergeben, zu berücksichtigen.

Die „Öffentlichkeit"[397] setzt sich aus heterogenen Informationsempfängern mit tendenziell divergierenden Informationsinteressen und unterschiedlichem Sachverstand zusammen.

---

391 Vgl. dazu bereits Tabelle 2: Übersicht ausgewählter in der vorliegenden Untersuchung zitierten Rechts- und Regelungsquellen (eigene Darstellung).

392 CEIOPS, CEIOPS-DOC-53/09, Kap. 3.3.3., Tz. 3.62.

393 MOXTER, A., Bilanzlehre, S. 420.

394 Vgl. dazu bereits Abschnitt 34.

395 Vgl. MOXTER, A., Bilanzlehre, S. 421, 423.

396 Vgl. ähnlich BAETGE, J./FISCHER, T./PASKERT, D., GoL, S. 10 f.; STOBBE, T., Lagebericht, S. 305.

397 EU, RL 2009/138/EG, Erwägungsgrund 38.

Bereits TICHY fasste im Kontext des aktienrechtlichen Lageberichts zusammen: „Soviele Autoren sich auch mit dem Begriff der Öffentlichkeit befaßt haben, soviele Definitionen und Meinungsverschiedenheiten gibt es“[398]. Eine sinnvolle Informationsvermittlung setzt indes voraus, dass die Adressaten – und ihre Informationsbedürfnisse – hinreichend präzise bekannt sind, denn der Informationsinhalt ist, wie bereits mit MOXTER zitiert, an den legitimierten Informationsinteressen der Adressaten auszurichten.[399] Hiernach bestimmt sich besonders, in welchem Umfang und in welcher Differenziertheit und Tiefe vom Versicherungsunternehmen Informationen zu den gesetzlich vorgegebenen Berichtsgegenständen zu fordern sind.[400] Dazu wäre es hilfreich, aus dem Kreis der Öffentlichkeit, d. h. aller Berichtsempfänger, die Adressaten zu ermitteln, so dass auch deren Informationsbedürfnisse hergeleitet werden können.[401] Denn die Interessenlage der Öffentlichkeit ist im Kontext der Berichterstattung von Unternehmen grundsätzlich „zu allgemein, als daß sich daraus konkrete Informationen ableiten ließen.“[402] Die Interessen der Öffentlichkeit für die Konkretisierung der Inhalte des SFCR allgemeingültig zu ermitteln und zu berücksichtigen, würde „das berichterstattende Unternehmen nämlich überfordern, weil dadurch die Informationsinteressen von jedermann [...] zu berücksichtigen wären.“[403] Im Folgenden werden aus dem o. g. Kreis der Informationsempfänger die Adressaten bestimmt. Zu diesem Kreis gehören vor allem Versicherungsnehmer, Intermediäre, Finanzanalysten, professionelle Berater, Rating-Agenturen, Eigenkapital- und Fremdkapitalgeber sowie andere Versicherungs- bzw. Rückversicherungsunternehmen.

---

398 TICHY, E., Inhalt des Lageberichts, S. 50. Vgl. dazu ausführlich ebenda S. 49-59.

399 Vgl. TICHY, E., Inhalt des Lageberichts, S. 9; BAETGE, J./FISCHER, T./PASKERT, D., GoL, S. 10; BAETGE, J./SCHULZE, D., Lageberichterstattung über "Risiken der künftigen Entwicklung", S. 938; UNSELD, M., Geschäftsberichterstattung, S. 58. Vgl. für eine Übersicht der externen Koalitionsteilnehmer der Unternehmung und ihrer Beziehungen zur Unternehmung, in deren Kreise die Adressaten zu suchen sind UNSELD, M., Geschäftsberichterstattung, S. 48-52.

400 Vgl. auch DREHER, M./SCHAAF, M., Veröffentlichungspflichten von Versicherungsunternehmen, S. 136.

401 Vgl. auch KÜTING/HÜTTEN, die argumentieren, dass „aufgrund des Primats der bedürfnisorientierten Berichterstattung zumindest über die Sachverhalte zu berichten [ist], die für alle oder zumindest einen Großteil der Adressaten von Interesse sind.“ KÜTING, K./HÜTTEN, C., Lageberichterstattung über Risiken der künftigen Entwicklung, S. 253, Einfügung durch den Verfasser.

402 TICHY, E., Inhalt des Lageberichts, S. 57.

403 BAETGE, J./FISCHER, T./PASKERT, D., GoL, S. 11, Auslassung durch den Verfasser. Vgl. auch SPRENGER, R., Rechenschaftsgrundsätze, S. 70 f.

Die Solvency II-Vorgaben und damit auch das VAG n. F. umfassen Vorschriften, mit denen das Ziel „Schutz der Versicherungsnehmer" erreicht werden soll.[404] Da nur die Informationsinteressen jener Interessenten zu berücksichtigen sind, die der Gesetzgeber als schutzwürdig ansieht,[405] sind demgemäß die **Versicherungsnehmer** Adressaten des Berichts. Eine formal-rechtliche Argumentation mit diesem Ergebnis findet sich bei DREHER/SCHAAF.[406] Die Autoren trennen wirtschaftliche Informationsinteressen von rechtlichen Informationspflichten bzw. -rechten. DREHER/SCHAAF ermitteln den Adressaten anhand der Zielsetzung der Solvency II-Richtlinie und bestimmen im Ergebnis die Versicherungsnehmer, Versicherten und sonstigen Begünstigten wie Bezugsberechtigte als sog. **primäre Adressaten** des SFCR.[407] Die weitere Öffentlichkeit (Wettbewerber, Anteilseigner, Versicherungsmakler, Presse, Rating-Agenturen) werden von den Autoren lediglich als **sekundäre Publizitätsadressaten** genannt.[408]

Gemäß Art. 292 Abs. 1 DVO hat der SFCR „eine klare, knappe Zusammenfassung" zu enthalten, die „für Versicherungsnehmer und Anspruchsberechtigte verständlich" ist. Demgemäß sind die Versicherungsnehmer durch die unmittelbar anzuwendende EU-Verordnung als gesetzlich vorgesehene Adressaten der Zusammenfassung des SFCR bestimmt. Da die Versicherungsnehmer indes ausschließlich für die Zusammenfassung des SFCR als Adressaten genannt werden, ist darauf zu schließen, dass der übrige Bericht weitere oder andere Adressaten hat.

Um diese Adressaten objektiv-teleologisch zu ermitteln, ist der mit der Solvabilitätspublizität vom Richtlinien-/Gesetzgeber bezweckte Mechanismus der Marktdisziplin zu berücksichtigen, welcher im vorangegangenen Abschnitt als Bindeglied zwischen dem Zweck der Solvabilitätspublizität und dem übergeordneten Zweck aller Solvency II-Regelungen bezeichnet wurde. Durch diesen Mechanismus soll das Management eines Versicherungsunternehmens durch die Marktteilnehmer diszipliniert werden und beispielsweise zu einem

[404] Vgl. zu den Regelungszielen bereits Abschnitt 234.1.

[405] Vgl. BAETGE, J./FISCHER, T./PASKERT, D., GoL, S. 11.

[406] Vgl. DREHER, M./SCHAAF, M., Veröffentlichungspflichten von Versicherungsunternehmen, S. 137 f.

[407] Vgl. DREHER, M./SCHAAF, M., Veröffentlichungspflichten von Versicherungsunternehmen, S. 136-138.

[408] Vgl. DREHER, M./SCHAAF, M., Veröffentlichungspflichten von Versicherungsunternehmen, S. 138.

umsichtigen Risikomanagement angehalten werden. Diese (erhoffte) Disziplinierung ist im Interesse der Versicherungsnehmer und kann ihrem Schutz dienen. Daher sind aus dem Kreis der Informationsempfänger auch jene zu bestimmen, die durch ihr Verhalten den Mechanismus der Marktdisziplin unterstützen könnten und damit zum Schutz der Versicherten beitragen sollen und als Adressaten gelten.

Grundsätzlich kann der Disziplinierungseffekt von jeder Interessensgruppe ausgehen, durch die die in Abschnitt 33 hypothetisch hergeleiteten Voraussetzungen zum Funktionieren des Mechanismus der Marktdisziplin erfüllt werden. Gemäß diesen Voraussetzungen müssen die Informationsempfänger einen Anreiz haben, die Solvabilitäts- und Finanzlage des Versicherungsunternehmens zu beurteilen und bei ihren Entscheidungen zu berücksichtigen, sie müssen dazu in der Lage sein und über Sanktionsmöglichkeiten verfügen.[409] Für jede Gruppe der Informationsempfänger ist zu prüfen, ob diese Voraussetzungen durch sie erfüllt werden und sie zum Kreis der Adressaten zählen.

DREHER/SCHAAF stellen abweichend von dem Ergebnis ihrer formalrechtlichen Auslegung der Solvency II-Vorschriften fest, dass „entgegen der Zielsetzung von Solvency II [...] allerdings nur der Kreis der sekundären Publizitätsadressaten, [...] nämlich eine gewisse Fachöffentlichkeit [...] gemeint sein“[410] kann.[411] Dies werde schon allein daraus erkennbar, dass einige der geforderten Berichtsangaben ein betriebswirtschaftliches und versicherungsspezifisches Sachverständnis bei dem Adressaten voraussetzen, welches bei einem gewöhnlichen Versicherungsnehmer[412] nicht vorausgesetzt werden könne.[413] Würde dieser Sachverstand

[409] Vgl. zum Mechanismus der Marktdisziplin und den drei Voraussetzungen für dessen (mögliches) Funktionieren bereits Abschnitt 33.

[410] DREHER, M./SCHAAF, M., Veröffentlichungspflichten von Versicherungsunternehmen, S. 172, Auslassungen durch den Verfasser.

[411] Dies widerspricht der Begründung zum VAG n. F., wonach Angaben auch für Nichtexperten verständlich formuliert sein müssen. Vgl. dazu bereits Fn. 387.

[412] In dieser Untersuchung wird darauf verzichtet, zwischen Privatkunden und Gewerbekunden zu differenzieren, denn sie können in Bezug auf ihre Versicherungskenntnisse nicht trennscharf voneinander abgegrenzt werden. Der gewöhnliche Versicherungsnehmer wird als Versicherungsnachfrager begriffen, der über keine ausreichenden betriebswirtschaftlichen und versicherungsspezifischen Kenntnisse verfügt. Zwar vermag der gewerbliche Kunde betriebswirtschaftliche Kenntnisse haben, ob er indes auch über das nötige versicherungsspezifische Wissen verfügt, mag bei einer Vielzahl zumindest berechtigt zu bezweifeln sein. Vgl. zu dieser Unterscheidung grundsätzlich FARNY, D., Regulierung von Versicherungsmärkten, S. 1004, 1010 f.; KOCH, O., Markttransparenz durch Versicherungsaufsicht, S. 144 f.; ELING, M., Market discipline in insurance, S. 218.

[413] Als Beispiele seien hier die Pflichtangaben zu den Unterschieden in den für Solvabilitätszwecke verwendeten Methoden und Grundlagen für die Bewertung der Vermögenswerte, versicherungs-

beim Adressaten nicht vorausgesetzt werden, würde der Berichtszweck der Informationsvermittlung ad absurdum geführt werden. Denn in diesem Fall müsste in dem Bericht der „erforderliche[ ] Grad der Verständlichkeit der Angaben“[414] soweit erhöht werden, so dass auch das zum Verständnis des Berichts vorauszusetzende betriebswirtschaftliche und versicherungsspezifische Grundlagenwissen vermittelt würde, also vom Versicherungsunternehmen „laienverständlich“[415] berichtet werden müsste.[416] Dadurch würde der SFCR materiell an Bedeutung verlieren.[417] Als Berichtsadressaten kommen daher nur solche mit ebendiesem Wissen und Sachverstand in Frage, wenngleich die Berichtsausführungen (gerade noch) der gesetzlichen Anforderung „allgemein verständlich“ entsprechen müssen.[418] Von dieser Adressatengruppe ist aufgrund ihrer im Vergleich zu den Versicherungsnehmern höheren Sachkenntnis und Urteilsfähigkeit ein stärkerer positiver Effekt für die Marktdisziplin zu erwarten. Die oben genannte Unterscheidung in primäre Adressaten (Versicherungsnehmer/Versicherte) und sekundäre Adressaten (weitere Öffentlichkeit) ist nur insofern nicht hilfreich, als dass so auch die Informationsinteressen der primären Adressaten, also der Versicherungsnehmer, vollständig berücksichtigt werden müssten. Doch dies würde – wie zuvor dargelegt – einen laienverständlichen, und damit ausufernden, materiell bedeutungslosen Bericht verlangen. Die zweckorientierte Auslegung kommt zu dem Ergebnis, dass die Versicherungsnehmer daher nur als Adressat der Zusammenfassung des SFCR zu berücksichtigen sind.

---

technischen Rückstellungen und sonstigen Verbindlichkeiten und denen, die für den Jahresabschluss verwendet werden (Art. 51 Abs. 1 Tz. d der Solvency II-Richtlinie bzw. § 40 Abs. 2 Nr. 4 VAG n. F.) oder die Pflichtangaben bezüglich der Unterschiede zwischen den Annahmen, die dem Standardmodell zur Berechnung der Solvenzkapitalanforderung und denen, die dem internen Modell zugrunde gelegt werden (Art. 51 Abs. 1 Tz. e. iv) der Solvency-Richtlinie bzw. § 40 Abs. 4 S. 2 VAG n. F.) genannt.

414 GAL, J./SEHRBROCK, D., 10. VAG-Novelle, S. 52, Auslassung durch den Verfasser.

415 SEHRBROCK, D./GAL, J., Solvency II Rechtsrahmen, S. 147.

416 Vgl. ähnlich TICHY, der es für den aktienrechtlichen Lagebericht als zu weitgehend erachtet, wenn jedem Nichtfachmann Aufschluss über die Lage der Gesellschaft gegeben werden müsste, da der Lagebericht nicht das richtige Instrument sei, jedem Nichtfachmann unbekannte und unklare Bilanz- und Wirtschaftsfragen zu erläutern. Vgl. TICHY, E., Inhalt des Lageberichts, S. 114. Dies wäre ferner mit einem erheblichen Mehraufwand verbunden.

417 Vgl. TICHY, E., Inhalt des Lageberichts, S. 114.

418 Um es dennoch Versicherungsnehmern zu ermöglichen, sich ein eigenes Urteil über die im SFCR gegebenen Informationen zu bilden, ist dem ausführlichen Teil des Berichts eine ihnen verständliche, klare und prägnante Zusammenfassung über die Berichtsinhalte voranzustellen. Vgl. Art. 292 DVO. Diese Vorgabe deutet – abweichend von der Forderung im VAG n. F., dass alle Angaben im Bericht allgemein verständlich zu sein haben – darauf hin, dass der übrige Bericht an einen verständigen Adressaten gerichtet ist.

Wenn der gewöhnliche Versicherungsnehmer weder willens noch fähig sei,[419] die im SFCR gegebenen Informationen selbst auszuwerten und bei seiner Versicherungsentscheidung zu berücksichtigen,[420] ist anzunehmen, dass er sich anderer Informationsquellen, die ihm besser zugänglich sind, bedient, um sich zumindest vor Vertragsschluss über die angebotene Qualität zu informieren. Diese Informationsquellen können insbesondere die Urteile von Intermediären, insb. Verbraucherschutzorganisationen und **Versicherungsvermittlern**[421], **Finanzanalysten**, anderen **professionellen Beratern** oder **Rating-Agenturen**[422] sein.[423] Diese Informationsintermediäre benötigen Informationen von dem Versicherungsunternehmen, um ihr Urteil fundiert fällen zu können und besitzen im Gegensatz zu dem gewöhnlichen Versicherungsnehmer die nötigen Kenntnisse und Fähigkeiten, um die Informationen verarbeiten und auswerten zu können. Sie sind die Agenten des Versicherungsnehmers und versorgen ihn mit aufbereiteten verständlichen Informationen, die der Versicherungsnehmer dann bei seiner Versicherungsentscheidung berücksichtigen kann. Da die Informationsintermediäre somit dem Schutz der Versicherten dienen, indem sie die Versicherungsnehmer über die (finanzielle) Anbieterqualität informieren, sind ihre Informa-

419 Der fehlende Wille, die Solvabilitäts- und Finanzinformationen auszuwerten, kann darauf zurückzuführen sein, dass sich der Versicherungsnehmer auf die Aufsicht durch die BaFin verlässt. Überdies kann der fehlende Wille dazu im Lebens- und Krankenversicherungsgeschäft damit begründet werden, dass sich der Versicherte auf die in § 124 ff. VAG a. F. zwingend vorgeschriebenen Sicherungseinrichtungen verlässt. Allerdings zeigen POTTIER/SOMMER in ihrer Studie aus dem Jahr 1999 für den amerikanischen Markt, dass Versicherungsnehmer trotz Regulierung und Existenz von Garantiefonds ein großes Interesse an Informationen über die Finanzkraft der Versicherungsunternehmen haben. Vgl. OSETROVA, A., Regulierung des Versicherungsmarkts, S. 126 (Fn. 449); POTTIER, S./SOMMER, D., Insurer financial strength ratings, S. 624, 632.

420 Vgl. zu dieser Vermutung auch GROTE, J./SCHAAF, M., Umsetzung der Solvency II-Richtlinie, S. 24.

421 Vgl. ELING, der mutmaßt, dass zusätzliche Informationen eher von Versicherungsvermittlern genutzt werden als vom Versicherungsnehmer selbst. Vgl. ELING, M., Marktsignale, S. 663.

422 Vgl. zur Funktion von Rating-Urteilen im Versicherungsmarkt einführend ROMEIKE, F., Rating von Versicherungsunternehmen, S. 16-18. Ein Versicherungsrating ist nach den Dimensionen Ratingobjekt (Versicherungsunternehmen, Versicherungsprodukt), Informationsgrundlage (öffentliche Informationen, interne Informationen) und Adressat (Versicherungsnehmer, Investor, Versicherungsmakler) zu differenzieren. Vgl. ROMEIKE, F., Rating von Versicherungsunternehmen, S. 25-28. Durch den SFCR sind vom Versicherungsunternehmen Informationen offenzulegen, die für ein objektives Rating-Urteil über das Versicherungsunternehmen (auf Basis von mit dem SFCR verbesserten öffentlichen Informationen) erforderlich sind.

423 Durch den Einsatz von Informationsintermediären entsteht neben der Prinzipal-Agenten-Beziehung zwischen Versicherungsunternehmen und Versicherungsnehmer eine neue Prinzipal-Agenten-Beziehung zwischen dem Versicherungsnehmer und dem Informationsintermediär. Da Rating-Agenturen die Finanzkrise nicht antizipiert haben, ist das Vertrauen in die Urteile von Rating-Agenturen seit der Finanzkrise eher kritisch. Vgl. ELING, M., Marktsignale, S. 662. Ferner werden seitdem die Anreizwirkungen im Geschäftsmodell mit Rating-Urteilen kritisch hinterfragt.

tionsinteressen als Stellvertreter der Versicherungsnehmer berechtigt und schützenswert. Sie sind somit Adressaten des SFCR. In Bezug auf die Solvabilitätspublizität liegen die Informationsinteressen der Versicherungsnehmer darin, nicht nur vom Versicherungsunternehmen, sondern auch von Verbraucherschutzorganisationen, Versicherungsvermittlern oder Rating-Agenturen Informationen über die künftige Bestandsfestigkeit des Versicherungsunternehmens zu erhalten.

Auf der Grundlage des durch Solvency II kodifizierten Zwecks der Versicherungsregulierung und -aufsicht, nämlich dem Schutz der Versicherungsnehmer, wurde für die Versicherungsnehmer eine gesetzlich vorgesehene Adressateneigenschaft für die Zusammenfassung des SFCR hergeleitet sowie als Adressaten des gesamten Berichts deren Intermediäre, insb. Verbraucherschutzorganisationen, Finanzanalysten, professionelle Berater und Rating-Agenturen ermittelt. Aus dem Kreis der o. g. Informationsempfänger verbleiben noch Fremdkapital- und Eigenkapitalgeber sowie andere Versicherungs- bzw. Rückversicherungsunternehmen, für die eine gesetzlich vorgesehene Adressateneigenschaft im Folgenden zu prüfen ist.

Andere Fremdkapitalgeber[424] können zum Wirken des Mechanismus der Marktdisziplin positiv beitragen.[425] Denn aufgrund ihres einzugehenden bzw. eingegangenen Kreditrisikos haben sie einen Anreiz, die Solvabilitäts- und Finanzlage des Versicherungsunternehmens zu prüfen bzw. zu überwachen, sie verfügen über das notwendige Expertenwissen dazu und verfügen über Sanktionsmöglichkeiten (z. B. aufgrund von Covenants oder durch die Ent-

---

424 Mit dem Begriff „andere Fremdkapitalgeber“ werden hier solche Gläubiger begriffen, deren finanzielle Ansprüche sich nicht aus einem Versicherungsvertrag, sondern aus sonstigen Verträgen (z. B. Kreditvertrag) ergeben.

425 Zu beachten ist indes, dass der Anteil der anderen Fremdkapitalgeber (Gläubigerfinanzierung) an den Passiva eines Versicherungsunternehmens „meist nur von geringer Bedeutung“ ist. FARNY, D., Versicherungsbetriebslehre, S. 866. Die Passivseite einer Versicherungsbilanz wird von den versicherungs- (und ggfs. investment-)vertragsbezogenen Rückstellungen dominiert. Gemäß § 7 Abs. 2 VAG a. F. besteht für Versicherungsunternehmen sogar „eine Art Kreditaufnahmeverbot [...], indem gesetzlich bestimmt ist, daß „bei der Aufnahme von Fremdmitteln regelmäßig kein unmittelbarer Zusammenhang mit dem Versicherungsgeschäft besteht“; ausgenommen von dieser Annahme ist die Aufnahme von Hybridkapital, das als Solvabilitätsmittel zulässig ist“. FARNY, D., Versicherungsbetriebslehre, S. 121, Auslassung durch den Verfasser, vgl. auch FARNY, D., Versicherungsbetriebslehre, S. 879 f. Die Vorgabe des alten VAG ist vom Gesetzgeber inhaltlich ins neue VAG (§ 15 Abs. 1 VAG n. F.) übernommen worden. „Aufsichtspflichtige Versicherungsunternehmen unterliegen damit praktisch einem Verbot der Gläubigerfinanzierung“. FARNY, D., Versicherungsbetriebslehre, S. 121. Zulässig ist die Aufnahme von Fremdmitteln, wenn sie im Rahmen anderer Geschäfte, welche indes nicht mit einem zusätzlichen finanziellen Risiko verbunden sein dürfen, erfolgt. Vgl. § 15 Abs. 1 VAG n. F.; FARNY, D., Versicherungsbetriebslehre, S. 122.

scheidung fällige Kredite nicht zu verlängern). Ihr Informationsinteresse richtet sich vor der Mitteldisposition auf die Beurteilung der Kreditwürdigkeit des Schuldners und nach der Mitteldisposition auf die laufende Überwachung des Risikogrades ihrer Forderungen, also auf die Frage, ob das sich Geld leihende Versicherungsunternehmen regelmäßig seinen künftigen Zins- und Tilgungsverpflichtungen nachkommen können wird.[426] Ihr Informationsinteresse ist also wie das des Versicherungsnehmers (und seiner Informationsagenten) auf die künftige Zahlungsfähigkeit der Versicherungsunternehmen ausgerichtet. Sie können demgemäß eine disziplinierende Wirkung auf das Versicherungsunternehmen im Interesse der Versicherungsnehmer ausüben. Ihre Informationsinteressen sind daher schützenswert, wodurch sie zu den Adressaten des SFCR zählen.

Die Gruppe der **Eigenkapitalgeber** hat einen Anreiz, die Solvabilitäts- und Finanzlage eines Versicherungsunternehmens zu überwachen, da ihre Residualansprüche vom Fortbestehen des Versicherungsunternehmens abhängen. Ferner verfügen Eigenkapitalgeber bzw. deren Analysten über die Fähigkeit, die finanzielle Lage eines Versicherungsunternehmens zu beurteilen; zudem können sie durch ihre Rechte als Eigentümer des Versicherungsunternehmens sowie durch ihre Anlageentscheidungen ebenfalls einen sanktionierenden Einfluss auf das Management ausüben. Die drei Voraussetzungen für das Funktionieren des Mechanismus der Marktdisziplin werden demnach durch sie erfüllt. Doch Eigenkapitalgeber können bei ihrer Mitteldisposition je nach Interessenlage ihre beiden mit der Unternehmensbeteiligung verfolgten wesentlichen konträren ökonomischen Ziele – das **Verdienstziel** und das **Sicherheitsziel** – gewichten.[427] Es ist möglich, dass Eigenkapitalgeber die Bestandsfestigkeit des Unternehmens und damit das Sicherheitsziel zugunsten einer höheren Rendite (Verdienstziel) deutlich niedriger gewichten als der Versicherungsnehmer.[428] Dies drückt sich lediglich über einen erhöhten Risikozuschlag in ihrer Renditeforderung aus. Da Eigenkapitalgeber ihre Kapitalanlagen breit diversifizieren können und über ihre Kapitalanlagen unter Rendite-Risiko-Gesichtspunkten im Portfoliokontext entschei-

[426] Vgl. zu Informationsinteressen von Gläubigern auch TICHY, E., Inhalt des Lageberichts, S. 49.

[427] Vgl. BAETGE, J./KIRSCH, H.-J./THIELE, S., Bilanzen, S. 6.

[428] Von den Besonderheiten der Rechtsformen von Versicherungsunternehmen und der daraus resultierenden Konsequenzen für die Eigentümerinteressen (dies betrifft hier vor allem den Versicherungsverein auf Gegenseitigkeit, aber auch Körperschaften oder Anstalten des öffentlichen Rechts) wird an dieser Stelle abstrahiert. Vgl. zu den zulässigen Rechtsformen § 7 Abs. 1 VAG a. F. bzw. § 8 Abs. 2 VAG n. F. sowie zu den Eigentümern deutscher Versicherungsunternehmen FARNY, D., Shareholder Value versus Policyholder Value von Versicherungsunternehmen, S. 12-16.

den, können sie auch in risikoreichere Versicherungsunternehmen investieren, wenn ihnen dieses erhöhte Risiko durch die erwartete Rendite vergütet wird. Der **Versicherungsnehmer** dagegen hat nur eine sehr **begrenzte Möglichkeit seinen Versicherungsschutz zu diversifizieren.** Er präferiert daher eine sehr hohe, wenn nicht sogar möglichst absolute, **Sicherheit seiner (bedingten) Zahlungsansprüche** gegen das Versicherungsunternehmen.[429] Nicht zuletzt aufgrund dieser potenziell diametralen Interessen der Anteilseigner (hohes Verdienstziel) und der Versicherungsnehmer (hohes Sicherheitsziel) kann sich der Versicherungsnehmer nicht sicher auf das Urteil der Eigenkapitalgeber verlassen. Überdies stehen die Versicherungsnehmer sogar in Konkurrenz zu anderen Kapitalgebern, wie den Aktionären, da die Überschussbeteiligung der Versicherungsnehmer in Konflikt mit den Interessen der Gewinnpartizipation der Anteilseigner steht.[430] Wenn die Eigenkapitalgeber jedoch nicht verlässlich zur Marktdisziplin im Sinne des Schutzes der Versicherungsnehmer beitragen, da ihre disziplinierende Wirkung auf das Management nicht nur die Bestandsfestigkeit, sondern zu Lasten dieser die Rendite betrifft, sind ihre Informationsinteressen in Bezug auf den SFCR vor dem Hintergrund des Richtlinien- bzw. Gesetzziels (Schutz der Versicherungsnehmer) auch nicht schützenswert. Die hermeneutischen Methoden lassen es daher nicht zu, für den Eigenkapitalgeber eine Adressateneigenschaft herzuleiten.

Die wechselseitige Abhängigkeit von Versicherungsunternehmen als gegenseitige Gläubiger ist im Vergleich zur Bankenindustrie vergleichsweise gering ausgeprägt.[431] Daher muss bezweifelt werden, ob Erstversicherungsunternehmen laufend die finanzielle Solidität sämtlicher **Mitbewerber** evaluieren. Überdies verfügen die Konkurrenten nur über sehr begrenzte

[429] Dieser Gedanke wird auch durch das in den Erwägungsgründen zur Solvency II-Richtlinie postulierte Sicherheitsniveau in Höhe von 99,5 % reflektiert, d. h. dass es höchstens in einem von 200 Fällen zur Insolvenz kommen kann bzw. dass ein Versicherungsunternehmen mit einer Wahrscheinlichkeit von 99,5 % auch in den kommenden 12 Monaten seinen Verpflichtungen gegenüber Versicherungsnehmern und Begünstigten nachkommen kann. Vgl. EU, RL 2009/138/EG, Erwägungsgrund 64. Ferner wird dies vom „Grundsatz der unternehmerischen Vorsicht" belegt, welcher von Versicherungsunternehmen bei der Kapitalanlage zu beachten ist. Vgl. EU, RL 2009/138/EG, Art. 132; § 124 VAG n. F.

[430] Vgl. FARNY, D., Shareholder Value versus Policyholder Value von Versicherungsunternehmen, S. 11.

[431] Vgl. auch OSETROVA, die eine deutlich geringere Ausprägung des *„Contagion Risk"* (Ansteckungsrisiko) im Versicherungssektor konstatiert. Vgl. OSETROVA, A., Regulierung des Versicherungsmarkts, S. 110. Indes besteht aufgrund der Sicherungseinrichtungen im Lebens- und Krankenversicherungsgeschäft ein Interesse daran, dass kein Konkurrent von diesen Sicherungseinrichtungen aufgefangen werden muss, denn dies könnte die von den Versicherungsunternehmen an die Sicherungseinrichtungen zu leistenden Beiträge in der Zukunft erhöhen. Vgl. ausführlich zu Sicherungseinrichtungen im Versicherungsgewerbe HORSCH, A., Versichertenschutzfonds, o. A.

Sanktionsmöglichkeiten.[432] Sie erfüllen daher nicht zuverlässig die Voraussetzungen zum Funktionieren des Mechanismus der Marktdisziplin. Die hermeneutischen Methoden lassen es daher nicht zu, sie als Adressat des SFCR zu bestimmen.[433]

(Potenzielle) Arbeitnehmer benötigen „zweifelsohne Informationen über die wirtschaftliche Situation der Gesellschaft, da der Fortbestand des Unternehmens für die Sicherheit ihrer Arbeitsplätze entscheidend ist"[434], doch auch ihre Sanktionsmöglichkeiten sind begrenzt. Sie können zwar das betreffende Unternehmen als Arbeitgeber ausschließen bzw. ein bestehendes Dienstverhältnis kündigen, eine Disziplinierung des Managements des Versicherungsunternehmens im Sinne der Versicherungsnehmer ist indes nur schwer zu erwirken. Die (potenziellen) Arbeitnehmer können sich stattdessen mithilfe des Jahresabschlusses und des Lageberichts über die wirtschaftliche Lage des (potenziellen) Arbeitgebers informieren. Die hermeneutischen Auslegungskriterien lassen es nicht zu, für die (potenziellen) Arbeitnehmer eine Adressateneigenschaft herzuleiten. Dass die Informationsinteressen der (potenziellen) Arbeitnehmer für den SFCR vom Gesetzgeber als nicht schützenswert beurteilt werden, ist auch daraus herzuleiten, dass keiner der Berichtsgegenstände auf Arbeitnehmerbelange ausgerichtet ist.

Als Ergebnis der Adressatendiskussion kann zusammengefasst werden, dass der in den Erwägungsgründen der Solvency II-Richtlinie genannte Adressat „Öffentlichkeit" konkretisiert werden muss, um die Berichtsvorgaben würdigen und die inhaltlichen Gestaltungsempfehlungen für den SFCR adressatengerecht entwickeln zu können. Da der gewöhnliche Versicherungsnehmer nicht umfassend in der Lage ist, die in diesem Bericht zu gebenden Informationen selbständig zu bewerten und bei seiner Versicherungsentscheidung zu berücksichtigen, ist er Adressat der Zusammenfassung des SFCR. Indes verwendet er für seine Versicherungsentscheidungen die durch seine Informationsintermediäre (Agenten) aufbereiteten und vereinfachten Urteile. Diese Intermediäre, d. h. Rating-Agenturen, Versicherungsvermittler und Verbraucherschutzorganisationen, rücken an seine Stelle als unmittel-

[432] Beispielhaft sei auf die mitbewerberschützenden Vorschriften des Gesetzes gegen den unlauteren Wettbewerb (UWG) hingewiesen.

[433] Vgl. dazu auch Abschnitt 352. Bezüglich der Begrenzung der Informationsinteressen der Adressaten ist geregelt, dass (bestimmte) Angaben im SFCR unterlassen werden können, wenn durch deren Veröffentlichung Wettbewerber einen ungerechtfertigten Vorteil erlangen würden. Sie sind gerade nicht die Adressaten.

[434] BAETGE, J./FISCHER, T./PASKERT, D., GoL, S. 11 f. Vgl. auch STOBBE, T., Lagebericht, S. 304.

bare Adressaten des SFCR. Ferner wurden die anderen Fremdkapitalgeber hermeneutisch als Adressaten bestimmt. Die Informationsinteressen der identifizierten Adressatengruppen haben eine wesentliche Gemeinsamkeit: Ihr Informationsinteresse richtet sich auf Informationen, mit denen die künftige Zahlungsfähigkeit eines Versicherungsunternehmens beurteilt werden kann. Überdies zeichnen sich die identifizierten Adressaten hinsichtlich ihrer betriebswirtschaftlichen und versicherungswirtschaftsspezifischen Kenntnisse als weitgehend homogen aus, so dass der SFCR – mit Ausnahme der in ihm zu gebenden Zusammenfassung – an einen verständigen Adressaten zu richten ist. Dabei sind die Berichtsangaben so zu verfassen, dass sie die Anforderung des VAG n. F., nämlich dass die Angaben allgemein verständlich sein sollen, erfüllen. Die hermeneutischen Kriterien erlauben nicht, die Eigenkapitalgeber, die Konkurrenten und die (potentiellen) Arbeitnehmer als Adressaten zu identifizieren, d. h. deren Informationswünsche sind für den SFCR irrelevant.[435]

352. Begrenzung der Informationsinteressen der Berichtsadressaten

In diesem Abschnitt wird die Begrenzung der Informationsinteressen der Berichtsadressaten, die der Gesetzgeber explizit in § 41 VAG n. F. „Nichtveröffentlichung von Informationen" kodifiziert hat, analysiert. Darin regelt der Gesetzgeber dass „[m]it Genehmigung der Aufsichtsbehörde […] auf Angaben im Solvabilitäts- und Finanzbericht verzichtet werden"[436] kann und die Aufsichtsbehörde diese Genehmigung erteilt, „wenn durch die Veröffentlichung 1. Wettbewerber des Unternehmens einen wesentlichen ungerechtfertigten Vorteil erlangen würden oder 2. eine Verpflichtung des Unternehmens zur Geheimhaltung oder Vertraulichkeit gegenüber den Versicherungsnehmern oder auf Grund einer Beziehung zu anderen Gegenparteien verletzt würde."[437] Damit regelt der Gesetzgeber Gründe, die rechtfertigen, dass berechtigte (schutzwürdige) Informationsinteressen der Publizitätsadressaten nicht erfüllt werden, weil solchen die Interessen der berichterstattenden Versicherung entgegenstehen und diesen vom Gesetzgeber Vorrang gegeben wird.[438] Der Gesetzgeber wägt damit das Selbstschutzinteresse der Versicherungsunternehmen gegen das Infor-

[435] Lieferanten spielen im Versicherungskontext eine untergeordnete Rolle. So seien Lieferantenkredite „in der Realität der Versicherungsunternehmen unbedeutend". FARNY, D., Versicherungsbetriebslehre, S. 879. Sie sind nicht Adressat des SFCR.

[436] § 41 Abs. 1 VAG n. F., Auslassung durch den Verfasser. Vgl. auch EU, RL 2009/138/EG, Art. 53 Abs. 1.

[437] § 41 Abs. 2 Nr. 1 u. 2 VAG n. F.

[438] Vgl. analog zu dieser Thematik für den deutschen Lagebericht BAETGE, J./FISCHER, T./PASKERT, D., GoL, S. 13 f.

mationsinteresse der Adressaten ab. Gemäß dieser Regelung ist es also zulässig, als berichtendes Versicherungsunternehmen eine Angabe im SFCR zu unterlassen, wenn a) die Wettbewerber des Unternehmens durch eine Veröffentlichung derartiger Informationen einen wesentlichen ungerechtfertigten Vorteil erlangen würden (§ 41 Abs. 1 Nr. 1 VAG n. F.) oder b) gegenüber den Versicherungsnehmern oder aufgrund einer Beziehung zu anderen Gegenparteien eine Verpflichtung des Versicherungsunternehmens besteht, bestimmte Informationen geheim zu halten oder vertraulich zu behandeln (§ 41 Abs. 1 Nr. 2 VAG n. F.). Die unter a) genannte Legitimation, bestimmte Informationen nicht zu veröffentlichen, resultiert aus der Unmöglichkeit, berechtigte und unberechtigte Informationsempfänger zu trennen, denn ein öffentlicher Bericht ist jedem Informationsinteressenten und nicht nur den Adressaten zugänglich.[439] Indes nimmt der Gesetzgeber bestimmte Berichtsgegenstände von der Möglichkeit zur Nichtveröffentlichung von Informationen aus (§ 41 Abs. 1 VAG n. F.).[440] Das Versicherungsunternehmen muss die genehmigte Nichtveröffentlichung unter Nennung der Gründe für die Nichtveröffentlichung angeben (§ 41 Abs. 1 S. 2 VAG n. F.)[441] Gemäß Art. 299 DVO solle eine Genehmigung der Nichtveröffentlichung nur so lange gelten, wie der Grund für die Nichtveröffentlichung fortbesteht. Das Versicherungsunternehmen hat den Wegfall eines solchen Grundes der Aufsichtsbehörde mitzuteilen.

---

439 Vgl. UNSELD, M., Geschäftsberichterstattung, S. 16. Vgl. zu den Grenzen der Offenlegung, bei denen zwischen Informationsinteressen der Öffentlichkeit (insb. Versicherungsnehmer) und Wettbewerbsinteressen der Versicherungsunternehmen abgewogen wird, auch SCHRADIN, H., Entwicklung der Versicherungsaufsicht, S. 658.

440 Bestimmte Informationen, wie Angaben zum Kapitalmanagement unter Angabe der Struktur und des Betrags der Eigenmittel und ihrer Qualität sowie der Beträge der Solvabilitätskapitalanforderung und der Mindestkapitalanforderung (§ 40 Abs. 2 S. 2 Nr. 5 VAG n. F.), Angaben zu den Unterschieden zwischen einem internen oder partiellen internen Modell und dem Standardmodell (§ 40 Abs. 4 S. 2 VAG n. F.) und Angaben, die gemäß § 40 Abs. 5 VAG n. F. bei Nichteinhaltung der Mindestkapitalanforderung oder einer wesentlichen Nichteinhaltung der Solvabilitätskapitalanforderung gefordert sind, sind von dieser Regelung ausgenommen und daher in jedem Fall zu veröffentlichen.

441 Der vertrauliche Bericht an die Aufsichtsbehörden muss die nichtveröffentlichten Informationen umfassen. Vgl. Art. 304 Abs. 1 lit b DVO.

Die Auslegung dieser Vorschrift führt zu dem Ergebnis, dass eine Angabe nicht bloß mit der Begründung unterlassen werden darf, dass durch diese eine sich selbst erfüllende Prophezeiung[442] eintreten könnte.[443]

36 Erstellungspflicht und externe Prüfung des Berichts über die Solvabilität und Finanzlage

Grundsätzlich sollen gemäß europarechtlichen Vorgaben **alle (Rück-)Versicherungsunternehmen, die unter das Solvency II -Aufsichtsregime fallen,** gemäß Art. 51 Abs. 1 Unterabs. 1 der Solvency II-Richtlinie jährlich einen Bericht über ihre Solvabilität und ihre Finanzlage veröffentlichen und damit vorher erstellen. Gemäß Art. 2 der Solvency II-Richtlinie soll das Solvency II-Regelwerk grundsätzlich auf alle Lebens-, Nichtlebens- und Rückversicherungsunternehmen angewendet, die in einem Mitgliedstaat der EU niedergelassen sind (oder sich dort niederzulassen wünschen), es sei denn, sie erfüllen die Kriterien[444] für eine Ausnahme vom Anwendungsbereich gemäß Art. 3 bis 12 der Solvency II-Richtlinie.[445]

Durch die Umsetzung der Solvency II-Richtlinie in deutsches Recht sind alle (Rück-) Versicherungsunternehmen gemäß §§ 40-42 VAG n. F. verpflichtet, einen SFCR zu erstellen,

[442] Unter der sich selbst erfüllenden Prophezeiung („*self fulfilling prophecy*") wird im Kontext der Publizität der Sachverhalt verstanden, dass „die Beschreibung eines Risikos Reaktionen der Berichtsadressaten nach sich ziehen [könnte], die zum Eintritt eben dieses Risikos führen." KÜTING, K./HÜTTEN, C., Künftige Entwicklungsrisiken, S. 415, Einfügung durch den Verfasser.

[443] Vgl. zur Problematik der sich selbsterfüllenden Prophezeiung im Kontext der Solvency II-Berichtspflichten HARTUNG, T., Versicherungsaufsicht, S. 67; EUROPÄISCHE KOMMISSION, Aufsichtssystem, Tz. 44 (S. 10); MÜLLER, H., Solvabilitätsvorschriften (Teil 2), S. 765; MOLINARI, R./NGUYEN, T., Solvabilitätsregulierung, S. 105; ELING, M., Marktsignale, S. 664. Siehe hierzu auch ELINGs Verweis auf WAKKER/THALER/TVERSKY, die zeigen, dass ein Anstieg des Ausfallrisikos eines Versicherungsunternehmens zu einer extremen Reduktion der Zahlungsbereitschaft führt. Vgl. WAKKER, P./THALER, R./TVERSKY, A., Probabilistic Insurance, S. 9, 19. Vgl. zur Thematik der selbsterfüllenden Prophezeiung im Kontext des deutschen Lageberichts auch KÜTING, K./HÜTTEN, C., Künftige Entwicklungsrisiken, S. 414-416; BAETGE, J./FISCHER, T./PASKERT, D., GoL, S. 15; BAETGE, J./SCHULZE, D., Lageberichterstattung über "Risiken der künftigen Entwicklung", S. 943, 948. Letztgenannte Autoren tragen vor, dass im Zweifel das Informationsinteresse der Adressaten höher zu bewerten sei als das Schutzinteresse des Unternehmens. Sie vermuten ferner eine geringe Gefahr einer sich selbsterfüllenden Prophezeiung für den Fall, dass das Unternehmen frühzeitig über eine Gefährdung berichtet, da von diesem Maßnahmen gegen diese Gefährdung ergriffen (und veröffentlicht) werden können. Vgl. auch KÜTING/HÜTTEN, die zum gleichen Ergebnis gelangen: KÜTING, K./HÜTTEN, C., Lageberichterstattung über Risiken der künftigen Entwicklung, S. 255.

[444] Von dem Solvency II-Regelwerk ausgenommen sind beispielsweise unter ein gesetzliches System der sozialen Sicherheit fallende Versicherungen. Vgl. hierzu ausführlich §§ 1-5 VAG n. F.

[445] Vgl. FMA - ÖSTERREICHISCHE FINANZMARKTAUFSICHT, Versicherungsaufsichtsrecht, S. 9.

die gemäß §§ 1-3 VAG n. F. dem neuen VAG unterliegen und für die keine Ausnahme von der Anwendungspflicht der §§ 40-42 VAG n. F. geregelt ist.[446]

Auf Gruppenebene haben Versicherungs- und Rückversicherungsunternehmen, Versicherungsholdinggesellschaften oder gemischte Finanzholdinggesellschaften gemäß Art. 256 der Solvency II-Richtlinie bzw. § 277 Abs. 1 VAG n. F. ebenfalls einen Bericht über ihre Solvabilität und Finanzlage zu erstellen, welcher jährlich zu veröffentlichen ist. Diese Pflicht trifft die Obergesellschaft der Gruppe und dieser Bericht ist aus Gruppenperspektive zu erstellen.[447] Für den Gruppenbericht gelten ebenfalls die für den Einzelbericht geltenden Vorgaben (§§ 40-42 VAG n. F.). Unter drei Bedingungen kann der von der Obergesellschaft publizierte SFCR die gruppenzugehörigen Versicherungsunternehmen von der Pflicht befreien, jeweils einen Einzelbericht erstellen und veröffentlichen zu müssen.[448] Der Gruppenbericht hat dafür nicht nur (1) die Informationen auf Gruppenebene aus Gruppenperspektive (§ 277 Abs. 1 VAG n. F.; Art. 256 Abs. 2 lit a der Solvency II-Richtlinie), sondern auch (2) die Informationen für jedes Tochterunternehmen der Gruppe, die einzeln identifizierbar sein müssen und die nach den §§ 40-42 VAG n. F. veröffentlicht werden müssen (§ 277 Abs. 2 VAG n. F.; Art. 256 Abs. 2 lit b der Solvency II-Richtlinie), zu umfassen. Ferner hat die Aufsicht gemäß § 277 Abs. 2 VAG n. F. (Art. 256 Abs. 2 Satz 1 der Solvency II-Richtlinie) die Nichterstellung und Nichtveröffentlichung eines Berichts über die Solvabilität und Finanzlage auf Einzelunternehmensebene zu genehmigen (3). Lässt die Versicherungsobergesellschaft in ihrem Gruppenbericht wesentliche die Tochtergesellschaften betreffende Informationen aus, ist die Aufsichtsbehörde gemäß § 277 Abs. 4 VAG n. F. (Art. 256 Abs. 3 der Solvency II-Richtlinie) befugt, die Offenlegung dieser Informationen durch das betroffene Tochterunternehmen zu verlangen. Die Berichtsvorgaben unterscheiden sich nicht für kapitalmarkt- und nicht-kapitalmarktorientierte Versicherungsunternehmen. Da von einem Gruppenbericht aufgrund der o. g. ((1)-(3)) restriktiven Vorgaben keine Erleichterung für die Berichterstellung ausgeht, ist aus heutiger Sicht zu erwarten, dass jede bedeutende Tochtergesellschaft einer Versicherungsgruppe einen eigenen SFCR

446 Eine Ausnahme von der Anwendungspflicht der §§ 40-42 VAG ist gemäß § 212 Abs. 2 Nr. 3 VAG n. F. für kleine Versicherungsunternehmen i. S. d. § 211 VAG n. F. gegeben.

447 Vgl. DREHER, M./SCHAAF, M., Veröffentlichungspflichten von Versicherungsunternehmen, S. 165.

448 Vgl. hierzu und im Folgenden auch DREHER, M./SCHAAF, M., Veröffentlichungspflichten von Versicherungsunternehmen, S. 166.

erstellen wird. In den Vorschriften zum Gruppenbericht (Art. 359 DVO) wird auf die zum Einzelbericht verwiesen, so dass diese auch für den Gruppenbericht anzuwenden sind. Die Vorgaben für den Gruppenbericht umfassen lediglich zusätzliche gruppenspezifische Angaben. Nur der **Einzelbericht** ist **Gegenstand** der weiteren hier vorliegenden **Untersuchung.**

Es besteht gegenwärtig[449] **keine Pflicht** zur ganzheitlichen **externen Prüfung** des **SFCR** – weder auf Einzel- noch auf Gruppenebene – durch einen externen (Wirtschafts-) Prüfer. Indes ist gemäß § 35 Abs. 2 VAG n. F. die Solvabilitätsübersicht[450] sowohl auf Einzel- als auch auf Gruppenebene durch einen Prüfer zu prüfen, wodurch das dem SFCR zugrunde gelegte bilanzbezogene Zahlenwerk extern geprüft wird, nicht aber die Berechnung der Kapitalanforderungen. Zu berücksichtigen ist indes, dass die Aufsichtsbehörde die Konsistenz des SFCR mit dem bei ihr eingereichten detaillierteren vertraulichen Bericht, der den SFCR zwar inhaltlich ergänzt, aber auch keinen weiteren externen Prüfungspflichten durch Wirtschaftsprüfer unterliegt, prüfen wird.[451] Die Gewährleistung dieser Konsistenz der im SFCR veröffentlichten Informationen mit denen, die bei der Aufsichtsbehörde eingereicht werden, wird aber ohnehin dem berichterstattenden Versicherungsunternehmen auferlegt.[452] Eine Prüfung des SFCR durch die Aufsichtsbehörden kann also nur auf Basis von Plausibilitätsprüfungen vorgenommen werden oder auf Kenntnissen beruhen, die die Aufsichtsbehörde durch das aufsichtliche Überprüfungsverfahren gewonnen hat.

[449] In einem Schreiben der EIOPA führt diese aus, dass nur gute Berichte die Ziele von Solvency II erfüllen können und sie deshalb sehr sorgfältig beobachten wird, wie die Solvabilitätspubliziät von den Versicherungsunternehmen umgesetzt wird und ob in den EU-Ländern unterschiedliche Qualitätsniveaus der SFCR festzustellen sein werden. Um eine hohe Berichtsqualität sicherzustellen, hält EIOPA eine externe Prüfung gewiss für ein geeignetes Instrument. Indes sollte ihr zufolge eine solche Prüfung lediglich die Hauptbestandteile (Solvabilitätsübersicht, Eigenmittel und Kapitalanforderungen) betreffen. Vgl. EIOPA, SFCR and potential role of external audit, S. 1. Abhängig von der publizierten Qualität der Berichte ist eine Erweiterung der gegenwärtigen Prüfungspflichten in künftigen Anwendungsjahren von Solvency II möglich.

[450] Vgl. dazu Abschnitt 234.22.

[451] Indes sei auf die Befreiung von der regelmäßigen Berichterstattung gegenüber der Aufsichtsbehörde gemäß § 45 Abs. 2 VAG n. F. hingewiesen. Ferner wird auf Art. 312 Abs. 1 lit a DVO hingewiesen, wonach die qualitative Berichterstattung an die Aufsichtsbehörden ggfs. nur alle drei Jahre erfolgt. Im Fall der Befreiung bzw. des dreijährigen Berichtszyklus liegt der Aufsichtsbehörde kein (vollständiger) vertraulicher Bericht vor, mit dem sie die Angaben im jährlichen SFCR an die Öffentlichkeit vergleichen könnte. Indes kann die Aufsichtsbehörde gemäß Art. 312 Abs. 2 DVO die Vorlage des regelmäßigen aufsichtlichen Berichts zum Ende eines jeden Geschäftsjahres verlangen. Verzichtet die Aufsichtsbehörde auf diese Möglichkeit, hat das Versicherungsunternehmen ihr auf jährlicher Basis zumindest einen Bericht über alle wesentlichen Änderungen, die die üblichen Berichtsgegenstände betreffen, zusammen mit einer knappen Erläuterung der Ursachen und Folgen dieser Änderungen zukommen zu lassen.

[452] Vgl. EIOPA-Bos-15/118, Art. 7; sowie zuvor bereits in CP-14/055, Art. 9.

37 Offenlegungsintervall, Offenlegungsfristen und Form der Offenlegung

Der SFCR ist gemäß § 40 Abs. 1 VAG n. F. **jährlich zu veröffentlichen.** Ergänzend wird durch § 42 VAG n. F. i. V. m. Art. 302 DVO geregelt, dass Versicherungsunternehmen dazu verpflichtet sind, **unterjährig angemessene Angaben über Art und Auswirkungen einer wichtigen Entwicklung zu veröffentlichen,** die die Bedeutung der im letzten verfügbaren SFCR veröffentlichten Informationen erheblich verändern (Aktualisierungspflicht). Als wichtige Entwicklung werden gemäß § 42 Abs. 1 Nr. 1 u. 2 VAG n. F. besonders eine Nichteinhaltung der Mindestkapitalanforderung oder eine wesentliche Nichteinhaltung der Solvabilitätskapitalanforderung bezeichnet.[453] Gemäß Art. 302 Abs. 1 u. 2 DVO sind im Falle einer solchen Aktualisierungspflicht die Angaben unverzüglich offenzulegen und ein aktualisierter Bericht ist so bald wie möglich zu veröffentlichen.[454] Damit auch nicht-aufsichtsrechtskundige Leser sich darüber bewusst sind, dass eine unterjährige anlassbezogene Publizitätspflicht besteht, soll das berichtende Versicherungsunternehmen in der Zusammenfassung des jährlichen SFCR auf diese Aktualisierungspflicht hinweisen. Ferner sollte das Versicherungsunternehmen im jährlichen Bericht ex ante darlegen, anhand welcher Kriterien (quantitative Maßstäbe und Schwellenwerte) intern geprüft wird, unterjährig den Bericht anlassbezogen zu aktualisieren. Die kapitalmarktrechtliche Ad-hoc-Publizität kann dazu als Ausgangspunkt dienen.

Gemäß § 40 Abs. 1 VAG n. F. ist der SFCR spätestens 14 Wochen nach Ende des Geschäftsjahres vorzulegen.[455] Indes werden den Versicherungsunternehmen gemäß § 344 Abs. 3 VAG n. F. für die ersten Anwendungsjahre von Solvency II ab 1. Januar 2016 nach Geschäftsjahr gestaffelte, verlängerte Veröffentlichungsfristen eingeräumt. Für Geschäfts-

[453] Diese Aufzählung ist gemäß der Begründung des Regierungsentwurfs des Versicherungsaufsichtsgesetzes nicht abschließend. Von der Aktualisierungspflicht eingeschlossen sind auch solche Entwicklungen, deren Kenntnis beim Adressaten dazu führen, dass dieser die im SFCR gegebenen Informationen anders beurteilen würde. Die anlassbezogene Berichterstattungspflicht an die Aufsichtsbehörde ist dagegen deutlich präziser geregelt. Vgl. etwa CP-14/047, Erläuterung zu Guideline 39, Tz. 2.78-2.85. Darin werden zahlreiche Beispiele für anlassbezogene Berichtspflichten genannt. Diese müssen indes nicht ggü. der Öffentlichkeit publiziert werden. Vgl. CP-14/047, Erläuterung zu Guideline 39, Tz. 2.83.

[454] Für die gedruckte Form des SFCR, der einem jeden auf sein Verlagen gemäß Art. 301 Abs. 5 DVO vom Versicherungsunternehmen zuzusenden ist, ist gemäß Art. 302 Abs. 3 DVO eine Ergänzung des ursprünglichen Berichts ausreichend.

[455] Für den Gruppenbericht gelten jeweils längere Fristen, z. B. statt der 14 Wochen eine verlängerte Frist von 20 Wochen.

jahre, die mit dem Kalenderjahr übereinstimmen, ist der (Einzel-)Bericht erstmals für das Geschäftsjahr 2016 innerhalb einer Frist von 20 Wochen nach Ende des Geschäftsjahres, also bis ca. Mitte Mai 2017, zu veröffentlichen. Für die drei darauf folgenden jährlich zu erstellenden Berichte verkürzt sich diese Frist um jeweils zwei Wochen, so dass für das dem Kalenderjahr entsprechende Geschäftsjahr, das am 31. Dezember 2019 endet, der Bericht innerhalb von 14 Wochen nach Ende des Geschäftsjahres, d. h. bis Anfang April 2020, zu veröffentlichen ist.

Zur Form der Veröffentlichung des SFCR werden im VAG n. F. keine Vorgaben gemacht. In der Begründung des Regierungsentwurfs zum neuen VAG wird zu § 40 erwähnt, dass „die Informationen der Öffentlichkeit in elektronischer und gegebenenfalls zusätzlich in gedruckter Form kostenlos verfügbar [zu] machen" sind.[456] Die Form der Offenlegung wird indes in Art. 301 DVO konkretisiert. Gemäß Art. 301 Abs. 1 DVO ist die eigene Website des Versicherungsunternehmens das primäre Informationsmedium. Dort soll der Bericht für mindestens fünf Jahre ab dem Datum der Veröffentlichung abrufbar sein.[457] Besitzt und unterhält ein Versicherungsunternehmen keine eigene Website, kann der Bericht über die Website eines Unternehmensverbands, welchem das berichtspflichtige Versicherungsunternehmen angeschlossen ist, veröffentlicht werden.[458] Wird der Bericht weder auf der eigenen noch auf einer anderen Website veröffentlicht, hat das Versicherungsunternehmen gemäß Art. 301 Abs. 4 DVO während der ersten fünf Jahre ab dem Datum der Veröffentlichung des Berichts einem jeden auf sein Verlangen den Bericht in elektronischer Form binnen 10 Werktagen zuzusenden. Unabhängig von der elektronischen Veröffentlichung auf einer Website ist der Bericht gemäß Art. 301 Abs. 5 DVO während der ersten zwei Jahre ab dem Datum der Veröffentlichung des Berichts einem jeden auf sein Verlangen in gedruckter Form binnen 20 Werktagen zuzusenden.[459]

---

[456] BR-Drucksache 430/14, S. 289 (Begründung zu § 40 VAG n. F.), Einfügung durch den Verfasser. Vgl. auch EU, RL 2009/138/EG, Erwägungsgrund 38. Darin steht, dass „die Informationen der Öffentlichkeit in gedruckter oder elektronischer Form kostenlos verfügbar [zu] machen" sind. Einfügung durch den Verfasser.

[457] Vgl. Art. 301 Abs. 3 DVO.

[458] In Deutschland bietet sich hier beispielsweise die Website des Gesamtverbands der Deutschen Versicherungswirtschaft e.V. (GDV) an.

[459] Vgl. bereits vergleichbar das nach § 55 Abs. 3 VAG a. F. bzw. § 37 Abs. 3 VAG n. F. bestehende Recht der Versicherten, sich auf Verlangen den Jahresabschluss und den Lagebericht zusenden zu lassen.

Der SFCR umfasst qualitative und quantitative Angaben. Die Form der quantitativen Angaben ist überwiegend durch vorgegebene Formblätter (QRTs) definiert. Diese QRTs sollten als Anhang zum SFCR publiziert werden.[460] In der vorliegenden Untersuchung wird den Versicherungsunternehmen empfohlen, solche quantitativen Angaben im SFCR an den Stellen zu wiederholen, an denen solche Zahlenwerte erläutert werden.

38 Grundsätze ordnungsmäßiger Solvabilitäts- und Finanzberichterstattung

381. Herleitung der Berichtsgrundsätze

Die im VAG n. F. auf Basis der Solvency II-Richtlinie kodifizierten Anforderungen an den Inhalt des SFCR sind – wie in Abschnitt 32 dargestellt – lediglich allgemein gehalten. Sie benennen lediglich das jeweilige Oberthema, über welches berichtet werden soll.[461] Dies ist vor allem dem Übergang von einem regelbasierten auf ein eher prinzipienbasiertes Recht[462] geschuldet, welches gerade keine Detailvorschriften auf Richtlinienebene vorsieht. Bereits in der Solvency II-Richtlinie wird durch Art. 56 geregelt, dass durch die EU-Kommission delegierte Rechtsakte erlassen werden, „um die zu veröffentlichenden Informationen […] näher zu bestimmen."[463] Zwar sind die Vorgaben für den SFCR in der DVO detaillierter als im VAG n. F. geregelt, indes lassen auch sie dem Berichtersteller einen Ermessensspielraum bei der inhaltlichen Berichtsgestaltung. Daher werden die Berichtsvorgaben auf Ebene der technischen Standards weiter konkretisiert.[464] EIOPA entwickelt „Entwürfe technischer Durchführungsstandards, mit denen die Verfahren, Formate und Muster"[465] für die Berichterstattung festgelegt werden. Indes können Berichtsvorschriften weder im Detail regeln, welche Geschäftsvorfälle und sonstigen Sachverhalte berichtspflichtig sind, noch wie ausführlich und mit welchen Detailangaben über sie zu berichten ist, denn Art und Umfang der Berichterstattung sind stets auch an den besonderen Eigenschaften des berichter-

460 Vgl. EIOPA, Final report on public consultation No. 14/055 (SFCR), S. 7 (Tz. 2.8).

461 Vgl. hierzu bereits Abschnitt 32.

462 Vgl. dazu bereits Abschnitt 234.1.

463 EU, RL 2009/138/EG, Art. 56; zuletzt geändert durch RL 2014/51/EU, Art. 2, Nr. 15, Auslassung durch den Verfasser. In der Begründung des Regierungsentwurfs zum neuen VAG steht zu § 40 Abs. 2: „Eine nähere Konkretisierung, welche Informationen unter den einzelnen Nummern offenzulegen sind, wird die Kommission in den von ihr zu erlassenden delegierten Rechtsakten vornehmen."

464 Vgl. zu den Rechts- und Regelungsebenen bereits Abschnitt 234.3.

465 EU, RL 2009/138/EG, Art. 56; zuletzt geändert durch RL 2014/51/EU, Art. 2, Nr. 15.

stellenden Versicherungsunternehmens auszurichten. „Art und Inhalt eines Wortberichts lassen sich nicht so präzisieren und schematisieren wie ein formales Zahlensystem und gewähren dem Berichtenden daher diverse Gestaltungsmöglichkeiten.“[466]

Daher bedarf es **Grundsätzen ordnungsmäßiger Solvabilitäts- und Finanzberichterstattung (GoSFB).** Um die aufgrund der – den Versicherungsunternehmen zwingend zu gewährenden – Gestaltungsfreiräume drohende Subjektivität zu begrenzen, sind solche Grundsätze zu beachten, „anhand derer ein Unternehmen feststellen kann, welchen Umfang und Zeitbezug und welche Form die Angaben“[467] im SFCR haben müssen. Solche Grundsätze sind für die Solvabilitätsberichterstattung besonders bedeutsam, da das berichterstellende Unternehmen die sich ihm eröffnenden inhaltlichen Gestaltungsspielräume nach diesen Grundsätzen zu begrenzen hat. Sie sind notwendig, weil durch die vorgegebenen Berichtsgegenstände eine „Normierung des Inhalts im Sinn einer Katalogisierung aller auch in der Zukunft möglicherweise auftretenden berichtspflichtigen Sachverhalte [...] nicht möglich“[468] ist. Diese notwendigen GoSFB werden im Folgenden hermeneutisch entwickelt.

Gemäß § 40 Abs. 2 VAG n. F. sind im SFCR „**wesentliche** Informationen über die Solvabilitäts- und Finanzlage des Versicherungsunternehmens darzulegen. Die Angaben in diesem Bericht müssen sich **in Bezug auf den Grad ihrer Detaillierung nach der Art, dem Umfang und der Komplexität der Geschäftstätigkeit und der Risiken des Unternehmens richten** sowie allgemein **verständlich** sein.“[469] Demgemäß sind der **Grundsatz der Wesentlichkeit**, der **Grundsatz der Informationsabstufung nach Wesensart, Umfang und Komplexität der Geschäftstätigkeit und ihrer einhergehenden Risiken** sowie der **Grundsatz der Verständlichkeit** kodifiziert. Im Folgenden wird der Grundsatz der Informationsabstufung zuletzt analysiert, da dieser die anderen Grundsätze relativiert. In § 43 Abs. 2 VAG n. F. wird ferner für die für Aufsichtszwecke beizubringenden Informationen geregelt, dass diese „**vollständig**, **aktuell** und **genau** sein [müssen]. Sie müssen **der Art, dem Umfang und der Komplexität der Geschäftstätigkeit des betreffenden Unternehmens und insbesondere den mit dieser Geschäftstätigkeit einhergehenden Risiken**

---

466 TICHY, E., Inhalt des Lageberichts, S. 68.

467 BAETGE, J./FISCHER, T./PASKERT, D., GoL, S. 2.

468 TICHY, E., Inhalt des Lageberichts, S. 69, Auslassung durch den Verfasser.

469 § 40 Abs. 2 VAG n. F., Hervorhebung durch den Verfasser.

Rechnung tragen. Die Unternehmen haben die Informationen **fristgerecht** und **in verständlicher Form** bei der Aufsichtsbehörde einzureichen."[470] Demgemäß sind die Grundsätze der Informationsabstufung und der Verständlichkeit auch für die aufsichtlichen Informationen zu berücksichtigen und sie werden von dem **Grundsatz der Vollständigkeit** ergänzt. Die Forderung nach aktuellen, genauen und fristgerechten Informationen wird in der vorliegenden Untersuchung zum **Grundsatz der Verlässlichkeit bzw. Richtigkeit** erweitert, denn aktuelle, **genaue** und fristgerechte **Informationen** sind für den Adressaten nur dann hilfreich, wenn diese verlässlich und richtig sind. Gemäß dem Duden bedeutet nämlich „genau" auch „einwandfrei stimmend; exakt", was also auch mit dem Attribut „richtig" umschrieben werden kann. Ferner wird „genau" auch mit „gewissenhaft ins Einzelne gehen; sorgfältig" erklärt, was die Grundlage von Verlässlichkeit darstellt. Im Folgenden werden die Solvency II-Richtlinie, die Begründung des Gesetzgebers zu deren Umsetzung im VAG n. F. und objektiv-teleologische Aspekte herangezogen, um die Vorschriften weiter auszulegen. Die Solvency II-Richtlinie ist für Versicherungsunternehmen und Aufsichtsbehörden kein unmittelbar anzuwendendes Recht, indes wurde das VAG n. F. auf ihrer Grundlage verfasst.

In Art. 51 Abs. 1 wird den EU-Mitgliedstaaten Folgendes für die zu regelnde Solvabilitätspublizität vorgegeben: „Unter Berücksichtigung der in Artikel 35 Absatz 3 genannten Informationen und der in Artikel 35 Absatz 4 genannten Grundsätze schreiben die Mitgliedstaaten den Versicherungs- und Rückversicherungsunternehmen die jährliche Veröffentlichung eines Berichts über ihre Solvabilität und ihre Finanzlage vor." In dem genannten Art. 35 Abs. 4 ist folgendes geregelt: „Die [...] Informationen entsprechen den folgenden Grundsätzen: a) sie müssen **der Wesensart, dem Umfang und der Komplexität der Geschäftstätigkeit des betreffenden Unternehmens und insbesondere den mit dieser Geschäftstätigkeit einhergehenden Risiken Rechnung tragen**; b) sie müssen **zugänglich**, in allen wesentlichen Aspekten **vollständig**, **vergleichbar** und **in zeitlicher Hinsicht konsistent** sein; und c) sie müssen **relevant**, **verlässlich** und **verständlich** sein." Zwar werden in Art. 35 die für Aufsichtszwecke beizubringenden Informationen geregelt, indes sind die gerade zitierten Grundsätze aufgrund des oben zitierten Art. 51 Abs. 1 auch für die Vorga-

[470] § 43 Abs. 2 VAG n. F., Einfügung und Hervorhebung durch den Verfasser.

ben für den SFCR zu beachten. „Unter Berücksichtigung“[471] bedeutet für den deutschen Gesetzgeber, dass ihm diesbezüglich keine Wahlrechte sondern allenfalls Ermessensspielräume für die Umsetzung der Solvency II-Richtlinie in das deutsche VAG n. F. gewährt werden. Bezüglich der oben bereits zitierten Umsetzung der Vorgaben für die für Aufsichtszwecke beizubringenden Informationen (§ 43 Abs. 2 VAG n. F.) begründet der Gesetzgeber seinen Entwurf wie folgt: „Mit Absatz 2 werden **Grundsätze** aus Artikel 35 Absatz 4 der Richtlinie **umgesetzt, soweit sie als Anforderungen für Unternehmen bei der Berichterstattung gegenüber der Aufsichtsbehörde relevant sind.**“[472] Aus einem Vergleich der zitierten Wortlaute der Richtlinienstelle (Art. 35 Abs. 4) und des § 43 Abs. 2 VAG n. F. und unter Berücksichtigung der Begründung des Gesetzgebers geht für die für Aufsichtszwecke beizubringenden Informationen hervor, dass der Gesetzgeber die in der Richtlinie genannten Attribute „zugänglich“, „vergleichbar“, „in zeitlicher Hinsicht konsistent“, „relevant“ und „verlässlich“ offensichtlich bewusst nicht umgesetzt hat und stattdessen die Informationsanforderungen „aktuell“, „genau“ und „fristgerecht“ ins VAG n. F. eingeführt hat. Da nur das VAG n. F. und die DVO, nicht aber die Richtlinie für Versicherungsunternehmen und Aufsichtsbehörden, unmittelbare Rechtswirkung entfalten, sind die Richtlinienvorgaben im Weiteren irrelevant. Diese Umsetzungsanalyse der Richtlinienvorgaben bezog sich ferner nur auf die für Aufsichtszwecke beizubringenden Informationen.

Bezüglich der Grundsätze für den SFCR hat der Gesetzgeber seine Umsetzung der Richtlinie nicht begründet. Damit sind für den SFCR wie oben bereits mit § 40 Abs. 2 VAG n. F. zitiert nur die Grundsätze der Wesentlichkeit, der Informationsabstufung nach Wesensart, Umfang und Komplexität der Geschäftstätigkeit und ihrer einhergehenden Risiken sowie der Grundsatz der Verständlichkeit kodifiziert. Indes lässt sich objektiv-teleologisch nicht begründen, weshalb die oben gezeigten weiteren Grundsätze, die für Informationen für Aufsichtszwecke im VAG n. F. kodifiziert sind, nämlich der Grundsatz der Vollständigkeit und der Grundsatz der Verlässlichkeit bzw. Richtigkeit nicht auch für den SFCR gelten sollten. Denn nicht nur die Aufsichtsbehörden, sondern auch die Adressaten des SFCR sind an vollständigen und verlässlichen bzw. richtigen Informationen interessiert. Daher ist

[471] EU, RL 2009/138/EG, Art. 51 Abs. 1.

[472] BR-Drucksache 430/14, S. 291 (Begründung zu § 43 Abs. 2 VAG n. F.), Hervorhebung durch den Verfasser.

begründet, dass diese zusätzlich für die Informationen an die Aufsichtsbehörden kodifizierten Grundsätze auch für den SFCR anzuwenden sind.

Als Zwischenergebnis lassen sich folgende für den SFCR kodifizierten und von den Anforderungen für zu Aufsichtszwecke beizubringenden Informationen auf den SFCR übertragenen Grundsätze zusammenfassen: Grundsatz der Wesentlichkeit, Grundsatz der Verständlichkeit, Grundsatz der Vollständigkeit, Grundsatz der Verlässlichkeit bzw. Richtigkeit und der Grundsatz der Informationsabstufung nach Wesensart, Umfang und Komplexität der Geschäftstätigkeit und ihrer einhergehenden Risiken. Diese Grundsätze sind mithilfe von objektiv-teleologischen Kriterien zu einem vollständigen System von zum Teil auch nicht kodifizierten Grundsätzen ordnungsmäßiger Solvabilitätsberichterstattung zu erweitern. Wie in Abschnitt 34 analysiert wurde, liegt der Zweck der Solvabilitätspublizität in der Rechenschaft bzw. Informationsvermittlung. Daher ist für den SFCR die Einhaltung allgemein gültiger Rahmengrundsätze, die für jede Informationsvermittlung gelten, zu postulieren. Diese sind die Grundsätze der Richtigkeit, Klarheit und Vollständigkeit, das zum Grundsatz der Stetigkeit erweiterte Vergleichbarkeitsgebot sowie der Grundsatz der Wesentlichkeit als allgemein zweckmäßiger Grundsatz der Informationsbegrenzung auf das Wesentliche.[473]

In Tabelle 3 werden diese allgemein anerkannten Grundsätze der Informationsvermittlung denen, die aus den Versicherungsaufsichtsrechtsquellen hergeleitet wurden, gegenübergestellt. Ferner werden die für die handelsrechtliche Lageberichterstattung entwickelten Grundsätze diesen gegenübergestellt.

Aus einem Vergleich der allgemein gültigen Rahmengrundsätze einer jeden Informationsvermittlung und den bisher für den SFCR hergeleiteten Grundsätzen geht hervor, dass für ein vollständiges System von GoSFB nur der **Grundsatz der Stetigkeit** zu ergänzen ist, um dem Vergleichbarkeitspostulat Rechnung zu tragen. Dass eine solche Stetigkeit als Voraussetzung einer sinnvollen Informationsvermittlung auch vom Gesetzgeber intendiert ist, geht aus der Vorgabe in Art. 290 DVO hervor, wonach der SFCR „im Aufbau den Vorgaben von Anhang XX“ (römisch 20) der DVO entsprechen muss, wodurch zumindest eine for-

[473] Vgl. LEFFSON, U., GoB, S. 92-96.

melle Stetigkeit durch ein im Zeitablauf beizubehaltendes, vorgegebenes Berichtsgliederungsschema[474] geregelt wird.

Allgemein gültige Rahmengrundsätze jeder Informationsvermittlung	**GoSFB**	**BAETGE/FISCHER/ PASKERT**	**DRS 20**
Richtigkeit	Grundsatz der Verlässlichkeit bzw. Richtigkeit	Grundsatz der Richtigkeit Grundsatz der Vorsicht[475] bzw. Ausgewogenheit	Grundsatz der Verlässlichkeit und Ausgewogenheit
Klarheit	Verständlichkeit *)	Grundsatz der Klarheit	Grundsatz der Klarheit und Übersichtlichkeit
Vollständigkeit	Vollständigkeit	Grundsatz der Vollständigkeit	Grundsatz der Vollständigkeit
Stetigkeit / Vergleichbarkeit	*Stetigkeit*	Grundsatz der Vergleichbarkeit	
Wesentlichkeit	Wesentlichkeit *)	Grundsatz der Wirtschaftlichkeit bzw. Wesentlichkeit	Grundsatz der Wesentlichkeit
	Informationsabstufung nach der Art, dem Umfang und der Komplexität der Geschäftstätigkeit und der Risiken des Unternehmens *)	Grundsatz der Informationsabstufung nach Art und Größe des Unternehmens	Grundsatz der Informationsabstufung
	---[476]		Grundsatz der Vermittlung der Sicht der Konzernleitung

*) im VAG n. F. für den SFCR kodifizierte GoSFB

Tabelle 3: Gegenüberstellung der allgemein gültigen Grundsätze jeder Informationsvermittlung mit den GoSFB und jenen zum handelsrechtlichen Lagebericht

Ferner formuliert EIOPA in einem ihrer Arbeitspapiere: *„[...] it is* ***important*** *that the* ***information is comparable between undertakings*** *and across the EEA."*[477] Demgemäß postu-

[474] Die Abschnitte 54-832 entsprechen diesem Gliederungsschema.

[475] In § 124 VAG n. F. (vgl. auch Art. 132 der Solvency II-Richtlinie) ist der Grundsatz unternehmerischer Vorsicht kodifiziert. Vgl. dazu bereits Fn. 429. Dieser Grundsatz ist indes kein Grundsatz ordnungsmäßiger Solvabilitätsberichterstattung, da er lediglich als Grundsatz für Kapitalanlageentscheidungen, nicht aber für die Berichterstattung genannt wird.

[476] Zwar wird kein Grundsatz der Vermittlung der Sicht der Konzernleitung benannt. Dieser wird indes implizit erfüllt. Der SFCR ist gemäß § 40 Abs. 1 VAG n. F. vor der Veröffentlichung von dem Geschäftsführungsorgan zu genehmigen, wodurch die Verantwortlichkeit des Managements für die Angaben im SFCR klargestellt ist und es der Forderung des Grundsatzes der Vermittlung von Informationen aus Sicht der Unternehmensleitung nicht bedarf.

liert die europäische Versicherungsaufsichtsbehörde nicht nur eine formelle, sondern auch eine materielle Vergleichbarkeit der zu publizierenden Informationen zwischen den Versicherungsunternehmen und Ländern des Europäischen Wirtschaftsraums.

Gemäß § 29 Abs. 3 VAG n. F. müssen Versicherungsunternehmen über „angemessene Systeme und Strukturen verfügen, um die in den §§ 40 bis 42 genannten Anforderungen [d. h. denen zum SFCR] erfüllen und die Informationen bereitstellen zu können“[478]. Diesbezüglich haben Versicherungsunternehmen gemäß § 29 Abs. 4 VAG n. F. „in vom Vorstand genehmigten schriftlichen internen Leitlinien fest[zulegen], wie die kontinuierliche Angemessenheit der zu veröffentlichenden und der zu übermittelnden Informationen zu gewährleisten ist.“[479] Vom Gesetzgeber wurde der Begriff der Angemessenheit nicht konkretisiert. In dieser Untersuchung wird für den SFCR postuliert, dass dieser nur dann angemessen ist, wenn er alle geforderten Berichtsgegenstände gemäß § 40 Abs. 2 VAG n. F. i. V. m Art. 292-297 DVO umfasst und die Berichtsangaben zu jedem Berichtsgegenstand die in der vorliegenden Untersuchung hergeleiteten GoSFB erfüllen.

Oben wurde durch den Vergleich der GoSFB mit allgemein gültigen Rahmengrundsätzen einer jeden Informationsvermittlung sowie mit den für die handelsrechtliche Lageberichterstattung entwickelten Grundsätzen dargelegt, dass die GoSFB diesen vorhandenen Grundsätzen weitgehend entsprechen. Die Grundsätze sind also von anderen Publizitätsinstrumenten bekannt, weshalb die GoSFB im Folgenden nur kurz konkretisiert werden.

382. Grundsatz der Wesentlichkeit

In Erwägungsgrund 107 der DVO führt der Gesetzgeber bezüglich des Wesentlichkeitsgrundsatzes folgendes an: „Dem Grundsatz der Verhältnismäßigkeit entsprechend sollten Versicherungs- und Rückversicherungsunternehmen keine Informationen veröffentlichen müssen, die für ihr Geschäft nicht relevant oder die nicht wesentlich sind.“ Wesentlich sind gemäß Art. 291 DVO Angaben, „wenn fehlende oder fehlerhafte Angaben den Entscheidungsprozess oder das Urteil der Nutzer des Dokuments, einschließlich der Aufsichtsbe-

[477] EIOPA, Final report on public consultation No. 14/055 (SFCR), S. 19 (Tz. 1.11), Hervorhebung durch den Verfasser.

[478] § 29 Abs. 3 VAG n. F., Einfügung durch den Verfasser.

[479] § 29 Abs. 4 VAG n. F., Einfügung durch den Verfasser.

hörden, beeinflussen könnten."[480] Im Kontext der Solvabilitätsberichterstattung sind vergangenheitsorientierte Informationen besonders dann wesentlich, wenn durch sie auf die künftige Fähigkeit des Versicherungsunternehmens, seinen Verpflichtungen bei Fälligkeit nachzukommen, geschlossen werden kann.[481] Der Wesentlichkeitsgrundsatz dient als Ersatz für den praktisch nicht anwendbaren Grundsatz der Wirtschaftlichkeit, nach welchem der zusätzliche Aufwand für eine weitere Steigerung der Qualität der Berichtsangaben gegen den in Geldeinheiten bewerteten Nutzen der zusätzlichen Informationsvermittlung abgewogen werden muss.[482] Nach diesem Grundsatz sind alle Informationen zu geben, die für die schutzwürdigen Interessen der verschiedenen Berichtsadressaten von Bedeutung sind.[483] Das berichtende Versicherungsunternehmen hat sich hierbei an den „allgemein als wichtig erachteten Informationsinteressen"[484] der Solvabilitätsberichtsadressaten zu orientieren.[485] Durch den Grundsatz der Wesentlichkeit wird ferner der Grundsatz der Vollständigkeit relativiert.[486]

383. Grundsatz der Verständlichkeit

Um den Zweck der Informationsvermittlung erfüllen zu können, sollte der SFCR übersichtlich, prägnant bzw. präzise und verständlich abgefasst sein.[487] Verständlich heißt, dass „eine klare und eindeutige Ausdrucksweise"[488] angewendet wird, um den Interpretationsspielraum zu minimieren.

---

480 Art. 291 DVO.

481 Vgl. CF, Tz. 28.

482 Vgl. BAETGE, J./FISCHER, T./PASKERT, D., GoL, S. 21 f.

483 Vgl. BAETGE, J./FISCHER, T./PASKERT, D., GoL, S. 22 sowie dort angegeben TICHY, E., Inhalt des Lageberichts, S. 134.

484 BAETGE, J./FISCHER, T./PASKERT, D., GoL, S. 22.

485 Vgl. BAETGE, J./FISCHER, T./PASKERT, D., GoL, S. 22.

486 So auch BAETGE/FISCHER/PASKERT, die dem Grundsatz der Wesentlichkeit als Substitut für den Grundsatz der Wirtschaftlichkeit eine die anderen Grundsätze (insb. Grundsätze der Vollständigkeit, Richtigkeit und Klarheit) relativierende Wirkung zuschreiben. Vgl. BAETGE, J./FISCHER, T./PASKERT, D., GoL, S. 22. Vgl. zum Grundsatz der Vollständigkeit Abschnitt 384.

487 Vgl. BAETGE, J./FISCHER, T./PASKERT, D., GoL, S. 19, HARTMANN, C., Lageberichterstattung, S. 29.

488 SELCH, B., Lagebericht, S. 47.

Der SFCR umfasst sowohl die rechtlich vorgeschriebenen, aber ggfs. auch freiwillige Angaben.[489] Da es dem Lesefluss nicht dienlich wäre, den Bericht in zwei Teile – Pflichtangaben und diese ggfs. ergänzende freiwillige Angaben – zu trennen, sollten die freiwilligen Angaben die Pflichtangaben daher nicht dominieren, „da dem Leser des [B]erichts dadurch ein zutreffender Eindruck von den Mindestangaben des [B]erichts verwehrt würde."[490] Der Grundsatz der Klarheit verlangt die Vorgabe einer Gliederung und Befolgung dieser vorgegebenen Gliederung. Dadurch wird die Übersichtlichkeit und Verständlichkeit des Berichts erhöht.[491] Die Gliederung wird durch die Vorgabe in Art. 290 DVO geregelt, wonach der SFCR nach den Vorgaben von Anhang XX (römisch 20) DVO aufgebaut sein muss. Es gehört zum allgemeinen Verständnis des Grundsatzes der Klarheit, dass die Gliederung im Zeitablauf stetig fortgeführt werden soll.[492] Weiterhin gehört es zum allgemeinen Verständnis der Klarheit und Stetigkeit, dass von der einmal festgelegten Gliederung eines Berichts bzw. eines jeden Informationsinstruments – also auch des SFCR – nur abgewichen werden darf, wenn dadurch die Klarheit des Berichts verbessert wird.[493] Wird die Gliederung geändert, ist dies indes anzugeben und zu begründen.[494] Neben der Klarheit, fördert eine derart einheitliche und zeitlich konsistente Berichtsstruktur überdies sowohl die betriebliche als auch die zeitliche Vergleichbarkeit der zu publizierenden Berichte und unterstützt somit den Grundsatz der Stetigkeit bzw. Vergleichbarkeit.[495] Überdies müssen die Angaben des SFCR für den Adressaten nachvollziehbar sein, damit sie dem Grundsatz der Verständlichkeit genügen.

---

[489] Vgl. EU, RL 2009/138/EG, Art. 54 Abs. 2, wonach Versicherungsunternehmen auf freiwilliger Basis alle mit ihrer Solvabilität und Finanzlage in Verbindung stehenden Informationen und Erläuterungen veröffentlichen dürfen. Diese Vorgabe wurde nicht explizit ins VAG n. F. umgesetzt, da es der „Klarstellung nicht bedarf, wonach Versicherungsunternehmen über die in den Artikeln 51 und 53 der Richtlinie aufgestellten Anforderungen hinaus, freiwillig weitere Informationen in ihren Solvabilitäts- und Finanzbericht aufnehmen können." Gesetzesbegründung zu § 42 VAG n. F. Die Möglichkeit, freiwillige Angaben in den SFCR aufzunehmen, wird in Art. 298 DVO geregelt, und ist somit doch in unmittelbar anzuwendendem Recht explizit kodifiziert.

[490] BAETGE, J./FISCHER, T./PASKERT, D., GoL, S. 20, Einfügungen durch den Verfasser.

[491] Vgl. BAETGE, J./FISCHER, T./PASKERT, D., GoL, S. 20. Vgl. auch DRS 20.25.

[492] Vgl. DRS 20.26.

[493] Vgl. auch UNSELD, M., Geschäftsberichterstattung, S. 67.

[494] Vgl. ebenda.

[495] Vgl. SELCH, B., Lagebericht, S. 47. Vgl. zum Grundsatz der Stetigkeit Abschnitt 386.

384. Grundsatz der Vollständigkeit

Durch diesen Grundsatz wird verdeutlicht, dass nicht bloß über einzelne ausgewählte Sachverhalte berichtet werden darf.[496] Außerdem wird durch den Grundsatz der Vollständigkeit gefordert, dass das berichterstattende Versicherungsunternehmen alle erreichbaren Erkenntnisquellen, aus denen Informationen für den SFCR gewonnen werden können, ausschöpft.[497] Durch die in § 40 Abs. 2 VAG n. F. vorgegebenen Berichtsgegenstände, die in den Art. 292-297 DVO weiter konkretisiert werden, sind die Mindestinhalte des SFCR vorgegeben.

Der Grundsatz der Vollständigkeit wird durch den Grundsatz der Wesentlichkeit sowie den Grundsatz der Informationsabstufung nach Wesensart, Umfang und Komplexität der Geschäftstätigkeit und ihrer einhergehenden Risiken relativiert.[498] Da dem berichterstellenden Versicherungsunternehmen nicht bekannt ist, welche Berichtsangaben für die jeweiligen Adressaten bedeutsam sind und die Adressaten voneinander abweichende Informationsinteressen haben können, muss sich das berichterstattende Versicherungsunternehmen „an den allgemein als wichtig erachteten Informationsinteressen“[499] der Berichtsadressaten orientieren und die i. d. S. (mutmaßlich) wesentlichen Angaben in den SFCR aufnehmen.[500] Dies sind vor allem solche Angaben, mit denen die Solvabilität und Finanzlage des Versicherungsunternehmens beurteilt werden kann.[501]

385. Grundsatz der Verlässlichkeit bzw. Richtigkeit

Gemäß DRS 20.17-19 sind Informationen verlässlich, wenn sie zutreffend und nachvollziehbar und die Angaben ferner plausibel und konsistent sind. Dies ist dem im (Konzern-) Lageberichtsschrifttum formulierten Grundsatz der Richtigkeit gleichzusetzen. Gemäß

[496] Vgl. BAETGE, J./FISCHER, T./PASKERT, D., GoL, S. 18.

[497] Vgl. im handelsrechtlichen Kontext auch LEFFSON, U., Grundsätze ordnungsmäßiger Buchführung, S. 219; BAETGE, J./FISCHER, T./PASKERT, D., GoL, S. 18-19. Vgl. auch EU, RL 2009/138/EG Art. 35 Abs. 3 lit c), wonach die Informationen Daten aus internen oder externen Quellen oder eine geeignete Kombination daraus umfassen sollen.

[498] Vgl. auch im Kontext des Lageberichts nach §160 I AktG TICHY, E., Inhalt des Lageberichts, S. 134.

[499] BAETGE, J./FISCHER, T./PASKERT, D., GoL, S. 22.

[500] Vgl. BAETGE, J./FISCHER, T./PASKERT, D., GoL, S. 22.

[501] Indes ist zu berücksichtigen, dass die Vollständigkeit der Angaben insb. zum Risikoprofil aus externer Sicht nicht überprüft werden kann. Vgl. KAJÜTER, P./WINKLER, C., Risikoberichterstattung, S. 259.

diesem Grundsatz müssen die im Bericht gegebenen Informationen dem Grundsatz der Objektivität (Tatsachenangaben) und dem – diesen für zukunftsgerichtete Angaben ergänzenden – Grundsatz der Willkürfreiheit (Beurteilungsangaben/Meinungen) entsprechen.[502] Für die Adressaten des SFCR sind Angaben in diesem Bericht intersubjektiv nachprüfbar und damit objektiv, wenn die berichterstattenden Versicherungsunternehmen die aufsichtsrechtlichen Regeln zu diesem Bericht einschließlich der diese Regeln konkretisierenden Grundsätze ordnungsmäßiger Solvabilitäts- und Finanzberichterstattung beachten.[503] „Ein Verschweigen von geforderten Angaben oder ein Schönreden von Sachverhalten verstößt demnach unmittelbar gegen diesen Grundsatz.“[504] Willkürfrei sind Informationen, wenn sie schlüssig und widerspruchsfrei hergeleitet werden.[505] Die Forderung nach Willkürfreiheit gilt für Versicherungsunternehmen in besonderem Maße, denn die Passivseite der aufsichtsrechtlichen Versicherungsbilanz (Solvabilitätsübersicht) wird von versicherungstechnischen Rückstellungen dominiert, deren Werte unter unsicheren Erwartungen gewonnen werden und damit als Schätzwerte subjektiv gesetzten Annahmen des Bilanzierenden unterliegen. Daher sind für alle auf eine solche Weise zustande gekommenen Rückstellungswerte und anderen prognostischen Aussagen die ihnen zugrundeliegenden Prämissen offenzulegen.

386. Grundsatz der Stetigkeit

Wie für jede Informationsvermittlung bzw. Berichterstattung sind für den SFCR zwei Dimensionen der Vergleichbarkeit zu berücksichtigen: die periodenbezogene und die betriebliche Vergleichbarkeit. Die periodenbezogene oder zeitliche Vergleichbarkeit wird nach LEFFSON durch den Grundsatz der Stetigkeit konkretisiert.[506] Die **zeitraumbezogene Ver-**

[502] Vgl. BAETGE, J./FISCHER, T./PASKERT, D., GoL, S. 17 sowie im Kontext des Jahresabschlusses LEFFSON, U., Grundsätze ordnungsmäßiger Buchführung, S. 193-205. Vgl. zur Differenzierung von Tatsachenangaben und Beurteilungsangaben auch HARTMANN, C., Lageberichterstattung, S. 24 mit Verweis auf KUHN, W., Lagebericht, S. 31; REITTINGER, W., Prüfung des Lageberichts bzw. zur Differenzierung von Tatsachenangaben und Meinungen DRS 20.17. Vgl. zu den Grundsätzen der Richtigkeit und Willkürfreiheit auch TICHY, E., Inhalt des Lageberichts, S. 74-80.

[503] Vgl. für den Lagebericht LEFFSON, U., Grundsätze ordnungsmäßiger Buchführung, S. 202 f., KRUMBHOLZ, M., Lagebericht, S. 21 sowie zum Begriff der intersubjektiven Nachprüfbarkeit POPPER, K., Logik der Forschung, S. 18 ff.

[504] BÖCKING, H.-J., Notwendigkeit von Lageberichtsgrundsätzen, S. 36.

[505] Vgl. LEFFSON, U., Grundsätze ordnungsmäßiger Buchführung, S. 202 f.; SELCH, B., Lagebericht, S. 45.

[506] Vgl. LEFFSON, U., Grundsätze ordnungsmäßiger Buchführung, S. 179-181.

gleichbarkeit ist dann gewährleistet, wenn der **Grundsatz der Stetigkeit** eingehalten wird.[507] Diese Vergleichbarkeit ist sowohl anhand formeller als auch anhand materieller Stetigkeitsmerkmale sicherzustellen. **Formell stetig** bedeutet, dass Darstellungs- und Gliederungsform im Zeitablauf beibehalten werden sollen. **Materielle Stetigkeit** ist gegeben, wenn bei der Auswahl der in den Bericht aufzunehmenden Angaben in unterschiedlichen Berichtsjahren die gleichen Kriterien verwendet werden, also der Grundsatz der Wesentlichkeit im Zeitablauf konsistent angewendet wird.[508]

Die **zwischenbetriebliche Vergleichbarkeit** wird ermöglicht, wenn der SFCR „einem bestimmten Grundmuster bezüglich der Darstellungs- und Gliederungsform"[509] folgt (formelle Stetigkeit) und bestimmte Mindestangaben (materielle Stetigkeit) enthält. Durch Art. 290 DVO i. V. m. Anlage XX DVO werden ein Gliederungsschema für den SFCR vorgegeben und sein Mindestinhalt durch Art. 292-297 DVO festgelegt.

387. Grundsatz der Informationsabstufung nach der Art, dem Umfang und der Komplexität der Geschäftstätigkeit und der Risiken des Unternehmens

Mit diesem Grundsatz wird eine „abgestufte Informationspflicht"[510] für Versicherungsunternehmen kodifiziert. Der Grundsatz[511] ist als branchen- oder versicherungsaufsichtsrechtsspezifische Interpretation des von BAETGE/FISCHER/PASKERT formulierten Lageberichtsgrundsatzes der Informationsabstufung nach Art und Größe des Unternehmens zu verstehen.[512] Gemäß diesem Grundsatz haben größere Versicherungsunternehmen (**Umfang** der Geschäftstätigkeit) und solche mit einer höheren **Komplexität** ihrer Geschäftstätigkeit oder -organisation detaillierter zu berichten als kleinere Versicherungsunternehmen und solche, die eine geringere Komplexität aufweisen.[513] In § 45 Abs. 5 VAG n. F. wird für die Berichterstattung an die Aufsichtsbehörden ein Katalog von Kriterien genannt, welche mindestens

---

507 Vgl. BAETGE, J./FISCHER, T./PASKERT, D., GoL, S. 20.

508 Vgl. BAETGE, J./FISCHER, T./PASKERT, D., GoL, S. 21.

509 BAETGE, J./FISCHER, T./PASKERT, D., GoL, S. 21.

510 BAETGE, J./FISCHER, T./PASKERT, D., GoL, S. 22 f.

511 Vgl. diesem Grundsatz ähnlich bereits die Definition des Grundsatzes der Proportionalität in den aufsichtsrechtlichen Mindestanforderungen an das Risikomanagement von Versicherungsunternehmen (MaRisk; BaFin Rundschreiben 3/2009), Nr. 4.

512 Vgl. dazu BAETGE, J./FISCHER, T./PASKERT, D., GoL, S. 22-25.

513 Vgl. auch UNSELD, M., Geschäftsberichterstattung, S. 58; BAETGE, J./FISCHER, T./PASKERT, D., GoL, S. 25.

zu berücksichtigen sind, um Wesensart, Umfang und Komplexität der Geschäftstätigkeit und ihre einhergehenden Risiken zu bestimmen. Demgemäß werden mindestens die folgenden Kriterien berücksichtigt:

1. das Volumen der Prämien, versicherungstechnischen Rückstellungen und Vermögenswerte des Unternehmens,
2. die Volatilität der durch das Unternehmen abgedeckten Versicherungsleistungen,
3. die Marktrisiken, die durch die Investitionen des Unternehmens entstehen,
4. die Höhe der Risikokonzentrationen,
5. die Gesamtzahl der Versicherungszweige, für die eine Zulassung erteilt wurde,
6. die potenziellen Auswirkungen der Verwaltung der Vermögenswerte des Unternehmens auf die Finanzstabilität,
7. die Systeme und Strukturen des Unternehmens zur Übermittlung von Informationen für die Zwecke der Beaufsichtigung und die in § 29 Absatz 4 genannten schriftlich festgelegten Leitlinien,
8. die Angemessenheit des Governance-Systems des Unternehmens,
9. die Höhe der Eigenmittel zur Einhaltung der Solvabilitätskapitalanforderung und der Mindestkapitalanforderung und,
10. ob es sich bei dem Unternehmen um ein firmeneigenes Versicherungsunternehmen handelt, das nur Risiken abdeckt, die mit dem Industrie- oder Handelskonzern verbunden sind, zu dem es gehört.

Der Kriterienkatalog ist ein Anhaltspunkt und durch ihn kann auch für den SFCR versucht werden festzulegen, wie detailliert zu berichten ist.

Im Sinne einer adressatengerechten Informationsvermittlung wird hier dafür plädiert, sich jeweils am strengsten Kriterium, also an dem, das eine detailliertere Informationspflicht auslöst, zu orientieren. Das heißt, dass selbst im Fall einer Geschäftstätigkeit mit geringerem Umfang und niedriger Komplexität detaillierte Angaben zu fordern sind, wenn diese Geschäftstätigkeit mit hohen oder komplexen Risiken einhergeht. Ein solches Verständnis des Grundsatzes steht im Einklang mit dem in der Solvency II-Richtlinie postulierten Gebot der Proportionalität.[514]

[514] Vgl. dazu bereits Fn. 236.

4 Inhaltliche Überschneidungen zwischen dem Bericht über die Solvabilität und Finanzlage und dem deutschen (Konzern-)Lagebericht

41 Ursachen der inhaltlichen Überschneidungen

Die Pflicht, einen SFCR zu erstellen und offenzulegen, ist elementarer Bestandteil der aufsichtsrechtlichen Vorgaben von Solvency II (Säule 3). Die Solvency II-Vorgaben werden in Deutschland durch das Versicherungsaufsichtsgesetz umgesetzt. Zugleich ist ein deutsches Versicherungsunternehmen aber auch den Vorschriften des Handelsgesetzbuchs (HGB) unterworfen, so dass es bereits nach handelsrechtlichen Vorschriften in Verbindung mit den branchenspezifischen Spezialvorschriften einen Lagebericht aufstellen und offenlegen muss.[515] Die Erstellungs-, Prüfungs- und Offenlegungspflichten werden im Folgenden jeweils für den handelsrechtlichen Lage- und Konzernlagebericht dargestellt.

Neben den Vorschriften zur handelsrechtlichen Rechnungslegung für alle Kaufleute gemäß dem ersten Abschnitt des Dritten Buchs des HGB (§§ 238-263) und der ergänzenden Vorschriften des zweiten Abschnitts des Dritten Buchs des HGB (§§ 264-355b) für Kapitalgesellschaften (und bestimmte, in § 264a Abs. 1 HGB definierte Personenhandelsgesellschaften[516]) haben Versicherungsunternehmen[517] die für sie geltenden zusätzlichen branchenspezifischen Vorschriften des vierten Abschnitts des Dritten Buchs des HGB (§§ 341-341o)[518] zu beachten.[519] Gemäß § 341a Abs. 1 Satz 1 HGB haben Versicherungsunternehmen im Sinne des § 341 Abs. 1 u. 2 HGB[520] unabhängig von ihrer Rechtsform und Größe[521] einen

---

[515] Vgl. auch HARTMANN, C., Lageberichterstattung, S. 41-49.

[516] Versicherungsunternehmen sind indes gemäß § 8 Abs. 2 VAG n. F. in der Rechtsform der Aktiengesellschaft (einschließlich der europäischen SE), eines Versicherungsvereins auf Gegenseitigkeit oder einer öffentlich-rechtlichen Anstalt bzw. Körperschaft zu führen.

[517] Pensionsfonds, für die ebenfalls die genannten Spezialvorschriften gelten, bleiben in dieser Untersuchung unberücksichtigt.

[518] Mit diesen Vorschriften wurde das Versicherungsbilanzrichtlinien-Gesetz (VersRiLiG) im Handelsgesetzbuch umgesetzt. Vgl. ROCKEL, W., U. A., Versicherungsbilanzen, S. 33; BAETGE, J./KIRSCH, H.-J./THIELE, S., Bilanzen, S. 31 (Fn. 106).

[519] Vgl. BAETGE, J./KIRSCH, H.-J./THIELE, S., Bilanzen, S. 31.

[520] Versicherungsunternehmen im Sinne des § 341 HGB sind Unternehmen, die den Betrieb von Versicherungsgeschäften zum Gegenstand haben und nicht Träger der Sozialversicherung sind. Das VAG konkretisiert durch Verweis auf die handelsrechtlichen Vorschriften, dass nicht nur Versicherungsunternehmen als Kapitalgesellschaft in der Rechtsform der AG, sondern auch Versicherungsvereine auf Gegenseitigkeit (§ 16 Satz 2 VAG a. F. bzw. § 172 Satz 2 VAG n. F.), kleinere Versi-

Jahresabschluss und einen **Lagebericht** nach den für große Kapitalgesellschaften geltenden Vorschriften des Ersten Unterabschnitts des Zweiten Abschnitts des Dritten Buchs des HGB, d. h. einen Lagebericht nach § 289 HGB, zu **erstellen**.[522] Daneben sind Ergänzungsvorschriften zum Lagebericht von Versicherungsunternehmen in § 57 RechVersV[523] zu berücksichtigen, durch die zusätzliche Informationen, z. B. Angabe der betriebenen Versicherungszweige und -arten für das selbst abgeschlossene und für das in Rückdeckung übernommene Versicherungsgeschäft sowie ein Bericht über den Geschäftsverlauf in den einzelnen Versicherungszweiggruppen, -zweigen und -arten, verlangt werden.[524] Darüber hinaus empfiehlt das Deutsche Rechnungslegungs Standards Committee (DRSC), den von ihm herausgegebenen deutschen Rechnungslegungsstandard (DRS 20) zur Konzernlageberichterstattung auch für den Lagebericht nach § 289 HGB anzuwenden, auch wenn das DRSC dies nicht vorschreibt.[525]

---

cherungsvereine auf Gegenseitigkeit (§ 53 Abs. 1 Satz 1 VAG a. F. i. V. m. § 16 Satz 2 VAG a. F. bzw. § 210 Abs. 1 Satz 1 VAG n. F. i. V. m. § 172 Satz 2 VAG n. F.) und öffentlich-rechtliche Versicherungsunternehmen (§ 55 Abs. 1 VAG a. F. bzw. § 38 Abs. 1 VAG n. F.) die Vorschriften des Zweiten Unterabschnitts des Vierten Abschnitts in Verbindung mit den Vorschriften des Ersten und Zweiten Abschnitts des Dritten Buchs des Handelsgesetzbuchs einzuhalten und damit einen Lagebericht zu erstellen haben. Vgl. ROCKEL, W., U. A., Versicherungsbilanzen, S. 33. Ferner ist dies ähnlich auch für Unternehmen mit Sitz im Ausland, die im Inland eine Niederlassung betreiben (§ 106 Abs. 2 Satz 4 VAG a. F. i. V. m. § 55 Abs. 1 VAG a. F. und § 110d Abs. 2 Satz 1 VAG a. F. i. V. m. § 55 Abs. 1 VAG a. F. bzw. § 68 Abs. 1 Satz 4 VAG n. F.) zu beachten.

521 Größenabhängige Erleichterungen gelten nur für kleinere Vereine.

522 Durch die Anwendung der Vorschriften für **große** Kapitalgesellschaften wird die von der Lageberichterstellungspflicht befreiende Norm des § 264 Abs. 1 Satz 4 HGB für **kleine** Kapitalgesellschaften i. S. des § 267 Abs. 1 HGB ausgeschlossen, so dass grundsätzlich keine größenabhängigen Befreiungen von der Pflicht zur Erstellung eines Lageberichts von Versicherungsunternehmen bestehen. Größenabhängige Erleichterungen gelten nur für kleinere Vereine.

523 Die Verordnung über die Rechnungslegung der Versicherungsunternehmen (RechVersV) wurde auf Basis der Verordnungsermächtigung in § 330 HGB erlassen, um das HGB nicht unnötig mit branchenspezifischen Regelungen auszudehnen. Darüber hinaus ermächtigte das VAG a. F. zu dem Erlass weiterer Verordnungen mit Einfluss auf die Rechnungslegung. In diesem Zusammenhang ist beispielsweise die Verordnung über die Berichterstattung von Versicherungsunternehmen gegenüber der BaFin (BerVersV; wird zum 01.01.2016 aufgehoben) zu nennen. Vgl. FARNY, D., Versicherungsbetriebslehre, S. 118; ROCKEL, W., U. A., Versicherungsbilanzen, S. 34-36.

524 Vgl. TREUBERG, H. V./ANGERMAYER, B., Jahresabschluss von Versicherungsunternehmen, S. 533-535. Daneben werden rechtsformspezifische Ergänzungsangaben gefordert, z. B. wie ein erhobener Nachschuss bei einem Versicherungsverein auf Gegenseitigkeit ermittelt wurde (§ 57 Abs. 3 RechVersV) oder Angaben gemäß § 312 Abs. 3 Satz 3 AktG über Beziehungen zu verbundenen Unternehmen. Vgl. FREILING, A., Anhang und Lagebericht, S. 511, Rz. 10; ROCKEL, W., U. A., Versicherungsbilanzen, S. 265.

525 Vgl. DRS 20.2.

Der handelsrechtliche Lagebericht von Versicherungsunternehmen ist gemäß § 341a Abs. 1 Satz 1 HGB **binnen** der ersten **vier**[526] **Monate** des Geschäftsjahres für das vorangegangene Geschäftsjahr zu erstellen und dem Abschlussprüfer zur Durchführung der Prüfung vorzulegen. Gemäß § 341a Abs. 1 Satz 2 HGB beträgt die Frist für kapitalmarktorientierte Unternehmen im Sinn des § 325 Abs. 4 Satz 1 HGB bzw. § 264d, die nicht unter die Erleichterungen nach § 327a HGB fallen, ebenfalls vier Monate.

Die Pflicht für Versicherungskonzerne – und zwar unabhängig von ihrer Rechtsform und Größe –, zusammen mit dem Konzernabschluss einen **Konzernlagebericht** aufzustellen, ist in § 341i Abs. 1 HGB geregelt.[527] Auf den Konzernlagebericht (und mit Einschränkungen auf den Konzernabschluss) sind nach den Vorgaben in § 341j Abs. 1 HGB die Vorschriften des Zweiten Unterabschnitts des Zweiten Abschnitts des Dritten Buches des HGB (§§ 290-315a) anzuwenden, d. h. der Konzernlagebericht ist grundsätzlich nach den Vorgaben des § 315 HGB zu erstellen. Für den Konzernlagebericht von Versicherungsunternehmen sind zusätzlich zu § 315 Abs. 1 u. 2 HGB die Ergänzungsvorschriften in § 60 RechVersV, die den oben zu § 57 RechVersV genannten Informationspflichten weitgehend entsprechen, zu berücksichtigen. Ferner sind die vom DRSC herausgegebenen deutschen Rechnungslegungsstandards (hier: DRS 20 - Konzernlagebericht) zu beachten.

Abweichend von § 290 Abs. 1 HGB, der eine fünf- bzw. im Fall einer Kapitalgesellschaft im Sinn des § 325 Abs. 4 Satz 1 viermonatige **Aufstellungsfrist** – gerechnet ab dem Beginn des Folgekonzerngeschäftsjahres – vorgibt, ist der Konzernlagebericht eines Versicherungsunternehmens gemäß § 341i Abs. 3 HGB „innerhalb von zwei Monaten nach Ablauf der Aufstellungsfrist für den zuletzt aufzustellenden und in den Konzernabschluß einzubeziehenden Abschluß, spätestens jedoch innerhalb von zwölf Monaten nach dem Stichtag des Konzernabschlusses, für das vergangene Konzerngeschäftsjahr aufzustellen und dem Ab-

[526] Diese Frist weicht von der **dreimonatigen** Erstellungsfrist für Kapitalgesellschaften sowie bestimmte Personenhandelsgesellschaften gemäß § 264 Abs. 1 Satz 3 HGB ab. In § 341a Abs. 1 Satz 1 HGB wird explizit angegeben, dass diese Frist für Versicherungsunternehmen nicht gilt.

[527] Vgl. SELL, M./GRUND, M., Rechnungslegung und Prüfung der Versicherungsunternehmen, Rz. 28. Eine Befreiung ergibt sich lediglich aus § 61 Abs. 1 RechVersV für bestimmte Versicherungsvereine bzw. spezielle kleine Versicherungsunternehmen. Die Pflicht zur Konzernrechnungslegung von Versicherungsunternehmen setzt das Vorliegen eines Konzerns i. S. d. §§ 290 ff. HGB, indes unabhängig von Rechtsform und Größe, voraus. Vgl. zu den gesetzlichen Grundlagen der Pflicht zur Konzernrechnungslegung von Versicherungsunternehmen ELLENBÜRGER, F./HUSCH, R., Konzernabschluss von Versicherungsunternehmen, Rz. 6-29.

schlußprüfer des Konzernabschlusses vorzulegen". Für Mutterunternehmen, die eine Kapitalgesellschaft i. S. d. § 325 Abs 4. Satz 1 HGB und nicht zugleich i. S. d. § 327a HGB sind, verkürzt sich die Frist von längstens zwölf Monate auf vier Monate.

Gemäß § 341k Abs. 1 Satz 1 HGB i. V. m. §§ 316 u. 317 Abs. 2 HGB sind sowohl der Lagebericht als auch der Konzernlagebricht von Versicherungsunternehmen bzw. -konzernen unabhängig von ihrer Größe und Rechtsform nach den Vorschriften des Dritten Unterabschnitts des Zweiten Abschnitts des Dritten Buches des HGB (§§ 316-324a) vom Abschlussprüfer zu **prüfen**.[528]

Gemäß § 341l Abs. 1 HGB haben Versicherungsunternehmen den Lagebericht bzw. Konzernlagebericht grundsätzlich nach den Vorschriften von § 325 Abs. 2 bis 5, §§ 328, 329 Abs. 1 u. 4 HGB **offenzulegen**. Der **Lagebericht** ist nach § 325 Abs. 1 Satz 3 i. V. m. Satz 2 HGB „unverzüglich nach seiner Vorlage an die Gesellschafter, jedoch spätestens vor Ablauf des zwölften Monats des dem Abschlussstichtag nachfolgenden Geschäftsjahres" beim Betreiber des Bundesanzeigers elektronisch einzureichen.[529] Indes wird diese Regelung abweichend von § 325 Abs. 3 HGB nicht auf den **Konzernlagebericht** von Versicherungsunternehmen angewendet, da die gesetzlichen Vertreter eines Mutterunternehmens diesen gemäß § 341l Abs. 2 HGB „unverzüglich nach der Hauptversammlung oder der dieser entsprechenden Versammlung der obersten Vertretung, welcher der Konzernabschluß und der Konzernlagebericht vorzulegen sind, jedoch spätestens vor Ablauf des dieser Versammlung folgenden Monats" (mit Ausnahme der Aufstellung des Anteilsbesitzes) beim Betreiber des Bundesanzeigers elektronisch einzureichen haben.

Zusammenzufassen ist, dass Versicherungsunternehmen – mit Ausnahme davon jeweils befreiter bestimmter kleinerer Versicherungsunternehmen – seither nach handelsrechtlichen Vorgaben einen (Konzern-)Lagebericht erstellen und veröffentlichen müssen. Durch die neuen versicherungsaufsichtsrechtlichen Vorgaben müssen Versicherungsunternehmen

[528] Eine Ausnahme der Prüfungspflicht ergibt sich nur aus § 61 Abs. 1 RechVersV für bestimmte Versicherungsvereine bzw. spezielle kleine Versicherungsunternehmen. Vgl. zum Gegenstand und Umfang der Lageberichtsprüfung bei Versicherungsunternehmen FREILING, A., Anhang und Lagebericht, Rz. 170-179.

[529] Abweichend davon beträgt die Frist für Versicherungsunternehmen i. S. d. § 341a Abs. 5 HGB, die ausschließlich oder schwerpunktmäßig die Rückversicherung betreiben 15 Monate bzw. im Fall des § 325 Abs. 4 Satz 1 vier Monate für solche Versicherungsunternehmen, die als Kapitalgesellschaft einen organisierten Markt i. S. d. § 2 Abs. 5 WpHG in Anspruch nehmen.

zudem einen (Gruppen-)Bericht über die Solvabilität und Finanzlage publizieren. Indes gelten für die Berichte abweichende Fristen.

Im folgenden Abschnitt werden die inhaltlichen Überschneidungen bestimmter Berichtsgegenstände des handelsrechtlichen Lageberichts mit den Vorgaben für den SFCR gezeigt und kurz erläutert. Solche inhaltlichen Überschneidungen festzustellen, ist Grundlage für den Hauptteil dieser Untersuchung. Denn für die in dieser Untersuchung zu entwickelnden inhaltlichen Gestaltungsempfehlungen für den SFCR sollen die handelsrechtlichen (Konzern-)Lageberichtsvorschriften und das diesbezügliche Schrifttum im Fall dieser Überschneidungen als „Ideengeber“ für die inhaltlichen Gestaltungsempfehlungen verwendet werden.

42 Wesentliche inhaltliche Überschneidungsbereiche

In Abbildung 7 werden die wesentlichen Berichtsgegenstände des handelsrechtlichen (Konzern-)Lageberichts gemäß DRS 20 und der Aufbau des SFCR gemäß Anlage XX der DVO grafisch gegenübergestellt. Die gestrichelten Pfeile verbinden Berichtsgegenstände beider Berichte, die sich thematisch überschneiden. Wesentliche Überschneidungsbereiche weisen die Berichtsvorgaben für den SFCR mit denen zum handelsrechtlichen (Konzern-)Lagebericht gemäß DRS 20 – wie im Folgenden gezeigt wird – für die vier der fünf übergeordneten SFCR-Berichtsgegenstände „Geschäftstätigkeit und Leistung“ und „Risikoprofil“ sowie für bestimmte Berichtsgegenstände der Abschnitte „Governance-System“ und „Kapitalmanagement“ auf.

Zum Unterpunkt „Geschäftstätigkeit“ des Berichtsgegenstands **„Geschäftstätigkeit und Leistung“** ist im SFCR über wesentliche Geschäftsbereiche und wesentliche geografische Gebiete, in denen das Versicherungsunternehmen seinen Tätigkeiten nachgeht, zu berichten.[530] Diese Berichtsthemen überschneiden sich mit den zum Geschäftsmodell des Konzerns geforderten (Konzern-)Lageberichtsangaben gemäß DRS 20.37, wonach über Standorte (lit c), Produkte und Dienstleistungen (lit d) und Absatzmärkte (lit f) zu berichten ist.

[530] Vgl. Art. 293 Abs. 1 lit f DVO. Vgl. dazu ausführlich Abschnitt 541.

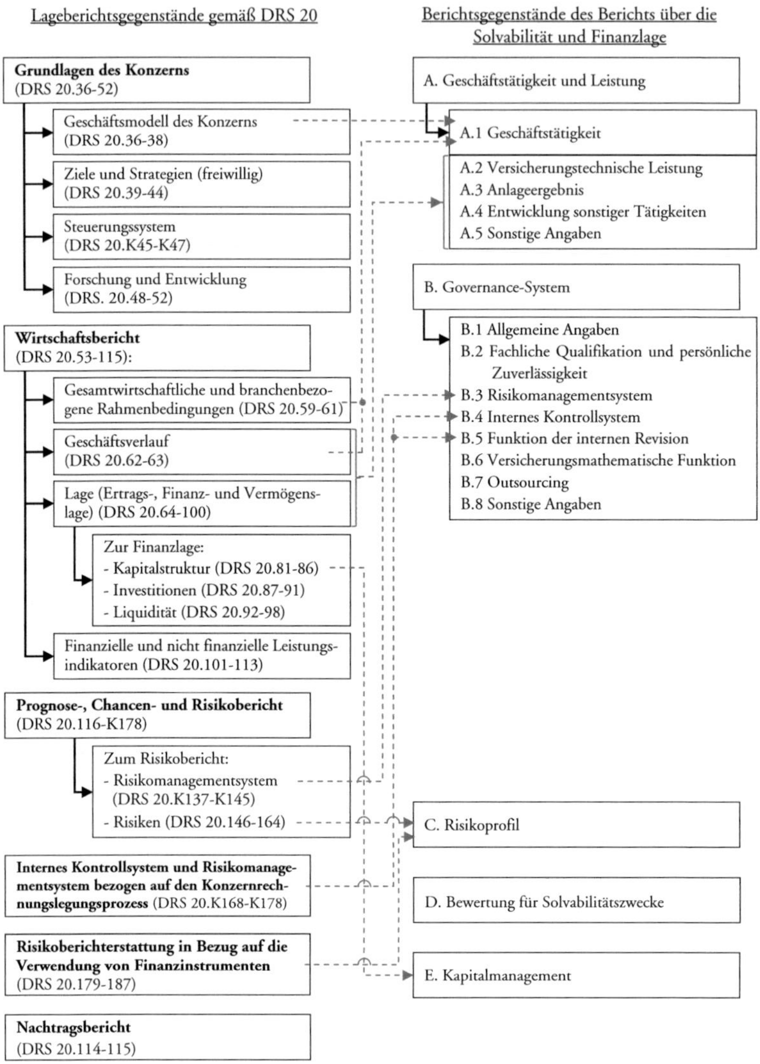

Abbildung 7: Gegenüberstellung der Berichtsgegenstände des (Konzern-)Lageberichts gemäß DRS 20 und des Berichts über die Solvabilität und Finanzlage

Zudem sind im SFCR wesentliche Geschäftsvorfälle oder sonstige Ereignisse im Berichtszeitraum, die sich erheblich auf das Versicherungsunternehmen ausgewirkt haben, zu nennen.[531] Diese Berichtspflicht deckt sich mit der über externe Einflussfaktoren für das Geschäft gemäß DRS 20.37 lit g sowie mit der Berichtspflicht gemäß DRS 20.62-63 über Entwicklungen und Ereignisse, die für den Geschäftsverlauf ursächlich waren. Dazu sind auch die gemäß DRS 20.59-61 geforderten Angaben über die gesamtwirtschaftlichen und branchenbezogenen Rahmenbedingungen zu beachten. Ferner ist bei Versicherungsunternehmen, die einem Konzern angehören, die Stellung dieses Unternehmens innerhalb der rechtlichen Struktur des Konzerns im SFCR anzugeben.[532] Die gemäß DRS 20.37 lit a geforderten Angaben zur organisatorischen Struktur des Konzerns können sich inhaltlich mit denen zur rechtlichen Struktur überschneiden.

Zum Berichtsgegenstand **„Risikoprofil"** sind im SFCR qualitative und quantitative Informationen über die Risikoexponierungen des Versicherungsunternehmens – aufgeschlüsselt nach den sechs Risikokategorien versicherungstechnisches Risiko, Markt-, Kredit- und Liquiditätsrisiko, operationelles Risiko und andere wesentlichen Risiken – zu veröffentlichen.[533] Diese Berichtspflichten überschneiden sich teilweise mit den gemäß DRS 20.146 ff. und DRS 20.A2.3-20[534] geforderten Angaben zu den Risiken des (Versicherungs-)Konzerns. So sind gemäß DRS 20.A2.3 Risiken mindestens in die vier Risikokategorien versicherungstechnische Risiken, Forderungsausfallrisiken, Kapitalanlagerisiken und operationelle Risiken zusammenzufassen.

Zum übergeordneten Berichtsgegenstand **„Governance-System"** überschneiden sich vor allem die Berichtsthemen Risikomanagementsystem, internes Kontrollsystem und die Funktion der internen Revision mit den (Konzern-)Lageberichtspflichten. Gemäß Art. 294 DVO sind im SFCR die beiden Bestandteile des Governance-Systems, das Risikomanagementsystem und das interne Kontrollsystem, und ihre Funktionen zu beschreiben.[535] Bezüglich des Risikomanagementsystems sind auch die Strategien und Prozesse sowie die Art und

[531] Vgl. Art. 293 Abs. 1 lit g DVO. Vgl. dazu ausführlich Abschnitt 541.

[532] Vgl. Art. 293 Abs. 1 lit e DVO. Vgl. dazu ausführlich Abschnitt 541.

[533] Vgl. Art. 295 Abs. 1 u. 2 DVO. Vgl. dazu ausführlich Abschnitt 56.

[534] In den mit „A" (Anlage) gekennzeichneten Textziffern von DRS 20 werden branchenspezifische Besonderheiten der Risikoberichterstattung von Kredit- und Finanzdienstleistungsinstituten (A1) und Versicherungsunternehmen (A2) geregelt.

[535] Vgl. dazu ausführlich Abschnitt 55.

Weise, wie das Versicherungsunternehmen seine Risiken laufend ermittelt, misst, überwacht, managt und intern darüber berichtet, zu beschreiben.[536] Diese Berichtspflichten überschneiden sich mit denen für den handelsrechtlichen (Konzern-)Lagebericht von kapitalmarktorientierten Unternehmen gemäß DRS 20.K137-K145. So sind auch im (Konzern-)Lagebericht Merkmale des konzernweiten Risikomanagementsystems darzustellen und es ist auf Ziele und Strategien sowie Strukturen und Prozesse des Risikomanagements einzugehen.[537] Überdies „kann" [sic!] gemäß DRS 20.K141 auf die Risikotragfähigkeit des Konzerns eingegangen werden. Den Versicherungsunternehmen ist aufsichtsrechtlich vorgeschrieben, selbst ihre Risiko- und Solvabilitätslage zu beurteilen, und sie haben zumindest über die dazu angewendeten Verfahren zu berichten.[538] Auch bezüglich des internen Kontrollsystems und der internen Revision überschneiden sich die Berichtsvorgaben für den SFCR und für den handelsrechtlichen (Konzern-)Lagebericht teilweise. Gemäß Art. 294 Abs. 5 DVO ist im SFCR das interne Kontrollsystem des Versicherungsunternehmens zu beschreiben.[539] Gemäß Art. 267 DVO bezieht sich die interne Kontrolle explizit auch auf die Bewertung von Vermögenswerten und Verbindlichkeiten. Diesbezügliche Berichtsangaben sind substanziell vergleichbar mit den Berichtspflichten über das interne Kontrollsystem (und Risikomanagementsystem) bezogen auf den Konzernrechnungslegungsprozess gemäß DRS 20.K168-K178, insb. K174 f. Gemäß Art. 294 Abs. 6 DVO ist im SFCR zu beschreiben, wie die Funktion der internen Revision innerhalb des Unternehmens umgesetzt wird und wie gewährleistet wird, dass diese gegenüber den Tätigkeiten, die sie überprüfen soll, objektiv und unabhängig ist.[540] Soweit das interne Revisionssystem Maßnahmen in Bezug auf das Kontrollziel, d. h. hier auf die „Sicherstellung der Normenkonformität des Konzernabschlusses und des Konzernlageberichts"[541] betrifft, ist gemäß DRS 20.K174 lit b auch im handelsrechtlichen (Konzern-)Lagebericht darüber zu berichten.

Des Weiteren können sich die Angaben zum **„Kapitalmanagement"** im SFCR gemäß Art. 297 DVO, die Angaben zu den Eigenmitteln und den aufsichtsrechtlichen Kapitalan-

[536] Vgl. Art. 294 Abs. 3 DVO. Vgl. dazu ausführlich Abschnitt 554.1.

[537] Vgl. DRS 20.K137.

[538] Vgl. Art. 294 Abs. 4 DVO sowie ausführlich Abschnitt 554.2.

[539] Vgl. dazu ausführlich Abschnitt 555.2.

[540] Vgl. zu den aufsichtsrechtlich vorgegebenen Funktionen der internen Revision Art. 271 Abs. 3 DVO sowie zu den diesbezüglichen Berichtspflichten ausführlich Abschnitt 556.

[541] DRS 20.K174 lit a.

forderungen umfassen, mit den (Konzern-)Lageberichtsangaben gemäß DRS 20.78-86 über die Finanzlage und Kapitalstruktur eines Unternehmens überschneiden. Dabei ist zwar zu berücksichtigen, dass beiden Berichten unterschiedliche Rechenwerke zugrunde gelegt werden, doch die aufsichtsrechtlichen Berichtspflichten geben vor, dass Versicherungsunternehmen „etwaige[ ] wesentliche[ ] Unterschiede zwischen dem Eigenkapital laut [Jahres]abschluss und dem für Solvabilitätszwecke berechneten Überschuss der Vermögenswerte über die Verbindlichkeiten“[542] erläutern müssen. Im SFCR ist anzugeben, wie das Versicherungsunternehmen seine Eigenmittel managt.[543] Dabei ist auf die zugrunde gelegten Ziele, Politiken und Verfahren einzugehen. Gemäß DRS 20.K79 sind „Grundsätze und Ziele des Finanzmanagements darzustellen, soweit dies für das Verständnis der Finanzlage des Konzerns erforderlich ist.“

Durch die Vergleiche wurde belegt, dass vier der fünf aufsichtsrechtlich geforderten Berichtsgegenstände sich zumindest in einigen Informationsanforderungen mit denen des deutschen (Konzern-)Lageberichts gemäß § 315 HGB i. V. m. DRS 20 bzw. § 289 HGB überschneiden.

In den beiden folgenden Abschnitten wird beschrieben, wie diese inhaltlichen Überschneidungen – einerseits in den aufsichtsrechtlichen Berichtsvorschriften, andererseits in der vorliegenden Untersuchung – berücksichtigt werden.

43 Berücksichtigung der inhaltlichen Berichtsüberschneidungen

431. Berücksichtigung der inhaltlichen Überschneidungen in den aufsichtsrechtlichen Berichtsvorschriften

Das Parallelverhältnis aus den Pflichten, einerseits einen SFCR nach aufsichtsrechtlichen Vorgaben zu veröffentlichen und andererseits den bereits bestehenden – davon unabhängigen – (z. B. handelsrechtlichen) Veröffentlichungspflichten nachzukommen, was zu inhaltlichen Überschneidungen führt, hat auch bereits der Richtliniengeber erkannt.[544] Sowohl aus Art. 51 Abs. 1 Unterabs. 2 als auch aus Art. 53 Abs. 3 der Solvency II-Richtlinie geht

[542] Art. 297 Abs. 1 lit e DVO, Auslassungen und Einfügung durch den Verfasser. Im Wortlaut der Verordnung heißt es „Unternehmensabschluss“.

[543] Vgl. Art. 297 Abs. 1 lit a DVO. Vgl. dazu auch Abschnitt 832.1.

[544] Vgl. DREHER, M./SCHAAF, M., Veröffentlichungspflichten von Versicherungsunternehmen, S. 160.

hervor, dass Versicherungsunternehmen zur Erfüllung der aufsichtsrechtlichen Veröffentlichungspflichten auf gleichwertige Informationen, welche „im Rahmen anderer Rechts- oder Regulierungsanforderungen veröffentlicht wurden", verweisen dürfen, – indes nur dann, „sofern diese Veröffentlichungen den [für den Bericht über die Solvabilität und Finanzlage] geforderten Informationen nach Art und Umfang gleichwertig sind."[545] Diese Verweismöglichkeit wurde in § 40 Abs. 8 VAG n. F. umgesetzt, wonach „mit Zustimmung der Aufsichtsbehörden Angaben durch Verweise auf Informationen ersetzt werden, die im Rahmen anderer allgemeiner oder aufsichtsrechtlicher Vorschriften veröffentlicht worden sind." Die geforderte Zustimmung werde von der Aufsichtsbehörde erteilt, sofern die Informationen nach Art und Umfang gleichwertig seien, und diese Zustimmung sei ermessensfrei.[546] Eine solche Zustimmungspflicht ist indes von der Solvency II-Richtlinie nicht vorgesehen. Der deutsche Gesetzgeber hat dadurch für Versicherungsunternehmen die Hürde, die Verweismöglichkeit zu nutzen, faktisch erhöht.

Eine umgekehrte Verweismöglichkeit, d. h. beispielsweise, dass (Konzern-)Lageberichtsangaben unterbleiben und anstelle dieser auf die Angaben im SFCR verwiesen wird, existiert in den handelsrechtlichen (Konzern-)Lageberichtsvorgaben nicht.

432. Berücksichtigung der inhaltlichen Überschneidungen in der vorliegenden Untersuchung

Ein Ziel der vorliegenden Untersuchung ist, inhaltliche Gestaltungsempfehlungen für den SFCR vor dem Hintergrund des Berichtszwecks und der Informationsbedürfnisse der Adressaten zu erarbeiten. Dies hat grundsätzlich losgelöst von den inhaltlichen Vorgaben bezüglich anderer Publikationspflichten zu erfolgen. Grundsätzlich sollte zunächst ein Anforderungskatalog an die im SFCR – gemäß den diesbezüglichen Vorgaben und dem Zweck der Solvabilitätspublizität – zu veröffentlichenden Informationen erstellt werden und anschließend geprüft werden, welche der geforderten Angaben bereits im Rahmen sonstiger Offenlegungspflichten erfüllt werden müssen.[547] Denn anderenfalls würde die normative Transparenz – d. h. die zu entwickelnden Soll-Vorgaben für den SFCR – mit den Instrumenten zur Erfüllung dieser Soll-Vorgaben (Herstellung der Transparenz) – d. h. einen

545 EU, RL 2009/138/EG Art. 53 Abs. 3, Einfügung durch den Verfasser.

546 Vgl. § 40 Abs. 8 VAG n. F. sowie die Gesetzesbegründung dazu.

547 Vgl. HARTUNG, T., Versicherungsaufsicht, S. 66 f.

Rückgriff auf vorhandene Publizitätsinstrumente, die andere Soll-Vorgaben erfüllen vermengt werden.[548] **Da aber einige der Adressaten des SFCR identisch mit denen des handelsrechtlichen (Konzern-)Lageberichts von anderen (auch Nicht-Versicherungs-) Unternehmen sind, und ihre jeweiligen Adressatenwünsche sehr vergleichbar sind, müssen die für die handelsrechtliche Lageberichterstattung längst anerkannten Grundsätze ordnungsmäßiger Lageberichterstattung und die Lageberichtskonkretisierungen auch für den SFCR von Versicherungsunternehmen gelten.** Daher werden bezüglich einiger Berichtsgegenstände (z. B. Risikomanagementsystem, internes Kontrollsystem etc.) allgemeine Aussagen auf Basis von empirischen Untersuchungen zum Lagebericht und objektiv teleologischen Kriterien bezüglich der Berichtsanforderungen für den SFCR „entwickelt".

Daher werden die im vorangegangenen Abschnitt dargelegten inhaltlichen Überschneidungen zwischen dem handelsrechtlichen (Konzern-)Lagebericht und dem SFCR als „Ideengeber" für die zu entwickelnden inhaltlichen Gestaltungsempfehlungen genutzt. Da die aufsichtsrechtlichen Berichtsvorgaben bereits durch die DVO geregelt sind, d. h. die normative Transparenz – wenn auch nicht immer ausreichend konkret – vorgegeben ist, und die handelsrechtlichen (Konzern-)Lageberichtsvorschriften sowie das diesbezügliche Schrifttum in dieser Untersuchung nur dazu herangezogen werden, diese Berichtsvorgaben weiter zu konkretisieren, werden mit diesem Vorgehen in der vorliegenden Untersuchung normative Transparenz und die Instrumente zur Herstellung der Transparenz nicht vermengt.

Neben den in diesem Kapitel gezeigten inhaltlichen Überschneidungen der Vorgaben zum SFCR und der zum handelsrechtlichen (Konzern-)Lagebericht können die Berichtsvorgaben für den Bericht an die Aufsichtsbehörden als „Ideengeber" für Berichtsempfehlungen verwendet werden. An den Bericht an die Aufsichtsbehörden, der den SFCR inhaltlich ergänzt bzw. erweitert, werden höhere Informationsanforderungen gestellt als an den SFCR. Bei den Berichtsangaben, die zwar der Aufsicht, nicht aber der Öffentlichkeit gegenüber gemacht werden müssen, ist besonders kritisch zu prüfen, ob dadurch die mit der Solvabilitätspublizität bezweckte Informationsvermittlung an die Adressaten eingeschränkt wird, denn dies könnte zur Folge haben, dass der erhoffte Mechanismus der Marktdisziplin nicht funktioniert.

548 Vgl. HARTUNG, T., Versicherungsaufsicht, S. 66.

5 Inhaltliche Gestaltung des Berichts über die Solvabilität und Finanzlage

51 Vorbemerkungen

In Kapitel 5 der vorliegenden Untersuchung werden die Detailvorschriften für den SFCR, die im Wesentlichen durch die DVO vorgegeben werden, dargestellt, analysiert und gewürdigt sowie durch inhaltliche Gestaltungsempfehlungen für den SFCR ergänzt. Hierfür werden je vorgegebenem Berichtsgegenstand zunächst die inhaltlichen Anforderungen im Wortlaut der Verordnung abgedruckt und sodann analysiert, d. h. dass vor allem ihr Bedeutungszusammenhang mit den Regelungen aus den Säulen 1 und 2 gezeigt wird, und anschließend werden diese Anforderungen vor dem Hintergrund des Berichtszwecks und der (vermuteten) Informationsinteressen der Adressaten gewürdigt. Zudem werden die würdigenden Aspekte durch inhaltliche Gestaltungsempfehlungen ergänzt.

Da der SFCR ein neuer, aufsichtsrechtlich geforderter, branchenspezifischer Lagebericht ist, der indes Parallelen zum handelsrechtlichen (Konzern-)Lagebericht aufweist,[549] werden aufgrund des noch sehr begrenzten Schrifttums zur Solvabilitätspublizität die handelsrechtlichen Lageberichtsvorschriften und ggfs. das diesbezügliche Schrifttum – ergänzend zu den Rechts- und Regelungsquellen von Solvency II – als „Ideengeber" für die Konkretisierung der Solvabilitätspublizität herangezogen. Daher werden – obwohl Aussagen zur Solvabilitätspublizität getroffen werden – Quellen zum handelsrechtlichen (Konzern-)Lagebericht zitiert, ohne im Einzelnen jeweils kenntlich zu machen, ob es um solche zur Solvabilitätspublizität oder aus dem handelsrechtlichen Lageberichtsschrifttum handelt.

52 Überblick über die Berichtsstruktur

Der strukturelle Aufbau des SFCR wird durch Art. 290 i. V. m. Anhang XX (römisch 20) der DVO verbindlich vorgegeben. Neben einer voranzustellenden Zusammenfassung der Berichtsinformationen wird der Bericht in fünf Kapitel untergliedert, die auf der zweiten Gliederungsebene in jeweils mehrere Abschnitte unterteilt werden. Diese rechtlich vorgege-

---

[549] Vgl. zu den inhaltlichen Überschneidungen zwischen dem SFCR und dem handelsrechtlichen (Konzern-)Lagebericht Kapitel 4.

bene Gliederungsstruktur wurde für die in dieser Untersuchung analysierten Berichtskapitel für die Abschnitte 54-56 übernommen.

Die verbindliche Vorgabe des Aufbaus des SFCR gewährleistet sowohl, dass die Berichte von Versicherungsunternehmen eine hohe formelle Stetigkeit aufweisen werden als auch, dass die Berichte verschiedener Versicherungsunternehmen formell einheitlich aufgebaut sein werden. Aufgrund der eher allgemein formulierten Abschnittsbezeichnungen (z. B. Angaben zur Geschäftstätigkeit; Allgemeine Angaben zum Governance-System) bestehen inhaltliche Gestaltungsspielräume, die lediglich durch die detaillierteren Anforderungen an die Berichtsinhalte und die Berücksichtigung der GoSFB begrenzt werden.

Neben einer formellen Vergleichbarkeit bedarf es bezüglich des SFCR auch einer materiellen Vergleichbarkeit. Diese wird nicht allein durch die Vorgabe einer Berichtsstruktur, sondern durch Vorgaben zu den konkreten Berichtsinhalten erreicht. Ferner sind bestimmte QRTs im SFCR zu veröffentlichen. Durch die hohe Standardisierung der QRTs werden außerdem die zeitliche und die betriebliche Vergleichbarkeit des dem Bericht zugrunde gelegten Zahlenwerks gefördert,[550] auch wenn bilanzpolitische Gestaltungsmöglichkeiten gegeben sind.

53 Art, Umfang und Detaillierungsgrad der geforderten Berichtsangaben

Die berichterstellenden Versicherungsunternehmen müssen den Umfang und Detaillierungsgrad ihrer Berichtsangaben zu jedem Berichtsgegenstand mithilfe der GoSFB festlegen.[551] Das gilt vor allem bezüglich des Grundsatzes der Informationsabstufung nach Wesensart, Umfang und Komplexität der Geschäftstätigkeit und die damit einhergehenden Risiken sowie der Grundsätze der Vollständigkeit und Wesentlichkeit. Bereits aus der Formulierung der Berichtsvorschriften lassen sich Hinweise bezüglich der vom Gesetzgeber geforderten Art und dem Umfang der Berichtsangaben gewinnen. Mit dem (Konzern-) Lageberichtsstandard DRS 20 wird die Nomenklatur zugrunde gelegt, nämlich die Begriffe „Angabe", „Darstellung", „Analyse", „Erläuterung" und „Beurteilung" sind im Standard und im Schrifttum geklärt, so dass bei jedem Berichtsgegenstand systematisch der Inhalt,

[550] Vgl. EIOPA-CP-14/055, Erwägungsgrund 4.

[551] Vgl. dazu Abschnitt 38.

Umfang und Detaillierungsgrad der offenzulegenden Informationen weitgehend festgelegt sind.[552] „Angabe“ und „Darstellung“ werden dabei synonym verwendet und bezeichnen „eine bloße Nennung von Fakten bzw. die Beschreibung von Sachverhalten“[553], wobei sich „Angabe“ eher auf quantitative und „Darstellung“ eher auf qualitative Informationen bezieht. Eine „Erläuterung“ umfasst zusätzliche „Erklärungen, Kommentierungen und Interpretationen“[553]. Eine „Analyse“ ist dadurch gekennzeichnet, dass Ursachen und Wirkungszusammenhänge gezeigt werden. Von einer „Beurteilung“ wird verlangt, dass Sachverhalte kommentiert und gewertet werden.

Da die Berichtsvorschriften im VAG n. F. nur grob geregelt sind,[554] sind zu einzelnen Berichtsgegenständen besonders die detaillierten Berichtsanforderungen der DVO zu beachten. Im VAG n. F. werden für die groben Berichtsvorgaben, die in der DVO spezifiziert werden, unterschiedliche Berichtsanforderungen benannt. Sie verlangen eine „Bewertung“[555], „Erklärung[en]“[556] und eine „Analyse“[557] sowie „Angaben“[558], „Erläuterung[en]“[559] und „Darstellung[en]“[560], und auch, dass „wesentliche Informationen [...] darzulegen“[561] und bestimmte Sachverhalte „zu beschreiben“[562] sind. In der DVO bedient sich der Verordnungsgeber für die detaillierten Berichtsanforderungen ebenfalls verschiedenster Begriffe („Informationen“[563]; „Angaben“[564]; Darlegung („wird dargelegt“[565]); „Beschreibung“[566], „Erklärung“[567], „Kurzdarstellung“[568], „Bewertung“[569], „Analyse“[570], Nennung („nennt“[571]); „Er-

552 Vgl. hier und im Folgenden DRS 20.11 i. V. m. Begründung 9 zu DRS 20.

553 Begründung 9 zu DRS 20.

554 Vgl. bereits Abschnitt 32.

555 § 40 Abs. 2 Nr. 2 VAG n. F.

556 § 40 Abs. 2 Nr. 4 VAG n. F.; § 40 Abs. 3 VAG n. F, Einfügung durch den Verfasser.

557 § 40 Abs. 4 Nr. 1 VAG n. F.

558 § 40 Abs. 2 Satz 2 VAG n. F; vgl. auch § 40 Abs. 6 VAG n. F.

559 § 40 Abs. 4 Nr. 2 VAG n. F.; § 40 Abs. 4 Satz 2 VAG n. F., Einfügung durch den Verfasser.

560 § 40 Abs. 4 Nr. 3 VAG n. F., Einfügung durch den Verfasser. Vgl. auch § 40 Abs. 5 Nr. 3 VAG n. F.

561 § 40 Abs. 2 Satz 1 VAG n. F., Auslassung durch den Verfasser.

562 § 40 Abs. 2 Satz 1 VAG n. F. Vgl. auch § 40 Abs. 3 VAG n. F.

563 Statt vieler Art. 294 Abs. 1-6 DVO.

564 Statt vieler Art. 297 Abs. 2 lit c, d, f u. g DVO.

565 Art. 293 Abs. 4 DVO.

566 Statt vieler Art. 294 Abs. 2 lit a u. b DVO.

567 Statt vieler Art. 296 Abs. 2 lit e u. f DVO.

568 Art. 294 Abs. 1 lit a DVO.

läuterung“[572]). Die Formulierung „enthält Informationen“ wird am häufigsten verwendet und wird zumeist am Beginn der Aufzählung von Berichtspflichten verwendet. Darin werden am häufigsten „Beschreibungen“, „Angaben“ und „Erläuterungen“[573] gefordert.[574] Der Gesetz- bzw. Verordnungsgeber definiert nicht, welcher Umfang und welcher Detaillierungsgrad mit den o. g. Begriffen gefordert werden. Doch scheint nahezuliegen, dass diese Begriffe analog zu der Nomenklatur des deutschen Rechnungslegungs-Standardsetters festzulegen sind, weil bei der Vielzahl der verwendeten – nicht trennscharfen – Begriffe lediglich die englische Originalfassung der Richtlinie und DVO ins Deutsche übersetzt wurden. Beispielsweise werden in der englischen Fassung sowohl in Art. 294 Abs. 1 lit a DVO als auch in Art. 297 Abs. 1 lit h DVO jeweils ausschließlich die Vokabeln *„description“* und *„brief description“* verwendet. In der deutschen Fassung finden sich dafür an den entsprechenden Stellen die Begrifflichkeiten „Beschreibung“, „Kurzdarstellung“, „Angaben“ und „kurze Erläuterung“. Da aber zumindest mit einer „Erläuterung“ wohl andere Berichtsinhalte verlangt werden als mit einer bloßen „Darstellung“ oder „Angabe“, muss bei der europäischen Harmonisierung der Aufsichtsvorschriften beachtet werden, dass die aufsichtsrechtlich geforderten Berichtsangaben in den verschiedenen europäischen Sprachen so übersetzt werden, dass die landessprachlichen Begriffe der EU-Rechtsquellen in verschiedenen Amtssprachen der Europäischen Union adäquat sind, d. h. vergleichbare Berichtsinhalte gefordert werden. Außerdem sind die in der DVO geforderten Informationen, Beschreibungen und Angaben nur als rechtliche Minimalanforderungen zu beurteilen. Im Zweifel ist auf die englischen Originalfassungen zurückzugreifen, um eine europäische Einheitlichkeit zu erlangen. Generell gilt, dass die Adressaten für eine Information gemäß den Grundsätzen der Richtigkeit und Vollständigkeit nicht nur Angaben und Beschreibungen, sondern auch Erläuterungen, Analysen und Beurteilungen benötigen. Diese werden in den nächsten Abschnitten jeweils inhaltlich konkretisiert.

---

569 Art. 294 Abs. 9 DVO.

570 Art. 297 Abs. 1 lit b DVO.

571 Art. 295 Abs. 5 DVO.

572 Statt vieler Art. 297 Abs. 1 lit e, g u. h DVO.

573 Diese werden fast ausschließlich in Zusammenhang mit den Angaben zum Kapitalmanagement gemäß Art. 297 DVO verlangt.

574 Die Vorgaben der DVO werden in den folgenden Abschnitten im Wortlaut wiedergegeben.

54 Angaben zur Geschäftstätigkeit und zu den Geschäftsergebnissen

541. Angaben zur Geschäftstätigkeit

541.1 Übersicht über die Angaben zur Geschäftstätigkeit (Art. 293 Abs. 1 lit a-g DVO)

Art. 293 Abs. 1 DVO:

„Der Bericht über [die] Solvabilität und Finanzlage enthält alle folgenden Informationen über die Geschäftstätigkeit des Versicherungs- oder Rückversicherungsunternehmens:

(a) Name und Rechtsform des Unternehmens;

(b) Name und Kontaktdaten der für die Finanzaufsicht über das Unternehmen zuständigen Aufsichtsbehörde und gegebenenfalls Name und Kontaktdaten der für die Beaufsichtigung der Gruppe, der das Unternehmen angehört, zuständigen Aufsichtsbehörde;

(c) Name und Kontaktdaten des externen Prüfers des Unternehmens;

(d) Angaben zu den Haltern qualifizierter Beteiligungen an dem Unternehmen;

(e) sofern das Unternehmen einer Gruppe angehört, detaillierte Angaben zur Stellung des Unternehmens innerhalb der rechtlichen Struktur der Gruppe;

(f) wesentliche Geschäftsbereiche und wesentliche geografische Gebiete, in denen es seinen Tätigkeiten nachgeht;

(g) etwaige wesentliche Geschäftsvorfälle oder sonstige Ereignisse im Berichtszeitraum, die sich erheblich auf das Unternehmen ausgewirkt haben."

541.2 Formale Angaben zum Namen des Unternehmens, der Aufsichtsbehörde und des Prüfers sowie zur Rechtsform des berichtenden Unternehmens (Art. 293 Abs. 1 lit a-c DVO)

Die ersten drei Berichtsgegenstände im Abschnitt „Angaben zur Geschäftstätigkeit" verlangen lediglich Nennungen der Namen des berichtenden Unternehmens, der zuständigen Aufsichtsbehörde[575] und des externen Prüfers sowie die Angabe der Rechtsform des Unternehmens. Bezüglich der Aufsichtsbehörde(n) und des externen Prüfers sind auch Kontaktdaten anzugeben. Diese Vorgaben sind wenig konkretisierungsbedürftig.

Den berichtenden Versicherungsunternehmen wird empfohlen, nicht nur die Rechtsform zu nennen, sondern die Besonderheiten der gewählten Rechtsform für das Versicherungsgeschäft kurz zu erläutern, z. B. bei Versicherungsvereinen auf Gegenseitigkeit, weil mit der besonderen Rechtsform der latente Konflikt zwischen den Interessen der Eigentümer einer

---

[575] Vgl. dazu auch CP-14-047, Erläuterung zur Guideline 1, S. 21 (Tz. 2.1).

Aktiengesellschaft und der Versicherungsnehmer bzw. der Begünstigten gemindert werden soll.

Um eine **Erwartungslücke**[576] bezüglich der Solvabilitätspublizität zu vermeiden, sollte der Prüfungsauftrag an den externen Prüfer genau beschrieben werden, d. h. Prüfungsobjekt und -umfang sind im SFCR so zu konkretisieren, dass nicht der Eindruck erweckt wird, der gesamte SFCR werde vom externen Prüfer geprüft. Dies ist gegenwärtig aufsichtsrechtlich nicht vorgeschrieben und höchstens in Ausnahmefällen auf freiwilliger Basis der Fall.[577]

541.3 Angaben zu den Haltern qualifizierter Beteiligungen an dem Versicherungsunternehmen (Art. 293 Abs. 1 lit d DVO)

Zu diesem Berichtsgegenstand sind die sogenannten Halter qualifizierter Beteiligungen an dem Unternehmen anzugeben. Gemäß Art. 13 Abs. 21 der Solvency II-Richtlinie wird als qualifizierte Beteiligung „das direkte oder indirekte Halten von mindestens 10 % des Kapitals oder der Stimmrechte eines Unternehmens oder eine andere Möglichkeit der Wahrnehmung eines maßgeblichen Einflusses auf die Geschäftsführung dieses Unternehmens“[578] bezeichnet. Für die Zulassungsaufsicht, durch die die Aufsichtsbehörde die Aufnahme der Geschäftstätigkeit eines Versicherungsunternehmens erlaubt oder versagt, sind solche Angaben ebenfalls zu machen, damit sich die Aufsichtsbehörde davon überzeugen kann, „dass die Aktionäre oder Gesellschafter den im Interesse einer soliden und umsichtigen Führung des Versicherungs- oder Rückversicherungsunternehmens zu stellenden Ansprüchen genügen.“[579] Für die Adressaten ist es interessant zu erfahren, welche Eigentümer hinter einem

[576] Der Begriff „Erwartungslücke“ wird der Wirtschaftsprüfung zugeordnet und bedeutet, dass die öffentlichen Erwartungen an eine Jahresabschlussprüfung von der wahrgenommenen Prüfungsrealität, d. h. von den tatsächlichen Prüfungstätigkeiten bzw. -leistungen abweichen. Vgl. NAUMANN, K.-P., Rechnungslegung und Prüfung, S. 14. Vgl. dazu LIGGIO, C., Expectation Gap, S. 27 ff. sowie ausführlich LINK, R., Abschlussprüfung, S. 217-220.

[577] Vgl. zum sehr begrenzten Umfang der Prüfung durch einen Wirtschaftsprüfer bereits Abschnitt 36.

[578] EU, RL 2009/138/EG, Art. 13 Abs. 31. Im VAG n. F. ist dieselbe Definition abgedruckt. Indes wurde der Begriff „qualifizierte Beteiligung“ bewusst durch „bedeutende Beteiligung“ ersetzt, um den Begriff in der europäischen Finanzaufsicht einheitlich, d. h. konsistent zu § 1 Abs. 9 KWG i. V. m. Art. 4 Abs. 1 Nr. 36 der Verordnung (EU) Nr. 575/2013 zu verwenden. Vgl. § 7 Abs. 3 VAG n. F. und die diesbezügliche Gesetzesbegründung. Im Folgenden wird der Begriff „qualifizierte Beteiligung“ im Wortlaut der DVO verwendet. Vgl. zur vergleichbaren Konzernlageberichtspflicht von kapitalmarktorientierten Unternehmen, direkte und indirekte Beteiligungen am Kapital des Unternehmens anzugeben, wenn sie 10 % der Stimmrechte überschreiten auch DRS 20.K197-K200.

[579] EU, RL 2009/138/EG, Art. 24 Abs. 1. Vgl. auch § 11 Abs. 1 Nr. 3; § 16 u. § 18 Abs. 1 Nr. 1 u. 6 VAG n. F.

Versicherungsunternehmen stehen, denn nur so können sie eine eventuelle wirtschaftliche Abhängigkeit von anderen Unternehmen feststellen.[580]

Die Angaben über die Halter qualifizierter Beteiligungen haben „den Namen und den Sitz der juristischen oder natürlichen Personen, die direkte oder indirekte Halter qualifizierter Beteiligungen an dem Unternehmen sind (einschließlich des direkten oder obersten Mutterunternehmens oder der natürlichen Person)“[581], zu umfassen. Ferner sind die „Beteiligungsquote und, falls abweichend, [der] Stimmrechtsanteil[ ]“[582] des Halters einer jeden qualifizierten Beteiligung anzugeben.

Der Informationsgehalt dieses Berichtsgegenstands lässt sich erhöhen, wenn das Versicherungsunternehmen über diese Angaben hinaus diejenigen Anteilseigner hervorhebt, die einen wesentlichen Einfluss auf künftige Entscheidungen haben können,[583] und für alle qualifizierten Beteiligungen deren Möglichkeit eines Einflusses auf die Geschäftspolitik erläutert.[584] Ferner sind Änderungen der Eigentümerstruktur[585] im Berichtszeitraum hervorzuheben und zumindest anzugeben, ob sich dadurch die Geschäftspolitik oder -organisation ändert. Solche Änderungen sind ggfs. zu erläutern.

Die Inhaber der qualifizierten Beteiligungen müssen gemäß VAG n. F. „zuverlässig sein“[586] und sie „müssen den Ansprüchen genügen, die im Interesse einer soliden und umsichtigen Leitung des Unternehmens zu stellen sind“[586]. Diese Eigenschaften der Halter der qualifizierten Beteiligungen lassen sich aber nur beurteilen, wenn die Merkmale und die wirtschaftlichen Verhältnisse der Halter solcher Beteiligungen bekannt sin. Wichtig für den Adressaten wäre es zu wissen, wenn ein solcher Halter „auf Grund seiner Kapitalausstattung oder Vermögenssituation nicht den besonderen Anforderungen des Versicherungsunternehmens gerecht werden kann, die sich aus dessen Kapitalausstattung oder liquiden Mitteln

580 Vgl. PRIGGE, C., Konzernlageberichterstattung, S. 95.

581 EIOPA, Leitlinien über die Berichterstattung und die Veröffentlichung, S. 4 (Leitlinie 1, Tz. 1.13 lit a). Vgl. ähnlich DRS 20.K200.

582 EIOPA, Leitlinien über die Berichterstattung und die Veröffentlichung, S. 4 (Leitlinie 1, Tz. 1.13 lit b), Einfügung und Auslassung durch den Verfasser.

583 Vgl. auch FISCHER, T./WENZEL, J., Wertorientierte Berichterstattung, S. 7.

584 Die Berichterstattung über wesentliche Transaktionen im Berichtszeitraum mit Anteilseignern ist Bestandteil der Angaben zum Governance-System. Vgl. Abschnitt 552.5.

585 Vgl. auch SELCHERT, F., U. A., Prüfung des Lageberichts, S. 185.

586 § 16 VAG n. F.

ergeben, um die dauernde Erfüllbarkeit der Verpflichtungen aus den Versicherungsverträgen zu gewährleisten oder um Liquiditätsengpässe zu vermeiden."[587] Die Aufsichtsbehörde kann gemäß § 20 VAG n. F. in diesem Sinne anordnen, dass der Inhaber einer qualifizierten Beteiligung die Jahres- bzw. Konzernjahresabschlüsse der letzten drei Geschäftsjahre nebst Prüfungsberichten (sofern diese jeweils zu erstellen sind) vorzulegen hat. Allerdings obliegt es allein der Aufsichtsbehörde, die wirtschaftlichen Verhältnisse der Halter von qualifizierten Beteiligungen zu prüfen. Die Angabepflicht des Halters qualifizierter Beteiligungen im SFCR sowie die entsprechenden Erläuterungen über dessen Einfluss auf die Geschäftspolitik bieten den Adressaten durch das Wissen über die Tatsache, dass die Aufsichtsbehörden über die Eigenschaften der Halter qualifizierter Beteiligungen informiert werden und diese bei Gefahr tätig werden, ausreichende Sicherheit bezüglich des Halters von qualifizierten Beteiligungen.

541.4 Angaben zur Stellung des berichtenden Unternehmens innerhalb der rechtlichen Struktur der Versicherungsgruppe (Art. 293 Abs. 1 lit e DVO)

Sofern das berichterstellende Versicherungsunternehmen einer Gruppe angehört, ist über die Stellung des Unternehmens innerhalb der **rechtlichen Struktur** der Gruppe zu berichten. Als Gruppe wird in § 7 Nr. 13 VAG n. F. „ein Zusammenschluss von Unternehmen, der a) aus einem beteiligten Unternehmen, dessen Tochterunternehmen und den Unternehmen, an denen das beteiligte Unternehmen oder dessen Tochterunternehmen eine Beteiligung halten, sowie Unternehmen, die Bestandteil einer horizontalen Unternehmensgruppe im Sinne der Nummer 15 sind, besteht oder b) auf der Einrichtung von vertraglichen oder sonstigen starken und nachhaltigen finanziellen Beziehungen zwischen allen diesen Unternehmen beruht", bezeichnet. Das Unternehmen, das die zentrale Koordination ausübt, ist als Mutterunternehmen[588] und die anderen Unternehmen sind als Tochterunternehmen[589] zu bezeichnen.[590] Eine horizontale Unternehmensgruppe ist gemäß § 7

[587] § 18 Abs. 1 Nr. 6 VAG n. F.

[588] Ein Mutterunternehmen wird als Mutterunternehmen im Sinne des Art. 1 der Siebenten Richtlinie 83/349/EWG verstanden, wobei für die Zwecke der Aufsicht als Mutterunternehmen auch jedes Unternehmen gilt, das nach Ansicht der Aufsichtsbehörden einen beherrschenden Einfluss tatsächlich ausübt. Vgl. § 7 Nr. 23 VAG n. F.

[589] Als Tochterunternehmen werden Tochterunternehmen im Sinne des § 290 HGB, einschließlich seiner eigenen Tochterunternehmen definiert, wobei für die Zwecke der Aufsicht als Tochterunternehmen auch jedes Unternehmen gilt, auf das ein Mutterunternehmen nach Ansicht der Aufsichts-

Nr. 15 VAG n. F. „eine Gruppe, in der ein Unternehmen mit einem oder mehreren anderen Unternehmen in der Weise verbunden ist, dass a) sie gemeinsam auf Grund einer Satzungsbestimmung oder eines Vertrags unter einheitlicher Leitung stehen oder b) sich ihre Verwaltungs-, Leitungs- oder Aufsichtsorgane mehrheitlich aus denselben Personen zusammensetzen, die während des Geschäftsjahres und bis zum Ablauf der in § 290 Absatz 1 des Handelsgesetzbuchs jeweils bestimmten Zeiträume im Amt sind, unabhängig davon, ob sie einen konsolidierten Abschluss aufzustellen haben oder nicht."

In der DVO wird zu diesem Berichtgegenstand nicht gefordert, die gesamte rechtliche Gruppenstruktur in ihren Grundzügen verbal zu beschreiben, denn dies ist Berichtsgegenstand des Gruppenberichts des übergeordneten Mutterunternehmens: Gemäß § 278 VAG n. F. haben „Versicherungsunternehmen, Versicherungs-Holdinggesellschaften und gemischte Finanzholding-Gesellschaften [...] jährlich die rechtliche Struktur und die Governance- und Organisationsstruktur auf Gruppenebene einschließlich einer Beschreibung der zu der Gruppe gehörenden Tochtergesellschaften, wichtigen verbundenen Unternehmen und bedeutenden Zweigniederlassungen"[591] zu veröffentlichen. Im hier diskutierten Einzelbericht über die Solvabilität und Finanzlage sind gemäß der DVO nur solche detaillierten Angaben zu machen, aus denen die Stellung des berichtenden Unternehmens innerhalb dieser rechtlichen Gruppenstruktur deutlich wird. Dazu ist gemäß einer Leitlinie über die Berichterstattung und die Veröffentlichung „eine Liste der wichtigen verbundenen Unternehmen einschließlich Name, Rechtsform, Land, Beteiligungsquote und, falls abweichend, Stimmrechtsanteil"[592] zu veröffentlichen. Ferner ist „eine vereinfachte Gruppenstruktur"[593] zu veröffentlichen. Dies sollte durch eine Abbildung geschehen, in der die Anteilsverhältnisse und die rechtlichen Beziehungen zwischen dem berichtenden Unternehmen und seinem Mutter- und übergeordneten Mutterunternehmen sowie zu seinen wesentlichen verbundenen Unternehmen und bedeutenden Anteilen an gemeinschaftlich geführten Unter-

behörden einen beherrschenden Einfluss tatsächlich ausübt. Vgl. § 7 Nr. 29 VAG n. F. Vgl. dazu auch Art. 1 Nr. 48 DVO.

590 Vgl. § 7 Nr. 13 VAG n. F.

591 § 278 VAG n. F., Auslassung durch den Verfasser.

592 EIOPA, Leitlinien über die Berichterstattung und die Veröffentlichung, S. 4 (Guideline 1, Tz. 1.13, lit b).

593 EIOPA, Leitlinien über die Berichterstattung und die Veröffentlichung, S. 4 (Guideline 1, Tz. 1.13, lit c).

nehmen sowie beteiligten Unternehmen dargestellt werden.[594] Außerdem sollten Versicherungsunternehmen wesentliche Veränderungen im Vergleich zum Vorjahr erläutern.

Zu diesem Berichtsgegenstand soll die Stellung des Unternehmens innerhalb der **rechtlichen Struktur** der Gruppe und damit die **wirtschaftlichen Beherrschungsverhältnisse** angegeben werden. Entsprechend sind unter den Angaben zum Governance-System gemäß Art. 294 Abs. 1 lit d DVO Informationen über wesentliche Transaktionen im Berichtszeitraum mit Anteilseignern, Personen, die maßgeblichen Einfluss auf das Unternehmen ausüben, und Mitgliedern des Verwaltungs-, Management- oder Aufsichtsorgans[595] zu veröffentlichen, doch sollte unter dem hier diskutierten Berichtsgegenstand – unabhängig von solchen Transaktionen – auch offengelegt werden, welche wirtschaftlichen Beziehungen zwischen dem berichterstattenden Versicherungsunternehmen und anderen Unternehmen bestehen.

Die Informationen sind für den Adressaten relevant, da die Möglichkeit des herrschenden Unternehmens, die Geschäftspolitik des beherrschten Unternehmens zu bestimmen, nachteilige Konsequenzen für die Adressaten haben können.[596] Denn die „Geschäftspolitik des rechtlich selbständigen Unternehmens hat sich am Interesse des gesamten Konzerns auszurichten, welche sich nicht notwendigerweise mit dem Interesse des betrachteten Konzernunternehmens und somit auch nicht mit den Interessen der [...B]erichtsadressaten vereinbaren“[597] lässt. Ferner sollte über den Abschluss oder die Beendigung von Kooperationsvereinbarungen zwischen den Gruppenunternehmen berichtet werden.[598] Der Berichtsadressat muss wirtschaftliche Abhängigkeiten innerhalb der Gruppe erkennen können, damit er Einflussmöglichkeiten des Mutterunternehmens (oder anderer Unternehmen der Gruppe) auf das berichtende Versicherungsunternehmen beurteilen kann.[599]

---

594 Vgl. EIOPA, Final Report on public consultation No. 14/047 (SFCR), S. 26 (Erläuterung zu Guideline 1, Tz. 2.2). Vgl. ähnlich auch PRIGGE, C., Konzernlageberichterstattung, S. 94 f.

595 Im Folgenden wird dieser Wortlaut der DVO verwendet. In Deutschland werden darunter die Geschäftsleitung und der Aufsichtsrat verstanden. Vgl. BAFIN, Solvency II Vorbereitungs-Leitlinien: Interne Kontrollen und interne Revision, Leitlinie 44.

596 Vgl. KRUMBHOLZ, M., Lagebericht, S. 106.

597 KRUMBHOLZ, M., Lagebericht, S. 106, Auslassung und Einfügung durch den Verfasser.

598 Vgl. für den handelsrechtlichen Lagebericht HARTMANN, C., Lageberichterstattung, S. 90.

599 Vgl. PRIGGE, C., Konzernlageberichterstattung, S. 94.

541.5 Angaben zu wesentlichen Geschäftsbereichen und wesentlichen geografischen Gebieten des Versicherungsunternehmens (Art. 293 Abs. 1 lit f DVO)

Hier ist über wesentliche Geschäftsbereiche und wesentliche geografische Gebiete, in denen das Versicherungsunternehmen seinen Tätigkeiten nachgeht, zu berichten. Demgemäß ist sowohl produktorientiert als auch geografisch zu segmentieren.[600] Im Folgenden wird zunächst auf die Geschäftsbereiche und sodann auf die geografischen Gebiete eingegangen.

Die möglichen Versicherungsgeschäftsbereiche sind in Anhang I der DVO vollständig aufgeführt und zwar segmentiert nach den Geschäftsbereichen Versicherung und Rückversicherung. Die hieraus resultierenden Verpflichtungen werden nach Art der Risiken unterschieden. Es werden also für vorgegebene Geschäftsbereiche möglichst homogene Risikogruppen gebildet.[601] Hier sind fünf Oberkategorien „Nichtlebensversicherungsverpflichtungen", „proportionale Nichtlebensrückversicherungsverpflichtungen", „nichtproportionale Nichtlebensrückversicherungsverpflichtungen", „Lebensversicherungsverpflichtungen" und „Lebensrückversicherungsverpflichtungen" mit insgesamt 36 Geschäftsbereichen nach Art der Versicherungsprodukte zu unterscheiden.[602] Durch eine solche produktorientierte Segmentierung wird den mit den verschiedenen Produktkategorien verbundenen Risiken Rechnung getragen.

Aus der Berichtsvorgabe geht nicht hervor, in welchem Umfang und in welcher Granularität über wesentliche Geschäftsbereiche zu berichten ist. Damit bleibt zunächst unklar, ob eine bloße Nennung der Geschäftsbereiche ausreicht. Da aber für die **wesentlichen[603] Geschäftsbereiche** Informationen zu geben sind, sind detaillierte Angaben für die als wesentlich beurteilten Geschäftsbereiche gefordert, d. h. auch die ökonomischen Grundlagen des Geschäftsbereichs anzugeben. Dazu gehören Angaben zum Geschäftsmodell, denn für den Berichtsadressaten sind diese Angaben Ausgangspunkt für die Darstellung, Analyse und Beurteilung des Geschäftsverlaufs und der Solvabilitäts- und Finanzlage[604] und damit von

[600] Ein solches Nebeneinander von produktorientierter und geografischer Segmentierung ist auch in deutschen Rechnungslegungsstandards möglich (vgl. DRS 3.10) bzw. für Versicherungsunternehmen sogar vorgeschrieben (vgl. DRS 3-20.11 u. 12).

[601] Vgl. Erwägungsgrund 24 DVO. Vgl. auch EU, RL 2009/138/EG, Art. 80.

[602] Vgl. dazu auch Art. 55 DVO.

[603] Vgl. zum Begriff der Wesentlichkeit Abschnitt 382.

[604] Vgl. DRS 20.36; DRS 20.B18. Vgl. auch PRIGGE, C., Konzernlageberichterstattung, S. 92.

hoher Relevanz – und zwar nicht nur auf Unternehmens- sondern auch auf Geschäftsbereichsebene. Für das Verständnis ist ggfs. auf Produkte und Dienstleistungen, Geschäftsprozesse und Vertriebswege u. Ä. einzugehen,[605] sofern es für das Verständnis von Geschäftsverlauf, Solvabilitäts- und Finanzlage einschließlich der Risikolage und der künftigen Entwicklung des Versicherungsunternehmens erforderlich ist.[606] Vor allem Angaben zu den mit Produkteinführungen verbundenen finanziellen Risiken sind relevant, da das Zeichnen von Versicherungsgeschäft sich nicht selten erst ex post als nicht profitabel herausstellt, was die Solvabilität und Finanzlage eines Versicherungsunternehmens verschlechtert. Aufgrund des Selbstschutzinteresses der Versicherungsunternehmen müssen indes keine Rentabilitätskalkulationen von Produkten offengelegt werden.

Die **Wesentlichkeit von Geschäftsbereichen** lässt sich anhand eines bestimmten Prozentsatzes festmachen, z. B. einer 10 %-Grenze bei Umsatz oder Ergebnis (jeweils separat bezogen auf positive und negative Ergebnisse), versicherungstechnischen Rückstellungen, Solvabilitätskapitalanforderung oder Vermögen.[607] Hier wird empfohlen, zumindest über die sog. Hauptgeschäftsbereiche sowie die umsatzstärksten (Einzel-)Geschäftsbereiche gemäß den oben geforderten Mindestangaben zu berichten. In Bezug auf ein Versicherungsunternehmen wird ein Hauptgeschäftsbereich gemäß Art. 1 Nr. 41 DVO als „bestimmtes Unternehmenssegment, das unabhängig von anderen Unternehmensteilen betrieben wird, innerhalb des Unternehmens über eigene Governance-Ressourcen und -Verfahren verfügt und mit Risiken einhergeht, die in Relation zur Gesamtheit der Geschäftstätigkeiten des Unternehmens wesentlich sind“, definiert.[608]

Bezüglich der Angaben zu für das Versicherungsgeschäft **wesentlichen geografischen Gebieten**, in denen das Versicherungsunternehmen seinen Tätigkeiten nachgeht, sollten – sofern im Einzelbericht eines deutschen Versicherungsunternehmens relevant – die Länder genannt werden, in denen das Versicherungsunternehmen seine Produkte und Dienst-

605 Vgl. DRS 20.37.

606 Vgl. MÜLLER, S./ERGÜN, I., Grundlagen des Konzerns, S. 54.

607 Vgl. TESCH, J./WIßMANN, R., Lageberichterstattung, S. 44. Vgl. zu weiteren Kriterien zur Bestimmung der Wesentlichkeit auch die Abschnitte 382 und 387. Vgl. so auch IFRS 8.13; DRS 3.15.

608 Auch gemäß DRS 3.13 dürfen operative Segmente, die homogene Chancen und Risiken aufweisen, zusammengefasst werden, wenn dadurch die Klarheit und Übersichtlichkeit verbessert wird.

leistungen absetzt.[609] Hinsichtlich des länderspezifischen Wesentlichkeitskriteriums kann sich das Versicherungsunternehmen an den Vorgaben zur quantitativen Berichterstattung (QRT) über das sog. versicherungstechnische Ergebnis nach Ländern orientieren.[610] Demgemäß sind neben dem Heimatland, die nach Umsatz fünf bedeutendsten Länder zu nennen – und zwar jeweils getrennt für Lebens- und Nichtlebensversicherungsverpflichtungen.[611] Alternativ könnte auch hier die o. g. 10 %-Regel berücksichtigt werden,[612] um die Wesentlichkeit eines geografischen Gebiets zu bestimmen. Dabei können mehrere unwesentliche Länder zusammengefasst werden, so dass diese zusammengefassten Länder ein wesentliches geografisches Gebiet bilden.

Die landesspezifischen Angaben sind für den Adressaten relevant, um die mit den Absatzmärkten verbundenen Geschäftsrisiken einzuschätzen.[613] Um den Berichtsadressaten deutlich zu machen, welche Bedeutung die einzelnen Absatzmärkte haben, ist ihr Anteil am Umsatz und/oder an einer Risikogröße anzugeben. Ferner sind Informationen über die erreichte Wettbewerbsposition wünschenswert,[614] denn eine starke Wettbewerbsposition i. V. m. nachhaltig profitablem Versicherungsgeschäft erhöht die Wahrscheinlichkeit, dass sich das Versicherungsunternehmen auch in Zukunft in einer soliden Solvabilitäts- und Finanzlage befinden wird. Solche zusätzlichen freiwilligen Angaben zur Wettbewerbsposition bedeuten für Versicherungsunternehmen keinen Mehraufwand in ihrer Berichterstat-

[609] Eine Angabe wesentlicher Standorte ist für Versicherungsunternehmen mit Ausnahme der Firmenzentrale für den SFCR nicht zu fordern, da die Produktion und der Absatz von Versicherungsschutz gewöhnlich dezentral erfolgt und somit keine einheitlichen Informationen zu Standortfaktoren, wie die Verfügbarkeit von qualifiziertem Personal und von Immobilien sowie zum Absatzpotential oder zur Konkurrenzsituation gegeben werden können. Angaben zu bestehenden Zweigniederlassungen sind indes sowohl im Gruppen-SFCR gemäß § 278 VAG n. F. als auch im handelsrechtlichen Lage- bzw. Konzernlagebericht gemäß § 289 Abs. 2 Nr. 3 HGB bzw. § 315 Abs. 2 Nr. 3 HGB gefordert.

[610] Vgl. dazu ausführlich Abschnitt 542.

[611] Für die dieser Untersuchung zugrunde gelegte Solvabilitätspublizität von deutschen Einzelerstversicherungsunternehmen ist für diesen Berichtsgegenstand zu beachten, dass diese aufgrund der in § 8 Abs. 4 VAG n. F. kodifizierten Spartentrennungspflicht nur entweder das Lebensversicherungsgeschäft, das Krankenversicherungsgeschäft oder die anderen Versicherungssparten betreiben dürfen.

[612] Vgl. DRS 3.40 sowie DRS 3.15 i. V. m. DRS 3.8. Vgl. ferner IFRS 8.12-16.

[613] Vgl. WEIẞENBERGER, B./SIEBER, T./KRAFT, J.-C., Strategieberichterstattung, S. 254.

[614] Vgl. auch PRIGGE, C., Konzernlageberichterstattung, S. 102; HIPPEL, B., Konzernlagebericht, S. 98 f.

tung, da diese Informationen in dem nicht veröffentlichten Bericht an die Aufsicht ohnehin gegeben werden müssen.[615]

Die Angaben zu den wesentlichen Geschäftsbereichen und – sofern für den Einzelbericht relevant – geografischen Gebieten, in denen das Versicherungsunternehmen tätig ist, sind ferner inhaltlich zu verknüpfen mit den Angaben über die Struktur des Verwaltungs-, Management- oder Aufsichtsorgans des Unternehmens und die Beschreibung seiner Hauptaufgaben und -zuständigkeiten,[616] denn die interne Organisationsstruktur und die Leitungszuständigkeiten werden in der Regel durch die Einteilung der Geschäftsbereiche mitbestimmt.[617] So wird für publizitätspflichtige Unternehmen allgemein verlangt, dass die einzelnen (Haupt-)Geschäftsbereiche „zumindest derart charakterisiert werden, dass der [Berichtsleser] sich ein Bild von den jeweiligen Geschäftstätigkeiten des [Unternehmens] und deren Abgrenzung voneinander verschaffen kann."[618] Die für die Berichterstattung über wesentliche Geschäftsbereiche und wesentliche geografische Gebiete vorgenommene Segmentierung bzw. Wesentlichkeitsbestimmung hat stetig zu erfolgen.[619] Ausnahmsweise zulässige Durchbrechungen der Stetigkeit sind zu begründen.[620] Auf den Wegfall eines wesentlichen Geschäftsbereichs oder eines wesentlichen geografischen Gebiets sollte gesondert hingewiesen werden.[621]

Wie für Lageberichte anderer Unternehmen werden auch für den SFCR keine Angaben zu Zielen und Strategien des Versicherungsunternehmens vorgeschrieben. Diese Informationen sind indes im Bericht an die Aufsichtsbehörde zu geben.[622] Diese Regelung wird – wie auch im Schrifttum zum Lagebericht von Nicht-Versicherungsunternehmen – kritisiert, denn die Adressaten haben – wie jene von Lageberichten allgemein – großes Interesse[623] an Angaben zu den Zielen und den Strategien eines Versicherungsunternehmens, da von die-

[615] Vgl. Art. 307 Abs. 1 lit a DVO.

[616] Vgl. zu diesem Berichtsgegenstand 552.2.

[617] Vgl. MÜLLER, S./ERGÜN, I., Grundlagen des Konzerns, S. 46. Vgl. zu Grundlagen der Unternehmensorganisation PICOT, A., U. A., Organisation, insb. S. 310, 315 u. 326.

[618] PRIGGE, C., Konzernlageberichterstattung, S. 96, Einfügungen durch den Verfasser.

[619] Vgl. DRS 3.46.

[620] Vgl. DRS 3.47.

[621] Vgl. DRS 3.48.

[622] Vgl. Art. 307 Abs. 1 lit b DVO.

[623] Vgl. PRIGGE, C., Konzernlageberichterstattung, S. 111 f.

sen die künftige Solvabilitäts- und Finanzlage determiniert wird. Daher ist den Versicherungsunternehmen zu empfehlen, Angaben zu Zielen und zur Strategie im SFCR zu veröffentlichen.[624] Diesbezüglich sind auch wesentliche Veränderungen der Ziele und Strategien gegenüber der Vorberichtsperiode zu berichten und zu begründen.[625] Eine solche Berichterstattung über Ziele und Strategien ergänzt die über die Geschäftstätigkeit und die Geschäftsergebnisse.[626]

541.6 Angaben zu wesentlichen Geschäftsvorfällen oder sonstigen Ereignissen im Berichtszeitraum, die sich erheblich auf das Unternehmen ausgewirkt haben (Art. 293 Abs. 1 lit g DVO)

Hier ist über wesentliche Geschäftsvorfälle oder sonstige Ereignisse im Berichtszeitraum zu berichten, die sich erheblich auf das Unternehmen, also solche auf die Geschäftsentwicklung und/oder die Solvabilitäts- und Finanzlage, ausgewirkt haben.[627] Mit solchen Angaben kann sich der Adressat sehr schnell über die maßgeblichen Ursachen der Entwicklungen während der Berichtsperiode informieren. Diese Angaben bilden außerdem einen Ausgangspunkt für die nachfolgenden Berichtsabschnitte über die Geschäftsergebnisse.

Den Schwerpunkt sollten dabei Angaben zu ungewöhnlichen oder nicht jährlich wiederkehrenden Ereignissen bilden.[628] Hier sollten auch positive Entwicklungen angegeben werden, damit die Berichtsadressaten ein aufgrund einmaliger Geschäftsvorfälle oder Ereignisse sich ergebendes vom normalen Verlauf abweichendes Bild der Solvabilitäts- und Finanzlage erkennen können. Besonders bedeutsam sind aber auch jene Ereignisse, die dazu führten, dass sich die Geschäftsentwicklung und vor allem die Solvabilitäts- und Finanzlage gegenüber dem Vorjahr verschlechterte bzw. sich die „Wahrscheinlichkeit und Schwere etwaiger negativer Auswirkungen für Versicherungsnehmer und Anspruchsberechtigte“[629] erhöhte.

[624] Vgl. grundlegend zu Geschäftsbereichsstrategien und ihrer Analyse sowie zu strategiebezogenen Lageberichtsangaben FINK, C., Lageberichterstattung, S. 46-65 u. 160-164 und die darin zitierte Literatur. Vgl. zu diesbezüglichen Berichtsangaben DRS 20.39-44, 56. Indes werden gemäß DRS 20.39 Angaben zu Zielen und Strategien nicht vorgeschrieben. Diese Angaben erfolgen in der handelsrechtlichen (Konzern-)Lageberichterstattung freiwillig.

[625] Vgl. DRS 20.44.

[626] Vgl. MÜßIG, A., Risikoberichterstattung, S. 138; MÜßIG, A., Lagebericht und Value Reporting, S. 197-200.

[627] Vgl. zur vergleichbaren handelsrechtlichen Lageberichtspflicht auf „Ereignisse einzugehen, die für den Geschäftsverlauf ursächlich waren“ auch DRS 20.62.

[628] Vgl. DRS 20.66.

[629] Art. 276 lit b DVO (im Kontext der Bedingungen für die Festsetzung eines Kapitalaufschlags).

Als Beispiele für berichtspflichtige Geschäftsvorfälle und Ereignisse sind zu nennen: die Einführung neuer Geschäftszweige, Unternehmenszusammenschlüsse, Transfers von Versicherungsportfolien, Änderungen der Eigentümerstruktur,[630] Verlust bzw. Aufgabe/Verzicht der Beherrschung über Tochterunternehmen, bedeutende Restriktionen in Bezug auf Tochterunternehmen (z. B. bezüglich der Möglichkeit von Kapitalübertragungen) und andere Ereignisse, die sich möglicherweise wesentlich auf das Risiko oder das Management des berichtenden Versicherungsunternehmens auswirken.[631] Weitere berichtspflichtige Ereignisse könnten auch besondere Schadensfälle, Veränderungen der Markt- und Wettbewerbsbedingungen oder der Wettbewerbsposition sein.[632]

Um eine materielle Stetigkeit bezüglich des Wesentlichkeitskriteriums zu gewährleisten, sind Geschäftsvorfälle mit unmittelbarer Auswirkung auf die Solvabilitäts- und Finanzlage durch eine intern festgelegte Maßgröße – wie die Solvabilitätsquote[633]– zu charakterisieren und es sollten Grenzwerte festgelegt werden, ab denen ein Geschäftsvorfall bzw. Ereignis wesentlich und damit unter diesem Berichtsgegenstand berichtspflichtig ist. Würden die quantitativen Auswirkungen auf die Solvabilitätsquote publiziert, wäre zugleich die Forderung, die Bedeutung dieser Geschäftsvorfälle und Ereignisse für das Versicherungsunternehmen zu beurteilen, erfüllt.[634] Sollten die Geschäftsvorfälle oder Ereignisse dazu führen, dass die Solvabilitäts- oder Mindestkapitalanforderung unterschritten werden, ist dies zu diesem Berichtsgegenstand anzugeben, indes ist für weitere Einzelheiten auf die diesbezüglichen Pflichtangaben, die gemäß Art. 297 Abs. 5 DVO im Kapitel „Kapitalmanagement" gegeben werden, zu verweisen. Aufzuführen sind hier auch solche Informationen, die nicht als einzelner Geschäftsvorfall oder als einzelnes Ereignis auftraten, sondern das Ergebnis einer Entwicklung über die Berichtsperiode waren, z. B. die Veränderung der Zinssätze an

630 Diese Angabe ist unter den „Angaben zu den Haltern qualifizierter Beteiligungen an dem Versicherungsunternehmen" besser platziert. Vgl. dazu bereits Abschnitt 541.3.

631 Vgl. EIOPA, Final Report on public consultation No. 14/047 (SFCR), S. 26 (Guideline 1, Tz. 2.3); EIOPA-CP-14/047, (Guideline 1, Tz. 2.3).

632 Vgl. zu einer Aufzählung dieser und weiterer Sachverhalte DRS 20.63.

633 Die Solvabilitätsquote ist die Spitzenkennzahl unter Solvency II, die als Quotient aus den zur Erfüllung der Solvabilitätskapitalanforderungen anrechenbaren Eigenmitteln und der Solvabilitäts- bzw. Mindestkapitalanforderung berechnet wird. Vgl. EIOPA, Final report on public consultation No. 14/055 (SFCR), Art. 4 Abs. 1 lit h) i. V. m. Formblatt S.23.01.01 des Anhangs 1 des genannten Dokuments. Vgl. auch das vorangegangene Consultation Paper EIOPA-CP-14/047, Guideline 17, Tz. 1.32. Diese Quoten sind unter den Angaben zum Kapitalmanagement zu veröffentlichen.

634 Vgl. ähnlich DRS 20.62. Vgl. auch PRIGGE, C., Konzernlageberichterstattung, S. 125.

den Kapitalmärkten oder die Entwicklung der Immobilienpreise und Aktienkurse. Solche Angaben zu branchenspezifischen Rahmenbedingungen dürfen indes nicht die Berichterstattung über unternehmensindividuelle Sachverhalte überdecken. Angaben über allgemeine gesamtwirtschaftliche und branchenbezogene Rahmenbedingungen sind zwar nicht verpflichtend,[635] doch sind sie „unentbehrlich, [wenn …] Lage des Unternehmens sowie die voraussichtliche Entwicklung mit den wesentlichen Chancen und Risiken“ [636] nur mit diesen Angaben zutreffend interpretiert werden können.

Sollte der SFCR unterjährig aufgrund der Vorschrift in § 42 VAG n. F.[637] aktualisiert worden sein, ist die Berichterstattung über das Ereignis (oder die Entwicklung), das zur unterjährigen Berichtspflicht geführt hat, in jedem Fall im jährlichen Bericht zu wiederholen.

542. Angaben zum versicherungstechnischen Ergebnis (Art. 293 Abs. 2 DVO)

Art. 293 Abs. 2 DVO:

„Der Bericht über [die] Solvabilität und Finanzlage enthält qualitative und quantitative Informationen über die versicherungstechnische Leistung des Unternehmens im Berichtszeitraum auf aggregierter Ebene sowie aufgeschlüsselt nach wesentlichen Geschäftsbereichen und wesentlichen geografischen Gebieten, in denen es seinen Tätigkeiten nachgeht, zusammen mit einer Gegenüberstellung der Informationen mit den für den vorangegangenen Berichtszeitraum vorgelegten und im Abschluss des Unternehmens enthaltenen Informationen.“

Hier sind also quantitative und qualitative Informationen über das versicherungstechnische Ergebnis (synonym: versicherungstechnische Leistung) zu publizieren. Im Folgenden wird zunächst auf die quantitativen Informationen, also das zugrunde zu legende Zahlenwerk, eingegangen, und sodann auf die qualitativen Angaben.

Das versicherungstechnische Ergebnis ist der Saldo der versicherungstechnischen Erträge und Aufwendungen. Es ist ein versicherungsspezifischer Zwischensummenposten der handelsrechtlichen Gewinn- und Verlustrechnung von deutschen Versicherungsunternehmen.[638] Die Zusammensetzung des versicherungstechnischen Ergebnisses hängt von der Art

---

635 Vgl. zu einer solchen Berichtspflicht für den handelsrechtlichen Lagebericht DRS 20.59-61.

636 MÜLLER, S./ERGÜN, I., Wirtschaftsbericht, S. 115, Einfügungen durch den Verfasser. Vgl dazu auch S. 115-127 ebenda.

637 Gemäß § 42 VAG n. F. hat ein Versicherungsunternehmen unterjährig Angaben über Art und Auswirkungen einer wichtigen Entwicklung zu veröffentlichen, wenn diese die Bedeutung der im zuletzt veröffentlichten SFCR erheblich verändert. Vgl. dazu bereits Abschnitt 37.

638 Vgl. SELL, M./GRUND, M., Rechnungslegung und Prüfung der Versicherungsunternehmen, S. 29, Rz. 81.

des betriebenen Versicherungsgeschäfts ab.[639] Die handelsrechtlichen GuV-Formblätter für Versicherungsunternehmen gemäß der RechVersV unterscheiden sich vor allem danach, ob die Erträge aus und Aufwendungen für Kapitalanlagen der versicherungstechnischen oder der nichtversicherungstechnischen Rechnung zugeordnet werden.[640] In der handelsrechtlichen Rechnungslegung bildet das versicherungstechnische Ergebnis zusammen mit dem Saldo der sog. nichtversicherungstechnischen Rechnung den Jahresüberschuss bzw. -fehlbetrag.[641] Zwischen der versicherungstechnischen und nichtversicherungstechnischen Rechnung wird unterschieden, um dem Adressaten eine entsprechende Erfolgsquellenanalyse zu ermöglichen.[642]

Einzelerstversicherungsunternehmen müssen bei diesem Berichtsgegenstand beachten, dass sie gemäß der in § 8 Abs. 4 VAG n. F. kodifizierten Spartentrennungspflicht[643] nur entweder das Lebensversicherungsgeschäft, das Krankenversicherungsgeschäft oder die anderen Versicherungssparten betreiben dürfen. Daher ist hier nach Art des betriebenen Versicherungsgeschäfts geschäftsspezifisch zu berichten, obwohl die qualitativen Berichtspflichten von Solvency II eine solche Fallunterscheidung nicht vorsehen. Solvency II sieht geschäftsspartenunabhängig eine Aufteilung in das versicherungstechnische Ergebnis (ohne Kapitalanlageergebnis) und in das Kapitalanlageergebnis vor.

---

639 Vgl. dazu auch die Formblätter 2-4 in Anlagen 3-5 der RechVersV für die Gewinn- und Verlustrechnung.

640 Vgl. FARNY, D., Periodenrechnung im Versicherungsunternehmen, S. 131. Für Schaden- und Unfallversicherungsunternehmen und Rückversicherungsunternehmen (Formblatt 2 in Anlage 3 RechVersV) sowie für das selbst abgeschlossene Unfallversicherungsgeschäft von Lebensversicherungsunternehmen (Formblatt 4 Teil I. in Anlage 5 RechVersV) wird der versicherungstechnische Erfolg eng definiert, d. h. dass das Kapitalanlageergebnis der nichtversicherungstechnischen Rechnung zugeordnet wird. Für Lebensversicherungsunternehmen, Pensions- und Sterbekassen und Krankenversicherungsunternehmen (Formblatt 3 in Anlage 4 RechVersV) sowie für Schaden- und Unfallversicherungsunternehmen, die auch das selbst abgeschlossene Krankenversicherungsgeschäft nach Art der Lebensversicherung betreiben (Formblatt 4 Teil II. in Anlage 5 RechVersV) wird das Kapitalanlageergebnis dem versicherungstechnischen Ergebnis zugeordnet. Vgl. auch SELL, M./GRUND, M., Rechnungslegung und Prüfung der Versicherungsunternehmen, S. 29, Rz. 81; HÖLZL, W., Nichtversicherungstechnische Posten des Jahresabschlusses, S. 488, Rz. 298.

641 Vgl. zum handelsrechtlichen GuV-Gliederungsschema für Versicherungsunternehmen abhängig von der Art des betriebenen Versicherungsgeschäfts Formblatt 2-4 der RechVersV. Vgl. zur RechVersV bereits Fn. 133, 523.

642 Vgl. zur Erfolgsquellenanalyse BAETGE, J./KIRSCH, H.-J./THIELE, S., Bilanzanalyse, S. 336-347; LAIER, R., Wertorientierte Berichterstattung, S. 36-47. Vgl. zur Erfolgsspaltungskonzeption des HGB und nach IFRS KÜTING, K./KEẞLER, M./GATTUNG, A., Erfolgsspaltungskonzeption, S. 15-22.

643 Die Spartentrennung galt bereits vor Solvency II. Vgl. § 8 Abs. 1a VAG a. F.

Die unter Solvency II zum versicherungstechnischen Ergebnis zu veröffentlichenden quantitativen Informationen werden wesentlich durch die sog. *Quantitative Reporting Templates (QRTs)*[644] determiniert. Die quantitativen Informationen werden also durch zahlreiche QRTs und ihre Form der Darstellung bestimmt, die an die Aufsichtsbehörde(n) zu übermitteln sind. Einige ausgewählte QRTs sind aber auch der Öffentlichkeit im SFCR verfügbar zu machen.[645] Beispielsweise sind Informationen über die Versicherungsbeiträge, Schadenaufwendungen und andere Aufwendungen sowohl einerseits nach wesentlichen Geschäftsbereichen[646] als auch andererseits nach Ländern gegliedert gemäß der diese Angaben betreffenden QRTs im SFCR zu berichten.[647] Anzumerken ist indes, dass diese QRTs zwar Komponenten des versicherungstechnischen Ergebnisses umfassen, indes wird dort nicht der Saldo „versicherungstechnisches Ergebnis" aufgeführt. Die in den betreffenden QRTs dargestellten Ertrags- und Aufwandsgrößen werden grundsätzlich nicht nach Solvency II-spezifischen Vorgaben ermittelt, sondern sie sind nach den Rechnungslegungsmethoden zu bestimmen, die das Unternehmen auch für seinen Jahresabschluss anwendet *(„using the valuation and recognition principles used in undertaking's financial statements"*[648]). Der Geschäftserfolg im Einzelbericht deutscher Versicherungsunternehmen wird damit weiterhin nicht nach versicherungsaufsichtsrechtlichen Vorschriften ermittelt, sondern auf Basis der handelsrechtlichen Rechnungslegung von Versicherungsunternehmen bestimmt.[649] Bezüglich der Rechnungslegungsgrößen, die das versicherungstechnische Ergebnis bestimmen, d. h. bezüglich der einzelnen Ertrags- und Aufwandskomponenten, wird in den Sol-

[644] Sogenannte *Quantitative Reporting Templates* (QRT) sind Meldeformulare, mit denen bestimmte quantitative Informationen vor allem zur Solvabilitätsübersicht (Aufsichtsbilanz) und zu Risikomaßgrößen zu erfassen und der Aufsichtsbehörde verfügbar zu machen sind. Vgl. dazu bereits Abschnitt 234.24.

[645] Vgl. EIOPA, Final report on public consultation No. 14/055 (SFCR), Art. 4. (In dieser Untersuchung werden nur die Vorschriften zum Einzelbericht, nicht aber die zum sog. Gruppenbericht vorgestellt, analysiert und gewürdigt. Für den Gruppenbericht ist auch Art. 5 zu beachten.)

[646] Dabei ist auf die Geschäftsbereiche gemäß der Vorgaben von Solvency II (*„Solvency II lines of business" (LoB)*) abzustellen. EIOPA, Final Report on public consultation No. 14/047 (SFCR), S. 26 (Guideline 1, Tz. 2.4). Vgl. zur Abwägung, ob *„accounting LoB"* oder *„Solvency II LoB"* Anwendung finden sollen, ausführlich EIOPA, Final report on public consultation No. 14/055 (SFCR), S. 20-22. Vgl. zu der Geschäftsbereichseinteilung nach Solvency II bereits Abschnitt 541.5.

[647] Vgl. EIOPA, Final report on public consultation No. 14/055 (SFCR), Art. 4 Abs. 1 lit b u. c. Bezüglich der geschäftsbereichsbezogenen Angaben ist das Template S.05.01.02 aus Anhang 1, für länderbezogene Angaben ist das Template S.05.02.01 aus Anhang 1 zu veröffentlichen. Diese Formblätter sind im Anhang dieser Untersuchung abgedruckt.

[648] EIOPA, Final report on public consultation No. 14/055 (SFCR), Art. 4 Abs. 1 lit b u. c.

[649] Vgl. BR-Drucks. 430/14, S. 287 f. (Begründung zu § 39 Abs. 1 VAG n. F.).

vency II-Vorgaben auf die Definitionen in der EG-Richtlinie 91/674 verwiesen,[650] welche in Deutschland durch die RechVersV[651] umgesetzt wurde. Somit sind die zu diesem Berichtsgegenstand zu verwendenden GuV-Größen zumindest in Bezug auf ihre Ermittlungsvorschriften und -methoden identisch mit denen des handelsrechtlichen Jahresabschlusses. Die entsprechend ermittelten Ergebnisgrößen werden im Wirtschaftsbericht des handelsrechtlichen Lageberichts analysiert und kommentiert. Daher ist die Forderung nach einer „Gegenüberstellung der Informationen mit den [...] im Abschluss des Unternehmens enthaltenen Informationen"[652] im Fall eines HGB-Bilanzierenden überflüssig. Gleichwohl sind die für den SFCR geforderten quantitativen (und qualitativen) Informationen zum versicherungstechnischen Ergebnis nicht redundant zu den handelsrechtlichen Jahresabschluss-, Anhangs- und Lageberichtsinformationen. Denn die geforderten Angaben in den QRTs und in den handelsrechtlichen Anhangangaben sind unterschiedlich granular. Beispielsweise sollen im SFCR die Angaben nach wesentlichen geografischen Gebieten (sofern für ein deutsches Einzelversicherungsunternehmen relevant) und nach Geschäftsbereichen dargestellt werden. Das Versicherungsunternehmen darf indes nicht frei über die Segmentierung bei dieser Berichterstattung entscheiden, denn vordefinierte QRTs zu Versicherungsbeiträgen, Schadenaufwendungen und anderen Aufwendungen nach Ländern sind zu publizieren,[653] für welche jeweils vorgeschrieben ist, dass die spezifischen GuV-Angaben für das Heimatland und die – gemessen an den gebuchten Bruttobeiträgen – fünf bedeutendsten Länder sowie für alle (Erstversicherungs-)Geschäftsbereiche publiziert werden.[654] Damit geht der Entwurf des technischen Standards (Final report on public consultation No. 14/055) über die Vorgaben der DVO hinaus, denn durch diese Regelung ist gerade nicht – wie im Wortlaut gefordert – nach wesentlichen geografischen Gebieten, d. h. auch zusammengefassten Ländern, sondern nach einzelnen Ländern quantitativ zu berichten. Dies geht auch über die Segmentierungsvorgaben in DRS 3 i. V. m. DRS 3-20 hinaus.

---

650 Vgl. EIOPA, Final report on public consultation No. 14/055 (SFCR), Annex II Art. 5 S.05.02.LOG u. Art. 5 S.05.01.LOG.

651 Vgl. dazu bereits Fn. 133, 523.

652 Art. 293 Abs. 2 DVO, Auslassung durch den Verfasser.

653 Vgl. EIOPA, Final report on public consultation No. 14/055 (SFCR), Art. 4 Abs. 1 lit c.

654 Vgl. EIOPA, Final report on public consultation No. 14/055 (SFCR), Art. 4 Abs. 1 lit c i. V. m. Formblatt S.05.02.01 in Annex I.

Gemäß der oben zitierten Berichtsvorschrift sind die Angaben zum versicherungstechnischen Ergebnis der Berichtsperiode denen für den vorangegangenen Berichtszeitraum gegenüberzustellen. Daher sind die Vorjahreswerte anzugeben. Dies ermöglicht Periodenvergleiche.[655] Indes werden keine Mehrperiodenübersichten gefordert, die auch mittel- und langfristige Trends in den Ergebniszahlen erkennen lassen würden. Den Versicherungsunternehmen wird aber entsprechend einem Ergebnis bei einer allgemeinen Befragung von Privatanlegern und Kapitalmarktprofis empfohlen, bezüglich der genannten GuV-Größen, mindestens auf Gesamtunternehmensebene eine Mehrperiodenübersicht für mindestens sieben Jahre zu publizieren.[656] Wenn die notwendigen Daten aufgrund der durch Solvency II neu eingeführten Granularität nicht für diesen Zeitraum angegeben werden können, sollte das Versicherungsunternehmen dies explizit berichten und mit jedem Folgejahr nach Einführung von Solvency II die Mehrperiodenübersicht solange um jeweils ein Jahr ergänzen, bis der empfohlene Zeitraum erreicht ist.

Den quantitativen Anforderungen dieses Berichtsgegenstands wird das Versicherungsunternehmen gerecht, wenn es die beiden erwähnten QRTs – die ohnehin veröffentlicht werden müssen – um eine Zeile „versicherungstechnisches Ergebnis“ ergänzt und zudem die Vorjahreswerte einfügt. Indes ist das QRT ggfs. um weitere Länder bzw. geografische Gebiete zu erweitern, wenn durch das vordefinierte QRT aufgrund der Begrenzung der Anzahl der Länder noch nicht alle wesentlichen Gebiete erfasst sind.

Die Vorgaben zu den geforderten **qualitativen Angaben** sind wenig konkret und fordern lediglich eine Aufschlüsselung nach wesentlichen Geschäftsbereichen und wesentlichen geografischen Gebieten. Daraus ergibt sich, dass für die qualitativen Angaben eine Zusammenfassung von Ländern zu geografischen Gebieten erlaubt ist. Nicht geklärt ist, welche Angaben die „versicherungstechnische Leistung“ umfassen, d. h., ob es ausreichend ist, über die Summenzeile „versicherungstechnisches Ergebnis“ qualitativ zu berichten oder ob auch einzelne Ertrags- und Aufwandskomponenten des versicherungstechnischen Ergebnisses

[655] Im ersten Berichtsjahr ist gemäß Art. 303 DVO ein Vergleich der Informationen mit den im vorangegangenen Berichtszeitraum vorgelegten Informationen nicht verlangt, denn die Versicherungsunternehmen haben Vergleiche mit einem vorangegangenen Berichtszeitraum nur durchzuführen, wenn dieser nach Inkrafttreten von Solvency II liegt. Dies gilt auch für alle nachfolgenden Berichtsgegenstände. Dabei handelt es sich um eine Übergangsbestimmung für das Erstberichtsjahr, dem im Folgenden keine weitere Bedeutung beigemessen wird.

[656] Vgl. PRIGGE, C., Konzernlageberichterstattung, S. 139.

erläutert werden müssen. Hier liegt es nahe, den Inhalt in Anlehnung an die Erfolgsanalyse im Wirtschaftsbericht des handelsrechtlichen Lageberichts zu gestalten.[657] Demgemäß ist die Ertragslage des Versicherungsunternehmens anhand der Ergebnisquellen zu analysieren und zu beurteilen.[658] Hier ist also das versicherungstechnische Ergebnis und ggfs. sind wesentliche Entwicklungen seiner Komponenten[659] – sowohl nach wesentlichen Geschäftsbereichen als auch nach geografischen Gebieten – gegliedert zu analysieren und zu beurteilen.[660] Dabei sollte jeweils ein ausreichend großer Teil des Gesamtumsatzes des Versicherungsunternehmens von den Angaben erfasst sein,[661] und es ist auf wesentliche Veränderungen des versicherungstechnischen Ergebnisses im Vergleich zum Vorjahr und die dafür ursächlichen Faktoren einzugehen.[662] Segmentierungen nach Geschäftsbereichen wären und nach geografischen Gebieten sind sehr sinnvoll, denn sie ermöglichen, die den Geschäftsbereichen bzw. geografischen Gebieten inhärenten Risiken für die Entwicklung des Versicherungsunternehmens differenziert zu beurteilen und mit den zuvor gemachten Angaben zu wesentlichen Geschäftsbereichen und wesentlichen geografischen Gebieten des Versicherungsunternehmens in Beziehung zu setzen.[663] Da sich die Adressaten aufgrund ihrer in der Zukunft liegenden Ansprüche eher für die mittel- und langfristige Entwicklung der Solvabilität und Finanzlage des Versicherungsunternehmens interessieren, sind anhand einer Mehrperiodenübersicht die zugrunde liegenden Trends herauszuarbeiten und wesentliche Änderungen in der Struktur der einzelnen Aufwendungen und Erträge zu erläutern. Hier sind auch die Gründe für alle wesentlichen Änderungen von GuV-Posten der versiche-

---

657 Vgl. DRS 20.65-77.

658 Vgl. DRS 20.65.

659 Vgl. auch DRS 20.74: „Wesentliche Aufwendungen und Erträge sind darzustellen und zu analysieren."

660 Ähnlich lautet die Vorgabe für den vertraulichen Bericht an die Aufsichtsbehörde(n): „Der regelmäßige aufsichtliche Bericht enthält folgende [...] Angaben [...]: „versicherungstechnische Gewinne und Aufwendungen des Unternehmens, aufgeschlüsselt nach Geschäftsbereichen und geografischen Gebieten, in denen es während des Berichtszeitraums Geschäfte zeichnete, Vergleich mit den im vorangegangenen Berichtszeitraum gemeldeten Informationen und Gründe für wesentliche Veränderungen". Art. 307 Abs. 2 lit a DVO, Auslassungen durch den Verfasser. Da hier statt „nach wesentlichen Geschäftsbereichen" „aufgeschlüsselt nach Geschäftsbereichen" zu berichten ist, ist im Bericht an die Aufsichtsbehörde(n) offensichtlich nach allen Geschäftsbereichen zu berichten, und nicht nur nach den wesentlichen.

661 Vgl. zur Auslegung des Wesentlichkeitskriteriums in Bezug auf Geschäftsbereiche und geografische Gebiete bereits Abschnitt 541.5.

662 Vgl. DRS 20.66. Vgl. auch Fn. 660.

663 Vgl. dazu Abschnitt 541.5.

rungstechnischen Rechnung zu erläutern und zu begründen. Dabei ist es sehr informativ, wenn der Bezug zu den Angaben hergestellt wird, der zum Berichtsgegenstand „Angaben zu wesentlichen Geschäftsvorfällen oder sonstigen Ereignissen im Berichtszeitraum, die sich erheblich auf das Unternehmen ausgewirkt haben“[664] besteht. Ferner sind wesentliche Einflussfaktoren für die Umsatzentwicklung, getrennt nach Volumen- und Preiseinflüssen sowie Änderungen im Produktmix zu berichten.

Mit den inhaltlichen Gestaltungsempfehlungen allein sind Zeitvergleiche nur bedingt und Betriebsvergleiche nicht möglich. Zeit- und Betriebsvergleiche sind aber nach den Grundsätzen ordnungsmäßiger Lageberichterstattung bzw. den GoSFB unverzichtbar. Deshalb sind zusätzlich relative Kennzahlen zu berichten, so dass auch Versicherungsunternehmen gleicher Versicherungssparten aber unterschiedlicher Größe vergleichbar sind. Zu solchen Kennzahlen zählen z. B. die Schadenquote (Anteil an den Beitragseinnahmen, der auf Versicherungsleistungen entfällt),[665] Verwaltungskostenquote (Anteil an den Beitragseinnahmen, der auf Aufwendungen für die Verwaltung der Versicherungsverträge entfällt) oder kombinierte Schaden-Kostenquote[666].[667]

543. Angaben zum Kapitalanlageergebnis

543.1 Übersicht über die Angaben zum Kapitalanlageergebnis (Art. 293 Abs. 3 lit a-c DVO)

Art. 293 Abs. 3 DVO:

„Der Bericht über [die] Solvabilität und Finanzlage enthält alle folgenden qualitativen und quantitativen Informationen über die Anlageergebnisse des Versicherungs- oder Rückversicherungsunternehmens im Berichtszeitraum zusammen mit einer Gegenüberstellung der Informationen mit den für den vorangegangenen Berichtszeitraum vorgelegten und im Abschluss des Unternehmens enthaltenen Informationen.

(a) Angaben zu Erträgen aus und Aufwendungen für Anlagegeschäfte, aufgeschlüsselt nach Vermögenswertklassen, sowie, soweit für eine angemessene Einschätzung der Erträge und Aufwendungen erforderlich, zu deren Zusammensetzung;

---

664 Vgl. dazu bereits Abschnitt 541.6.

665 Der handelsrechtliche (Konzern-)Lagebericht von Versicherungsunternehmen hat gemäß DRS 20.A2.7 beispielsweise möglichst die Schadenquoten – mit und ohne Einflüsse aus Naturkatastrophen und sonstigen Kumulrisiken – sowie die Abwicklungsergebnisse in Prozent der Eingangsschadenrückstellungen jeweils für einen 10-jährigen Beobachtungszeitraum zu umfassen.

666 Vgl. ELLENBÜRGER, F., U. A., MaRisk für Versicherungen, S. 244.

667 Vgl. für eine umfassende Übersicht typischer Versicherungskennzahlen NOACK, T./SCHÄFER, A./WOLF, S., Versicherungskennzahlen, o. A.

(b) Informationen über direkt im Eigenkapital erfasste Gewinne und Verluste;

(c) Informationen über Anlagen in Verbriefungen."

543.2 Angaben zu Erträgen aus und Aufwendungen für Anlagegeschäfte sowie zu deren Zusammensetzung und aufgeschlüsselt nach Vermögenswertklassen (Art. 293 Abs. 3 lit a DVO)

Hier hat ein Versicherungsunternehmen qualitative und quantitative Informationen über seine Anlageergebnisse für das Berichtsjahr und das vorangegangene Jahr zu publizieren. Im Gegensatz zu den Vorgaben für das versicherungstechnische Ergebnis wird für die Berichterstattung über Anlageergebnisse im SFCR kein zu veröffentlichendes QRT vorgegeben. Wie auch die quantitativen Angaben zum versicherungstechnischen Ergebnis basieren die Anlageergebnisse auf dem Zahlenwerk des Jahresabschlusses. Daher ist unverständlich, dass die hier publizierten Informationen denen im Jahresabschluss des Versicherungsunternehmens gegenüberzustellen sind. Nicht zueinander passen die Anforderungen, dass die Kapitalanlageergebnisse gemäß den Größen im Jahresabschluss des Versicherungsunternehmens (HGB) berichtet werden, während die Wertansätze der Kapitalanlagen durch aufsichtsrechtliche Vorgaben IFRS-nah zu Zeitwerten ermittelt werden.

Für den SFCR sind die Anlageerträge und -aufwendungen nach „Vermögenswertklassen"[668] aufzuschlüsseln und „soweit für eine angemessene Einschätzung der Erträge und Aufwendungen erforderlich, [...] deren Zusammensetzung"[669] anzugeben. Da nicht vorgegeben wird, wie viele und welche Vermögenswertklassen und welche Ertrags- und Aufwandskategorien unterschieden werden sollen, wird dies im Folgenden konkretisiert. Um die **Aufschlüsselung der Vermögenswertklassen** objektiv zu konkretisieren, können zwei andere Solvency II-Vorgaben herangezogen werden. Entweder kann vom Versicherungsunternehmen zwischen den Vermögenswertklassen so differenziert werden, wie diese separat in der Solvabilitätsübersicht (Solvency II-Bilanz) auszuweisen sind. Diese Übersicht/Bilanz wird durch das Formblatt (QRT) S.02.01.02[670], welches im SFCR zu publizieren ist, präzise vorgegeben.[671] Alternativ könnte die Aufteilung der Vermögenswertklassen so erfolgen, wie es für die Berichterstattung über die Erträge aus Kapitalanlagen gemäß Formblatt

[668] Art. 293 Abs. 3 lit a DVO.

[669] Art. 293 Abs. 3 lit a DVO, Auslassung durch den Verfasser.

[670] Das Formblatt S.02.01.02 ist im Anhang dieser Untersuchung abgedruckt.

[671] Vgl. EIOPA, Final report on public consultation No. 14/055 (SFCR), Art. 4 Abs. 1 lit a.

S.09.01.01[672] i. V. m. Annex IV von CP-14-052-ITS vorgegeben ist, welches indes nicht veröffentlicht, sondern nur der Aufsichtsbehörde gemeldet wird. Diesem Aufbau folgt auch das ebenfalls nur an die Aufsichtsbehörden zu meldende Formblatt S.06.01.01 über die Zusammenfassung der Kapitalanlagen. Die Aufschlüsselungen der Kapitalanlagen gemäß den verschiedenen Formblättern wird in Tabelle 4 gegenübergestellt.

Die Formblätter sind zwar sehr ähnlich. Sie unterscheiden sich aber danach, ob die Kapitalanlagen für index- und fondsgebundene Produkte separat in Summe ausgewiesen werden oder ob diese zusammen mit den anderen Kapitalanlagen innerhalb jeder Anlageklasse ausgewiesen werden. Ferner sind identische Vermögenswertklassen jeweils unterschiedlich stark untergliedert. Aufgrund ihres regelmäßig hohen Portfoliogewichts innerhalb der Kapitalanlagen eines Versicherungsunternehmens, sollten Anleihen aufgegliedert werden, wohingegen bei allen anderen Vermögenswertklassen eine weitere Aufgliederung den Versicherungsunternehmen freizustellen ist, d. h. diese sollen neben den vier Anleihekategorien zusätzlich differenziert nach Immobilien, Aktien, Organismen für gemeinsame Anlagen in Wertpapieren, Derivate, Kredite und Hypothekendarlehen, sonstige Investitionen und Barmittel und Einlagen berichten.

[672] Das Formblatt S.09.01.01 ist im Anhang dieser Untersuchung abgedruckt. Vgl. dazu auch EIOPA, Final report on public consultation No. 14/052 (supervisory reporting), Art. 10 lit g i. V. m. Annex II u. III.

Auszug bezüglich der Kapitalanlagen aus dem Gliederungsschema für die zu veröffentlichende Solvabilitätsübersicht gemäß QRT S.02.01.02	**Aufteilung der Kapitalanlagen im QRT S.06.01.01 „Zusammenfassung der Kapitalanlagen" und S.09.01.01 „Erträge aus Kapitalanlagen" i. V. m. Annex IV (nicht zu veröffentlichen)**
Kapitalanlageklassen (für Kapitalanlagen, die nicht für Zwecke index- oder fondsgebundener Verträge gehalten werden)	Kapitalanlagen (gesamt)
Nicht selbstgenutzte Immobilien	Immobilien
Unternehmensbeteiligungen und verbundene Unternehmen	---
Aktien - börsennotiert - nicht-börsennotiert	Aktien
Anleihen - Staatsanleihen - Unternehmensanleihen - Strukturierte Schuldverschreibungen („structured notes") - Besicherte Schuldverschreibungen/Verbriefungen („collateralised securities")	 - Staatsanleihen - Unternehmensanleihen - Strukturierte Schuldverschreibungen („structured notes") - Besicherte Schuldverschreibungen/Verbriefungen („collateralised securities")
Organismen für gemeinsame Anlagen in Wertpapieren („collective investments undertakings")	Organismen für gemeinsame Anlagen in Wertpapieren („collective investments undertakings")
Derivate	Futures Call-Optionen Put-Optionen Swaps Forwards Credit derivatives
Einlagen (mit Ausnahme von Barbeständen)	Barmittel und Einlagen
Sonstige Kapitalanlagen	Sonstige Kapitalanlagen
Kapitalanlagen für index- und fondsgebundene Produkte	---
Kredite und Hypothekendarlehen - Versicherungspolicendarlehen/-vorauszahlungen („loans on policies") - Darlehen und Hypothekendarlehen an Einzelpersonen - Sonstige Darlehen und Hypothekendarlehen	Kredite und Hypothekendarlehen
Barmittel und andere liquide Mittel	Siehe bereits oben (Barmittel und Einlagen)

Tabelle 4: Gegenüberstellung der Kapitalanlagepositionen in der Solvabilitätsübersicht gemäß Formblatt S.02.01.02 und in der Berichterstattung gegenüber der Aufsichtsbehörde gemäß den Formblättern S.06.01.01 und S.09.01.01

Bezüglich der **Zusammensetzung der Erträge und Aufwendungen aus Kapitalanlagen** wird hier für den SFCR empfohlen, die Kapitalanlageerträge und -aufwendungen wie in Formblatt S.09.01.01 aufzuschlüsseln, auch wenn das Formblatt nicht veröffentlicht werden muss. Denn eine „angemessene Einschätzung der Erträge und Aufwendungen"[673] ist

[673] Art. 293 Abs. 3 lit a DVO.

den Adressaten stets nur unter Kenntnis ihrer Zusammensetzung möglich. Dies ergibt sich allein durch den unterschiedlichen Charakter, insb. die Planbarkeit bzw. Schwankungen, von Aktien-, Zins- und Mieterträgen. Gemäß dem Formblatt S.09.01.01 sind Dividenden (und ähnliche Erträge), Zinserträge (und ähnliche Erträge), Mieterträge, Netto-Gewinne und -Verluste und auch unrealisierte Gewinne und Verluste auszuweisen. Die Netto-Gewinne und -Verluste sollten indes darüber hinaus nach realisierten Gewinnen und Verlusten (aus Verkäufen) und Wertminderungen unterschieden werden, denn bei Wertminderungen besteht die Möglichkeit, dass der Wert in Zukunft wieder steigt. Ferner sind noch die zu diesem Berichtsgegenstand geforderten Aufwendungen für Kapitalanlagen zu ergänzen.[674]

Mit den hier empfohlenen Untergliederungen der Vermögenswertklassen und Ertrags- und Aufwandskategorien entsteht die in Tabelle 5 gezeigte, vom Versicherungsunternehmen zu berichtende Berichtsmatrix:

Ertrags-/Aufwandsart Vermögenswertklasse	**Dividenden und ähnliche Erträge**		**Zinserträge und ähnliche Erträge**		**Mieterträge**		**Netto-Gewinne/ Verluste aus Realisierungen**		**Wertminderungen**		**Aufwendungen für Kapitalanlagen**		**Unrealisierte Gewinne/ Verluste (delta)**		**Summe**	
Jahr	t-1	t	t-1	t	t-1	t	t-1	t	t-1	t	t-1	t	t-1	t	t-1	t
Anleihen - Staatsanleihen - Unternehmensanleihen - Strukturierte Schuldverschreibungen - Besicherte Schuldverschreibungen																
Aktien																
Immobilien																
Organismen für gemeinsame Anlagen in Wertpapieren																
Derivate																
Kredite und Hypothekendarlehen																
Sonstige Kapitalanlagen																
Barmittel und Einlagen																
Summe																

Tabelle 5: Berichterstattung über Kapitalanlageerträge und -aufwendungen nach Vermögenswertklassen

[674] Aufwendungen für Kapitalanlagen umfassen in der handelsrechtlichen Rechnungslegung gemäß § 46 Abs. 2 RechVersV die dem Funktionsbereich, in dem die Kapitalanlagen verwaltet werden, zugeordneten Personal- und Sachaufwendungen – ggfs. einschließlich eines Teils des Zentralverwaltungsaufwands. HÖLZL, W., Nichtversicherungstechnische Posten des Jahresabschlusses, S. 491, Rz. 314 f.

Die Struktur dieser Tabelle sollte auch den qualitativen Berichtsangaben zugrunde gelegt werden. Dabei sollten wesentliche Veränderungen ggü. dem Vorjahr nach absoluter Höhe und in der Zusammensetzung des Anlageergebnisses sowohl nach Art der Erträge als auch nach Vermögenswertklasse analysiert werden und die Ursachen der Änderungen erläutert werden.[675] Diese Angaben ermöglichen dem Adressaten einen guten Einblick in die Anlageergebnisse eines Versicherungsunternehmens, die neben dem versicherungstechnischen Ergebnis die bedeutendsten Aufwands- und Ertragsarten enthalten. Diese Angaben helfen dem Adressaten zu beurteilen, wie das Versicherungsunternehmen seine Anlageergebnisse erzielt und wie nachhaltig diese sind. Hierzu sollte das Versicherungsunternehmen angeben, wie sich Änderungen in den Anlageergebnissen auf die künftige wirtschaftliche Lage des Versicherungsunternehmens auswirken.

Ferner sollten relative Kennzahlen angegeben werden, die Zeit- und Betriebsvergleiche ermöglichen. Beispielsweise könnten bzw. sollten die durchschnittliche Verzinsung des (gesamten) Kapitalanlagebestands sowie die Wiederanlagerendite angegeben werden.[676] „**Zeitvergleiche** sind besonders wichtig, da erst in der mehrperiodischen Betrachtung Zufallsereignisse an Bedeutung verlieren.“[677] Daher wird den Versicherungsunternehmen empfohlen, für die wichtigsten Werte (Renditekennzahlen und Summenwerte) **Mehrperiodenübersichten** zu publizieren. Ferner ermöglichen relative Kennzahlen Betriebsvergleiche hinsichtlich der Anlageerfolge von Versicherungsunternehmen, auch wenn zu beachten ist, dass „**Betriebsvergleiche** [...] nur innerhalb der einzelnen Versicherungszweige (Versicherungszweiggruppen) möglich [sind], aber [sie] selbst innerhalb dieses Rahmens [...] wegen der meist verschiedenen Bestandszusammensetzung Probleme [aufweisen].“[678]

Die Berichtsvorgaben für die Anlageergebnisse fordern weder zu diesem Berichtsgegenstand noch in einem anderen Berichtsabschnitt zu den Geschäftsergebnissen prognostische Anga-

675 Diese Ursachenerläuterung wird aufsichtsrechtlich indes nur für den vertraulichen Bericht an die Aufsichtsbehörden vorgeschrieben. Vgl. Art. 307 Abs. 3 lit a DVO.

676 Vgl. dazu EIOPA, Leitlinien zum Governance-System, S. 16 (Leitlinie 30, Tz. 1.69): „Das Unternehmen sollte Renditeziele festlegen, die es aus seinen Anlagen erzielen möchte, wobei die Notwendigkeit, eine nachhaltige Rendite aus dem Anlagenportfolio zu erzielen, um die begründeten Erwartungen von Versicherungsnehmern zu erfüllen, zu berücksichtigen ist.“

677 FARNY, D., Periodenrechnung im Versicherungsunternehmen, S. 159, Hervorhebung durch den Verfasser.

678 FARNY, D., Periodenrechnung im Versicherungsunternehmen, S. 159, Einfügungen und Auslassungen durch den Verfasser.

ben. Die Adressaten benötigen indes zukunftsbezogene Angaben, um sich ein Urteil über die Entwicklung des Versicherungsunternehmens und seine künftige Solvabilitäts- und Finanzlage bilden zu können. Prognoseangaben für die erwarteten Anlageergebnisse des Versicherungsunternehmens, zusammen mit Angaben zu signifikanten Faktoren, die für den Planungszeitraum berücksichtigt wurden, sind gemäß den aufsichtsrechtlichen Vorgaben dem Bericht an die Aufsichtsbehörden vorbehalten.[679] Den Versicherungsunternehmen ist aber zu empfehlen, solche prognostischen Angaben – wenn auch aggregiert, d. h. nicht differenziert nach Vermögenswertklassen und Ertrags- und Aufwandsarten – auch in den SFCR aufzunehmen.

Des Weiteren ist der fehlende Bezug der Berichterstattung über Anlageergebnisse zu den für die versicherungstechnischen Verpflichtungen zu erwirtschaftenden Erträgen zu kritisieren. Beispielsweise könnten die Anlagerenditen im Sachversicherungsgeschäft mit den in der Produktkalkulation angenommenen Werten und im Lebensversicherungsgeschäft mit den durchschnittlich garantierten (Mindest-)Verzinsungen verglichen werden.

543.3 Informationen über direkt im Eigenkapital erfasste Gewinne und Verluste (Art. 293 Abs. 3 lit b DVO)

Hier soll über direkt im Eigenkapital erfasste Gewinne und Verluste berichtet werden. Ob zu diesem Berichtsgegenstand vom Versicherungsunternehmen Angaben zu machen sind, hängt demnach vor allem davon ab, ob das dem Abschluss des Versicherungsunternehmens zugrunde gelegte Rechnungslegungssystem solche erfolgsneutralen Komponenten kennt. Für HGB-Anwender ist dieser Berichtsgegenstand daher nahezu bedeutungslos, da es in der HGB-Rechnungslegung grundsätzlich keine erfolgsneutralen Aufwands- oder Ertragsposten gibt.[680]

Da dieser Berichtsgegenstand den Angaben zum Kapitalanlageergebnis untergeordnet ist, ist davon auszugehen, dass nur über solche direkt im Eigenkapital erfassten Erträge und

[679] Vgl. Art. 307 Abs. 3 lit c DVO. Ferner sind im vertraulichen Bericht an die Aufsichtsbehörde die den Anlageentscheidungen zugrunde gelegten Erwartungen über Kapitalmarktentwicklungen anzugeben. Vgl. Art. 307 Abs. 3 lit d DVO.

[680] Vgl. BAETGE, J./KIRSCH, H.-J./THIELE, S., Bilanzen (2014), S. 660. Erfolgsneutrale Aufwands- und Ertragsposten resultieren in der HGB-Rechnungslegung indes aus den Übergangsvorschriften zum BilMoG, nach denen bestimmte Wertänderungen bei der Erstanwendung unmittelbar in den Gewinnrücklagen berücksichtigt werden. Vgl. BAETGE, J./KIRSCH, H.-J./THIELE, S., Bilanzen (2014), S. 661, Fn. 196 i. V. m. Art. 67 EGHGB.

Aufwendungen zu berichten ist, die in Verbindung mit dem Kapitalanlageergebnis stehen. Für IFRS-Anwender sind dementsprechend Effekte aus der erfolgsneutralen Fair Value-Bewertung von *available-for-sale* Finanzinstrumenten (IAS 39.55 (b)) und die Fair Value-Änderung des effektiven Teils eines Sicherungsinstrumentes im Zusammenhang mit einem *Cashflow-Hedge* (IAS 39.95 (a)) zu berichten.[681]

543.4 Informationen über Anlagen in Verbriefungen (Art. 293 Abs. 3 lit c DVO)

Informationen über Kapitalanlagen in Verbriefungen, d. h. über eine besondere Vermögenswertklasse, sind von Versicherungsunternehmen zu publizieren. Diese besondere Berichtspflicht[682] ist darauf zurückzuführen, dass solche verbrieften Wertpapiere Auslöser der Finanzkrise 2007/08 waren. Amerikanische sog. Subprime-Kredite verursachten erhebliche Kreditrisiken und zwar durch Bündelung, (Wieder-)Verbriefung und Veräußerung in den Büchern europäischer Banken und auch in geringeren Umfang Versicherungsunternehmen, ohne dass die Käufer sich dieser Risiken der den Verbriefungen zugrundeliegenden Forderungen ausreichend bewusst waren. Zudem wurden erhebliche moralische Anreizprobleme zwischen der veräußernden und erwerbenden Partei sowie der beteiligten Rating-Agenturen bei Verbriefungen bekannt. Ist dem Originator einer Verbriefung bekannt, dass Kreditforderungen (nahezu) vollständig verkauft werden können und die Käufer nicht jede verbriefte Kreditforderung im Einzelnen prüfen, entsteht die Gefahr, dass Kredite auch an mäßige oder sogar schlechte Schuldner gewährt werden, weil diese Kredite durch Verbriefungen verkauft werden können. Die Kapitalanlage in Verbriefungspositionen ist offenbar deshalb in den Solvency II-Vorschriften besonders geregelt. So wurde für die Verbriefungspositionen eigens ein vier Artikel umfassendes Kapitel „Anlagen in Verbriefungspositionen" in der DVO gewidmet.[683] Dieses Kapitel umfasst Vorschriften für Verbriefungen, in die Versicherungsunternehmen investieren dürfen, und zwar solche zum Risikoselbstbehalt für Origina-

[681] Vgl. BAETGE, J./KIRSCH, H.-J./THIELE, S., Bilanzen (2014), S. 546.

[682] Vgl. zur Berichterstattung über das Kapitalanlageportfolio des Versicherungsunternehmens auch Abschnitt 561 i. V. m. 568.

[683] Vgl. Art. 254-257 DVO. Vgl. dazu auch § 131 Abs. 1 Nr. 3 VAG n. F. Dazu ist die Übergangsbestimmung gemäß § 346 VAG n. F. zu beachten: „Für Versicherungsunternehmen, die in handelbare Wertpapiere oder andere Finanzinstrumente auf der Grundlage von neu gebündelten, verbrieften und vor dem 1. Januar 2011 ausgegebenen Krediten investieren, gelten die in von der Kommission nach Artikel 135 Absatz 2 der Richtlinie 2009/138/EG erlassenen delegierten Rechtsakten genannten Anforderungen nur, wenn nach dem 31. Dezember 2014 zugrundeliegende Forderungen neu hinzugefügt oder ersetzt werden."

toren, Sponsoren, oder ursprüngliche Kreditgeber und diesbezügliche Ausnahmen, Vorschriften zu qualitativen Anforderungen an Versicherungsunternehmen, die in Verbriefungen investieren sowie besondere Vorschriften für Kapitalanlagen in Verbriefungen, die nicht mehr den Selbstbehaltsanforderungen und den qualitativen Anforderungen genügen. Gemäß dem „niedergelegten Grundsatz der unternehmerischen Vorsicht und zur Gewährleistung sektorübergreifender Kohärenz sollten die Interessen von Unternehmen, die Kredite in handelbare Wertpapiere und andere Finanzinstrumente „verbriefen" (Originatoren, Sponsoren oder ursprüngliche Kreditgeber), und die Interessen der Versicherungs- und Rückversicherungsunternehmen, die in diese Wertpapiere oder Instrumente investieren, gleichgerichtet sein."[684] Um eine solche Gleichausrichtung der Interessen zu gewährleisten, dürfen Versicherungsunternehmen nur in solche Verbriefungen investieren, bei denen der Originator, Sponsor oder ursprüngliche Kreditgeber einen materiellen Nettoanteil in Höhe von mind. 5 % des Nominalwerts bei der Origination der Verbriefung zurückbehält.[685] Ferner sind, um den Grundsatz der unternehmerischen Vorsicht zu erfüllen, bei der Kapitalanlage in Verbriefungen vom Versicherungsunternehmen besondere qualitative Anforderungen zu beachten, die im Wesentlichen darauf abzielen, dass das investierende Versicherungsunternehmen sowohl vor der Anlageentscheidung als auch während der Haltephase umfassend mit den Eigenschaften und Risiken der Verbriefung und seiner zugrundeliegenden Kreditforderungen einschließlich der Qualität und Seriosität des Originators, Sponsors oder ursprünglichen Kreditgebers vertraut ist. Versicherungsunternehmen müssen demnach angemessene Due-Diligence-Prüfungen durchführen, die Kreditvergabe-, -verwaltungs- und -überwachungsverfahren des Originators, Sponsors oder ursprünglichen Kreditgebers beurteilen und sicherstellen, dass deren materieller Nettoanteil dauerhaft gehalten wird.[686] Ferner hat das Versicherungsunternehmen über angemessene schriftlich fixierte Überwachungsverfahren zu verfügen, um die Wertentwicklung der zugrunde liegenden Forderun-

[684] Erwägungsgrund 89 der DVO.

[685] Vgl. Art. 254 Abs. 1 DVO. Vgl. zu den diesbezüglichen Detailregeln Art. 254 Abs. 2-9 DVO. Vgl. dazu auch BAFIN, Solvency II Vorbereitungs-Leitlinien: Vorsichtsgrundsatz, Leitlinien 81-89. Ausgenommen von dem Risikoselbstbehalt sind Verbriefungen der EZB, der Euro-Staaten, multinationaler Entwicklungsbanken und bestimmter internationaler Organisationen sowie Verbriefungen, die auf einem klaren, transparenten und zugänglichen Index basieren. Vgl. Art. 255 Abs. 1 u. 2 DVO.

[686] Vgl. Art. 256 Abs. 2 u. 3 DVO. Vgl. dazu auch Erwägungsgründe 89 u. 90 der DVO.

gen kontinuierlich und zeitnah überwachen zu können.[687] Außerdem hat das Versicherungsunternehmen eine interne Berichterstattung an sein Verwaltungs-, Management- oder Aufsichtsorgan zu gewährleisten, damit dieses über wesentliche Verbriefungspositionen unterrichtet ist und die diesbezüglichen Risiken angemessen steuern kann.[688] Darüber hinaus sind vom Versicherungsunternehmen regelmäßig Stresstests zu den Zahlungsströmen und zum Wert der, der Verbriefung zugrundeliegenden, Sicherheiten durchzuführen.[689] Verstöße gegen die o. g. Bedingungen für die Kapitalanlage in Verbriefungen können entweder direkt zu einer Erhöhung der Solvenzkapitalanforderung führen oder als erhebliche Abweichung vom geforderten Governance-System des Versicherungsunternehmens gewertet werden, wodurch ebenfalls Kapitalaufschläge hervorgerufen werden können.

Grundsätzlich können vom Versicherungsunternehmen alle oben genannten Anforderungen an die Kapitalanlage in Verbriefungen zum Berichtsgegenstand gemacht werden. Doch würde dies den Bericht mit Angaben überfrachten, die nicht den Informationsinteressen der Adressaten entsprechen. Die Adressaten sind aber daran interessiert, sich ein ganzheitliches Bild über die Kapitalanlagen des Versicherungsunternehmens und des Managements der mit diesen Kapitalanlagen verbundenen Risiken zu verschaffen.[690] Sofern Anlagen in Verbriefungen nur einen niedrigen bis mittleren einstelligen Prozentsatz des gesamten Kapitalanlageportfolios eines Versicherungsunternehmens ausmachen, ist eine ins Einzelne gehende Darstellung dieser Anlageklasse nicht erforderlich. Allerdings sind aus dieser Anlagenklasse resultierende „versteckte" Risiken deutlich zu benennen und zu erläutern. Den Versicherungsunternehmen wird empfohlen, folgende Angaben zu Verbriefungen in den SFCR aufzunehmen:

- Angabe des absoluten Betrags des Investitionsbestands in Verbriefungen (Marktwert) sowie die Höhe der unrealisierten Gewinne bzw. Verluste
- Anteil am Portfolio der festverzinslichen Wertpapiere und am gesamten Kapitalanlageportfolio
- Angaben zu der Zusammensetzung des Investitionsbestands in Verbriefungen nach Art der den Verbriefungen zugrundeliegenden Forderungen (z. B. Hypothekendarlehen, Autofinanzierungen, Studiendarlehen o. Ä.) und nach Rating
- „Versteckte" Risiken

[687] Vgl. Art. 256 Abs. 4 DVO.

[688] Vgl. Art. 256 Abs. 5 DVO.

[689] Vgl. Art. 256 Abs. 6 DVO.

[690] Vgl. dazu auch Abschnitt 568.

544. Angaben zum wirtschaftlichen Erfolg sonstiger Tätigkeiten (Art. 293 Abs. 4 DVO)

Art. 293 Abs. 4 DVO:

„Im Bericht über [die] Solvabilität und Finanzlage wird dargelegt, welche sonstigen wesentlichen Einnahmen [sic!] und Aufwendungen das Versicherungs- oder Rückversicherungsunternehmen im Berichtszeitraum zu verzeichnen hatte, zusammen mit einer Gegenüberstellung der Informationen mit den für den vorangegangenen Berichtszeitraum vorgelegten und im Abschluss des Unternehmens enthaltenen Informationen."

Hier sind sonstige wesentliche „Einnahmen" und Aufwendungen des Versicherungsunternehmens zu berichten, wobei der Begriff „Einnahmen" im Wortlaut als Erträge zu interpretieren ist.[691] Mit sonstigen wesentlichen Erträgen und Aufwendungen sind hier indes nicht nur die als sonstige Erträge und Aufwendungen in der handelsrechtlichen Gewinn- und Verlustrechnung bezeichneten GuV-Komponenten anzugeben,[692] sondern all jene Erträge und Aufwendungen, die weder dem versicherungstechnischen Ergebnis[693] noch dem Kapitalanlageergebnis[694] zugeordnet werden.[695] Bedeutsam sind für diesen Berichtsgegenstand daher neben den sonstigen Erträgen und Aufwendungen z. B. auch außerordentliche Erträge und Aufwendungen.[696] Ferner haben „Versicherungs- und Rückversicherungsunternehmen im Allgemeinen die Leasingvereinbarungen in Bezug auf jede wesentliche Leasingver-

691 In der analog zu dieser verfassten Berichtsvorschrift für den Bericht an die Aufsichtsbehörden heißt es „Einkünfte und Ausgaben". Vgl. Art. 307 Abs. 4 DVO.

692 In der handelsrechtlichen Rechnungslegung von Versicherungsunternehmen sind sonstige Aufwendungen vor allem Personal- und Sachaufwendungen des Versicherungsunternehmens, die nicht den Funktionsbereichen „Regulierung von Versicherungsfällen, Rückkäufen und Rückgewährbeträgen", „Abschluss von Versicherungsverträgen", „Verwaltung von Versicherungsverträgen" und „Verwaltung von Kapitalanlagen" zuzuordnen sind. Vgl. SELL, M./GRUND, M., Rechnungslegung und Prüfung der Versicherungsunternehmen, S. 29, Rz. 80.

693 Vgl. dazu bereits Abschnitt 542.

694 Vgl. dazu bereits Abschnitt 543.

695 In der inhaltlich identischen Berichtsvorschrift im vertraulichen Bericht an die Aufsichtsbehörden wird diese Annahme bestätigt: „Der regelmäßige aufsichtliche Bericht enthält Angaben über alle wesentlichen Einkünfte [sic!] und Ausgaben im Zeitraum der Geschäftsplanung, die nicht versicherungstechnische oder Anlageerträge und -aufwendungen sind."

696 Vgl. für eine Übersicht versicherungstypischer (handelsrechtlicher) sonstiger Erträge und Aufwendungen HÖLZL, W., Nichtversicherungstechnische Posten des Jahresabschlusses, S. 493-498, Rz. 325-348 sowie zum außerordentlichen Ergebnis HÖLZL, W., Nichtversicherungstechnische Posten des Jahresabschlusses, S. 498 f., Rz. 350-352.

einbarung, gesondert für Finanzierungs- und Operating-Leasings, [zu] beschreiben."[697] Weitere Vorgaben sind bezüglich dieses Berichtsgegenstands nicht geregelt.

Das Versicherungsunternehmen sollte zu diesem Berichtsgegenstand zumindest die Zusammensetzung der sonstigen Ertrags- und Aufwandskomponenten erläutern und auf wesentliche Änderungen eingehen.

545. Sonstige Angaben zur Geschäftstätigkeit und zu den Geschäftsergebnissen (Art. 293 Abs. 5 DVO)

Art. 293 Abs. 5 DVO:
„Der Bericht über [die] Solvabilität und Finanzlage enthält in einem separaten Abschnitt alle anderen wesentlichen Informationen über [die] Geschäftstätigkeit und Leistung des Versicherungs- oder Rückversicherungsunternehmens."

Dieser Berichtsgegenstand dient als ‚Auffangbecken' für alle wesentlichen Informationen über die Geschäftstätigkeit und Leistung des Versicherungsunternehmens, die nicht bereits aufgrund der oben diskutierten Berichtsgegenstände anzugeben sind.

Da in den Vorschriften zum Berichtskapitel Geschäftstätigkeit und Geschäftsergebnisse im SFCR keine prognostischen Informationen gefordert werden, wird den Versicherungsunternehmen für diesen Berichtsgegenstand empfohlen, adäquate prognostische Informationen zu publizieren. Der Prognosezeitraum sollte dabei mindestens ein Jahr, besser zwei Jahre, umfassen.

Durch die Angabe von prognostischen Informationen und nachfolgende Vergleiche mit den Ist-Werten kann im Zeitverlauf Vertrauen zwischen der Führung des Versicherungsunternehmens und den Berichtsadressaten aufgebaut werden. Dazu sind vor allem quantitative prognostische Angaben zusammen mit den ihnen zugrunde gelegten Szenarien geeignet. Besonders vertrauenserweckend ist es, wenn die prognostischen Angaben ex post mit den tatsächlich realisierten Werten vom Versicherungsunternehmen verglichen werden und der Adressat sich ein Urteil über die Prognosequalität bilden kann. Bei Ist-Werten, die deutlich außerhalb der prognostizierten Wertspannen liegen, sollte das Versicherungsunternehmen erklären, warum die Werte abweichen. Solche Angaben sind bisher nur aufsichtsrechtlich für den Bericht an die Aufsichtsbehörde, nicht aber für den SFCR gefordert.

---

[697] EIOPA, Leitlinien über die Berichterstattung und die Veröffentlichung, S. 4 (Leitlinie 2, Tz. 1.14), Einfügung durch den Verfasser.

Da die Angaben über die Solvabilitäts- und Finanzlage nur auf die Leistungsfähigkeit eines Versicherungsunternehmens, seine finanziellen Verpflichtungen auch zukünftig erfüllen zu können, abzielen, sind Angaben zum Leistungswillen[698] des Versicherungsunternehmens wünschenswert. Solche Informationen sind für den Adressaten sehr relevant, denn er kann dadurch beurteilen, ob und wie die Ansprüche der Versicherungsnehmer tatsächlich bedient werden. Das Versicherungsunternehmen könnte beispielsweise über Beschwerde-, Leistungs- und Stornoquoten als Maßstab für die Kundenzufriedenheit berichten.

55 Angaben zum Governance-System

551. Vorbemerkungen

Zu den nachfolgend analysierten Berichtsgegenständen zum Governance-System sind zahlreiche Systeme, Funktionen und Politiken (Risikomanagementsystem, Internes Kontrollsystem, Risikomanagementfunktion, Compliance-Funktion, Revisionsfunktion, versicherungsmathematische Funktion, Vergütungspolitik und Personalpolitik i. w. S.) zu beschreiben. Viele diesbezügliche Berichtsangaben sind aber regelmäßig von Berichtsjahr zu Berichtsjahr unverändert. Daher wird den Versicherungsunternehmen empfohlen, die jeweiligen Systeme und Funktionen nur einmal im SFCR zu beschreiben und in den Folgejahren – solange diese Systeme und Funktionen nicht geändert werden – diese Angaben separat vom SFCR auf der Website zu veröffentlichen und im SFCR jeweils auf diese zu verweisen und nur die Änderungen der Systeme und Funktionen im SFCR zu berichten. Diese Änderungen sind ohnehin im Abschnitt „Angaben zu allen wesentlichen Änderungen des Governance-Systems während des Berichtszeitraums" gemäß Art. 294 Abs. 1 lit b DVO zu beschreiben.[699] Die Verweise im SFCR auf die Website sollten stets auf die neueste geänderte Version führen, wobei in einem Archiv auch die früheren Versionen, auf die in alten SFCR verwiesen wurden, verfügbar zu machen sind. Gemäß den in Abschnitt 431 dargestellten Regelungen dürfen „mit Zustimmung der Aufsichtsbehörden Angaben durch Verweise auf Informationen ersetzt werden, die im Rahmen anderer allgemeiner oder aufsichtsrechtlicher Vorschriften veröffentlicht worden sind."[700] Zwar handelt es sich bei den

[698] Vgl. zur Unterscheidung der Qualitätsmerkmale Leistungsfähigkeit und Leistungswille bereits Fn. 308.

[699] Vgl. dazu Abschnitt 552.3.

[700] § 40 Abs. 8 VAG n. F.

System- und Funktionsangaben, auf die verwiesen werden soll, nicht um solche aufgrund anderer Vorschriften, da aber für jene Fälle die Verweistechnik kodifiziert ist, sollte dies auch für die oben vorgeschlagenen Verweise akzeptiert werden. Von der Verweismöglichkeit ausgenommen ist die Beurteilung der Angemessenheit des Governance-Systems durch den Vorstand. Über diese sollte jährlich im SFCR berichtet werden.

552. Allgemeine Angaben zum Governance-System

552.1 Übersicht über die allgemeinen Angaben zum Governance-System (Art. 294 Abs. 1 lit a-d DVO)

Art. 294 Abs. 1 DVO:

„Der Bericht über [die] Solvabilität und Finanzlage enthält alle folgenden Informationen über das Governance-System des Versicherungs- oder Rückversicherungsunternehmens:

- *(a) Struktur des Verwaltungs-, Management- oder Aufsichtsorgans des Unternehmens mit einer Beschreibung seiner Hauptaufgaben und -zuständigkeiten, einer Kurzdarstellung der Abgrenzung der Zuständigkeiten innerhalb dieser Organe, insbesondere Angaben dazu, ob innerhalb der Organe einschlägige Ausschüsse bestehen, sowie einer Beschreibung der Hauptaufgaben und -zuständigkeiten der Schlüsselfunktionen;*
- *(b) alle wesentlichen Änderungen des Governance-Systems im Berichtszeitraum;*
- *(c) Angaben zu Vergütungspolitik und Vergütungspraktiken in Bezug auf das Verwaltungs-, Management- oder Aufsichtsorgan und – soweit nicht anders angegeben – die Beschäftigten, einschließlich*
  - *i.) der Grundsätze der Vergütungspolitik mit einer Erläuterung der relativen Bedeutung fester und variabler Vergütungsbestandteile;*
  - *ii.) Informationen über individuelle und kollektive Erfolgskriterien, an die Aktienoptionen, Aktien und variable Vergütungsbestandteile geknüpft sind;*
  - *iii.) einer Beschreibung der Hauptcharakteristika von Zusatzrenten- oder Vorruhestandsregelungen für die Mitglieder des Verwaltungs-, Management- oder Aufsichtsorgans und anderer Inhaber von Schlüsselfunktionen;*
- *(d) Informationen über wesentliche Transaktionen im Berichtszeitraum mit Anteilseignern, Personen, die maßgeblichen Einfluss auf das Unternehmen ausüben, und Mitgliedern des Verwaltungs-, Management- oder Aufsichtsorgans."*

552.2 Angaben zur Struktur des Verwaltungs-, Management- oder Aufsichtsorgans des Unternehmens mit einer Beschreibung seiner Hauptaufgaben und -zuständigkeiten sowie die der Schlüsselfunktionen (Art. 294 Abs. 1 lit a DVO)

Eine gute Governance (hier i. S. d. Geschäftsorganisation[701]) wird vom Verordnungsgeber als „Voraussetzung für eine effiziente und solide Führung von Versicherungs- und Rückversicherungsunternehmen“[702] beurteilt, weshalb sie zu den Kernelementen des Regulierungsrahmens von Solvency II gehört.[703] Gemäß § 23 Abs. 1 VAG n. F. muss die Geschäftsorganisation „eine solide und umsichtige Leitung des Unternehmens gewährleisten“, welche sich u. a. durch eine angemessene, transparente Organisationsstruktur, mit klaren und angemessen voneinander getrennten Zuständigkeiten auszeichnet.[704] „Das Verwaltungs-, Management- oder Aufsichtsorgan des Unternehmens sollte in angemessener Interaktion mit von ihm eingesetzten Ausschüssen sowie mit den Führungskräften und anderen Schlüsselfunktionen innerhalb des Unternehmens stehen und von diesen proaktiv Informationen einfordern und diese Informationen bei Bedarf hinterfragen.“[705]

Die Adressaten des SFCR sind umfassend über das Governance-System des Versicherungsunternehmens einschließlich dessen Leitung zu informieren, damit sie beurteilen können, ob das Governance-System für das Versicherungsunternehmen geeignet ist,[706] und das Unternehmen dadurch seriös und möglichst unanfällig für dolose Handlungen geführt wird. Wie oben bereits gesagt, sollte der Teilbericht über das Governance-System, wenn er einmal im SFCR publiziert worden ist, separat vom SFCR auf die Website des Versicherungsunternehmens gestellt werden, und danach im SFCR auf die Fundstelle verwiesen werden.[707] Allfällige Änderungen des Governance-Systems sind im SFCR zu berichten.

---

701 Vgl. BR-Drucks. 430/14, S. 275 (Begründung zu Abschnitt 3 des ersten Kapitel von Teil 2 des VAG n. F.)

702 DVO, Erwägungsgrund 93.

703 Vgl. hierzu Säule 2 von Solvency II (Abschnitt 234.23).

704 Vgl. hier und im Folgenden bereits vor Solvency II vergleichbar die Vorschriften in § 64a VAG a. F., insb. § 64a Abs. 7 Nr. 2 VAG a. F.

705 EIOPA, Leitlinien zum Governance-System, S. 6 (Leitlinie 1, Tz. 1.24).

706 Vgl. ähnlich die Vorgabe für den entsprechenden Berichtsgegenstand im Bericht an die Aufsichtsbehörden gemäß Art. 308 Abs. 1 lit a DVO.

707 Vgl. zu diesem Vorschlag bereits Abschnitt 551.

Ein zentraler Grundsatz guter Governance bestehe darin, „dass keine Einzelperson ohne eine wie auch immer geartete Kontrolle Entscheidungen treffen können sollte“[708]. Daher sollte dem Governance-System eines Versicherungsunternehmens eine angemessene und transparente Verteilung der Kontroll- und Managementaufgaben zugrunde liegen,[709] und darüber berichtet werden.

Durch Art. 294 Abs. 1 lit a DVO wird von Versicherungsunternehmen verlangt, Angaben zur „Struktur des Verwaltungs-, Management- oder Aufsichtsorgans des Unternehmens“ zu machen und „seine[ ] Hauptaufgaben und -zuständigkeiten“ sowie die Organisation dieser Organe (Abgrenzung der Zuständigkeiten; Angaben zu eingerichteten Ausschlüssen) zu beschreiben. Die parallele Nennung von Verwaltungs-, Management- und Aufsichtsorganen ist darauf zurückzuführen, dass das Versicherungsgeschäft in verschiedenen Rechtsformen betrieben werden darf, welche verschiedene Leitungs- und Kontrollorganisationen bedingen. Von dem berichtenden Versicherungsunternehmen ist nur seine rechtsformspezifische Leitungs- und Kontrollorganisation zu berücksichtigen, z. B. von einer AG Vorstand und Aufsichtsrat. Gemäß § 8 Abs. 2 VAG n. F. darf das Versicherungsgeschäft von einem Unternehmen in Deutschland nur in den Rechtsformen der Aktiengesellschaft (AG) einschließlich der Europäischen Gesellschaft (SE), des Versicherungsvereins auf Gegenseitigkeit sowie als Körperschaft und Anstalt des öffentlichen Rechts betrieben werden. Im Folgenden wird nur die Rechtsform der AG beachtet, denn diese Rechtsform ist gemessen an dem auf Basis des Geschäftsvolumens berechneten Marktanteil repräsentativ für den gesamten deutschen Versicherungsmarkt.[710] Durch das Aktiengesetz wird deutschen Aktiengesellschaften ein dualistisches Führungssystem vorgeschrieben,[711] demgemäß der Vorstand die

[708] DVO, Erwägungsgrund 94.

[709] DVO, Erwägungsgrund 93.

[710] Gemäß dem statistischen Jahrbuch 2014 des Versicherungsdachverbands GDV wurden zum 31.12.2012 insgesamt 295 Versicherungsunternehmen in der Rechtsform der AG (einschließlich SE), 259 in der Form des Versicherungsvereins auf Gegenseitigkeit (VVaG) und 17 als öffentlich-rechtliche Versicherungsunternehmen geführt. Dabei betrug der an den Versicherungsbeiträgen berechnete Marktanteil der Versicherungsunternehmen in der Rechtsform der AG (einschließlich der SE) 82,4 %, der der VVaG 15,3 % und der öffentlich-rechtlicher Versicherungsunternehmen 1,5 %. Weitere 0,8 % entfielen auf den Anteil von sechs sonstigen Versicherungsunternehmen (i. d. R. Inlandstöchter ausländischer Versicherungsunternehmen). Vgl. GESAMTVERBAND DER DEUTSCHEN VERSICHERUNGSWIRTSCHAFT E.V., Statistisches Taschenbuch der Versicherungswirtschaft 2014, S. 3 u. 6.

[711] Vgl. REGIERUNGSKOMMISSION DEUTSCHER CORPORATE GOVERNANCE KODEX, Deutscher Corporate Governance Kodex, S. 1, sowie zur Unvereinbarkeit der Zugehörigkeit zum Vorstand und zum Aufsichtsrat § 105 AktG.

Aktiengesellschaft unter eigener Verantwortung leitet[712] und gerichtlich und außergerichtlich vertritt[713] und der Aufsichtsrat den Vorstand bestellt[714] sowie die Geschäftsführung überwacht[715].[716] Die Berichtspflicht ist im Fall der AG daher sowohl auf den Vorstand als auch auf den Aufsichtsrat anzuwenden, d. h. es ist sowohl über die Struktur, die Hauptaufgaben und -zuständigkeiten und Ausschüsse des Vorstands als auch des Aufsichtsrats zu berichten.[717]

Da die Hauptaufgaben eines Vorstands und Aufsichtsrats wesentlich durch das Aktiengesetz und den Corporate-Governance Kodex determiniert werden, hat eine „stereotype Wiederholung von gesetzlichen Vorschriften oder Standardanforderungen“[718] für die Adressaten eine geringe Bedeutung. Das Versicherungsunternehmen sollte bei diesem Berichtsgegenstand die Vorstands-/Aufsichtsratsmitglieder benennen und besonders darauf eingehen, wie die Aufgaben und Zuständigkeiten innerhalb des Vorstands und des Aufsichtsrats verteilt sind und es sollte bezüglich der vier Schlüsselfunktionen einen Bezug zur Organisationsstruktur und zu den unternehmerischen Entscheidungsprozessen herstellen.[719] Dazu sollte die interne Organisationsstruktur (Funktionsbereiche, Stabsstellen, Abteilungen) des Versicherungsunternehmens zumindest in ihren Grundzügen ggfs. durch ein Organigramm dargestellt werden.

Ferner sind hier einschlägige Ausschüsse zu benennen und ihre Besetzung sowie ihr Aufgaben- und Entscheidungsbereich zu erläutern.[720] Dabei sollte nicht nur auf Ausschüsse in-

---

712 Vgl. § 76 Abs. 1 AktG.

713 Vgl. § 78 Abs. 1 AktG.

714 Vgl. § 84 Abs. 1 AktG.

715 Vgl. § 111 Abs. 1 AktG.

716 Vgl. REGIERUNGSKOMMISSION DEUTSCHER CORPORATE GOVERNANCE KODEX, Deutscher Corporate Governance Kodex, S. 1; PRIGGE, C., Konzernlageberichterstattung, S. 98.

717 Zwar lautet der Wortlaut „Struktur des Verwaltungs-, Management- oder Aufsichtsorgans“, doch wird aus dem Plural „Organe“ („Zuständigkeiten innerhalb dieser Organe“) deutlich, dass im Fall der AG sowohl das Management- als auch das Aufsichtsorgan Berichtsgegenstand sind.

718 HIPPEL, B., Konzernlagebericht, S. 95.

719 Vgl. EIOPA, Leitlinien über die Berichterstattung und die Veröffentlichung, S. 27 f. (Guideline 3, Tz. 2.10). Dabei ist zu berücksichtigen, dass die Schlüsselfunktionen nicht nur zentral bzw. stabsstellenartig, sondern auch dezentral bzw. integriert gestaltet werden dürfen, d. h. „die für eine Schlüsselfunktion notwendige Personenkapazität und das erforderliche Know-how aus verschiedenen organisatorischen Einheiten eines Unternehmens (etwa verschiedenen Abteilungen) zu generieren.“ BAFIN, Solvency II Vorbereitungs-Leitlinien: Governance, Leitlinie 126.

720 Vgl. auch BAFIN, Informationsübermittlung Vorbereitungsphase, Tz. 38.

nerhalb des Vorstands bzw. Aufsichtsrats eingegangen werden,[721] sondern auch auf solche mit leitenden Mitarbeitern, in denen ein Vorstands- (oder ggfs. Aufsichtsrats-) Mitglied sitzt. In diesem Zusammenhang sollte die erforderliche Beschlussmehrheit (Einstimmigkeit vs. Mehrheitsbeschlüsse, Veto-Recht des Vorstands(vorsitzenden) etc.) genannt werden. Für diesen Berichtsgegenstand ist die in Abschnitt 551 vorgeschlagene Verweistechnik entsprechend anzuwenden. Neben regelmäßigen und außerordentlichen Vorstands- und Aufsichtsratssitzungen sind auch Ausschüsse, die die Kapitalanlagepolitik oder die Risikostrategie des Versicherungsunternehmens regelmäßig evaluieren und modifizieren, zu nennen.

Die Hauptaufgaben und -zuständigkeiten sind für alle Schlüsselfunktionen zu beschreiben. Da die gegenwärtige – und erst recht die künftige – Solvabilität eines Versicherungsunternehmens wesentlich von seiner Geschäftsführung und der Ausübung der Schlüsselfunktionen abhängt, ist zu berichten „über welche erforderlichen Befugnisse, Ressourcen und operationale Unabhängigkeit die Inhaber von Schlüsselfunktionen verfügen, um ihre Aufgaben durchzuführen und wie sie dem Verwaltungs-, Management- oder Aufsichtsorgan des Versicherungs- oder Rückversicherungsunternehmens [...] Bericht erstatten und es beraten.“[722] Eine doppelte Beschreibung der Hauptaufgaben und -zuständigkeiten von Schlüsselfunktionen ist nicht erforderlich, daher können diese Angaben in den zugehörigen Berichtsabschnitten[723] und nicht im hier analysierten Berichtsabschnitt „Allgemeine Angaben zum Governance-System“ gegeben werden.

552.3 Angaben zu allen wesentlichen Änderungen des Governance-Systems während des Berichtszeitraums (Art. 294 Abs. 1 lit b DVO)

Hier sind Informationen über „alle wesentlichen Änderungen des Governance-Systems [für den] Berichtszeitraum“[724] im SFCR zu geben. Die Bestandteile des Governance-Systems werden in den §§ 23, 26, 27 u. 29-31 VAG n. F. sowie im Kapitel IX, Abschnitt 1 (Art. 258-267) der DVO (Säule II-Vorschriften) vorgegeben. Diese Säule II-Vorschriften

721 Zu den typischen Ausschüssen innerhalb des Aufsichtsrats eines Versicherungsunternehmens zählen ein Prüfungsausschuss, Risikoausschuss, Nominierungs- und Personal-/Vergütungsausschuss. Ferner können Versicherungsunternehmen über Kapitalanlageausschüsse und einen Ausschuss für Angelegenheiten des Geschäftsfelds Rückversicherung verfügen. Vgl. auch BAFIN, Solvency II Vorbereitungs-Leitlinien: Governance, Leitlinien 86.

722 EIOPA, Leitlinien über die Berichterstattung und die Veröffentlichung, S. 4 (Leitlinie 3, Tz. 1.15), Auslassung durch den Verfasser.

723 Vgl. dazu die Abschnitte 553-557.

724 Art. 294 Abs. 1 lit b DVO, Einfügung durch den Verfasser.

werden herangezogen, um daraus entsprechende Gestaltungsempfehlungen für den SFCR herzuleiten. Neben zahlreichen allgemeinen Governance-Anforderungen (§ 23 VAG n. F und Art. 258 DVO) ist demgemäß über das Risikomanagementsystem einschließlich der Risikomanagementbereiche (§ 26 VAG n. F.; Art. 260 DVO) und zu der Bewertung des Gesamtsolvabilitätsbedarfs (§ 27 VAG n. F.; Art. 262 DVO) zu berichten. Dabei sind auch qualitative Anforderungen bezüglich der Bewertungsmethoden (Art. 263-265 DVO) und des internen Kontrollsystems (§ 29 VAG n. F.; Art. 266 f. DVO) zu beachten. Wie diese Vorschriften vom Versicherungsunternehmen umgesetzt worden sind, ist ausführlich bei den diesbezüglichen Berichtsgegenständen zu berichten. Diese Angaben können aber nach erstmaliger Veröffentlichung im SFCR separat auf der Website des Versicherungsunternehmens gemacht werden.[725] Die wesentlichen Änderungen des Governance-Systems im Berichtszeitraum (im Vergleich zur Vorberichtsperiode) sind hier im SFCR berichtspflichtig.

Gemäß § 23 Abs. 2 VAG n. F. hat der Vorstand des Versicherungsunternehmens dafür zu sorgen, „dass die Geschäftsorganisation regelmäßig intern überprüft wird“ (Überprüfungspflicht).[726] Ferner müssen Versicherungsunternehmen gemäß § 23 Abs. 3 VAG n. F. „schriftliche interne Leitlinien aufstellen“, die „mindestens Vorgaben zum Risikomanagement, zum internen Kontrollsystem, zur internen Revision und, soweit relevant, zur Ausgliederung von Funktionen und Tätigkeiten“ – im folgenden Outsourcing genannt – umfassen (Dokumentationspflicht[727]) und sicherstellen, dass diese Leitlinien umgesetzt und kontinuierlich befolgt werden. Der Vorstand hat diesen schriftlichen Leitlinien zuzustimmen und die Leitlinien sind mindestens jährlich zu überprüfen.[728] Die Ergebnisse der Überprüfungen sowie wesentliche Änderungen in den Leitlinien sind vom Versicherungsunternehmen zu nutzen, um festzustellen, ob wesentliche und damit berichtspflichtige Änderungen des Governance-Systems während der Berichtsperiode vorliegen. Der Bericht über das Governance-System sollte im SFCR den Adressaten nur Informationen vermitteln,

[725] Vgl. zu diesem Vorschlag bereits Abschnitt 551.

[726] Vgl. dazu auch EIOPA, Leitlinien zum Governance-System, S. 7 (Leitlinie 6, Tz. 1.32 u. 1.33).

[727] Vgl. hierzu auch § 23 Abs. 5 VAG n. F., wonach die aufbau- und ablauforganisatorischen Regelungen sowie das interne Kontrollsystem für Dritte nachvollziehbar zu dokumentieren sind und diese Dokumentation sechs Jahre aufzubewahren ist. Vgl. ausführlich zu den Vorgaben für Aufbau und Ablauforganisation BAFIN, Solvency II Vorbereitungs-Leitlinien: Governance, Tz. 7-34.

[728] Vgl. § 23 Abs. 3 VAG n. F. Vgl. zu den inhaltlichen Anforderungen an solche Leitlinien auch EIOPA, Leitlinien zum Governance-System, S. 7 (Leitlinie 7, Tz. 1.34 ff.)

die für ihn relevant sind. Den Adressaten interessieren nur Informationen, die ihm helfen zu beurteilen, ob die gegenwärtige und künftige Geschäftsorganisation angemessen ist oder ob sie (verbleibende) Schwachstellen aufweist. Daher ist nur sehr knapp über in der Vergangenheit vorgenommene Änderungen des Governance-Systems zu berichten. Die Angaben zu Änderungen des Governance-Systems sollten daher mit der durch Art. 294 Abs. 9 DVO geforderten **Bewertung der Angemessenheit des Governance-Systems des Versicherungsunternehmens** inhaltlich verbunden werden.[729] Auch wenn der gesamte SFCR vom Vorstand zu genehmigen ist,[730] sollte die Bewertung der Angemessenheit des Governance-Systems deutlich erkennbar als Aussage des Vorstands gegeben werden. Insofern ließe sich der Informationsgehalt der Angaben zu diesem Berichtspunkt erhöhen, wenn auch über von Trägern von Schlüsselfunktionen empfohlene oder vom Vorstand geplante – indes noch nicht umgesetzte – Änderungen des Governance-System berichtet würde, woraus gegenwärtig bestehende Schwächen des Governance-Systems erkennbar würden.

552.4 Angaben zu Vergütungspolitik und Vergütungspraktiken (Art. 294 Abs. 1 lit c DVO)

Durch Art. 294 Abs. 1 lit c DVO werden im SFCR umfassende Angaben zur Vergütungspolitik und zur Vergütungspraxis sowohl für das Management- und Aufsichtsorgan als auch – soweit nicht anders angegeben – für die Beschäftigten verlangt. **Nicht** gefordert wird, die Höhe der Vergütung des Leitungs- und Aufsichtsorgans (individualisiert) offenzulegen,[731] sondern die Grundzüge des Vergütungssystems und Anreizwirkungen, die vom Vergütungssystem ausgehen, sind zu beschreiben. Hiermit soll bezüglich der in § 25 Abs. 1 VAG n. F. kodifizierten Vorgaben, dass das Vergütungssystem für Geschäftsleiter, Mitarbeiter und Aufsichtsratsmitglieder der Versicherungsunternehmen „angemessen, transparent und auf eine nachhaltige Entwicklung des Unternehmens ausgerichtet sein“[732] soll,

[729] Vgl. dazu Abschnitt 559.1.

[730] Vgl. dazu auch EIOPA, Leitlinien über die Berichterstattung und die Veröffentlichung, S. 18 (Leitlinie 31, Tz. 1.45 lit c).

[731] Aufsichtsrechtlich sind Angaben zu Vergütungsansprüchen der Mitglieder der Verwaltungs-, Management- und Aufsichtsorgane im Berichtszeitraum, einschließlich eines Vergleichs mit dem vorangegangenen Berichtszeitraum unter Nennung der Gründe etwaiger wesentlicher Veränderungen nur im vertraulichen Bericht an die Aufsichtsbehörde(n) gefordert. Vgl. Art. 308 Abs. 1 lit c DVO.

[732] § 25 Abs. 1 VAG n. F. Vgl. so im Wortlaut auch bereits § 64b Abs. 1 VAG a. F.

berichtet werden.[733] Die Europäische Kommission begründet die Anforderungen an das Vergütungssystem damit, dass unangemessene Vergütungspraktiken im Finanzdienstleistungssektor das Eingehen übermäßiger Risiken förderten und einem effizienten und soliden Risikomanagement zuwider liefen und sie Mitursache der 2007 und 2008 entstandenen Finanzkrise, die zu erheblichen finanziellen Verlusten bei einigen Finanzinstituten führte, waren.[734]

Für die nachhaltige dauerhafte Solvabilität eines Versicherungsunternehmens ist es unabdingbar, dass die vom Vergütungssystem ausgehenden Anreize für Management, Aufsichtsrat und Mitarbeiter, deren Tätigkeit das Risikoprofil des Versicherungsunternehmens wesentlich beeinflussen (können),[735] im Einklang mit dem Ziel der langfristigen Bestandsfestigkeit des Versicherungsunternehmens stehen.[736] Eine diesbezügliche Berichtspflicht ist daher zu befürworten.[737] Bei diesem Berichtsgegenstand ist besonders auf die Bedeutung der variablen Vergütungsbestandteile sowie der Zusatzrenten- oder Vorruhestandsregelungen[738] und der Maßstäbe[739] einzugehen, nach welchen diese bemessen und gewährt werden.

Im deutschen Rechnungslegungsstandard Nr. 17 ist die Berichterstattung über die Vergütung der Organmitglieder einschließlich der Grundzüge des Vergütungssystems detailliert

[733] Die Vorgaben zur Vergütungspolitik werden in Art. 275 DVO konkretisiert. Ferner wird gemäß § 34 Abs. 2 VAG n. F. das BMF ermächtigt, durch Rechtsverordnung(en) nähere Einzelheiten zu den Vergütungssystemen festzulegen.

[734] Vgl. EUROPÄISCHE KOMMISSION, Kommissionsempfehlung zur Vergütungspolitik im Finanzdienstleistungssektor, Erwägungsgründe 2 u. 3; EUROPÄISCHE KOMMISSION, Kommissionsempfehlung zur Vergütungsregelung, insb. Abschnitt II; BAFIN, Begründung zur Versicherungs-Vergütungsverordnung, Allgemeiner Teil.

[735] Vgl. Art. 275 Abs. 1 lit c u. d DVO.

[736] Vgl. dazu die diesbezügliche Vergütungsleitlinie: EIOPA, Leitlinien zum Governance-System, S. 8 (Leitlinie 9).

[737] In einer empirischen Untersuchung von handelsrechtlichen Konzernlageberichtsanforderungen ermittelte HIPPEL, dass bei den untergeordneten Berichtsgegenständen des Berichtsgegenstands „Berichterstattung über die Vergütung der Organmitglieder“ Angaben zu den Grundzügen des Vergütungssystems die höchste Bedeutung für die Konzernlageberichtsadressaten haben. Vgl. HIPPEL, B., Konzernlagebericht, S. 182.

[738] Die mit der frühzeitigen Beendigung eines Vertrages getroffenen Regelungen sollten kein Fehlverhalten oder Versagen belohnen. Vgl. Europäische Kommission, Empfehlung 2009/384/EG, Erwägungsgrund 16, Art. 275 Abs. 1 lit f DVO.

[739] Die Maßstäbe sollen die individuellen Leistungen des Einzelnen, des betreffenden Geschäftsbereichs und des gesamten Unternehmens berücksichtigen. Bei der Bewertung der Leistung des Einzelnen sind sowohl finanzielle als auch nicht-finanzielle Kriterien heranzuziehen. Vgl. dazu Art. 275 Abs. 2 lit b u. d DVO.

geregelt.[740] Diese Regelungen können auf die Solvabilitätsberichterstattung übertragen werden, um die eher allgemein formulierten Berichtspflichten zu dem hier diskutierten Berichtsgegenstand zu konkretisieren.

Aus den Angaben zur Vergütung von Vorstand, Aufsichtsrat und Mitarbeitern sollte hervorgehen, ob die festen und die variablen Vergütungskomponenten[741] in einem ausgewogenen Verhältnis stehen.[742] Außerdem sollte die maximal erreichbare Höhe der variablen Vergütungsbestandteile[743] – möglichst als Prozentsatz vom Fixgehalt – angegeben werden. Zur variablen Vergütungskomponente sollten mindestens die messbaren finanziellen und nichtfinanziellen Leistungskriterien, nach welchen die variable Vergütung bemessen wird, offengelegt werden.[744] Dazu sind auch Angaben zur zeitlichen Erfolgsbindung (einschließlich Zahlungsaufschubfristen) für die Vergütungen zu machen. Sollten einzelne Leistungskriterien an bislang nicht-öffentliche Unternehmensziele geknüpft sein (z. B. Steigerung des Umsatzes in einem bestimmten Versicherungszweig oder Absatzmarkt), hat das Versicherungsunternehmen die Möglichkeit, sich eine Nicht-Veröffentlichung solcher Informationen von den Aufsichtsbehörden genehmigen zu lassen.[745] Das Versicherungsunternehmen sollte erklären, wie diese angelegten Leistungskriterien und die zeitliche Erfolgsbindung den langfristigen Interessen des Unternehmens und seiner Stakeholder, insb. der Versicherungsnehmer, dienen (nachhaltige Unternehmensentwicklung). Eine besondere Bedeutung

[740] Vgl. auch DRS 20.10, in dem bezüglich der Berichterstattung über die Vergütung der Organmitglieder (Vergütungsbericht) auf DRS 17 verwiesen wird, da diese nicht Gegenstand von DRS 20 ist. Durch DRS 17 wird die Berichterstattung über die Vergütung der Organmitglieder gemäß §§ 314 Abs. 1 Nr. 6, 315 Abs. 2 Nr. 4 HGB konkretisiert. Eine entsprechende Anwendung des Rechnungslegungsstandards wird gemäß DRS 17.8 für die Berichterstattung gem. §§ 285 Satz 1 Nr. 9, 289 Abs. 2 Nr. 5 HGB empfohlen.

[741] Zu den festen, erfolgsunabhängigen Komponenten gehören Gehälter, feste jährliche Einmalzahlungen, von der Gesellschaft getragene Versicherungsbeiträge und Aufwandsentschädigungen. Vgl. DRS 17.40. Zu den erfolgsabhängigen Komponenten zählen Gewinnbeteiligungen, variable Tantiemen und Boni sowie sonstige Prämien für besondere Leistungen. Vgl. DRS 17.41. Zu den variablen Erfolgskomponenten sind hier auch solche mit langfristiger Anreizwirkung wie Aktien mit mehrjähriger Veräußerungssperre, Aktienoptionen und sonstige aktienbasierte Vergütungen zu zählen.

[742] Vgl. Art. 275 Abs. 2 lit a DVO; vgl. auch DRS 17.79.

[743] Vgl. REGIERUNGSKOMMISSION DEUTSCHER CORPORATE GOVERNANCE KODEX, Deutscher Corporate Governance Kodex, Tz. 4.2.5.

[744] Diese müssen gemäß Art. 275 Abs. 2 lit b auf einer Kombination aus der Bewertung der Leistungen des Einzelnen sowie des betreffenden Geschäftsbereichs einerseits und dem Gesamtergebnis des Unternehmens andererseits basieren.

[745] Vgl. ähnlich DRS 17.81; DEUTSCHER BUNDESTAG, BT-Drucks. 15/5577, S. 8. Vgl. zur Möglichkeit, bestimmte Informationen nicht zu veröffentlichen Abschnitt 352.

kommt der Berichterstattung über die variable Vergütung von Leitern von und Mitarbeitern in Schlüsselfunktionen – besonders der versicherungsmathematischen Funktion – zu, deren Vergütung gemäß Art. 275 Abs. 2 lit h DVO nicht von der Leistung der ihrer Kontrolle unterstehenden operativen Einheiten und Bereiche abhängen darf.[746] Auch für diesen Berichtsgegenstand ist die in Abschnitt 551 vorgeschlagene Verweistechnik anzuwenden.

552.5 Informationen über wesentliche Transaktionen im Berichtszeitraum mit nahestehenden Personen (Art. 294 Abs. 1 lit d DVO)

Gemäß Art. 294 Abs. 1 lit d DVO sind im SFCR Angaben „über wesentliche Transaktionen im Berichtszeitraum mit Anteilseignern, Personen, die maßgeblichen Einfluss auf das Unternehmen ausüben, und Mitgliedern des Verwaltungs-, Management- oder Aufsichtsorgans" zu machen. Auf Einzelberichtsebene sind diesbezüglich keine Details geregelt. Daher ist zu konkretisieren, welche Transaktionen mit Anteilseignern (1), Personen mit maßgeblichen Einfluss (2) und Mitgliedern des Verwaltungs-, Management- oder Aufsichtsorgans (3) berichtet werden müssen. Diese Angaben sind relevant, weil mögliche Einflüsse solcher Transaktionen auf die wirtschaftliche Lage des Unternehmens ersichtlich werden, und diese Transaktionen im Verdacht stehen, zu für das Versicherungsunternehmen nachteiligen Konditionen, die von denen gegenüber fremden Dritten abweichen, abgewickelt zu werden.[747]

Die berichtspflichtigen **Transaktionen mit Anteilseignern (1)** können durch Übertragung der Vorgaben für den Gruppenbericht an die Aufsichtsbehörden auf den SFCR konkretisiert werden,[748] denn in dem Gruppenbericht werden die Berichtspflichten für sog. bedeutende gruppeninterne Transaktionen[749] detailliert geregelt.[750] Ein Versicherungsunterneh-

746 Vgl. zu weiteren möglichen Angaben über die Vergütung von Organmitgliedern ausführlich KRIMPMANN, A., Vergütungsbericht, S. 320-329; TESCH, J./WIßMANN, R., Lageberichterstattung, S. 92-97.

747 Vgl. so auch die Begründung der vergleichbaren Berichtspflicht gemäß IAS 24.6.

748 Diese Übertragung der Gruppenberichtspflicht über gruppeninterne Transaktionen auf den Einzelbericht wird durch das analoge Vorgehen von EIOPA gestützt. EIOPA fordert Einzelversicherungsunternehmen, die einer Gruppe angehören, dazu auf, qualitative und quantitative Informationen über wesentliche Transaktionen innerhalb der Gruppe zu berichten. Vgl. EIOPA-CP-14/047, Guideline 24, Tz. 1.40. Diese Informationen sind indes unter dem Berichtsgegenstand „Sonstige Angaben" zur Geschäftstätigkeit und zu den Geschäftsergebnissen zu geben.

749 Vgl. zur Überwachung gruppeninterner Transaktionen durch die Aufsichtsbehörden und diesbezügliche Meldungsregelungen § 274 VAG n. F. Gruppeninterne Transaktionen sind gemäß § 7 Nr. 14 VAG n. F. „Transaktionen, bei denen sich ein Versicherungsunternehmen zur Erfüllung ei-

men hat dementsprechend solche seiner Transaktionen mit dem Mutterunternehmen (oder seinen anderen Anteilseignern innerhalb der Gruppe, zu der es gehört) in seinem SFCR zu berichten, die im Gruppenbericht berichtspflichtig sind. Demgemäß sind Transaktionen berichtspflichtig, die sich wesentlich auf die Solvabilität oder Liquidität des Versicherungsunternehmens auswirken,[751] z. B. Kapitalanlagentransaktionen, Ausleihungen und Cash-pooling-Vereinbarungen, Garantien, Derivatetransaktionen, Dividenden- und Zinszahlungen, Rückversicherungsgeschäfte, die Erbringung von Dienstleistungen oder Kostenbeteiligungsvereinbarungen sowie der Erwerb, Verkauf oder die Verpachtung von Vermögenswerten.[752] Zu diesen Transaktionen sollten zumindest Angaben zum Zeitpunkt, zur Art und zum Wert[753] (Gesamtbetrag[754]) der Transaktionen sowie zu den daran beteiligten Parteien und weitere diesbezügliche Angaben, die für die Beurteilung der Solvabilitäts- und Finanzlage des Versicherungsunternehmens notwendig sind, gemacht werden.[755] Dabei sollte angegeben werden, ob die Transaktionen zu marktüblichen Konditionen abgewickelt worden sind. Ist dies nicht der Fall, sollte vom Versicherungsunternehmen detaillierter über diese Transaktionen berichtet werden.

ner Verbindlichkeit direkt oder indirekt auf andere Unternehmen innerhalb derselben Gruppe oder auf natürliche oder juristische Personen stützt, die mit den Unternehmen der Gruppe durch enge Verbindungen verbunden sind, unabhängig davon, ob dies auf vertraglicher oder nicht vertraglicher oder auf entgeltlicher oder unentgeltlicher Grundlage geschieht".

750 Vgl. Art. 372 Abs. 2 lit a Tz. iv i. V. m. Art. 377 DVO. Vgl. dazu bereits ähnlich § 55a Abs. 1 Nr. 1b VAG a. F. i. V. m. § 104e VAG a. F.

751 Vgl. zur Bestimmung der Wesentlichkeit von gruppeninternen Transaktionen auch EU, RL 2009/138/EG, Art. 245 Abs. 3 mit Verweis auf Art. 244 Abs. 3, nach dem die für die Gruppe zuständige Aufsichtsbehörde Schwellenwerte für meldepflichtige gruppeninterne Transaktionen festlegt, die auf Solvenzkapitalanforderungen, versicherungstechnischen Rückstellungen oder beidem basieren. Vgl. zur Umsetzung im VAG n. F.: §§ 274, 275 VAG n. F. Entgegen der Vorgabe in der Solvency-II-Richtlinie fehlt in § 274 VAG n. F. indes der in der Richtlinie vorgesehene Verweis auf § 273 VAG n. F., wonach Schwellenwerte bezüglich der Berichtspflicht nicht nur für Risikokonzentrationen, sondern auch für gruppeninterne Transaktionen festgelegt werden sollen. Vgl. dazu weiter JOINT COMMITTEE OF THE EUROPEAN SUPERVISORY AUTHORITIES, Risk concentration and intra-group transactions, Art. 3. (Im Folgenden zitiert mit JC/CP/2014/04). Im Finanzkonglomerate-Aufsichtsgesetz findet sich beispielsweise ein Schwellenwert von 5 % bezogen auf die gesamten Kapitalanforderungen eines Finanzkonglomerats (vgl. § 33 FKAG). Vgl. zu quantitativen Schwellenwerten zur Bestimmung einer Berichtspflicht auch CEIOPS, CEIOPS-DOC-53/09, Tz. 3.34-45.

752 Vgl. Art. 377 Abs. 2 DVO. Vgl. dazu vorangegangen auch CEIOPS, CEIOPS-DOC-53/09, Tz. 3.9 u. 3.10.

753 Vgl. für den aufsichtlichen Bericht EIOPA-CP-14/047, Guideline 24, Tz. 1.40 lit a u. b.

754 Vgl. JC/CP/2014/04, Art. 3 Abs. 4 lit c.

755 Vgl. ähnlich JC/CP/2014/04, Art. 3 Abs. 4 lit a. Vgl. auch CEIOPS, CEIOPS-DOC-53/09, Tz. 3.30, demgemäß qualitative und quantitative Angaben für die Berichterstattung an die Aufsichtsbehörden vorgeschlagen werden.

Diesen Angaben vergleichbar, ist im SFCR über **Transaktionen mit Personen, die maßgeblichen Einfluss auf das berichtende Versicherungsunternehmen ausüben (2),** zu berichten.

Bezüglich der **Transaktionen mit Mitgliedern des Verwaltungs-, Management- oder Aufsichtsorgans (3)** sind z. B. Angaben zu Vorschüssen, Krediten (unter Angabe der Zinssätze, wesentlichen Bedingungen und ggfs. zurückgezahlten Beträge) und zu Haftungsverhältnissen wünschenswert.[756]

553. Angaben zu den Anforderungen an die fachliche Eignung und persönliche Zuverlässigkeit von Personen, die das Unternehmen leiten oder Schlüsselaufgaben wahrnehmen (Art. 294 Abs. 2 DVO)

Art. 294 Abs. 2 DVO:

„Der Bericht über [die] Solvabilität und Finanzlage enthält alle folgenden Informationen über die Strategie des Versicherungs- oder Rückversicherungsunternehmens in Bezug auf fachliche Qualifikation und persönliche Zuverlässigkeit:

(a) eine Beschreibung der spezifischen Anforderungen des Unternehmens an Fähigkeiten, Kenntnisse und Fachkunde der Personen, die das Unternehmen tatsächlich leiten oder andere Schlüsselfunktionen innehaben;

(b) eine Beschreibung der Vorgehensweise des Unternehmens bei der Bewertung der fachlichen Qualifikation und persönlichen Zuverlässigkeit der Personen, die das Unternehmen tatsächlich leiten oder andere Schlüsselfunktionen innehaben.“

Da die beiden Berichtspunkte inhaltlich miteinander in Beziehung stehen, werden sie zusammen analysiert. Durch diese Berichtsgegenstände soll Transparenz über die in § 24 VAG n. F. i. V. m. Art. 273 DVO kodifizierten Anforderungen an die jederzeit[757] fachliche Qualität bzw. Eignung und die persönliche Zuverlässigkeit von Personen, die das Unternehmen tatsächlich leiten oder andere Schlüsselaufgaben[758] wahrnehmen, und darüber, wie

[756] Vgl. DRS 17.37.

[757] Vgl. Art. 273 Abs. 1 DVO.

[758] Im VAG n. F. sind hier Schlüsselfunktionen i. w. S. gemeint. Vgl. zu der Unterscheidung der Schlüsselfunktionen i. e. S. und Schlüsselfunktionen i. w. S. (=Schlüsselaufgaben) bereits Fn. 230. Demgemäß fallen unter die Inhaber von Schlüsselaufgaben nicht nur die Geschäftsleiter und die Inhaber der Risikocontrolling-Funktion, Compliance-Funktion, versicherungsmathematischen Funktion und internen Revision, sondern auch Mitglieder des Aufsichtsrats und Inhaber weiterer anderer Schlüsselaufgaben, wenn sie für den Geschäftsbetrieb des Versicherungsunternehmens von erheblicher Bedeutung sind. Z. B. ist der Bereich, der die Kapitalanlageentscheidungen trifft und verantwortet, als solcher Bereich im Versicherungsunternehmen zu nennen. Vgl. BR-Drucks. 430/14, S. 278 (Begründung zu § 24 Abs. 1 VAG n. F.); BAFIN, Solvency II Vorbereitungsleitlinien: Fachliche Eignung u. Zuverlässigkeit, Leitlinien 2-3. Da die Berichtspflicht spiegelbildlich zu

das Versicherungsunternehmen sicherstellt, dass diese Anforderungen als Ergebnis eines entsprechenden Personalauswahlverfahrens und auch fortlaufend erfüllt werden (Säule 2-Vorgaben),[759] geschaffen werden. Diese Säule 2-Vorgaben werden im Folgenden dargestellt, um aus diesen Regelungsdetails diesbezügliche konkretisierende Berichtsempfehlungen herzuleiten.

Gemäß § 24 Abs. 1 VAG n. F. setzt die fachliche Eignung berufliche Qualifikationen[760], Kenntnisse und Erfahrungen[761] voraus, die durch angemessene theoretische und praktische Kenntnisse in Versicherungsgeschäften sowie im Fall der Wahrnehmung von Leitungsaufgaben durch ausreichende Leitungserfahrung[762] erreicht werden können.[763] Dabei ist „eine angemessene Vielfalt der Qualifikationen, Kenntnisse und einschlägigen Erfahrungen"[764] sicherzustellen. Die konkreten Anforderungen richten sich nach der jeweiligen Schlüsselaufgabe und den Zuständigkeiten, die Mitarbeitern zugeteilt worden sind, um die jeweilige Schlüsselaufgabe zu erfüllen.[765] Um beurteilen zu können, ob eine Person zuverlässig ist, sollen gemäß Art. 273 Abs. 4 DVO ihre Redlichkeit sowie die Solidität ihrer finanziellen Verhältnisse auf der Grundlage von Nachweisen, die ihren Charakter, ihr persönliches Verhalten und ihr Geschäftsgebaren betreffen, einschließlich strafrechtlicher[766], finanzieller und aufsichtlicher Aspekte, bewertet werden. Personen, die das Versicherungsunternehmen

den Vorgaben für die fachliche Qualität und persönliche Zuverlässigkeit ist, ist zu diesem Berichtsgegenstand über die Schlüsselfunktionen i. w. S. zu berichten. Daher wird hier abweichend von der Vorschrift der DVO die Bezeichnung „Schlüsselaufgaben" aus dem VAG n. F. übernommen.

759 Vgl. EIOPA, Leitlinien zum Governance-System, S. 9 (Leitlinie 13, Tz. 1.45 lit b).

760 In Art. 273 Abs. 2 DVO wird die formale Qualifikation ergänzt.

761 In Art. 273 Abs. 2 DVO wird auf einschlägige Erfahrungen im „Versicherungssektor, anderen Finanzsektoren oder anderen Unternehmen [abgestellt], wobei die der betreffenden Person jeweils übertragenen Aufgaben und, soweit relevant, die Qualifikationen der Person auf den Gebieten Versicherung, Finanzen, Rechnungslegung, Versicherungsmathematik und Management zu berücksichtigen sind". Einfügung durch den Verfasser.

762 Als ausreichende Leitungserfahrung wird eine dreijährige leitende Tätigkeit bei einem Versicherungsunternehmen von vergleichbarer Größe und Geschäftsart anerkannt. Vgl. § 24 Abs. 1 S. 4 VAG n. F.

763 Vgl. dazu bereits vor Einführung von Solvency II die BaFin-Merkblätter „Merkblatt für die Prüfung der fachlichen Eignung und Zuverlässigkeit von Geschäftsleitern gemäß VAG, KWG, ZAG und InvG" und „Merkblatt zur Kontrolle der Mitglieder von Verwaltungs- und Aufsichtsorganen gemäß KWG und VAG". Vgl. BAFIN, Merkblatt Geschäftsleitereignung und -zuverlässigkeit, o. A.; BAFIN, Merkblatt Verwaltungs- und Aufsichtsorganen, o. A.

764 EIOPA, Leitlinien zum Governance-System, S. 9 (Leitlinie 11, Tz. 1.42).

765 Vgl. BR-Drucks. 430/14, S. 278 (Begründung zu § 24 Abs. 1 VAG n. F.).

766 Vgl. dazu auch EIOPA, Leitlinien zum Governance-System, S. 9 (Leitlinie 12, Tz. 1.44).

tatsächlich leiten, sind gemäß § 24 Abs. 2 VAG n. F. „neben den Geschäftsleitern solche, die für das Unternehmen wesentliche Entscheidungen zu treffen befugt sind".[767] Dies sind „Personen, die unterhalb der Ebene der Geschäftsleitung auf Unternehmensentscheidungen erheblichen Einfluss haben"[768]. Da die Berichtspflicht auch für alle Personen gilt, die Schlüsselaufgaben wahrnehmen, d. h. solche, „die in Bezug auf als Schlüsselaufgaben identifizierte Aufgaben tätig sind"[769], ist der Personenkreis, den die Berichtspflicht betrifft, sehr weit definiert.

All diese Aspekte, d. h. Prüfung und Förderung der Qualifikation, Kenntnisse, Erfahrungen und Zuverlässigkeit eines großen Mitarbeiterkreises, sind gemäß der oben mit Art. 294 Abs. 2 lit a DVO zitierten Berichtspflicht (Beschreibung der spezifischen Anforderungen des Unternehmens an Fähigkeiten, Kenntnisse und Fachkunde) im SFCR im Rahmen einer allgemeinen Beschreibung des Personalauswahl- und -qualifizierungssystems zu beschreiben. Um den Bericht nicht unnötig auszudehnen, kann dies nicht für jede Schlüsselaufgabe einzeln erfolgen. Insofern werden nur die den Stellenanzeigen für kaufmännische Funktionen in einem Unternehmen häufig zu entnehmenden Standard-Anforderungen relevant sein. Diese Anforderungen sind regelmäßig ein abgeschlossenes betriebswirtschaftliches Studium oder ggfs. eine kaufmännische Ausbildung zuzüglich berufsspezifischer Fortbildungen, zusätzliche berufsqualifizierende Weiterbildungen (z. B. WP, CFA, Aktuar), Berufserfahrung in dem jeweiligen Aufgabengebiet sowie Kenntnisse bestimmter Software. **Für die Adressaten sind indes nicht die Soll-Qualifikationen der Beschäftigten, sondern deren tatsächliche Kenntnisse und Fähigkeiten (Ist-Qualifikationen) relevant.** Auch für diesen Berichtsgegenstand ist die in Abschnitt 551 vorgeschlagene Verweistechnik anzuwenden.

Angaben zur Ist-Qualifikation werden indes auch nicht durch die in Art. 294 Abs. 2 lit b DVO geforderte „Beschreibung der Vorgehensweise des Unternehmens bei der Bewertung der fachlichen Qualifikation und persönlichen Zuverlässigkeit" im SFCR verlangt. Daher sind zu diesen beiden Berichtsgegenständen Angaben zur Ist-Qualifikation zu fordern, denn der wirtschaftliche Erfolg und die Solvabilität eines Versicherungsunternehmens wer-

[767] Vgl. auch BAFIN, Solvency II Vorbereitungsleitlinien: Fachliche Eignung u. Zuverlässigkeit, Leitlinien 7-9.

[768] BR-Drucks. 430/14, S. 278 (Begründung zu § 24 Abs. 2 VAG n. F.).

[769] BR-Drucks. 430/14, S. 278 (Begründung zu § 24 Abs. 1 VAG n. F.).

den maßgeblich davon bestimmt, wie die Beschäftigten „ihr Wissen und Können einsetzen, wie motiviert sie sind, wie gut sie zusammenarbeiten und wie sinnvoll, intelligent [und] zielgerichtet“[770] sie die Ressourcen des Unternehmens einsetzen. Angaben zur Qualifikation umfassen beispielsweise den Akademiker-Anteil (Kaufleute, Mathematiker) der Beschäftigten mit Schlüsselaufgaben oder den Anteil von Beschäftigten mit aufgabenspezifischen beruflichen Weiterbildungen.[771] Dabei sind auch Angaben wünschenswert, ob und wie die Mitarbeiter fachlich bzw. methodisch und im zwischenmenschlichen Verhalten geschult und ihre Fähigkeiten hierfür identifiziert, weiterentwickelt und im Unternehmen eingesetzt werden. Diese Angaben können indes nur Informationen zur vorhandenen Qualifikation der Beschäftigten geben. Sie geben keine Informationen darüber, wie ein Mitarbeiter diese Qualifikation in seine Arbeitsleistung einbringt. Das Verhalten eines Mitarbeiters und seine tatsächliche Leistung werden wesentlich von der Unternehmenskultur beeinflusst.[772] Daher sollten zumindest auch Angaben zur Mitarbeiterfluktuation und Mitarbeiterzufriedenheit sowie zu den Fehlzeiten (Angabe der Tage pro Mitarbeiter und Jahr) gemacht werden,[773] die zumindest als Indikatoren für den Stand der Unternehmenskultur verwendet werden können.[774]

554. Angaben zum Risikomanagementsystem einschließlich der eigenen Beurteilung der Risiken und Solvabilität

554.1 Angaben zum Risikomanagementsystem (Art. 294 Abs. 3 DVO)

Art. 294 Abs. 3 DVO:

„Der Bericht über [die] Solvabilität und Finanzlage enthält alle folgenden Informationen über das Risikomanagementsystem des Versicherungs- oder Rückversicherungsunternehmens:

(a) eine Beschreibung des Risikomanagementsystems, einschließlich Strategien, Prozessen und Berichtsverfahren, sowie der Art und Weise, wie das Unternehmen die Risiken, denen es ausgesetzt ist oder ausgesetzt sein könnte, kontinuierlich und effektiv auf Einzelebene und auf aggregierter Ebene ermittelt, misst, überwacht, managt und darüber Bericht erstattet;

[770] PRIGGE, C., Konzernlageberichterstattung, S. 157, Einfügung durch den Verfasser.

[771] Vgl. KRUMBHOLZ, M., Lagebericht, S. 110.

[772] Vgl. ausführlich BAETGE, J./LAPPENKÜPER, I./MAY, M., Unternehmenskultur und Risiken, S. 605-622; BAETGE, J., U. A., Unternehmenskultur und Unternehmenserfolg, S. 183-217.

[773] Vgl. PRIGGE, C., Konzernlageberichterstattung, S. 158.

[774] Vgl. auch DRS 20.107 lit c.

(b) eine Beschreibung, wie das Risikomanagementsystem, einschließlich der Risikomanagementfunktion, umgesetzt und in Organisationsstruktur und Entscheidungsprozesse des Unternehmens integriert wird.“

Das Risikomanagementsystem ist neben dem internen Kontrollsystem eines der zwei Subsysteme des aufsichtsrechtlich geforderten Governance-Systems von Versicherungsunternehmen,[775] über das unter dem o. g. Berichtsgegenstand im SFCR zu berichten ist. Die system- und prozessbezogenen Angaben zu diesem Berichtsgegenstand sind von Angaben zu unterscheiden, die über das Risikoprofil des Versicherungsunternehmens informieren.[776] Im Folgenden werden die aufsichtsrechtlichen Säule 2-Vorgaben für das Risikomanagementsystem dargestellt, da deren Umsetzung hier zum Berichtsgegenstand gemacht werden sollte.

Gemäß § 26 Abs. 1 VAG n. F. muss das Risikomanagementsystem „die Strategien, Prozesse und internen Meldeverfahren umfassen, die erforderlich sind, um Risiken, denen das Unternehmen tatsächlich oder möglicherweise ausgesetzt ist, zu identifizieren, zu bewerten, zu überwachen und zu steuern sowie aussagefähig über diese Risiken zu berichten“.[777] Dabei hat das Risikomanagementsystem gemäß § 26 Abs. 5 VAG n. F. sämtliche Risiken des Versicherungsunternehmens zu umfassen und besonders folgende Bereiche abzudecken: Risikoübernahme (Zeichnung von Versicherungsrisiken) und Rückstellungsbildung,[778] Aktiv-Passiv-Management,[779] Kapitalanlagerisikomanagement,[780] Steuerung des Liquiditäts-[781]

[775] Vgl. BÜRKLE, J., Compliance und Revision, S. 221; §§ 26, 29 VAG n. F. i. V. m. Art. 259 DVO. Vgl. dazu bereits auch Abbildung 5: Aufsichtsrechtliche Governance-Architektur nach Solvency II in Abschnitt 234.23.

[776] Vgl. hierzu Abschnitt 56.

[777] Vgl. auch BAFIN, Solvency II Vorbereitungs-Leitlinien: Risikomanagement, Leitlinie 10. In DRS 20.11 wird Risikomanagementsystem als „Gesamtheit aller Regelungen, die einen strukturierten Umgang mit Risiken oder mit Chancen und Risiken im Unternehmen bzw. Konzern sicherstellen“ definiert.

[778] Risikoübernahme und Rückstellungsbildung sind Bestandteile des risikopolitischen Instrumentariums von Versicherungsunternehmen, das aus der Annahme- und Bestandspolitik, der Rückversicherungspolitik, der Prämienpolitik und der Risikoreservepolitik besteht. Vgl. zu dieser Klassifizierung JÄGER, B., Risikosituation und Risikopolitik von Versicherungsunternehmen, S. 256-260.

[779] Ein Aktiv-Passiv-Management, auch Asset-Liability-Management (ALM) genannt, trägt dem Umstand Rechnung, dass sich die auf der Passivseite der Bilanz eines Versicherungsunternehmens abgebildeten Verpflichtungen und die Vermögenswerte auf der Aktivseite wechselseitig bedingen. Das ALM ist ein Instrument zur ganzheitlichen Betrachtung dieser Wechselwirkung. Sie entsteht aus der typischen Kuppelproduktion von Versicherungsunternehmen, die regelmäßig ein Versicherungs- und ein Kapitalanlagegeschäft umfasst. Vgl. JÄGER, B., Risikosituation und Risikopolitik von Versicherungsunternehmen, S. 264-267. Vgl. zu diesbezüglichen internen Leitlinienvorgaben EI-

und Konzentrationsrisikos sowie der operationellen Risiken und Risikominderungstechniken (z. B. Rückversicherung).[782] Letztendlich sollte der Vorstand gewährleisten, dass das Risikomanagementsystem wirksam ist, indem er den Risikoappetit des Unternehmens und die allgemeinen Risikotoleranzschwellen sowie die wichtigsten Risikomanagementstrategien und -Leitlinien festlegt.[783] Zur unabhängigen Risikoüberwachung ist eine Risikocontrollingfunktion einzurichten.[784] Die unabhängige Risikocontrollingfunktion ist u. a. verantwortlich dafür, Risiken mindestens auf aggregierter Ebene zu identifizieren, zu bewerten und zu analysieren, Methoden und Prozesse zur Risikobewertung und -überwachung zu entwickeln und der Geschäftsleitung über Risiken zu berichten.[785] Sie soll die Umsetzung des Risikomanagementsystems maßgeblich befördern.[786]

Zu dem hier diskutierten Berichtsgegenstand ist folglich anzugeben, wie das Versicherungsunternehmen die o. g. Anforderungen an das Risikomanagementsystem und die Risikomanagementfunktion umgesetzt hat und laufend einhält und insb. wie es sicherstellt, dass seine „Inventur der Risiken“[787] vollständig ist.[788] Auch für diesen Berichtsgegenstand ist die in Abschnitt 551 vorgeschlagene Verweistechnik anzuwenden.

OPA, Leitlinien zum Governance-System, S. 13 (Leitlinie 24, Tz. 1.61); BAFIN, Solvency II Vorbereitungs-Leitlinien: Risikomanagement, Leitlinien 44-48.

780 Vgl. zu diesbezüglichen internen Leitlinienvorgaben EIOPA, Leitlinien zum Governance-System, S. 14 (Leitlinie 25, Tz. 1.62); BAFIN, Solvency II Vorbereitungs-Leitlinien: Risikomanagement, Leitlinien 49-58.

781 Vgl. zu diesbezüglichen internen Leitlinienvorgaben EIOPA, Leitlinien zum Governance-System, S. 14 f. (Leitlinie 26, Tz. 1.63).

782 Vgl. die Vorgaben von § 26 Abs. 5 VAG n. F. konkretisierend Art. 260 DVO.

783 Vgl. EIOPA, Leitlinien zum Governance-System, S. 10 (Leitlinie 17, Tz. 1.50).

784 Vgl. § 26 Abs. 8 VAG n. F.; PERLET, H./GUHE, J., Risikomanagement, 152.

785 Vgl. MaRisk VA 7.2.1 Nr. 3b. Vgl. auch DOTZLER, F./RECHTERN, F./SCHREIBER, K., MaRisk für Versicherungsunternehmen, S. 18 f. Vgl. zur Umsetzung ähnlicher Anforderungen bereits durch das KonTraG im Versicherungskontext MARTIN, E., Risikomanagement in Versicherungen, S. 644-649.

786 Vgl. § 26 Abs. 8 VAG n. F.; BAFIN, Solvency II Vorbereitungs-Leitlinien: Risikomanagement, Leitlinie 23.

787 Vgl. dazu ausführlich LEFFSON, U., Grundsätze ordnungsmäßiger Buchführung, S. 222-224.

788 Zu den in Art. 294 Abs. 3 lit b DVO genannten Berichtspunkten soll sowohl über das Risikomanagementsystem (Governance-Systembestandteil) als auch über die Risikomanagementfunktion (Governance-Funktionen) berichtet werden. Daraus wird ersichtlich, dass die Berichtsvorschriften nicht stringent zwischen Angaben zum Governance-System und solchen zu Governance-Funktionen unterscheiden. Dies gilt auch für die Beschreibung des Internen Kontrollsystems (Governance-Systembestandteil) und die Compliance-Funktion (Governance-Funktionen). Vgl.

Da die in Art. 294 Abs. 3 lit a u. b DVO geforderten – oben zitierten – Angaben unmittelbar in Zusammenhang stehen und nicht überschneidungsfrei[789] über sie berichtet werden kann, sollte über sie gemeinsam in einem Abschnitt berichtet werden. Daher werden die beiden Berichtsgegenstände im Folgenden gemeinsam analysiert und gewürdigt.

Sämtliche vom Versicherungsunternehmen im SFCR berichteten Risikoinformationen werden aus einem Risikomanagement(informations)system gewonnen.[790] Glaubwürdige Risikoinformationen können nur aus einem funktionierenden Risikomanagementsystem gewonnen werden, denn aus einem fehlerhaften Risikomanagementsystem gewonnene Informationen können aufgrund ihrer mangelnden Verlässlichkeit nicht die Rechenschafts- und Informationsfunktion des SFCR erfüllen.[791] Angaben zum Risikomanagementsystem des Versicherungsunternehmens sind deshalb obligatorisch. Sie bilden die Grundlage für die Berichterstattung über das Risikoprofil des Versicherungsunternehmens, denn vom Versicherungsunternehmen kann nur aussagekräftig über Risiken berichtet werden, die es mithilfe seines Risikomanagementsystems erkennt. Risiko- und Kapitalmanagement seien „Kernfunktionen eines Finanzdienstleisters, dessen Geschäftserfolg in erheblichem Maße

hierzu auch Abschnitt 555 sowie zur Unterscheidung von Governance-System und Governance-Funktionen bereits Abschnitt 234.23.

[789] Beispielsweise sind Angaben zu den Prozessen des Risikomanagements (lit a) aussagekräftiger, wenn zusätzlich die an ihnen beteiligten Personen bzw. Verantwortlichen oder organisatorische Einheiten genannt werden. Die Angabe der an den Risikomanagementprozessen beteiligten Personen bzw. Verantwortlichen oder organisatorischen Einheiten ist aber nur dann für den externen Adressaten nachvollziehbar, wenn diese organisatorisch in einen Gesamtkontext eingeordnet werden, also zugleich die in lit b geforderten Angaben zur Organisationsstruktur gemacht werden. Ferner ist kein Vorteil für den Adressaten erkennbar, wenn die Prozesse des Risikomanagements (lit a) getrennt von den Angaben, wie das Risikomanagement in die Entscheidungsprozesse des Unternehmens eingebunden wird, beschrieben werden. Da erst die Integration der Risikomanagementmethoden in die Geschäftsabläufe eine risikoorientierte Unternehmenssteuerung ermöglicht, sollte darüber zusammenhängend berichtet werden. Vgl. auch PERLET, H./GUHE, J., Risikomanagement, S. 147.

[790] Vgl. auch KAJÜTER, der ausführt, dass „das interne Risikomanagementsystem die Grundlage für die externe Berichterstattung über die Risiken [...] darstellt. Vgl. KAJÜTER, P./ESSER, S., Risiko- und Chancenberichterstattung, S. 388, Auslassung durch den Verfasser. Vgl. so auch ELLENBÜRGER, F., U. A., MaRisk für Versicherungen, S. 239.

[791] Vgl. auch ZIMMERMANN ET AL., die ausführen, dass die „risikobasierte Ermittlung der Solvabilitätsmarge [...] nur dann zweckmäßig [ist], wenn auch ein qualitativ hochwertiges Risikomanagementsystem existiert“, weshalb die EU-Kommission auch so viel Gewicht auf die Ausgestaltung des Risikomanagements und dessen aufsichtsrechtliche Prüfung legen. Vgl. ZIMMERMANN, C./BACH, C./RAUB, J., Risikomanagement, S. 221. Vgl. auch DOBLER, der ausführt, dass Defizite in Risikoidentifikation und -analyse unmittelbar den (möglichen) Nutzen der Risikopublizität mindern. Vgl. DOBLER, M., Verbindung von Risikomanagement und Risikopublizität, S. 146. Vgl. ferner WITHUS, K.-H., Risikobericht, S. 213.

auf dem Vertrauen seiner Kunden beruht."[792] Diesbezügliche Angaben sollen dem Berichtsadressaten ermöglichen, sich ein Urteil über die Qualität des Risikomanagements und damit der daraus gewonnenen Risikoinformationen zu bilden. Eine Darstellung des Risikomanagementsystems soll ferner dazu beitragen, dass die Adressaten des SFCR das Management von Risiken des Versicherungsunternehmens besser einschätzen können.[793]

Zusammenfassend sind zu den beiden Berichtspunkten Angaben zum Risikomanagementsystem zu machen, die die Strategien, möglichst einschließlich der risikopolitischen Ziele,[794] Prozesse und Organisation des Risikomanagements umfassen.[795] Dabei soll vorwiegend über das Risikomanagementsystem für finanzwirtschaftliche Risiken berichtet werden.[796] Ferner könnten Angaben über das Management weiterer Risiken, wie Umfeld- und Branchenrisiken, leistungswirtschaftliche Risiken, Strategie- und Reputationsrisiken,[797] Personalrisiken, informationstechnische Risiken und rechtliche Risiken berichtet werden, sofern sie vom Versicherungsunternehmen für die Entwicklung ihrer Solvabilitäts- und Finanzlage für wesentlich erachtet werden. In Zusammenhang mit den leistungswirtschaftlichen Risiken kann auch auf die von EIOPA geforderte Notfallplanung[798] eingegangen werden, die „die Widerstandsfähigkeit von Bereichen und Prozessen im Unternehmen erhöhen"[799] soll.

---

792 PERLET, H./GUHE, J., Risikomanagement, S. 146.

793 Vgl. KAJÜTER, P./ESSER, S., Risiko- und Chancenberichterstattung, S. 387 (für den deutschen Konzernlagebericht); DRS 20.K138; WITHUS, K.-H., Risikobericht, S. 215. Vgl. ausführlich zur Darstellung des Risikomanagementsystems im handelsrechtlichen Lagebericht – indes nicht im Versicherungskontext – mit Praxisbeispielen auch FINK, C./KAJÜTER, P./WINKELJOHANN, N., Lageberichterstattung, S. 184-191.

794 Die Nennung von Zielen des Risikomanagements wird nur in dem vertraulichen Bericht an die Aufsichtsbehörden gefordert. Vgl. Art. 308 Abs. 3 lit a DVO. Sie sind auch für den SFCR zu fordern, denn solche Angaben sind auch für die Adressaten des SFCR relevant.

795 Dies deckt sich mit den Anforderungen an die Risikoberichterstattung im deutschen (Konzern-) Lagebericht. Vgl. dazu KAJÜTER, P./WINKLER, C., Risikoberichterstattung, S. 257; DÖRNER, D./ BISCHOF, S., Risikoberichterstattung, S. 640; DÖRNER, D./WOLLMERT, P./BISCHOF, S., Risikoberichterstattung, S. 330; DRS 5.28 (Standard aufgehoben; ersetzt durch DRS 20; vgl. DRS 20.K137).

796 In einer empirischen Untersuchung des Konzernlageberichts ermittelte HIPPEL, dass bei den untergeordneten Berichtsgegenständen des Berichtsgegenstands „Risikomanagementsystem" Angaben in Bezug auf Finanzinstrumente die höchste und solche zum sonstigen Risikomanagementsystem die niedrigste Bedeutung für die Adressaten haben. Vgl. HIPPEL, B., Konzernlagebericht, S. 133.

797 Vgl. EIOPA, Leitlinien zum Governance-System, S. 13 (Leitlinie 23, Tz. 1.60).

798 Vgl. dazu EIOPA, Leitlinien zum Governance-System, S. 8 (Leitlinie 8, Tz. 1.37).

799 BAFIN, Solvency II Vorbereitungs-Leitlinien: Allgemeine Governance-Anforderungen, Leitlinie 145. Vgl dazu ausführlich ebenda Leitlinien 145-152.

Zunächst können Berichtskonkretisierungen aus Art. 295 Abs. 2a u. 4 DVO hergeleitet werden. Zwar werden in Art. 295 DVO die Angaben zur Risikolage geregelt, indes sind die in den Abs. 2a und 4 geforderten Angaben besser unter den Angaben zum Risikomanagementsystem verortet. Gemäß Art. 295 Abs. 2a DVO sind vom Versicherungsunternehmen Maßnahmen zu beschreiben, „die zur Bewertung dieser Risiken innerhalb des Unternehmens getroffen werden, einschließlich etwaiger wesentlicher Änderungen im Berichtzeitraum [sic!]". Ferner sind gemäß Art. 295 Abs. 4 DVO „eine Beschreibung der zur Risikominderung verwendeten Techniken sowie der Verfahren für die Überwachung der dauerhaften Wirksamkeit dieser Risikominderungstechniken" zu geben. Da diese Vorgaben in Zusammenhang mit Art. 295 Abs. 1 DVO berücksichtigt werden müssen, sind die jeweiligen Angaben nach den Risikokategorien versicherungstechnisches Risiko, Markt-, Kredit-, Liquiditäts-, operative und sonstige Risiken zu unterscheiden und zu jeder Risikokategorie zu berichten.[800]

Bezüglich der Angaben zur **Risikostrategie** werden im VAG n. F. und in der DVO keine konkretisierenden Vorgaben gemacht.[801] Mögliche Berichtsangaben können aus den aufsichtsrechtlichen Säule 2-Vorschriften[802] über die Risikostrategie hergeleitet werden. Dementsprechend könnten die Ziele und Hauptgrundsätze der Risikostrategie, die genehmigten Risikotoleranzschwellen je Risikoklasse/-art oder Geschäftszweig sowie die Zuständigkeiten für die Erstellung, Implementierung und Anpassung der Risikostrategie erläutert werden.[803] Da die Berichtsadressaten Informationen benötigen, mit deren Hilfe sie die Ausfallbedrohtheit der finanziellen Ansprüche der Versicherungsnehmer und anderer Gläubiger gegen das Versicherungsunternehmen einschätzen können, sind quantitative Angaben zur vom Versicherungsunternehmen angestrebten Solvabilitätsquote hilfreich. Für die Adressaten sind quantifizierte Ziele der Risikostrategie besonders relevant, da sie durch einen Vergleich der quantifizierten Ziele mit den später realisierten Ist-Größen ex post die Zielerrei-

---

[800] Von Versicherungsunternehmen, die ein teilweises oder vollständiges internes Modell zur Berechnung des SCR nutzen, sind weitere Angabepflichten bezüglich dieses internen Modells zu berücksichtigen. Vgl. dazu EIOPA, Final Report on public consultation No. 14/047 (SFCR), S. 4 f. (Leitlinie 4, Tz. 1.16).

[801] Gemäß § 26 Abs. 2 VAG n. F. hat die Risikostrategie die Art, den Umfang und die Komplexität des betriebenen Geschäfts und die mit ihm verbundenen Risiken zu berücksichtigen.

[802] Vgl. Art. 259 Abs. 1 DVO.

[803] Vgl. auch die Vorgaben zu den internen Risikomanagementleitlinien EIOPA, Leitlinien zum Governance-System, S. 11 (Leitlinie 18, Tz. 1.53 lit a-e).

chung des Managements beurteilen können und so Vertrauen zwischen dem berichtenden Versicherungsunternehmen und den Berichtsadressaten aufgebaut werden kann.

Ferner sollte das Versicherungsunternehmen angeben, wie es sicherstellt, dass alle Teilbereiche des Versicherungsunternehmens in das aktive und laufende Risikomanagement eingebunden werden und jeder Mitarbeiter in eine flächendeckende Risikokultur, durch die Risikobewusstsein im Unternehmen[804] gefördert wird, integriert wird.[805] Der Geschäftsleitung obliegt beispielsweise als nicht delegierbare Aufgabe „das Entwickeln eines gemeinsamen Risikoverständnisses („gemeinsame Risikosprache"), das ein konsistentes und wirksames Risikomanagement über alle Unternehmensbereiche hinweg sicherstellt."[806] Letztlich ist es eine Frage der Unternehmenskultur, ob die Integration des Risikomanagements in den Managementprozess tatsächlich gelebt wird und damit Anforderungen an das Risikomanagement nicht nur formal erfüllt werden, sondern ein tatsächlich funktionierendes Risikomanagement besteht.[807] In einer auf Experteninterviews gestützten Studie führt KILKOVICS aus, dass die „Verbreitung dieser Risikokultur im gesamten Unternehmen [...] von den Unternehmen als eine der wichtigsten Aufgaben der Funktion Risikomanagement angesehen [wird], ohne die ein Risikomanagementsystem nie funktionieren kann"[808].

Über die **Prozesse** im Risikomanagement und die **Organisation** des Risikomanagements kann zusammenhängend berichtet werden. Neben der Organisationsstruktur, die mithilfe eines Organigramms des Risikomanagements dargestellt werden kann, sollte auf die definierten Verantwortlichkeiten und Entscheidungsbefugnisse sowie die Schnittstellen zwischen den Teilbereichen des Risikomanagementsystems eingegangen werden.[809] Dabei ist mindestens zwischen risikosteuernden und risikoüberwachenden Organisationseinheiten zu

---

804 Vgl. IRR-ARBEITSKREIS, Aufbau eines Risikomanagementsystems, S. 187.

805 Vgl. ZIMMERMANN, C./BACH, C./RAUB, J., Risikomanagement, S. 222.

806 BAFIN, Solvency II Vorbereitungs-Leitlinien: Risikomanagement, Leitlinie 18.

807 Vgl. PERLET, H./GUHE, J., Risikomanagement, S. 150.

808 KLIKOVICS, T., Externes Risikoreporting, S. 98, Auslassung und Einfügung durch den Verfasser. Der Autor führt weiter aus: „Die Risikokultur als Teil der Unternehmenskultur umfasst das gemeinsame Normen- und Wertegerüst der Unternehmensmitglieder. Darauf basiert die Bereitschaft der Mitarbeiter Risiken wahrzunehmen und entsprechend im Unternehmen zu kommunizieren. Risikopolitische Grundsätze in Verbindung mit der von der Unternehmensleitung vorgelebten Risikokultur bilden das Fundament des Risikomanagementsystems". Ebenda, S. 14.

809 Vgl. ZIMMERMANN, C./BACH, C./RAUB, J., Risikomanagement, S. 222.

unterscheiden.[810] Die Angaben zu den Prozessen haben Informationen darüber zu umfassen, wie das Unternehmen bestehende und latente Risiken sowohl auf Einzelebene als auch auf aggregierter Ebene ermittelt, misst, überwacht, managt und darüber Bericht erstattet.[811] Als Einzelebene können die in der Standardformel von Solvency II zur Ermittlung der Solvenzkapitalanforderung einbezogenen Risiken[812] oder die in den internen Risikomanagementleitlinien[813] definierten Risikokategorien begriffen werden.[814] Dabei sollten die quantitativen Maßstäbe, anhand derer die Risiken im Versicherungsunternehmen überwacht und gesteuert werden, im SFCR genannt werden.[815] Die Vorgaben fordern nicht, dass die Maßstäbe in diesem Berichtsabschnitt quantifiziert werden.[816]

Ferner ist zu berichten, wie **Risikokonzentrationen** ermittelt werden.[817] Risikokonzentrationen entstehen, wenn bestimmte Vermögenswerte oder Verbindlichkeiten jeweils ähnlich auf wirtschaftliche oder sonstige Änderungen reagieren. Die Angaben sollten zumindest Informationen darüber umfassen, auf welche Art und Weise das Versicherungsunternehmen Risikokonzentrationen ermittelt und an welchen gemeinsamen Merkmalen sich diese Konzentrationen charakterisieren lassen (z. B. geografisches Gebiet, Währung, Geschäftspartner/Gegenpartei etc.).[818]

Problematisch ist bei allen Angaben zum Risikomanagement(system), dass ihr Wahrheitsgehalt vom Adressaten nicht nachprüfbar ist. Eine gestaltbare Risikopublizität, die von

---

810 Gemäß § 26 Abs. 8 VAG n. F. haben Versicherungsunternehmen eine unabhängige Risikocontrollingfunktion einzurichten, die so strukturiert ist, dass sie die Umsetzung des Risikomanagementsystems maßgeblich befördert.

811 Diese Prozessschritte decken sich mit den in der Risikomanagementliteratur verwendeten Begriffen Identifikation, Bewertung bzw. Analyse, Steuerung (Handhabung) und Kontrolle der sowie Berichterstattung über die Risiken. Vgl. KAJÜTER, P./ESSER, S., Risiko- und Chancenberichterstattung, S. 388. Vgl. auch DRS 20.K144; LIEBWEIN, P., Risikopolitik, S. 18-45. Vgl. zu diesbezüglich empfohlenen Berichtsangaben auch PRIGGE, C., Konzernlageberichterstattung, S. 173 f.

812 Die Risikomodule der Standardformel sind im Anhang dieser Untersuchung abgebildet.

813 Vgl. dazu EIOPA, Leitlinien zum Governance-System, S. 11 (Leitlinie 18, Tz. 1.53 lit a). Vgl ausführlich zu verschiedenen Risikomanagementleitlinien EIOPA, Leitlinien zum Governance-System, S. 12-15 (Leitlinien 20-26, Tz. 1.55-1.63).

814 Vgl. einführend zu den Branchenbesonderheiten der Risikosituation und der Risikopolitik von Versicherungsunternehmen JÄGER, B., Risikosituation und Risikopolitik von Versicherungsunternehmen, S. 247-272.

815 Vgl. PRIGGE, C., Konzernlageberichterstattung, S. 107 f.

816 Vgl. ähnlich PRIGGE, C., Konzernlageberichterstattung, S. 108 für den Lagebericht.

817 Vgl. dazu Abschnitt 561.

818 Vgl. ähnlich IFRS 7.B8.

Publizitätsanreizen des Managers determiniert wird, kann dazu führen, dass die Informationsfunktion der Angaben beeinträchtigt wird.[819] Daraus können Glaubwürdigkeitsprobleme der – nicht durch einen Wirtschaftsprüfer geprüften – Risikopublizität entstehen.[820] So besteht die Gefahr, dass bekannte Schwächen des Risikomanagementsystems bewusst verschwiegen oder zumindest in vagen Erläuterungen versteckt werden. Um die Glaubwürdigkeit der Angaben zum Risikomanagementsystem zu erhöhen, sollte – sofern möglich – auf externe Verifizierungen des Risikomanagementsystems, z. B. durch die BaFin oder einen Wirtschaftsprüfer[821], Bezug genommen werden. Ansonsten lässt sich erst im Zeitverlauf mehrerer Berichtsjahre erkennen, ob der Bericht zuverlässig ist.

Selbst bei der Absicht des Versicherungsunternehmens offen und umfassend über sein Risikomanagement und seine Risikopolitik zu berichten, besteht ferner das Problem, dass aufgrund der begrenzten Informationsverarbeitungskapazitäten der Adressaten dem Berichtsumfang Grenzen zu setzen sind und deshalb nicht alle Details dieser komplexen Thematik offengelegt werden können. KAJÜTER führt aus, „dass es sich beim Risikomanagement um ein komplexes System von Aufgaben, Instrumenten und organisatorischen Regeln handelt, das **nur in seinen Grundzügen im Risikobericht skizziert werden kann**“[822]. Dies kann dazu führen, dass die Angaben nicht über Allgemeinplätze[823], d. h. „inhaltsleere und stereotype Aussagen“[824], hinausgehen.[825] Ferner sollte die Beschreibung des Risikomanagementsystems nicht die eigentliche Berichterstattung über das Risikoprofil überlagern.[826] Diese Problematiken lassen sich auch nur begrenzt durch eine Konkretisierung der Berichtsvorschriften lösen, denn die „notwendige Detailtiefe der Ausführungen lässt sich unabhängig von der Bedeutung der jeweils zu steuernden Risiken und ihren potenziellen Auswirkungen auf das Gesamtrisikoprofil eines Versicherers kaum festmachen.“[827] Die o. g. inhaltliche Gestal-

819 Vgl. DOBLER, M., Verbindung von Risikomanagement und Risikopublizität, S. 147, 149.

820 Vgl. DOBLER, M., Verbindung von Risikomanagement und Risikopublizität, S. 146.

821 Vgl. zur Prüfung des Risikomanagementsystems gemäß § 317 Abs. 4 HGB bei börsennotierten Aktiengesellschaften einführend GIESE, R., Prüfung des Risikomanagementsystems, S. 469-490 sowie ausführlich NEUBECK, G., Prüfung von Risikomanagementsystemen, Kap. 5.

822 KAJÜTER, P., Prüfung der Risikoberichterstattung, S. 246, Hervorhebung durch den Verfasser.

823 Vgl. DÖRNER, D./BISCHOF, S., Risikoberichterstattung, S. 640; DÖRNER, D./WOLLMERT, P./ BISCHOF, S., Risikoberichterstattung, S. 331.

824 MÜLLER, S./ERGÜN, I., Wirtschaftsbericht, S. 167.

825 Vgl. KLIKOVICS, T., Externes Risikoreporting, S. 99.

826 Vgl. KAJÜTER, P., Risikoberichterstattung, S. 111.

827 DREHER, M./SCHAAF, M., Risiko- und Revisionsberichte, S. 1156.

tungsempfehlung, zumindest die angestrebte (Mindest-)Solvabilitätsquote als Ziel der Risikostrategie zu quantifizieren und auf eine externe Prüfung des Risikomanagementsystems hinzuweisen, kann den Allgemeinplätzen zumindest teilweise entgegenwirken. Wird die als Ziel angegebene (Mindest-)Solvabilitätsquote unterschritten, können im Folgejahr Soll-Ist-Abweichungen[828] analysiert und ggfs. die die Abweichungen verursachenden Schwächen im Risikomanagement und die Art und Weise, wie diese behoben werden sollen, offen gelegt werden.

Nachdem Solvency II in den Versicherungsunternehmen eingeführt sein wird, wird das Risikomanagementsystem im Zeitablauf eher modifiziert denn gänzlich ausgetauscht, d. h. selten wesentlich geändert, werden.[829] Auch die Risikopolitik und -strategie wird sich nicht grundlegend jedes Jahr ändern.[830] Die Berichtsangaben in den Folgejahren nach der erstmaligen Veröffentlichung eines SFCR sollten daher primär die Änderungen am Risikomanagementsystem erläutern, wobei diese Angaben im Abschnitt über wesentliche Änderungen des Governance-System während des Berichtszeitraums zu geben sind.[831] Dabei ist auch darauf einzugehen, ob diese Änderungen einer (erneuten) externen Prüfung des Risikomanagementsystems unterzogen wurden. Demgemäß ist auch für diesen Berichtsgegenstand die in Abschnitt 551 vorgeschlagene Verweistechnik anzuwenden.[832]

554.2 Angaben über das Verfahren der unternehmenseigenen Risiko- und Solvabilitätsbeurteilung (Art. 294 Abs. 4 DVO)

Art. 294 Abs. 4 DVO:

„Der Bericht über [die] Solvabilität und Finanzlage enthält alle folgenden Informationen über das Verfahren, das das Versicherungs- oder Rückversicherungsunternehmen eingeführt hat, um

828 Diese sind entweder in den SFCR-Kapiteln „Risikoprofil“ oder „Kapitalmanagement“ zu geben.

829 Vgl. ähnlich HIPPEL, B., Konzernlagebericht, S. 133.

830 Vgl. HIPPEL, B., Konzernlagebericht, S. 135.

831 Vgl. dazu Abschnitt 552.3.

832 Alternativ könnten aus Gründen der Vollständigkeit und der Verständlichkeit bzw. Klarheit die Vorjahresinformationen wiederholt werden, wobei darauf hinzuweisen ist, dass sich keine Änderungen gegenüber der vorherigen Berichterstattung ergeben haben. Dies wird so auch in den die Vorgaben der MaRisk VA für den internen Risikobericht vergleichbar geregelt: „Soweit sich im Hinblick auf Sachverhalte in vorangegangenen Berichterstattungen keine relevanten Änderungen ergeben haben, **können im Rahmen der aktuellen Berichterstattung diese Informationen wiederholt aufgeführt werden.** Diese können mit dem **Zusatz: „Keine Änderung gegenüber der vorherigen Berichterstattung“** versehen werden.“ MaRisk VA 7.3.4 Nr. 1, Hervorhebungen durch den Verfasser.

seiner Verpflichtung zur Vornahme einer unternehmenseigenen Risiko- und Solvabilitätsbeurteilung nachzukommen:

(a) *eine Beschreibung des Verfahrens, das das Unternehmen durchführt, um seiner Verpflichtung nachzukommen, im Rahmen seines Risikomanagementsystems eine unternehmenseigene Risiko- und Solvabilitätsbeurteilung vorzunehmen, einschließlich Angaben dazu, wie die unternehmenseigene Risiko- und Solvabilitätsbeurteilung in Organisationsstruktur und Entscheidungsprozesse des Unternehmens integriert wird;*

(b) *eine Erklärung darüber, in welchen Intervallen die unternehmenseigene Risiko- und Solvabilitätsbeurteilung überprüft und vom Verwaltungs-, Management- oder Aufsichtsorgan gebilligt wird;*

(c) *eine Erklärung darüber, wie das Unternehmen vor dem Hintergrund seines Risikoprofils seinen eigenen Solvabilitätsbedarf bestimmt und wie sich die Interaktion zwischen seinem Kapitalmanagement und seinem Risikomanagementsystem gestaltet.“*

Gemäß § 27 Abs. 1 VAG n. F. gehört zum Risikomanagementsystem „eine unternehmenseigene Risiko- und Solvabilitätsbeurteilung, die Versicherungsunternehmen regelmäßig sowie im Fall wesentlicher Änderungen in ihrem Risikoprofil unverzüglich vorzunehmen haben.“ Diese Beurteilung muss Bestandteil der Geschäftsstrategie des Versicherungsunternehmens sein und sie ist zu beachten, wenn strategische Entscheidungen getroffen werden.[833] Der Gesamtvorstand muss „aktiv in den Prozess eingebunden sein und die Annahmen und Ergebnisse, die der internen Bewertung des Risikos und der Solvabilität zugrunde liegen, kritisch hinterfragen.“[834] Gemäß § 27 Abs. 2 Nr. 1 VAG n. F. ist der Solvabilitätsbedarf vom Versicherungsunternehmen eigenständig zu bewerten, d. h. das „nach unternehmenseigener Auffassung für den Geschäftsbetrieb erforderliche[.] Kapital[.]“[835] ist nach eigenen Maßstäben „unabhängig von den aufsichtsrechtlichen Kapitalanforderungen auf der Basis seiner „echten“ Risiken“[836] zu quantifizieren, wobei das unternehmensspezifische Risikoprofil, festgelegte Risikotoleranzlimite[837] und die Geschäftsstrategie des Versicherungsunternehmens zu berücksichtigen sind. Zudem ist vom Versicherungsunternehmen zu beurteilen, ob die aufsichtsrechtlichen Eigenmittelanforderungen, die Anforderungen an die versicherungstechnischen Rückstellungen in der Solvabilitätsübersicht und die (langfris-

---

833 Vgl. § 27 Abs. 1 VAG n. F.

834 BR-Drucks. 430/14, S. 281 (Begründung zu § 27 VAG n. F.).

835 BR-Drucks. 430/14, S. 282 (Begründung zu § 27 Abs. 2 Nr. 1 VAG n. F.), Auslassungen durch den Verfasser.

836 BAFIN, Solvency II Vorbereitungs-Leitlinien: ORSA, Leitlinie 15.

837 Vgl. auch Art. 262 Abs. 2 lit c DVO.

tige)[838] Risikotragfähigkeit jederzeit[839] erfüllt sind.[840] Bei der Beurteilung können Stresstests und Szenarioanalysen verwendet werden und dabei sind mindestens solche Risiken zu betrachten, denen das Unternehmen mittelfristig, d. h. binnen drei bis fünf Jahren, im Verlauf seiner Geschäftsplanungsperiode ausgesetzt sein könnte.[841] Ferner ist zu beurteilen, ob das Risikoprofil des Versicherungsunternehmens wesentlich von den Annahmen abweicht, die in der Standardformel verwendet werden,[842] um die Solvabilitätskapitalanforderung zu berechnen.[843] Die unternehmenseigene Risiko- und Solvabilitätsbeurteilung wird zusammenfassend „als Gesamtheit aller Prozesse, um kurz- oder langfristige Risiken zu identifizieren, einzuschätzen, zu überwachen, zu berichten und handzuhaben und um die eigenen Kapitalbedürfnisse quantitativ festzulegen sowie sie zu erfüllen“[844] definiert.[845]

Die Aufsichtsbehörde ist vom Versicherungsunternehmen über das Ergebnis jeder durchgeführten Risiko- und Solvabilitätsbeurteilung zu informieren.[846] Die Aufsichtsbehörde prüft im Rahmen des aufsichtlichen Überprüfungsverfahrens gemäß § 294 Abs. 5 VAG n. F., wie das Risiko und die Solvabilität intern vom Versicherungsunternehmen bewertet wur-

838 Die langfristige Risikotragfähigkeit des Versicherungsunternehmens ist zu berücksichtigen, wenn das Versicherungsunternehmen langfristige Garantien gibt. Vgl. § 27 Abs. 6 VAG n. F.

839 Vgl. zum Widerspruch einer regelmäßigen, d. h. lediglich in periodischen Abständen durchgeführten Solvabilitätsbeurteilung und der Anforderung jederzeit, also kontinuierlich, aufsichtsrechtliche Eigenmittelanforderungen zu erfüllen, folgende Ausführung in der Begründung zu § 27 Abs. 2 Nr. 2 VAG n. F.: „Die Überwachung der Höhe der Kapitalanforderungen und der zu ihrer Bedeckung zur Verfügung stehenden anrechnungsfähigen Eigenmittel muss kontinuierlich erfolgen; zu ihr gehören regelmäßig volle oder teilweise Neukalkulationen von ausreichender Häufigkeit, um die stete Einhaltung der Kapitalanforderungen zu gewährleisten. Die gewählten Frequenzen bedürfen gegebenenfalls einer Rechtfertigung durch das Unternehmen.“ BR-Drucks. 430/14, S. 282.

840 Vgl. § 27 Abs. 2 Nr. 2 VAG n. F.

841 Vgl. § 27 Abs. 3 VAG n. F. sowie die diesbezügliche Gesetzesbegründung. Vgl. auch Art. 259 Abs. 3 DVO; BAFIN, Solvency II Vorbereitungs-Leitlinien: ORSA, Leitlinie 50. Vgl. für eine ausführliche Beschreibung und kritische Analyse der unternehmenseigenen Risiko- und Solvabilitätsbeurteilung DREHER, M./BALLMAIER, C., Unternehmenseigene Risiko- und Solvabilitätsbeurteilung, S. 129-143.

842 Vgl. ausführlich zu den Annahmen, die der Standardformel von Solvency II zugrunde liegen EIOPA, Assumptions in the Solvency II standard formula, S. 6-74.

843 Vgl. § 27 Abs. 2 Nr. 3 VAG n. F.

844 DREHER, M./BALLMAIER, C., Unternehmenseigene Risiko- und Solvabilitätsbeurteilung, S. 130. Vgl. zum ORSA EIOPA, ORSA-Leitlinien, S. 4-10; EIOPA, Final Report on Public Consultation No. 14/017 (ORSA), S. 9-14 bzw. zum FLAOR EIOPA, FLAOR-Principles, S. 5-12.

845 Vgl. dazu auch WOLLE, B., Risikomanagement in Versicherungsunternehmen, S. 161-164.

846 Vgl. § 27 Abs. 1 VAG n. F.

den.[847] Diese Bewertung wirkt sich nicht unmittelbar auf die Höhe des aufsichtsrechtlich geforderten Solvabilitätskapitals aus.[848] Die Aufsichtsbehörde soll nicht nur beurteilen können, welchen Risiken das Versicherungsunternehmen ausgesetzt ist oder ausgesetzt sein könnte, sondern auch die Fähigkeit des Versicherungsunternehmens, Risiken zu beurteilen und möglichen Ereignissen oder künftigen Veränderungen standzuhalten, die sich ungünstig auf die allgemeine finanzielle Leistungsfähigkeit des Unternehmens auswirken könnten, bewerten.[849]

Da zu dem **ersten Teilberichtsgegenstand** nur über das Verfahren der unternehmenseigenen Risiko- und Solvabilitätsbeurteilung und ihre Einbindung in die Organisationsstruktur und Entscheidungsprozesse – nicht aber über ihre Ergebnisse –[850] zu berichten ist und die zu diesem Verfahren zu gebenden Berichtsangaben denen zum Risikomanagementsystem ähnlich sind, sollten aus Gründen der Verständlichkeit und Wesentlichkeit nur solche Aspekte detailliert beschrieben werden, die von den zum Risikomanagementsystem und seinen Prozessen gemachten Angaben abweichen.[851] Grundsätzlich besteht bei allgemeinen Verfahrensbeschreibungen – wie auch schon bei den Angaben zum Risikomanagementsystem – die Gefahr, dass das berichtende Versicherungsunternehmen nur inhaltsleere und stereotype Angaben macht. Zu empfehlen ist den Versicherungsunternehmen daher, zumindest eine Zusammenfassung der Ergebnisse der unternehmenseigenen Risiko- und Solvabilitätsbeurteilung zu publizieren. Dies könnte ein Exzerpt des an die Aufsichtsbehörden

---

847 Vgl. auch BR-Drucks. 430/14, S. 280 (Begründung zu § 27 VAG n. F.).

848 Vgl. dazu ausführlich, BAFIN, Solvency II Vorbereitungs-Leitlinien: ORSA, Leitlinie 52. Eine Unterdeckung des Gesamtsolvabilitätsbedarfs kann demgemäß laut BaFin ein Indiz dafür sein, dass Geschäftsprozesse im Unternehmen nicht ordnungsgemäß funktionieren.

849 Vgl. BR-Drucks. 430/14, S. 280 f. (Begründung zu § 27 VAG n. F.).

850 Die Ergebnisse der unternehmenseigenen Risiko- und Solvabilitätsbeurteilung sowie die aus ihnen gezogenen Schlussfolgerungen sind nur ggü. den Aufsichtsbehörden berichtspflichtig. Vgl. Art. 304 Abs. 1 lit c DVO; Art. 306 lit a u. c DVO. In dieser Untersuchung wird indes empfohlen, unter den sonstigen Angaben zum Risikoprofil über diese Ergebnisse zu berichten. Vgl. dazu Abschnitt 568.

851 Vgl. zur Kritik, dass den Versicherungsunternehmen einerseits aufsichtsrechtliche Solvabilitätsanforderungen gestellt werden, die mithilfe einer vorgegebenen Standardformel berechnet werden, die Versicherungsunternehmen aber andererseits selbst prüfen sollen, ob diese Berechnung geeignet und die Solvabilitätsanforderung ausreichend ist DREHER, M./BALLMAIER, C., Unternehmenseigene Risiko- und Solvabilitätsbeurteilung, S. 134. Die Autoren führen darin aus: „Es geht hierbei um das Problem, dass das Versicherungsaufsichtsrecht einerseits mit der Standardformel den Versicherungsunternehmen eine Anleitung zur Berechnung des regulatorischen Kapitals in die Hand gibt, andererseits mit den Anforderungen an das Risikomanagementsystem der Unternehmensleitung den Auftrag erteilt, die Standardformel immer wieder [...] infrage zu stellen." Auslassung durch den Verfasser.

ohnehin zu liefernden Berichts über die unternehmenseigene Risiko- und Solvabilitätsbeurteilung sein, in dem die diesbezüglichen Ergebnisse zu beschreiben sind.[852] Im SFCR ist ferner anzugeben, „wie die unternehmenseigene Risiko- und Solvabilitätsbeurteilung in Organisationsstruktur und Entscheidungsprozesse des Unternehmens integriert wird“[853]. Hierbei ist eine diesbezügliche Leitlinie zu beachten, nach der das Unternehmen „die Ergebnisse der unternehmenseigenen Risiko- und Solvabilitätsbeurteilung und die während des Prozesses dieser Beurteilung gewonnenen Einblicke zumindest in folgenden Bereichen berücksichtigen [sollte]: a) in seinem Kapitalmanagement; b) in seiner geschäftlichen Planung; c) bei der Entwicklung und Konzeption neuer Produkte.“[854]

Bezüglich der im **zweiten Teilberichtsgegenstand** geforderten Angabe des Intervalls, in dem das Versicherungsunternehmen seine Risiko- und Solvabilitätslage selbst beurteilt, sind diesbezügliche Leitlinien zu beachten. Gemäß Leitlinie 4 der Leitlinien für die unternehmenseigene Risiko- und Solvabilitätsbeurteilung sind in vom Verwaltungs-, Management- oder Aufsichtsorgan zu genehmigenden internen Leitlinien einerseits „die Art und Weise sowie die Häufigkeit der Durchführung von Stresstests, Sensitivitätsanalysen, Reverse-Stresstests und anderen einschlägigen Analysen“[855] und andererseits „die Häufigkeit der Beurteilung selbst und die Begründung der Häufigkeit, insbesondere unter Berücksichtigung des Risikoprofils des Unternehmens und der Volatilität seines Gesamtsolvabilitätsbedarfs im Verhältnis zur Kapitalausstattung“[856] festzulegen. Ferner sind neben dem Zeitpunkt der Durchführung, Umstände zu beschreiben, „unter denen eine außerplanmäßige unternehmenseigene Risiko- und Solvabilitätsbeurteilung ausgelöst würde.“[857] Als Rahmenvorgabe wird in Leitlinie 14 geregelt, dass die unternehmenseigene Risiko- und Solvabilitätsbeurteilung vom Versicherungsunternehmen „mindestens jährlich“ vorzunehmen ist.[858] Die diesbezüglichen unternehmensinternen Leitlinien können dementsprechend für die externe Berichterstattung übernommen werden. Die Angabe der ex ante Häufigkeit der

[852] Vgl. § 27 Abs. 1 VAG n. F.; Art. 304 Abs. 1 lit c i. V. m Art. 306 DVO; EIOPA, ORSA-Leitlinien, S. 4 (Leitlinie 3, Tz. 1.15 lit d).

[853] Art. 294 Abs. 4 lit a DVO.

[854] EIOPA, ORSA-Leitlinien, S. 7 (Leitlinie 13, Tz. 1.27), Einfügung durch den Verfasser.

[855] EIOPA, ORSA-Leitlinien, S. 4 (Leitlinie 4, Tz. 1.16 lit c i).

[856] EIOPA, ORSA-Leitlinien, S. 4 f. (Leitlinie 4, Tz. 1.16 lit c iii).

[857] EIOPA, ORSA-Leitlinien, S. 5 (Leitlinie 4, Tz. 1.16 lit c iv).

[858] Vgl. EIOPA, ORSA-Leitlinien, S. 7 (Leitlinie 14, Tz. 1.28); BAFIN, Solvency II Vorbereitungs-Leitlinien: ORSA, Tz. 30, 32.

Risiko- und Solvabilitätsbeurteilungen sollte daher als ex post Angabe auch die aperiodisch durchgeführten Risiko- und Solvabilitätsbeurteilungen und ihre jeweiligen Anlässe umfassen. Mit diesen Angaben kann der Adressat einerseits beurteilen, wie volatil die Risiko- und Solvabilitätsbeurteilung im Zeitablauf ist und andererseits erkennen, welche Einflüsse dieser Volatilität zugrunde liegen. Um die Effekte quantifizieren zu können, wäre indes die oben erwogene Offenlegung der Ergebnisse notwendig.

Die zum **dritten Teilberichtsgegenstand** geforderte „Erklärung darüber, wie das Unternehmen vor dem Hintergrund seines Risikoprofils seinen eigenen Solvabilitätsbedarf bestimmt und wie sich die Interaktion zwischen seinem Kapitalmanagement und seinem Risikomanagementsystem gestaltet“[859] spezifiziert lediglich die zum ersten Teilberichtsgegenstand geforderten Angaben zum Verfahren der unternehmenseigenen Risiko- und Solvabilitätsbeurteilung und „dazu, wie die unternehmenseigene Risiko- und Solvabilitätsbeurteilung in Organisationsstruktur und Entscheidungsprozesse des Unternehmens integriert wird“[860]. Bezüglich der Angaben über die Interaktion mit dem Kapitalmanagement sollten Versicherungsunternehmen darauf achten, dass diese Berichtsangaben nicht redundant zu denen zum Kapitalmanagement sind, denn gemäß Art. 297 Abs. 1 lit a DVO haben Versicherungsunternehmen über die „beim Management seiner Eigenmittel zugrunde gelegten Zielen, Politiken und Verfahren“ zu berichten.

555. Angaben zum internen Kontrollsystem

555.1 Übersicht über die Angaben zum internen Kontrollsystem (Art. 294 Abs. 5 lit a-b DVO)

Art. 294 Abs. 5 DVO:

„Der Bericht über [die] Solvabilität und Finanzlage enthält alle folgenden Informationen über das interne Kontrollsystem des Versicherungs- oder Rückversicherungsunternehmens:

(a) eine Beschreibung des internen Kontrollsystems des Unternehmens;

(b) eine Beschreibung, wie die Compliance-Funktion umgesetzt wird.“

859 Art. 294 Abs. 4 lit c DVO.

860 Art. 294 Abs. 4 lit a DVO.

555.2 Beschreibung des internen Kontrollsystems (Art. 294 Abs. 5 lit a DVO)

Das interne Kontrollsystem ist neben dem Risikomanagementsystem eines der zwei gleichwertigen[861] Subsysteme des aufsichtsrechtlich geforderten Governance-Systems von Versicherungsunternehmen,[862] das unter dem o. g. Berichtsgegenstand zu beschreiben ist. Gemäß § 29 Abs. 1 VAG n. F. müssen Versicherungsunternehmen „über ein wirksames internes Kontrollsystem verfügen, das mindestens Verwaltungs- und Rechnungslegungsverfahren, einen internen Kontrollrahmen, eine angemessene unternehmensinterne Berichterstattung auf allen Unternehmensebenen sowie eine Funktion zur Überwachung der Einhaltung der Anforderungen (Compliance-Funktion) umfasst." Mithilfe des internen Kontrollsystems soll gewährleistet werden, dass geltende Rechts- und Verwaltungsvorschriften durch Versicherungsunternehmen eingehalten werden, die Geschäftstätigkeit der Unternehmen „im Lichte seiner Ziele"[863] wirksam und effizient ist und finanzielle und nichtfinanzielle Informationen verfügbar und verlässlich sind.[864] „Das interne Kontrollsystem dient vor allem dazu, die Wirksamkeit und Wirtschaftlichkeit der Geschäftstätigkeit zu unterstützen und sicherzustellen, dass die Unternehmen alle zu beachtenden Gesetze und Verordnungen, alle aufsichtsbehördlichen Anforderungen und internen Vorgaben auch einhalten."[865] Die Pflicht, ein wirksames, internes Kontrollsystem einzurichten und zu überwachen, unterliegt der nicht delegierbaren Letztverantwortung der Geschäftsleitung.[866] Gemäß dem Grundsatz der Proportionalität richtet sich die Art und Weise, wie die aufsichtsrechtlichen Anforderungen erfüllt werden, nach der Wesensart, dem Umfang und der Komplexität der mit der

[861] Gemäß § 64a VAG a. F. wurde ein internes Steuerungs- und Kontrollsystem als Bestandteil des Risikomanagementsystems eingeordnet. Durch die Neuregelung als eigenständiges System, welches das Risikomanagementsystem ergänzt, wurde das interne Kontrollsystem deutlich aufgewertet. Vgl. BÜRKLE, J., Compliance und Revision, S. 221.

[862] Vgl. BÜRKLE, J., Compliance und Revision, S. 221; §§ 26, 29 VAG n. F. i. V. m. Art. 266 DVO.

[863] Art. 266 DVO.

[864] Vgl. Art. 266 DVO. Detaillierte Vorgaben werden in der DVO nur bezüglich der internen Kontrolle der Bewertung von Vermögenswerten und Verbindlichkeiten gemacht. Vgl. Art. 267 DVO. Vgl. auch BAFIN, Solvency II Vorbereitungs-Leitlinien: Interne Kontrollen und interne Revision, Leitlinie 9.

[865] BAFIN, Solvency II Vorbereitungs-Leitlinien: Interne Kontrollen und interne Revision, Leitlinie 9.

[866] Vgl. BAFIN, Solvency II Vorbereitungs-Leitlinien: Interne Kontrollen und interne Revision, Leitlinie 11.

Geschäftstätigkeit des Versicherungsunternehmens einhergehenden Risiken.[867] Das heißt, durch die aufsichtsrechtlichen Vorgaben wird nicht konkretisiert, wie das interne Kontrollsystem auszugestalten ist.[868] Deshalb hat das Versicherungsunternehmen ausführlich zu berichten, wie sein internes Kontrollsystem (IKS) ausgestaltet ist. Da das IKS aufsichtsrechtlich nicht normiert ist, können auch die diesbezüglichen Berichtsvorgaben nur wenig normiert werden.

Das IKS ist zu diesem Berichtsgegenstand lediglich zu beschreiben. D. h., dass bereits mit formalen Angaben zu organisatorischem Aufbau und prozesstechnischem Ablauf des IKS die Berichtspflicht erfüllt wird.[869] Aufgrund der nur gelegentlichen Anpassungen des IKS ist für diesen Berichtsgegenstand die in Abschnitt 551 vorgeschlagene Verweistechnik anzuwenden.

Zu dem Berichtsgegenstand können zunächst die verfolgten Ziele und Strategien genannt und ablauf- und aufbauorganisatorische Aspekte beschrieben werden.[870] Ferner kann das Versicherungsunternehmen beispielsweise beschreiben, welche Grundsätze, Verfahren und Maßnahmen innerhalb des Kontrollrahmens[871] festgelegt worden sind. Zudem kann das Versicherungsunternehmen darüber berichten, wie es das Verständnis und die Akzeptanz der internen Kontrollen bei den Mitarbeiterinnen und Mitarbeitern fördert (z. B. durch Schulungen[872]) und ggfs. misst,[873] denn ein internes Kontrollsystem muss im gesamten Un-

---

867 Vgl. BAFIN, Solvency II Vorbereitungs-Leitlinien: Interne Kontrollen und interne Revision, Leitlinie 13.

868 Vgl. auch BAFIN, Solvency II Vorbereitungs-Leitlinien: Interne Kontrollen und interne Revision, Leitlinie 13.

869 Indes birgt die bloße Beschreibung des organisatorischen Aufbaus und des prozesstechnischen Ablaufs des IKS die bereits zum Risikomanagementsystem diskutierte Gefahr von Allgemeinplätzen, aus denen die Adressaten keine verlässlichen und relevanten Informationen gewinnen können.

870 Vgl. auch Art. 258 Abs. 2 DVO, wonach „Strategien in den Bereichen Risikomanagement, interne Kontrolle, interne Revision und gegebenenfalls Outsourcing [...,] die jeweiligen Zuständigkeiten, Ziele, Prozesse und Berichtsverfahren klar darlegen [müssen], die allesamt mit der allgemeinen Geschäftsstrategie des Unternehmens in Einklang stehen müssen." Auslassung und Einfügung durch den Verfasser. Vgl. dazu auch EIOPA, Leitlinien zum Governance-System, S. 7 (Leitlinie 5, Tz. 1.31).

871 Der interne Kontrollrahmen berücksichtigt zumindest das interne Kontrollumfeld, die interne Kontrolltätigkeit, die Kommunikation und die Überwachung. Vgl. BAFIN, Solvency II Vorbereitungs-Leitlinien: Interne Kontrollen und interne Revision, Leitlinie 19.

872 Durch Art. 258 Abs. 1 lit f DVO wird von Versicherungsunternehmen gefordert, dass sie gewährleisten, „dass allen Mitarbeitern die Verfahren für die ordnungsgemäße Erfüllung ihrer Aufgaben bekannt sind."

ternehmen verstanden, akzeptiert und „gelebt" werden.[874] Bezüglich der internen Kontrolltätigkeiten kann das Versicherungsunternehmen jeweils Beispiele für besonders relevante prozessintegrierte und prozessunabhängige[875] sowie präventive und aufdeckende Kontrolltätigkeiten nennen (ablauforganisatorische Aspekte) und ggfs. angeben, wie diese Arten von Kontrolltätigkeiten gewichtet sind.[876] Dazu sind auch Informationen darüber wünschenswert, wie das Versicherungsunternehmen die Wesentlichkeit von Unternehmensbereichen und von Prozessen in Bezug auf ihren Kontrollbedarf, nach welcher sich Art, Häufigkeit und Umfang der internen Kontrollen bemessen, ermittelt.[877] Sofern sich der Aufbau des internen Kontrollsystems an einem anerkannten branchenspezifischen Rahmenwerk orientiert, kann dieses ebenfalls angegeben werden (aufbauorganisatorische Aspekte).[878] Von besonderer Bedeutung sind für die Adressaten auch Angaben zu den Verfahren, mit denen die Wirksamkeit interner Kontrollen fortlaufend überwacht und sichergestellt werden soll.[879] Es wird indes nicht gefordert, die Effektivität einzelner Kontrollen, die im internen Kontrollsystem verankert sind, einzuschätzen. Stattdessen ist zu fragen, ob eine „Aussage hinsichtlich der generell eingeschränkten Wirksamkeit solcher Systeme erfolgen"[880] sollte, um eine Erwartungslücke seitens der Adressaten zu verhindern, welche entstünde, wenn dem Berichtsadressaten durch die Beschreibung des IKS eine absolute Sicherheit suggeriert

---

873 Vgl. auch BAFIN, Solvency II Vorbereitungs-Leitlinien: Interne Kontrollen und interne Revision, Leitlinie 21.

874 Vgl. auch WITHUS, K.-H., Wirksamkeit von IKS und RMS, S. 263. Vgl. ferner EIOPA, Leitlinien zum Governance-System, S. 19 (Leitlinie 38, Tz. 1.81): „Das Unternehmen sollte die Bedeutung der Durchführung angemessener interner Kontrollen fördern, indem es dafür Sorge trägt, dass sich alle Mitarbeiter ihrer Rolle im internen Kontrollsystem bewusst sind."

875 Eine prozessunabhängige unternehmensinterne Institution ist die interne Revision. Vgl. TESCH, J./ WIßMANN, R., Lageberichterstattung, S. 120 f. Vgl. zu den Berichtspflichten über die interne Revisionsfunktion Abschnitt 556.

876 Vgl. BAFIN, Solvency II Vorbereitungs-Leitlinien: Interne Kontrollen und interne Revision, Leitlinie 22.

877 Vgl. BAFIN, Solvency II Vorbereitungs-Leitlinien: Interne Kontrollen und interne Revision, Leitlinie 23. Vgl. zum grundsätzlich risikobasierten Vorgehen auch WITHUS, K.-H., Wirksamkeit von IKS und RMS, S. 264 f.

878 Vgl. etwa die Insurance Core Principles (ICP) der International Association of Insurance Supervisors (IAIS), insb. ICP 7 und ICP 8.

879 Vgl. dazu auch BAFIN, Solvency II Vorbereitungs-Leitlinien: Interne Kontrollen und interne Revision, Leitlinie 25.

880 WITHUS, K.-H., Beschreibung des IKS und RMS, S. 445 (im Kontext des rechnungslegungsbezogenen IKS und RMS).

werden würde, die es – nicht zuletzt[881] aufgrund von, von Mitarbeitern gemeinschaftlich begangener, doloser Handlungen – nicht geben kann. Ohne einen solchen Hinweis bestünde die Gefahr, dass die Adressaten ein falsches Bild der Wirkungsweise der eingerichteten Systeme erhalten.[882]

Separat von den Angaben zum allgemeinen internen Kontrollsystem sollte vom berichtenden Versicherungsunternehmen im Speziellen auf die internen Kontrollen eingegangen werden, mit denen die Bewertung von Vermögenswerten und Verbindlichkeiten kontrolliert wird.[883] Hier sollte darüber berichtet werden, welche Verfahren und Grundsätze für die Kontrolle des Bewertungsprozesses eingeführt und wie diese dauerhaft umgesetzt und dokumentiert werden.[884] Ferner sollten Angaben darüber gemacht werden, wie die für Solvabilitätszwecke verwendeten Bewertungskonzepte entwickelt, kalibriert und regelmäßig überprüft werden,[885] und wie insb. die diesen Bewertungskonzepten zugrunde gelegten Daten und Annahmen unabhängig überprüft und validiert werden.[886] Diese Angaben sollen den Adressaten in die Lage versetzen, die mit der Solvabilitätsbewertung verbundenen Risiken besser einschätzen zu können.[887] Solche Angaben sind vergleichbar mit den handelsrechtlichen (Konzern-)Lageberichtsangaben über das interne Kontrollsystem bezogen auf den Konzernrechnungslegungsprozess gemäß DRS 20.K168-K178.[888] Deshalb könnten die in DRS 20.K175 genannten Berichtsbeispiele auf den hier diskutierten Berichtsgegenstand des SFCR übertragen werden, d. h. es könnte über Bewertungsrichtlinien (lit a), Grundzüge der Funktionstrennungen zwischen den Abteilungen, die die Solvabilitätsübersicht erstellen oder daran beteiligt sind (lit c) oder über Aufgabenzuordnungen bei der Erstellung der Solvabilitätsübersicht (lit d) berichtet werden. Indes sollte zu diesem Berichtsgegenstand

[881] Ein IKS kann bereits aufgrund von Fehlern oder Irrtümern versagen, z. B. wenn aufbau- und ablauforganisatorische Regelungen nicht sachgerecht gestaltet sind. Vgl. auch FÜSER, K./MERZ, C., Interne Kontrollen, S. 606.

[882] Vgl. WITHUS, K.-H., Beschreibung des IKS und RMS, S. 445.

[883] Vgl. zu diesen Kontrollen auch Art. 267 DVO.

[884] Vgl. zu dieser aufsichtsrechtlichen Anforderung an die interne Kontrolle des Bewertungsprozesses auch Art. 267 Abs. 2 DVO. Die Berichterstattung über „Grundlagen, Methoden und Hauptannahmen, auf die sich die Bewertung für Solvabilitätszwecke stützt" ist Berichtsgegenstand des SFCR-Kapitels „Bewertung für Solvabilitätszwecke". Vgl. Art. 296 Abs. 1 lit a DVO.

[885] Vgl. dazu Art. 267 Abs. 4 lit a DVO.

[886] Vgl. dazu Art. 267 Abs. 4 lit b DVO.

[887] Vgl. DRS 20.K168.

[888] Vgl. dazu ausführlich WITHUS, K.-H., Internes Kontrollsystem, S. 277-282; 285 f.

vor allem über wesentliche Änderungen berichtet werden,[889] da sich die Ausführungen sonst jährlich wiederholen, ohne neue Informationen zu offenbaren.[890]

555.3 Beschreibung der Umsetzung der Compliance-Funktion (Art. 294 Abs. 5 lit b DVO)

Die den Versicherungsunternehmen gemäß § 29 Abs. 1 VAG n. F. vorgeschriebene Compliance-Funktion soll die „Einhaltung der Anforderungen“[891] überwachen (Überwachungsaufgabe). „Intensiv ist vor allem die Einhaltung der für den Betrieb des Versicherungsgeschäftes geltenden Gesetze, Verordnungen und aufsichtsbehördlichen Anforderungen zu überwachen.“[892] Die Überwachungsaufgabe bezieht sich nicht darauf, ob interne Vorgaben eingehalten werden, denn dies ist Aufgabe der internen Revision.[893] Ihr obliegt zu prüfen, ob die internen Vorgaben dazu geeignet sind, sicherzustellen, dass die rechtlichen Vorgaben eingehalten werden.[894] Ferner hat die Compliance-Funktion die Aufgabe, den Vorstand darüber zu informieren, ob und wie Gesetze und Verwaltungsvorschriften, die für den Betrieb des Versicherungsgeschäfts gelten, eingehalten werden (Beratungsaufgabe).[895] Dabei überwacht sie „auch, ob die Einhaltung der externen Anforderungen durch angemessene und wirksame interne Verfahren gefördert wird.“[896] Außerdem soll durch die Compliance-Funktion beurteilt werden, ob und wie sich Änderungen des Rechtsumfelds für das Unter-

[889] Diese Angaben sind im Berichtsabschnitt über wesentliche Änderungen des Governance-Systems im Berichtszeitraum zu berichten. Vgl. dazu Abschnitt 552.3.

[890] Vgl. ähnlich HIPPEL für die Berichterstattung im handelsrechtlichen Konzernlagebericht über das Kontroll- und Risikomanagementsystem im Hinblick auf den Konzernrechnungslegungsprozess, HIPPEL, B., Konzernlagebericht, S. 145.

[891] § 29 Abs. 1 VAG n. F. Vgl. auch BAFIN, Solvency II Vorbereitungs-Leitlinien: Interne Kontrollen und interne Revision, Leitlinie 27.

[892] BAFIN, Solvency II Vorbereitungs-Leitlinien: Interne Kontrollen und interne Revision, Leitlinie 31.

[893] Vgl. BR-Drucks. 430/14 S. 284 (Begründung zu § 29 Abs. 1 u. 2 VAG n. F.).

[894] Vgl. BR-Drucks. 430/14 S. 284 (Begründung zu § 29 Abs. 1 u. 2 VAG n. F.).

[895] Vgl. § 29 Abs. 2 VAG n. F. Vgl. auch BAFIN, Solvency II Vorbereitungs-Leitlinien: Interne Kontrollen und interne Revision, Leitlinie 32.

[896] BAFIN, Solvency II Vorbereitungs-Leitlinien: Interne Kontrollen und interne Revision, Leitlinie 31a. „Die Geschäftsleitung muss dafür sorgen, dass überprüft wird, ob diejenigen internen Vorgaben, welche die Einhaltung der externen Anforderungen gewährleisten sollen, ihrerseits eingehalten werden.“ BAFIN, Solvency II Vorbereitungs-Leitlinien: Interne Kontrollen und interne Revision, Leitlinie 31b.

nehmen auswirken und es sollen Risiken identifiziert und beurteilt werden, die mit der Verletzung rechtlicher Vorgaben verbunden sind (Risikokontroll- und Frühwarnaufgabe).[897]

Um die an die Compliance-Funktion gestellten Aufgaben erfüllen zu können, haben Versicherungsunternehmen eine Compliance-Politik und einen Compliance-Plan auszuarbeiten.[898] Durch die **Compliance-Politik** werden Zuständigkeiten, Befugnisse und Berichtspflichten der Compliance-Funktion festgelegt. In dem **Compliance-Plan** werden die geplanten Tätigkeiten der Compliance-Funktion dargelegt. Dabei sollen alle relevanten Tätigkeitsbereiche des Versicherungsunternehmens sowie ihre Compliance-Risiken berücksichtigt werden, wobei weder definiert wird, welche die relevanten Tätigkeitsbereiche sind, noch wie das jeweilige Compliance-Risiko erfasst und gemessen werden soll.[899] Ferner obliegt der Compliance-Funktion gemäß Art. 270 Abs. 2 DVO die Pflicht, die Angemessenheit der getroffenen Maßnahmen, mit denen das Versicherungsunternehmen eine Non-Compliance zu verhindern versucht, zu bewerten.[900]

Indes steht es den Unternehmen „grundsätzlich frei, wie sie die Compliance-Funktion ausgestalten und in die Aufbauorganisation einbinden."[901] Aufgrund der aufsichtsrechtlich wenig normierten Vorgaben, lassen sich auch die diesbezüglichen Berichtsinhalte wenig konkretisieren. Die o. g. Compliance-Anforderungen können als Ausgangspunkt für die diesbezüglichen Angaben im SFCR dienen. Da zu dem Berichtsgegenstand zu beschreiben ist, wie die Compliance-Funktion im Versicherungsunternehmen umgesetzt ist, ist zumindest über die Compliance-Politik – d. h. die Zuständigkeiten, Befugnisse und internen Berichtsverfahren – und die Compliance-Tätigkeit (auf Basis des Compliance-Planes) zu berichten. Für die Compliance-Politik ist die in Abschnitt 551 vorgeschlagene Verweistechnik entsprechend anzuwenden, wohingegen die Compliance-Tätigkeiten des Berichtsjahres stets im SFCR zu beschreiben sind. Im SFCR könnte dazu ferner dargelegt werden, wie vom Versicherungsunternehmen gewährleistet wird, dass die Compliance-Funktion

---

897 Vgl. § 29 Abs. 2 VAG n. F. Vgl. auch BAFIN, Solvency II Vorbereitungs-Leitlinien: Interne Kontrollen und interne Revision, Leitlinie 33.

898 Vgl. hier und im Folgenden Art. 270 Abs. 1 DVO.

899 Vorgegeben wird lediglich, dass die Auswahl der Compliance-Aktivitäten risikoorientiert erfolgen soll und die Aktualität des Compliance-Planes regelmäßig zu überprüfen ist. Vgl. BAFIN, Solvency II Vorbereitungs-Leitlinien: Interne Kontrollen und interne Revision, Leitlinie 36.

900 Vgl. auch BAFIN, Solvency II Vorbereitungs-Leitlinien: Interne Kontrollen und interne Revision, Leitlinie 34.

901 BAFIN, Solvency II Vorbereitungs-Leitlinien: Interne Kontrollen und interne Revision, Leitlinie 29.

„jederzeit frei von Einflüssen ist, die eine objektive, faire und unabhängige Aufgabenerfüllung beeinträchtigen können.“[902] Der mindestens jährlich zu erstellende interne Bericht, durch den die Geschäftsleitung über aktuelle Compliance-Themen informiert wird,[903] sowie etwaige Ad-hoc-Berichte können unternehmensintern als weitere Grundlage herangezogen werden, um publizitätswürdige Sachverhalte zu ermitteln.

556. Angaben zur Funktion der internen Revision

556.1 Übersicht über die Angaben zur Funktion der internen Revision (Art. 294 Abs. 6 lit a-b DVO)

Art. 294 Abs. 6 DVO:

„Der Bericht über [die] Solvabilität und Finanzlage enthält alle folgenden Informationen über die Funktion der internen Revision des Versicherungs- oder Rückversicherungsunternehmens:

(a) eine Beschreibung, wie die Funktion der internen Revision innerhalb des Unternehmens umgesetzt wird;

(b) eine Beschreibung, wie gewährleistet wird, dass die Funktion der internen Revision des Unternehmens ihre Objektivität und ihre Unabhängigkeit von den Tätigkeiten gewährleistet, deren Überprüfung ihr obliegt.“

556.2 Beschreibung der Umsetzung der internen Revisionsfunktion (Art. 294 Abs. 6 lit a DVO)

Die interne Revisionsfunktion ist eine der vier Schlüsselfunktionen,[904] die durch Solvency II vorgeschrieben werden.[905] Gemäß § 30 Abs. 1 VAG n. F. müssen Versicherungsunternehmen „über eine wirksame interne Revision verfügen, welche die gesamte Geschäftsorganisation und insbesondere das interne Kontrollsystem auf deren Angemessenheit und Wirksamkeit überprüft.“ Gemäß Art. 271 Abs. 3 DVO obliegen der internen Revision die folgenden Aufgaben: „Erstellung, Umsetzung und Aufrechterhaltung eines Revisionsprogramms“ unter „Zugrundelegung eines risikobasierten Konzepts bei der Festlegung ihrer Prioritäten“, die „Übermittlung des Revisionsplans an das Verwaltungs-, Management- oder Aufsichtsorgan“, „Formulierung von Empfehlungen auf der Grundlage der Ergebnisse“ des durchgeführten Revisionsprogramms, die auch dem Verwaltungs-, Management-

[902] BAFIN, Solvency II Vorbereitungs-Leitlinien: Interne Kontrollen und interne Revision, Leitlinie 29.

[903] Vgl. BAFIN, Solvency II Vorbereitungs-Leitlinien: Interne Kontrollen und interne Revision, Leitlinie 38.

[904] Vgl. Abschnitt 234.23.

[905] Eine interne Revision war bereits nach altem VAG gefordert. Vgl. § 64a Abs. 1 Nr. 4 VAG a. F.; BAFIN, Solvency II Vorbereitungs-Leitlinien: Interne Kontrollen und interne Revision, Leitlinie 39.

oder Aufsichtsorgan mindestens jährlich zu übermitteln sind, sowie die „Überprüfung, ob die vom Verwaltungs-, Management- oder Aufsichtsorgan auf der Grundlage der [...] genannten Empfehlungen getroffenen Entscheidungen befolgt werden."

Zu diesem Berichtsgegenstand ist zu beschreiben, wie die Funktion der internen Revision innerhalb des Unternehmens umgesetzt wird, d. h. das Versicherungsunternehmen hat auf ablauf- und aufbauorganisatorische Aspekte einzugehen. Dabei sollte erläutert werden, wie die o. g. aufsichtsrechtlich vorgegebenen Aufgaben der internen Revision erfüllt werden. Dabei ist insb. auf Zuständigkeiten (Stellung im Unternehmen), Rechte und Befugnisse,[906] sowie Ziele, Prozesse und Berichtsverfahren der internen Revision einzugehen. Für diese Angaben ist die in Abschnitt 551 vorgeschlagene Verweistechnik entsprechend anzuwenden.

Die durchgeführten internen Revisionen sind im SFCR nicht anzugeben und zu beschreiben. Entsprechende Angaben sind allein im Bericht an die Aufsichtsbehörde zu machen.[907] Für den Adressaten ist indes relevant, zu erfahren, und insofern sollte im SFCR berichtet werden, ob und wie die interne Revision dazu beiträgt, Schwachstellen der Geschäftsorganisation und insb. des Kontrollsystems zu erkennen und beseitigen zu lassen. Daher ist im SFCR zumindest darüber zu berichten, welche Unternehmensbereiche in welchem Umfang im Berichtsjahr geprüft wurden, wie diese entsprechend dem risikobasierten Konzept ausgewählt wurden und wie regelmäßig geprüft wird. Die interne Revision hat ihre Prüfungsergebnisse und Empfehlungen direkt an den Vorstand zu berichten,[908] diese Ergebnisse gehören indes nicht in den SFCR. Die interne Berichterstattung der Revision an den Vorstand über das Ergebnis ihrer Prüfungen kann lediglich Anknüpfungspunkt für die externe Berichterstattung sein. Der Vorstand – und nicht die interne Revision – hat sodann „über

[906] Vgl. EIOPA, Leitlinien zum Governance-System, S. 7 (Leitlinie 7, Tz. 1.35); BAFIN, Solvency II Vorbereitungs-Leitlinien: Interne Kontrollen und interne Revision, Leitlinie 61.

[907] Vgl. Art. 308 Abs. 6 lit a DVO. Demgemäß haben Versicherungsunternehmen gegenüber der Aufsichtsbehörde die „durchgeführten internen Revisionen mit einer Zusammenfassung der wesentlichen Ergebnisse und Empfehlungen" für den Vorstand zu beschreiben und die in der Folge davon getroffenen Maßnahmen anzugeben. Ferner sind gemäß Art. 308 Abs. 6 lit b DVO die „Politik des Unternehmens für die interne Revision, Verfahren zur Überarbeitung dieser Politik [und die] Häufigkeit der Überprüfung" zu beschreiben und „während des Berichtszeitraums eingetretene[ ] signifikante[ ] Veränderungen" anzugeben. Ferner ist der Audit-Plan des Versicherungsunternehmens, einschließlich künftiger interner Revisionen und deren Begründung, zu beschreiben. Vgl. Art. 308 Abs. 6 lit c DVO. Vgl. bereits ähnlich MaRisk 7.4.7 u. 8.

[908] Vgl. § 30 Abs. 2 VAG n. F.

Abhilfemaßnahmen bei festgestellten Mängeln"[909] zu entscheiden. Wie gesagt, ist vom Versicherungsunternehmen nicht über Schwächen, die die interne Revision festgesellt hat, extern zu berichten.[910] Doch sollte um Vertrauen zwischen dem Versicherungsunternehmen und den Adressaten aufzubauen, im SFCR darüber berichtet werden, dass bzw. welche Schwachstellen in der Geschäftsorganisation in der Berichtsperiode beseitigt worden sind oder angegeben werden, dass die interne Revision zum Berichtszeitpunkt keine wesentlichen Schwachstellen festgestellt hat.[911] Ferner sollte auf anlassbezogene Sonderprüfungen eingegangen werden, die nicht im Revisionsplan vorgesehen waren. Dadurch würde deutlich gemacht, dass auch auf aktuelle Ereignisse und Entwicklungen schnell und in geeigneter Weise reagiert wird.

556.3 Beschreibung der Gewährleistung der Objektivität und Unabhängigkeit der Revisionsfunktion (Art. 294 Abs. 6 lit b DVO)

„Die interne Revision muss objektiv und unabhängig von anderen betrieblichen Funktionen sein. Sie berichtet ihre Prüfungsergebnisse und Empfehlungen direkt an den Vorstand."[912] Gemäß Art. 271 Abs. 1 DVO dürfen Personen, die die Funktion der internen Revision wahrnehmen, grundsätzlich in keiner Weise für eine der anderen Funktionen zuständig sein.[913] Indes wird in Art. 271 Abs. 2 DVO ausnahmsweise zugelassen, dass „Personen, die die Funktion der internen Revision wahrnehmen, darüber hinaus auch andere Schlüsselfunktionen innehaben" können, wenn bestimmte Bedingungen (Vermeidung von Interessenkonflikten; anderenfalls unverhältnismäßig hohe Kosten für das Versicherungsunternehmen) erfüllt sind. Die Unabhängigkeit der Revisionsmitarbeiter darf aber in keine Weise in Frage stehen. „Der Unabhängigkeit und Unparteilichkeit der internen Revision kommen insoweit besondere Bedeutung zu"[914], weil die Unabhängigkeit „ihre hervorgehobene Stellung als objektive Prüferin des gesamten Governance-Systems absichert."[915]

909 BR-Drucks. 430/14, S. 284 (VAG-Begründung zu § 30 Abs. 2 Satz 2 VAG n. F.).

910 Vgl. zu den Revisionsberichten nach altem Versicherungsaufsichtsrecht (§ 55c Abs. 1 Nr. 2 VAG a. F.) auch DREHER, M./SCHAAF, M., Risiko- und Revisionsberichte, S. 1151, 1154, 1158-1160.

911 Vgl. dazu Abschnitt 559.1 über die Bewertung der Angemessenheit des Governance-Systems durch den Vorstand.

912 § 30 Abs. 2 VAG n. F.

913 Vgl. auch EIOPA, Leitlinien zum Governance-System, S. 19 f. (Leitlinie 40, Tz. 1.84 f.).

914 BAFIN, Solvency II Vorbereitungs-Leitlinien: Interne Kontrollen und interne Revision, Leitlinie 42.

915 BAFIN, Solvency II Vorbereitungs-Leitlinien: Interne Kontrollen und interne Revision, Leitlinie 55.

Die zu diesem Berichtsgegenstand geforderte Beschreibung der Gewährleistung der Objektivität und Unabhängigkeit der internen Revisionsfunktion sollte bereits aus dem vorangegangenen Berichtsgegenstand darüber, wie die Revisionsfunktion im Unternehmen umgesetzt ist – insb. aus den Angaben zur Organisationsstruktur und zu Zuständigkeiten (Stellung im Unternehmen), Rechten und Befugnissen der internen Revision – hervorgehen. Dementsprechend kommt auch für diesen Berichtsgegenstand die in Abschnitt 551 vorgeschlagene Verweistechnik zum Tragen. Zu dem hier diskutierten Berichtsgegenstand sollte ausführlich berichtet werden, wenn die interne Revisionsfunktion von Personen wahrgenommen wird, die auch andere Funktionen innehaben – und zwar darüber, wie die Objektivität und Unabhängigkeit der Revisionstätigkeit in diesem Fall gewährleistet werden.[916] Wird die Ausnahmeregelung nicht angewendet, d. h. haben Personen, die die Revisionsfunktion ausüben, keine andere Funktion inne, reicht es zu berichten, dass die Revisionsfunktion organisatorisch und weisungstechnisch von anderen Stellen im Unternehmen getrennt ist und unmittelbar einem Vorstandsmitglied unterstellt ist, das nicht zugleich die anderen Funktionen verantwortet.

557. Angaben zur versicherungsmathematischen Funktion (Art. 294 Abs. 7 DVO)

Art. 294 Abs. 7 DVO:
„Der Bericht über [die] Solvabilität und Finanzlage enthält eine Beschreibung, wie die versicherungsmathematische Funktion des Versicherungs- oder Rückversicherungsunternehmens umgesetzt wird."

Die versicherungsmathematische Funktion ist eine weitere der vier Schlüsselfunktionen und jene, die für Versicherungsunternehmen als besonders und einmalig anzusehen ist. Gemäß § 31 Abs. 1 VAG n. F. müssen Versicherungsunternehmen über eine wirksame versicherungsmathematische Funktion verfügen, die bestimmte Aufgaben in Bezug auf die Berechnung der versicherungstechnischen Rückstellungen für die Solvabilitätsübersicht[917]

[916] Vgl. zu dieser Problematik ausführlich BAFIN, Solvency II Vorbereitungs-Leitlinien: Interne Kontrollen und interne Revision, Leitlinien 51-54a, insb. 54 i. V. m. Leitlinien 42-49.

[917] Hierbei handelt es sich um die aufsichtsrechtliche Rückstellungsberechnung für die Solvabilitätsübersicht. Der „versicherungsmathematischen Funktion sind keine Aufgaben in Bezug auf die versicherungstechnischen Rückstellungen nach Handelsrecht zugewiesen." BR-Drucks. 430/14, S. 284 (Begründung zu § 31 Abs. 1 VAG n. F.).

erfüllt. Sie hat die Berechnung dieser Rückstellungen zu koordinieren[918] und zu gewährleisten, dass die verwendeten Methoden und zugrunde liegenden Modelle sowie die getroffenen Annahmen angemessen sind.[919] Sie hat dementsprechend die Hinlänglichkeit und die Qualität der zugrunde gelegten Daten zu bewerten,[920] die besten Schätzwerte mit den Erfahrungswerten zu vergleichen[921] und den Vorstand über die Verlässlichkeit und Angemessenheit der Berechnung zu unterrichten[922].[923] Ferner hat sie mindestens jährlich „eine Stellungnahme zur allgemeinen Zeichnungs- und Annahmepolitik und zur Angemessenheit der Rückversicherungsvereinbarungen“[924] abzugeben und „zur wirksamen Umsetzung des Risikomanagementsystems [...] und zur Risiko- und Solvabilitätsbeurteilung“[925] beizutragen.

Grundsätzlich hat das Versicherungsunternehmen im SFCR zu berichten, wie die o. g. Aufgaben der versicherungsmathematischen Funktion erfüllt werden, denn den „Unternehmen steht es grundsätzlich frei, wie sie die [versicherungsmathematische Funktion] ausgestalten und in ihre Aufbauorganisation einbinden.“[926] Daher ist im SFCR auf aufbau- und ablauforganisatorische Aspekte einzugehen. Dabei ist zu erläutern, wie sichergestellt wird, „dass sie jederzeit frei von Einflüssen ist, die eine objektive, faire und unabhängige

918 Vgl. dazu ausführlich EIOPA, Leitlinien zum Governance-System, S. 21 (Leitlinie 47, Tz. 1.95 f.); BAFIN, Solvency II Vorbereitungs-Leitlinien: Versicherungsmathematische Funktion, Leitlinien 14-22.

919 Vgl. ausführlich zur Beurteilung der Angemessenheit und Anwendbarkeit einschlägiger versicherungsmathematischer Techniken im Kontext interner Voll- und Partialmodelle Art. 229 DVO. Demgemäß muss sich auf den neuesten Stand der Aktuarswissenschaft und auf die allgemein anerkannte Marktpraxis gestützt werden. Ferner haben Versicherungsunternehmen über ein Detailverständnis auf den Gebieten der Wirtschaftstheorie und Versicherungsmathematik zu verfügen. Vgl. ferner zur Validierung und Dokumentation der Bewertung der versicherungstechnischen Rückstellungen Art. 264-265 DVO.

920 Vgl. dazu ausführlich EIOPA, Leitlinien zum Governance-System, S. 21 (Leitlinie 48, Tz. 1.97); BAFIN, Solvency II Vorbereitungs-Leitlinien: Versicherungsmathematische Funktion, Leitlinien 25-36.

921 Vgl. dazu EIOPA, Leitlinien zum Governance-System, S. 22 (Leitlinie 49, Tz. 1.98).

922 Vgl. zu diesbezüglichen internen Informationspflichten auch BAFIN, Solvency II Vorbereitungs-Leitlinien: Versicherungsmathematische Funktion, Leitlinien 44-50. Demgemäß sind in einem internen Bericht Mängel klar und deutlich zu benennen und Empfehlungen zur Behebung solcher Mängel zu geben.

923 Vgl. § 31 Abs. 1 Nr. 1-5 VAG n. F. Vgl. ausführlich zu weiteren Aufgabenbeschreibungen der versicherungsmathematischen Funktion Art. 272 DVO Abs. 1-8.

924 § 31 Abs. 2 VAG n. F. Vgl. dazu EIOPA, Leitlinien zum Governance-System, S. 22 (Leitlinie 50, Tz. 1.99).

925 § 31 Abs. 2 VAG n. F., Auslassung durch den Verfasser.

926 BAFIN, Solvency II Vorbereitungs-Leitlinien: Versicherungsmathematische Funktion, Leitlinie 9.

Aufgabenerfüllung beeinträchtigen können."[927] Für diese Angaben ist die in Abschnitt 551 vorgeschlagene Verweistechnik entsprechend anzuwenden. Zu diesem Berichtsgegenstand ist indes nicht zu berichten, wie die versicherungstechnischen Rückstellungen berechnet werden, denn dies ist Berichtsgegenstand der Angaben bezüglich der Bewertung für Solvabilitätszwecke.[928] Die Vorschriften verlangen nicht, dass über festgestellte Mängel berichtet wird.

Der SFCR würde ausufern, wenn in ihm detailliert zu beschreiben wäre, wie jede einzelne der aufsichtsrechtlich determinierten Aufgaben der versicherungsmathematischen Funktion erfüllt wird. Es ist hinreichend, dem Adressaten zu vermitteln, dass die vorgegebenen Aufgaben der versicherungsmathematischen Funktion tatsächlich erfüllt werden. So hat der Bericht an die Aufsichtsbehörden „einen Überblick über die Maßnahmen, die [die versicherungsmathematische Funktion] im Berichtszeitraum in jedem ihrer Zuständigkeitsbereiche ergriffen hat, und eine Beschreibung des Beitrags der versicherungsmathematischen Funktion zur wirksamen Umsetzung des Risikomanagementsystems des Unternehmens"[929] zu umfassen. Ein solcher Überblick wäre auch für den SFCR sehr sinnvoll.

Zudem werden in § 31 Abs. 3 VAG n. F. besondere Anforderungen an die Qualifikation und Erfahrung von Mitarbeitern, die die versicherungsmathematische Funktion ausüben, geregelt. Indes müssen die Personen, die die versicherungsmathematische Funktion ausüben, nicht zwingend Versicherungsmathematiker (Aktuare) sein.[930] Im Berichtsteil über die versicherungsmathematische Funktion ist nicht entsprechend über die Qualifikation der entsprechenden Mitarbeiter zu berichten, denn über deren Qualifikation wird bereits bei den Angaben zu den allgemeinen Anforderungen an die fachliche Eignung und persönliche Zuverlässigkeit von Personen, die das Unternehmen leiten oder Schlüsselaufgaben wahrnehmen, berichtet.[931]

[927] BAFIN, Solvency II Vorbereitungs-Leitlinien: Versicherungsmathematische Funktion, Leitlinie 10.

[928] Vgl. Art. 296 Abs. 2 DVO.

[929] Art. 308 Abs. 7 DVO, Einfügung durch den Verfasser.

[930] Vgl. BR-Drucks. 430/14, S. 285 (Begründung zu § 31 Abs. 3 VAG n. F.).

[931] Vgl. zu den Angaben zu den allgemeinen Anforderungen an die fachliche Eignung und persönliche Zuverlässigkeit von Personen, die das Unternehmen leiten oder Schlüsselaufgaben wahrnehmen bereits Abschnitt 553.

558. Angaben zu Outsourcing-Aktivitäten (Art. 294 Abs. 8 DVO)

Art. 294 Abs. 8 DVO:

„Der Bericht über [die] Solvabilität und Finanzlage enthält eine Darstellung der Outsourcing-Politik des Versicherungs- oder Rückversicherungsunternehmens, der Auslagerung kritischer bzw. wichtiger operativer Funktionen oder Tätigkeiten des Unternehmens sowie des Rechtsraums, in dem die Dienstleister, die die betreffenden Funktionen oder Tätigkeiten ausüben, ansässig sind."

Gemäß § 32 VAG n. F. können Versicherungsunternehmen Funktionen oder Versicherungstätigkeiten an Dienstleister ausgliedern (Outsourcing[932]). „Im Prinzip ist bei jedem Unternehmen eine Ausgliederung aller vier Schlüsselfunktionen möglich."[933] Die Versicherungsunternehmen bleiben indes gemäß § 32 Abs. 1 VAG n. F. dafür verantwortlich, alle aufsichtsrechtlichen Vorschriften und Anforderungen zu erfüllen.[934] An das Outsourcing werden gemäß § 32 Abs. 2-4 i. V. m Art. 274 DVO besondere Anforderungen gestellt, die hier im Einzelnen nicht wiederholt werden.

Versicherungsunternehmen müssen „eine schriftlich fixierte Outsourcing-Politik"[935] sowie „Berichts- und Überwachungsmechanismen"[935] festlegen. Welche Bestandteile die sog. Outsourcing-Politik zu umfassen hat, wird in den Vorgaben nicht konkretisiert. Indes ist zumindest in internen Outsourcing-Leitlinien zu dokumentieren, anhand welcher Verfahren eine auszulagernde Funktion oder Tätigkeit als kritisch oder wichtig beurteilt wird,[936] „wie ein Dienstleister geeigneter Qualität ausgewählt wird [...] und wie oft seine Leistungen und

932 In der DVO wird der Begriff „Outsourcing" und im VAG n. F. „Ausgliederung" verwendet. Diese werden synonym verwendet. Vgl. auch BAFIN, Solvency II Vorbereitungs-Leitlinien: Outsourcing, Leitlinie 7. Ausgliederung wird in § 7 Nr. 2 VAG n. F. als „eine Vereinbarung jeglicher Form zwischen einem Versicherungsunternehmen und einem Dienstleister, auf Grund derer der Dienstleister direkt oder durch weitere Ausgliederung einen Prozess, eine Dienstleistung oder eine Tätigkeit erbringt, die ansonsten vom Versicherungsunternehmen selbst erbracht werden würde" definiert. Vgl. ausführlich zum Outsourcing-Begriff unter Solvency II: BAFIN, Solvency II Vorbereitungs-Leitlinien: Outsourcing, Leitlinien 14-23.

933 BAFIN, Solvency II Vorbereitungs-Leitlinien: Allgemeine Governance-Anforderungen, Leitlinie 140.

934 Vgl. dazu auch Art. 274 Abs. 5 lit a u. b DVO, wonach das Versicherungsunternehmen sicherstellen muss, dass relevante Elemente des Risikomanagementsystems und des internen Kontrollsystems des Dienstleisters angemessen sind und das Versicherungsunternehmen den ausgelagerten Tätigkeiten in seinem Risikomanagementsystem und seinem internen Kontrollsystem angemessen Rechnung tragen muss.

935 Art. 274 Abs. 1 DVO.

936 Vgl. EIOPA, Leitlinien zum Governance-System, S. 25 (Leitlinie 63, Tz. 1.116 lit a).

Ergebnisse beurteilt werden“[937] und welche Notfallpläne, einschließlich Ausstiegsstrategien aus dem Outsourcing, bestehen.[938] **Über die Outsourcing-Politik ist im SFCR zu berichten.** Diese Vorgabe ist aber zu unkonkret, als dass unternehmensvergleichbare Berichtsangaben erwartet werden können.[939] Spezifische Informationsanforderungen bezüglich der Outsourcing-Politik können aus den Berichtsvorschriften für den Bericht an die Aufsichtsbehörde hergeleitet werden: Gemäß Art. 308 Abs. 8 lit a DVO sind im Bericht an die Aufsichtsbehörde die „Gründe für das Outsourcing und [ein] Nachweis geeigneter Überwachungs- und Sicherheitsvorkehrungen“[940] anzugeben. Diese Angaben sollten sich auch im SFCR finden, wobei die in Abschnitt 551 vorgeschlagene Verweistechnik anzuwenden ist, sofern Outsourcing-Politik und Dienstleister gegenüber dem Vorjahr unverändert sind. Gemäß Art. 274 Abs. 3 DVO haben Versicherungsunternehmen bei der Auswahl des Dienstleisters, dem kritische oder wichtige operative Funktionen oder Tätigkeiten übertragen werden sollen, zu prüfen, ob dieser über die Fähigkeiten[941], Kapazitäten und ggfs. gesetzlich geforderten Genehmigungen verfügt, um die Dienstleistungen für das Versicherungsunternehmen in zufriedenstellender Weise erbringen zu können. Über diese Prüfung sollte bei dem Abschnitt „Outsourcing-Politik“ im SFCR berichtet werden. Denn für den Adressaten ist sehr relevant, ob die ausgelagerten Funktionen und Tätigkeiten mindestens dieselben Qualitätsmerkmale aufweisen wie die im Versicherungsunternehmen verbliebenen Funktionen und Tätigkeiten.

Ferner soll hier auch über die Auslagerung von kritischen bzw. wichtigen operativen Funktionen oder Tätigkeiten[942] des Versicherungsunternehmens sowie über den Rechtsraum, in dem die Dienstleister, die die betreffenden Funktionen oder Tätigkeiten ausüben, ansässig sind, berichtet werden. Das bedeutet, dass die ausgelagerten kritischen bzw. wichtigen ope-

---

937 EIOPA, Leitlinien zum Governance-System, S. 25 (Leitlinie 63, Tz. 1.116 lit b), Auslassung durch den Verfasser.

938 Vgl. EIOPA, Leitlinien zum Governance-System, S. 25 (Leitlinie 63, Tz. 1.116 lit c).

939 Zu diesem Berichtsgegenstand können auch keine Empfehlungen aus DRS 20 hergeleitet werden. Eine Berichtspflicht über externe Dienstleister, die am Abschlusserstellungsprozess mitwirken, wird zwar in DRS 20.K175 lit e genannt, indes geht auch aus dieser Vorschrift nicht hervor, was diesbezüglich zu berichten sei. Gemäß DRS 20.K176 lit c kann über Tätigkeiten, die im Rahmen der Konzernabschlusserstellung von externen Dienstleistern wahrgenommen werden, berichtet werden.

940 Art. 308 Abs. 8 lit a DVO, Einfügung durch den Verfasser.

941 Vgl. dazu auch EIOPA, Leitlinien zum Governance-System, S. 10 (Leitlinie 14, Tz. 1.46).

942 Vgl. zur Definition bzw. Abgrenzung wichtiger Funktionen oder Versicherungstätigkeiten BAFIN, Solvency II Vorbereitungs-Leitlinien: Outsourcing, Leitlinie 24-32, insb. 27 ff.

rativen Funktionen oder Tätigkeiten und die Sitzstaaten der jeweiligen Dienstleister zu benennen sind. Wünschenswert ist, ein solches Outsourcing unmittelbar in dem Abschnitt über die jeweilige berichtspflichtige Funktion im SFCR zu benennen, so dass der Berichtsadressat bereits bei den Ausführungen zu den jeweiligen Funktionen erfährt, ob diese intern ausgeführt oder an einen Dienstleister übertragen worden sind. Dass eine Funktion ausgegliedert wurde, darf in keinem Fall dazu führen, dass über sie weniger ausführlich berichtet wird, als wenn sie im Unternehmen selbst ausgeführt wird, denn für den Adressaten sind primär die Angaben über die Funktionen und Tätigkeiten relevant – unabhängig davon, ob diese durch angestellte Mitarbeiter des Versicherungsunternehmens oder durch externe Dienstleister erfüllt werden.

559. Sonstige Angaben zum Governance-System

559.1 Eigene Bewertung der Angemessenheit des Governance-Systems durch das Versicherungsunternehmen (Art. 294 Abs. 9 DVO)

Art. 294 Abs. 9 DVO:
„Der Bericht über [die] Solvabilität und Finanzlage enthält eine Bewertung der Angemessenheit des Governance-Systems des Versicherungs- oder Rückversicherungsunternehmens vor dem Hintergrund von Art, Umfang und Komplexität der seinen Geschäftstätigkeiten inhärenten Risiken."

Gemäß dieser Berichtsvorgabe hat das Versicherungsunternehmen im SFCR zu berichten, ob sein Governance-System vor dem Hintergrund von Art, Umfang und Komplexität der seinen Geschäftstätigkeiten inhärenten Risiken angemessen ist. Es bestätigt damit, dass es die allgemeinen Anforderungen an die Geschäftsorganisation gemäß § 23 VAG n. F. erfüllt, wonach Versicherungsunternehmen über eine wirksame und ordnungsgemäße Geschäftsorganisation zu verfügen haben, durch die sichergestellt wird, dass Gesetze, Verordnungen und aufsichtsbehördliche Anordnungen eingehalten und eine umsichtige Leitung des Unternehmens gewährleistet werden.[943] Gemäß § 23 Abs. 2 VAG n. F. trägt der Vorstand Sorge dafür, dass die Geschäftsorganisation regelmäßig intern überprüft wird. Da die zugehörigen schriftlichen internen Leitlinien gemäß § 23 Abs. 3 VAG n. F. „mindestens

[943] Vgl. § 23 Abs. 1 VAG n. F. Vgl. auch Art. 258 Nr. 6 DVO.

einmal jährlich zu überprüfen" sind, ist dieses Intervall auch für die interne Überprüfung der Geschäftsorganisation zu empfehlen.[944]

Über das Ergebnis dieser demnach mindestens jährlichen Bewertung ist zu diesem Berichtsgegenstand zu berichten. Da sich nichts anderes aus der Berichtsvorgabe ergibt, bezieht sich diese Pflicht auf das Governance-System als Ganzes, d. h. dass keine separaten Aussagen zu den beiden Subsystemen Risikomanagement- und internes Kontrollsystem oder seine einzelnen Funktionen zu geben sind. Zwar ist der gesamte SFCR ohnehin vom Vorstand zu genehmigen, indes wird hier empfohlen, über die Bewertung der Angemessenheit des Governance-Systems so zu berichten, dass diese als Urteil des Vorstands ersichtlich ist. Da mit den Ausführungen ohnehin nur bestätigt wird, was dem Versicherungsunternehmen – insb. dem Vorstand – aufsichtsrechtlich vorgegeben ist, nämlich für eine angemessene Geschäftsorganisation zu sorgen, sind die diesbezüglichen Angaben knapp zu halten. Gemäß § 294 Abs. 3 VAG n. F. ist „die ordnungsgemäße Durchführung des Geschäftsbetriebs einschließlich der Einhaltung der aufsichtsrechtlichen, der das Versicherungsverhältnis betreffenden und aller sonstigen die Versicherten betreffenden Vorschriften sowie der rechtlichen Grundlagen des Geschäftsplans" ein Gegenstand der rechtlichen Aufsicht. Dabei umfasst das aufsichtliche Überprüfungsverfahren explizit die Bewertung der qualitativen Anforderungen hinsichtlich der Geschäftsorganisation.[945] Die Aufsichtsbehörde legt die Mindesthäufigkeit und den Anwendungsbereich der Überprüfungen, Beurteilungen und Bewertungen unternehmensabhängig selbst fest. Die Prüfung der Angemessenheit des Governance-Systems, über die zu diesem Berichtsgegenstand zu berichten ist, obliegt demgemäß – wenn auch nicht jährlich – auch der Aufsichtsbehörde. Das berichtende Versicherungsunternehmen kann deshalb die Glaubwürdigkeit seiner Angaben zur Angemessenheit des Governance-Systems erheblich erhöhen, indem es die Ergebnisse der Aufsichtsbehörde publik macht bzw. angibt, dass die Aufsichtsbehörde keine Beanstandungen bezüglich des Governance-Systems festgestellt hat (Fehlanzeige). Dazu ist vom Versicherungsunternehmen anzugeben, wann die letzte Prüfung des Governance-Systems durch die Aufsichtsbe-

[944] Vgl. so auch BAFIN, Solvency II Vorbereitungs-Leitlinien: Governance, Leitlinie 44. Darüber hinaus sollten außerordentliche Überprüfungen in Erwägung gezogen werden.

[945] Vgl. § 294 Abs. 5 VAG n. F.

hörde stattfand, welchen Umfang diese Prüfung hatte und, ob es seit dieser Prüfung das Governance-System geändert hat.[946]

559.2 Sonstige wesentliche Angaben zum Governance-System (Art. 294 Abs. 10 DVO)

Art. 294 Abs. 10 DVO:
„Der Bericht über [die] Solvabilität und Finanzlage enthält in einem separaten Abschnitt alle anderen wesentlichen Informationen über das Governance-System des Versicherungs- oder Rückversicherungsunternehmens."

Zu diesem Berichtsgegenstand sind weitere wesentliche Informationen über das Governance-System des Versicherungsunternehmens zu geben, die nicht bereits unter einem anderen Berichtsgegenstand („alle anderen") berichtet wurden. Aufgrund der umfassenden allgemeinen Angaben zum Governance-System sowie der Vielzahl der spezifischen Angaben zu den beiden Governance-Subsystemen (Risikomanagementsystem und internes Kontrollsystem) und zu den Governance-Funktionen sollten sonstige Angaben nur dann in einem separaten Abschnitt gegeben werden, wenn sie keinem der anderen Berichtskapitel zuzuordnen sind.

Beispielsweise könnte ein Versicherungsunternehmen unter den sonstigen wesentlichen Angaben zum Governance-System berichten, wie es sich gegen Versicherungsbetrug schützt und diesen im Versicherungskollektiv aufdeckt, denn ein Anstieg der Fälle oder der wertmäßigen Höhe je Fall von Versicherungsbetrug kann das gesamte Versicherungskollektiv finanziell schädigen, wodurch künftige finanzielle Ansprüche der Versicherungsnehmer bzw. Begünstigten gefährdet werden.

56 Angaben zum Risikoprofil

561. Übersicht über die Berichtsvorschriften bezüglich des Risikoprofils des Versicherungsunternehmens (Art 295 Abs. 1-7 DVO)

Art. 295 Abs. 1-7 DVO
„1. Der Bericht über [die] Solvabilität und Finanzlage enthält qualitative und quantitative Informationen über das Risikoprofil des Versicherungs- oder Rückversicherungsunternehmens gemäß den Absätzen 2 bis 7, wobei die Angaben nach folgenden Risikokategorien aufzuschlüsseln sind:

(a) versicherungstechnisches Risiko;

[946] Vgl. dazu auch Abschnitt 552.3.

(b) Marktrisiko;
(c) Kreditrisiko;
(d) Liquiditätsrisiko;
(e) operationelles Risiko;
(f) andere wesentliche Risiken.

2. Der Bericht über [die] Solvabilität und Finanzlage enthält folgende Informationen über die Risikoexponierung des Versicherungs- oder Rückversicherungsunternehmens, einschließlich seiner Exponierung aufgrund außerbilanzieller Positionen und der Risikoübertragung auf Zweckgesellschaften:

(a) eine Beschreibung der Maßnahmen, die zur Bewertung dieser Risiken innerhalb des Unternehmens getroffen werden, einschließlich etwaiger wesentlicher Änderungen im Berichtzeitraum;
(b) eine Beschreibung der wesentlichen Risiken, denen das Unternehmen ausgesetzt ist, einschließlich etwaiger wesentlicher Änderungen im Berichtszeitraum;
(c) eine Beschreibung, wie die Vermögenswerte im Einklang mit dem in Artikel 132 der Richtlinie 2009/138/EG festgelegten Grundsatz der unternehmerischen Vorsicht angelegt wurden, wobei auf die in jenem Artikel erwähnten Risiken und den angemessenen Umgang mit diesen Risiken einzugehen ist.

3. Hinsichtlich der Risikokonzentration enthält der Bericht über [die] Solvabilität und Finanzlage eine Beschreibung der wesentlichen Risikokonzentrationen, denen das Versicherungs- oder Rückversicherungsunternehmen ausgesetzt ist.

4. Hinsichtlich der Risikominderung enthält der Bericht über [die] Solvabilität und Finanzlage eine Beschreibung der zur Risikominderung verwendeten Techniken sowie der Verfahren für die Überwachung der dauerhaften Wirksamkeit dieser Risikominderungstechniken.

5. Hinsichtlich des Liquiditätsrisikos nennt der Bericht über [die] Solvabilität und Finanzlage den Gesamtbetrag des bei künftigen Prämien einkalkulierten erwarteten Gewinns, berechnet gemäß Artikel 260 Absatz 2.

6. Hinsichtlich der Risikosensitivität enthält der Bericht über [die] Solvabilität und Finanzlage eine Beschreibung der verwendeten Methoden, der zugrunde gelegten Annahmen und der Ergebnisse der Stresstests und Sensitivitätsanalysen für wesentliche Risiken und Ereignisse.

7. Der Bericht über [die] Solvabilität und Finanzlage enthält in einem separaten Abschnitt alle anderen wesentlichen Informationen über das Risikoprofil des Versicherungs- oder Rückversicherungsunternehmens.“

Gemäß diesen Berichtsvorgaben haben Versicherungsunternehmen umfassend über ihre Risikolage[947] zu berichten. Für Adressaten sind eine (drohende) wesentliche Verschlechte-

[947] In der (versicherungs-)wirtschaftswissenschaftlichen Literatur gibt es keine einheitliche Definition des Risikobegriffs. Vgl. BAETGE, J./SCHULZE, D., Lageberichterstattung über "Risiken der künftigen Entwicklung", S. 939; ELLENBÜRGER, F., U. A., MaRisk für Versicherungen, S. 57; KÜTING, K./HÜTTEN, C., Künftige Entwicklungsrisiken, S. 405; SELCH, B., Lagebericht, S. 109; VANINI, U., Risikomanagement, S. 7. Risiko wird hier als Möglichkeit des Nichterreichens eines explizit formulierten oder sich implizit ergebenden Ziels verstanden. Vgl. ELLENBÜRGER, F., U. A., MaRisk

rung der wirtschaftlichen Lage sowie eine ökonomische oder rechtliche Bestandsgefährdung relevant.[948] Über die Risikolage des Versicherungsunternehmens ist separat von den Angaben zum Risikomanagementsystem zu berichten.[949] Dies verringert die Gefahr, dass vom Versicherungsunternehmen zwar umfassende organisatorische Informationen über das Risikomanagementsystem und solche zur Risikofunktion gegeben werden, indes nur wenig über die tatsächliche Risikolage vom Versicherungsunternehmen berichtet wird. Indes schließen die oben zitierten Berichtsvorgaben zur Risikolage solche zum Risikomanagementsystem ein. Gemäß Art. 295 Abs. 2 lit a DVO soll das berichtende Versicherungsunternehmen „Maßnahmen, die zur Bewertung dieser Risiken [d. h. Risikoexponierungen einschließlich Exponierungen aufgrund außerbilanzieller Positionen und der Risikoübertragung auf Zweckgesellschaften] innerhalb des Unternehmens getroffen werden, einschließlich etwaiger wesentlicher Änderungen im Berichtzeitraum“[950] beschreiben. Ferner sind gemäß Art. 295 Abs. 4 DVO die zur Risikominderung verwendeten Techniken sowie die Verfahren für die Überwachung der dauerhaften Wirksamkeit dieser Risikominderungstechniken zu beschreiben. In der vorgelegten Untersuchung wird den Versicherungsunternehmen daher empfohlen, diese Angaben gemäß Art. 295 Abs. 2 lit a u. 4 DVO zusammen mit den Informationen über das Risikomanagementsystem in dem entsprechenden Berichtskapitel zu berichten.[951] Diese beiden Berichtsgegenstände werden daher im Folgenden ausgelassen, denn sie sind bereits bei den Angaben zum Risikomanagementsystem beachtet worden.

für Versicherungen, S. 57. In DRS 20.11 wird Risiko definiert als mögliche künftige Entwicklungen oder Ereignisse, die zu einer für das Unternehmen negativen Prognose- bzw. Zielabweichung führen können. In DRS 5.9 wurde Risiko dagegen als „Möglichkeit von negativen künftigen Entwicklungen der wirtschaftlichen Lage des Konzerns“ definiert. Vgl. zur inhaltlichen Abgrenzung des Risikobegriffs im Kontext von Unternehmenspublizität VIELMEYER, U., Risikoorientierte Unternehmenspublizität, S. 41-48. Vgl. für eine Definition des allgemeinen Risikobegriffs JÄGER, B., Risikosituation und Risikopolitik von Versicherungsunternehmen, S. 249-251. Vgl. zur Abgrenzung des Risikobegriffs vom Begriff der Gefahr KÜTING, K./HÜTTEN, C., Lageberichterstattung über Risiken der künftigen Entwicklung, S. 252.

948 Vgl. DOBLER, M., Risikoberichterstattung, S. 138.

949 Vgl. zu den Angaben zum Risikomanagementsystem bereits Abschnitt 554.

950 Art. 295 Abs. 2 DVO, Einfügung durch den Verfasser.

951 Gemäß Art. 294 Abs. 3a ist das Risikomanagementsystem, einschließlich Strategien, Prozesse und Berichtsverfahren, sowie der Art und Weise, wie das Unternehmen die Risiken, denen es ausgesetzt ist oder ausgesetzt sein könnte, kontinuierlich und effektiv auf Einzelebene und auf aggregierter Ebene ermittelt, misst, überwacht, managt und darüber Bericht erstattet, zu beschreiben. Vgl. dazu bereits Abschnitt 554.

Zwar umfassen auch die Berichtsvorgaben in Art. 295 Abs. 6 DVO Berichtsvorgaben, die dem Risikomanagementsystem zugeordnet werden könnten, nämlich die Beschreibung der Methoden für Stresstests[952] und Sensitivitätsanalysen, um Risikosensitivitäten zu ermitteln. Indes sind diese Informationen zusammen mit den zugrunde gelegten **Annahmen und den Ergebnissen der Stresstests und Sensitivitätsanalysen** für wesentliche Risiken und Ereignisse zu berichten, so dass im Kapitel über die Risikolage und nicht in dem über das Risikomanagementsystem über diese Methoden berichtet werden kann.

Unter Berücksichtigung der o. g. Zuordnung zweier Berichtsgegenstände zu den Angabepflichten zum Risikomanagementsystem, wird durch Art. 295 DVO die nachfolgende Berichtsmatrix über die Risikolage des Versicherungsunternehmens gebildet.

<table>
<tr><th>Risikokategorien gemäß Art. 295 Abs. 1 DVO
Geforderte Berichtsangaben</th><th>Versicherungstechnische Risiken</th><th>Marktrisiken</th><th>Kreditrisiken</th><th>Liquiditätsrisiken</th><th>Operationelle Risiken</th><th>sonstige wesentliche Risiken</th></tr>
<tr><td>Beschreibung wesentlicher Risiken und deren Änderungen (Abs. 2b)</td><td></td><td></td><td></td><td></td><td></td><td></td></tr>
<tr><td>Angaben zur Kapitalanlage (Abs. 2c)</td><td colspan="3">indirekt (verbrieft)</td><td colspan="3"></td></tr>
<tr><td>Beschreibung wesentlicher Risikokonzentrationen (Abs. 3)</td><td></td><td></td><td></td><td></td><td></td><td></td></tr>
<tr><td>Gesamtbetrag des bei künftigen Prämien einkalkulierten erwarteten Gewinns, berechnet gemäß Art. 260 Abs. 2 (Abs. 5)</td><td></td><td></td><td></td><td></td><td></td><td></td></tr>
<tr><td>Angaben zu Risikosensitivitäten (Abs. 6)</td><td></td><td></td><td></td><td></td><td></td><td></td></tr>
</table>

Tabelle 6: Berichtsmatrix für die Angaben zum Risikoprofil des Versicherungsunternehmens

Wie aus Tabelle 6 hervorgeht, bilden die Beschreibung wesentlicher Risiken und deren Änderungen im Berichtszeitraum, die Beschreibung wesentlicher Risikokonzentrationen und Angaben zu Risikosensitivitäten jeweils gesondert für fünf Risikokategorien sowie für sonstige wesentliche Risiken den Hauptberichtsgegenstand der Berichterstattung über die Risikolage eines Versicherungsunternehmens. Diese Vorstrukturierung der Risikoberichter-

[952] Stresstests werden hier als ein Instrument verstanden, um die Auswirkungen vordefinierter Szenarien auf die Kapitalanforderung und/oder Unternehmenskapitalisierung zu analysieren. Vgl. ähnlich PERLET, H./GUHE, J., Risikomanagement, S. 155.

stattung fördert den Grundsatz der Verständlichkeit bzw. Klarheit.[953] Diesen Berichtsthemen sind – nach Risikokategorien unterteilt – die Abschnitte 562-568 gewidmet. Im Folgenden werden zunächst diese Abschnitte übergreifende Sachverhalte, z. B. Begriffsdefinitionen und das Risikomaß sowie solche, die sich nicht den genannten Risikokategorien zuordnen lassen, vorangestellt.

Als Konzentrationsrisiko werden „sämtliche mit Risiken behafteten Engagements mit einem Ausfallpotenzial, das umfangreich genug ist, um die Solvabilität oder die Finanzlage der Versicherungsunternehmen zu gefährden"[954] bezeichnet. Als Risikokonzentration werden „alle mit einem Ausfallrisiko behafteten Engagements der Unternehmen einer Gruppe oder eines Finanzkonglomerats im Sinne des § 1 Absatz 2 des Finanzkonglomerate-Aufsichtsgesetzes [definiert], die groß genug sind, um die Solvabilität oder die allgemeine Finanzlage eines oder mehrerer der beaufsichtigten Finanzkonglomeratsunternehmen oder beaufsichtigten Gruppenunternehmen zu gefährden, wobei die Ausfallgefahr auf einem Adressenausfallrisiko, einem Kreditrisiko, einem Anlagerisiko, einem Versicherungsrisiko, einem Marktrisiko, einem sonstigen Risiko, einer Kombination dieser Risiken oder auf Wechselwirkungen zwischen diesen Risiken beruht oder beruhen kann."[955] Die Begriffe werden im Folgenden synonym verwendet.

Zu den in Art. 295 Abs. 2 lit c DVO geforderten Angaben zum Kapitalanlageportfolio sind – die oben gezeigte Matrix erweiternd – weitere Informationen zu ergänzen, nämlich solche, die den Adressaten darüber informieren, „wie die Vermögenswerte im Einklang mit dem in Artikel 132 der Richtlinie 2009/138/EG festgelegten Grundsatz der unternehmerischen Vorsicht angelegt wurden".[956] Dies verlangt nach einer umfassenden Berichterstattung über das Kapitalanlageportfolio, denn mit Solvency II wird die Anlageverordnung[957], durch die u. a. quantitative Beschränkungen für die Kapitalanlage in verschiedenen Vermö-

[953] KAJÜTER führt aus, dass eine fehlende Bildung von Risikokategorien die Klarheit der Risikoberichterstattung beeinträchtigt. Vgl. KAJÜTER, P., Risikoberichterstattung, S. 108.

[954] § 7 Nr. 17 VAG n. F.

[955] § 7 Nr. 26 VAG n. F., Einfügung durch den Verfasser.

[956] Vgl. zur Umsetzung des Grundsatzes der unternehmerischen Vorsicht im VAG § 124 Abs. 1 VAG n. F. Vgl. dazu auch EIOPA, Leitlinien zum Governance-System, S. 15-17 (Leitlinien 27-35, Tz. 1.64-1.78); BAFIN, Solvency II Vorbereitungs-Leitlinien: Vorsichtsgrundsatz, Leitlinien 7-89.

[957] Vgl. Verordnung über die Anlage des gebundenen Vermögens von Versicherungsunternehmen (AnlV).

genswertklassen galten,[958] außer Kraft gesetzt.[959] Aufgrund der dadurch gestiegenen Freiheit der Versicherungsunternehmen, frei – indes unter Beachtung der daraus resultierenden Solvabilitätskapitalanforderungen – über ihre Kapitalanlagenallokation zu entscheiden, sind gestiegene Informationsinteressen der Adressaten zu erfüllen.[960] Ferner ist eine solche Berichterstattung vorauszusetzen, um die Angaben über die Kapitalanlageergebnisse nachvollziehen zu können. Indes lässt sich eine solche detaillierte Beschreibung des Kapitalanlagenportfolios keiner Überschrift des vorgegebenen Gliederungsschemas für den SFCR zuordnen. Diese Informationen sollten daher im Abschnitt „Sonstige Angaben zum Risikoprofil" berichtet werden.[961] Alternativ könnte die vorgegebene Gliederung für den SFCR um den Gliederungspunkt „Angaben zur Kapitalanlage und zu diesbezüglichen Risiken" im Kapitel „Angaben zum Risikoprofil" erweitert werden.

Den unter Art. 295 Abs. 7 DVO geforderten Angaben (bezüglich „alle[n] anderen wesentlichen Informationen über das Risikoprofil") ist gemäß der in der Anlage XX (römisch 20) der DVO vorgegebenen Berichtsgliederung ein separater Abschnitt „Sonstige Angaben zum Risikoprofil" gewidmet. Die Vorgaben des Art. 295 Abs. 7 DVO werden daher ebenfalls in Abschnitt 568 analysiert.

Die für die Berichterstattung in Art. 295 Abs. 1 DVO vorgegebene Mindestaufgliederung der Risikokategorien entspricht weitgehend den obergeordneten Risikokategorien, aus denen die Solvabilitätskapitalanforderung aggregiert wird, wobei für diese das versicherungstechnische Risiko nach der Art des betriebenen Versicherungsgeschäfts (nichtlebensversicherungstechnisches Risiko, lebensversicherungstechnisches Risiko und krankenversiche-

958 Vgl. § 3 AnlV.

959 Vgl. Artikel 3 (Inkrafttreten, Außerkrafttreten) Abs. 2 Nr. 4 VAG n. F. Vgl. auch BAFIN, Solvency II Vorbereitungs-Leitlinien: Vorsichtsgrundsatz, Leitlinien 7, 36 sowie EU, RL 2009/138/EG, Art. 133 („Anlagefreiheit"): „Die Mitgliedstaaten dürfen Versicherungs- und Rückversicherungsunternehmen nicht zur Anlage in bestimmte Vermögenswertkategorien verpflichten."

960 Vgl. ähnlich die BaFin im Kontext der internen Dokumentation bezüglich des Kapitalanlagerisikos: „Mit dem Wegfall der quantitativen Beschränkungen im Rahmen der Einführung von Solvency II steigt die Notwendigkeit einer ausführlichen Beschreibung des Risikomanagements bezüglich Kapitalanlagen." BAFIN, Solvency II Vorbereitungs-Leitlinien: Risikomanagement, Leitlinie 49.

961 Vgl. dazu ausführlich Abschnitt 568.

rungstechnisches Risiko) unterteilt wird und die Liquiditäts- und sonstigen Risiken nicht separat genannt werden.[962]

Die Solvabilitätskapitalanforderung soll alle quantifizierbaren Risiken widerspiegeln, denen ein Versicherungsunternehmen ausgesetzt ist. Dabei werden sowohl der aktuelle Geschäftsumfang als auch teilweise[963] die in den nächsten zwölf Monaten erwarteten Geschäfte zugrunde gelegt.[964] Somit werden nicht nur die Risiken zum Abschlussstichtag berücksichtigt, sondern auch die des aktuellen, laufenden Geschäftsjahres. Die Standardformel, die zur Berechnung der Solvabilitätskapitalanforderung verwendet wird, deckt **unerwartete Verluste** aus dem aktuellen Geschäftsumfang ab und entspricht dem *Value-at-Risk* (VaR) der Basiseigenmittel eines Versicherungsunternehmens zu einem Konfidenzniveau von 99,5 % über einen einjährigen Zeitraum.[965] Die erwarteten Realisationen der Risiken sind bereits im Rahmen der Geschäftstätigkeit (Produktpreisfestlegung, Bildung von versicherungstechnischen Rückstellungen) zu berücksichtigen.[966] „Sofern [Eigenmittel] mindestens in Höhe des VaR vorhanden [sind], sind die Ansprüche der [Versicherungsnehmer und Anspruchsberechtigten und sonstigen Gläubiger] mit entsprechend hoher Wahrscheinlichkeit gesichert“[967], da die Eigenmittel mit hoher Wahrscheinlichkeit ausreichen, anfallende Verluste aufzufangen. Dieses Risikomaß[968] wird auch den einzelnen nichtlebensversicherungstechnischen, lebensversicherungstechnischen und krankenversicherungstechnischen Risi-

[962] Vgl. zu den Risikokategorien, die die Solvabilitätskapitalanforderung abdecken soll, auch § 97 Abs. 3 VAG n. F.

[963] Bei szenariobasierten Berechnungen wird nur das Bestandsgeschäft berücksichtigt. Vgl. BAFIN, Standardformel zur SCR-Berechnung, S. 6.

[964] Vgl. zu den Annahmen, die der Standardformel zugrundeliegen, ausführlich EIOPA-14-322, S. 1-74.

[965] Vgl. auch WOLLE, B., Risikomanagement in Versicherungsunternehmen, S. 157. Vgl. für eine Einführung der Risikomessung im Standardmodell von Solvency II auf Basis des *Value-at-Risk* und Beurteilung dieses Risikomaßes HÜBEL, M., Aufsichtsrechtliche Eigenmittelanforderungen nach dem Standardmodell, S. 86-96. Vgl. auch DRS 20.A2.5, wonach die versicherungstechnischen Risiken durch den erwarteten Verlust (unter Zugrundelegung eines bestimmten Sicherheitsniveaus) durch aktuarielle Modelle oder Szenario- oder Sensitivitätsanalysen sowie Stresstests quantifiziert werden können.

[966] Vgl. HÜBEL, M., Aufsichtsrechtliche Eigenmittelanforderungen nach dem Standardmodell, S. 88.

[967] HARTMANN-WENDELS, T./PFINGSTEN, A./WEBER, M., Bankbetriebslehre, S. 319, durch Einfügungen durch den Verfasser aus dem Bankenzusammenhang auf den Versicherungssektor übertragen.

[968] Als Risikomaß wird in § 7 Nr. 27 VAG n. F. „eine mathematische Funktion, die unter einer bestimmten Wahrscheinlichkeitsverteilungsprognose einen monetären Betrag bestimmt und monoton mit dem Risikopotenzial steigt, das der Wahrscheinlichkeitsverteilungsprognose zugrunde liegt“, definiert.

komodulen sowie dem Markt- und Gegenparteiausfallrisiko zugrunde gelegt.[969] Die quantitativen und qualitativen Angaben zur Risikolage haben daher ebenfalls primär einen einjährigen Zeitraum zu beachten und sollten an diesem vorgegebenen Risikomaß ausgerichtet sein. Damit werden die durch Art. 297 Abs. 2 lit b DVO geforderten Berichtspflichten, gemäß denen der Betrag der Solvenzkapitalanforderung nach Risikomodulen (bei Anwendung der Standardformel) bzw. nach Risikokategorien (bei Anwendung eines internen Modells), aufgeschlüsselt werden sollen, entsprechend im Abschnitt zum Risikoprofil berücksichtigt. Versicherungsunternehmen wird in dieser Untersuchung also empfohlen, über die Risiken weitgehend[970] so zu berichten, wie diese den Risikomodulen der Standardformel bzw. den Risikokategorien im internen Modell zugeordnet sind, so dass die quantitativen Angaben zu den Risiken mit denen übereinstimmen, die der Berechnung der Solvabilitätskapitalanforderung zugrunde gelegt werden. Dabei wird für die vorliegende Untersuchung im Folgenden davon ausgegangen, dass die Annahmen, die der Standardformel zugrunde gelegt werden nicht bzw. nicht wesentlich von der Unternehmensrealität des berichtenden Versicherungsunternehmens abweichen, d. h. die Standardformel uneingeschränkt angewendet werden kann. Die Verwendung der Solvabilitätskapitalanforderung als quantitativem Risikomaßstab hat den Vorteil, dass die Risikoangaben verschiedener Versicherungsunternehmen besser vergleichbar sind, sofern nicht von der Standardformel und den durch die DVO vorgegebenen Parametern abgewichen wird. Die Berechnung der Kapitalanforderung auf Basis des VaR basiert entweder auf szenariobasierten Berechnungen, oder wenn diese dem Gesetzgeber nicht geeignet erschienen, auf formelbasierten Berechnungen.

Wie bereits aus der o. g. Definition des für die Berechnung der Solvabilitätskapitalanforderung zugrundeliegenden Risikomaßes deutlich wurde, sind die Risikoangaben grundsätzlich nur auf einen Prognosezeitraum von einem Jahr bezogen. Indes sollte auch der darüber hinausgehende Zeitraum bei der Beurteilung der Risikolage berücksichtigt werden.[971] Bei-

[969] Vgl. § 100 Abs. 4 VAG n. F. Für die Marktrisikokomponente Aktienrisiko ist eine Anpassung des Standardfaktors für Aktienanlagen gemäß dem Aktienrisikountermodul (§ 106 VAG n. F.) zu berücksichtigen.

[970] Da über Liquiditätsrisiken zu berichten ist, aber diese Risiken explizit nicht durch die Standardformel modelliert werden (vgl. BAFIN, Standardformel zur SCR-Berechnung, S. 12), ist die Verwendung der Solvenzkapitalanforderung gemäß der Standardformel als Berichtsgrundlage nicht immer möglich.

[971] Vgl. ähnlich GEIB/KÖLSCHBACH, die ausführen, dass insb. „im Lebensversicherungsgeschäft, wegen der Langfristigkeit ein längerer Beurteilungszeitraum zu wählen sein" wird. GEIB, G./KÖLSCHBACH, J., Risiken der künftigen Entwicklung bei Versicherungsunternehmen, S. 81.

spielsweise sind gemäß Art. 307 Abs. 3 lit d DVO im Bericht an die Aufsichtsbehörde(n) die „wichtigste[n] Annahmen des Unternehmens bei Anlageentscheidungen bezüglich Änderungen der Zinssätze, Wechselkurse und anderer relevanter Marktparameter im **Zeitraum der Geschäftsplanung**“[972] zu berichten, wobei der Zeitraum der Geschäftsplanung regelmäßig drei bis fünf Jahre[973] zu umfassen hat.

Sofern den aufsichtsrechtlich vorgegebenen Berechnungsmethoden der Standardformel gefolgt wird, brauchen diese nicht erläutert werden. Denn dies würde nur die aufsichtsrechtlich vorgegebenen Rechenregeln (Art. 114 ff. DVO) zur Ermittlung der Solvenzkapitalanforderung gemäß der Standardformel wiederholen, ohne dem Adressaten eine Zusatzinformation zu geben. Auf Rechenregeln sollte indes immer dann eingegangen werden, wenn Wahlrechte wie erlaubte Berechnungsvereinfachungen (§ 109 VAG n. F.; Art. 89 ff. DVO)[974] ausgeübt worden sind oder Abweichungen von der Standardformel vorliegen.

Gemäß § 108 VAG n. F. i. V. m. Art. 205-207 DVO dürfen Versicherungsunternehmen bei der Berechnung eines Moduls oder eines Untermoduls der Basissolvenzkapitalanforderung die Verlustausgleichsfähigkeit der versicherungstechnischen Rückstellungen und latenten Steuern berücksichtigen. „Diese Anpassung berücksichtigt den risikomindernden Effekt, den künftige Überschussbeteiligungen aus Versicherungsverträgen erzeugen, und zwar in dem Maße, wie Versicherungs- und Rückversicherungsunternehmen nachweisen können, dass eine Reduzierung dieser Überschussbeteiligungen zur Deckung unerwarteter Verluste, wenn diese entstehen, verwendet werden können. Der durch künftige Überschussbeteiligungen erzeugte risikomindernde Effekt darf nicht höher sein als die Summe aus versicherungstechnischen Rückstellungen und latenten Steuern, die mit diesen künftigen Überschussbeteiligungen in Verbindung stehen.“[975] Da eine risikomindernde Wirkung der mit Überschussbeteiligungen verbundenen Rückstellungsauflösungen sich negativ auf die Höhe der Ansprüche der Versicherungsnehmer auswirken würde – denn ihre Überschussbeteiligung würde im Fall einer finanziellen Schieflage nicht in ursprünglich geplanter Höhe ge-

[972] Art. 307 Abs. 3 lit d DVO, Einfügung und Hervorhebung durch den Verfasser.

[973] Vgl. dazu bereits Abschnitt 554.2.

[974] Angaben zu vereinfachten Berechnungen sind je Risikomodul bzw. -untermodul der Standardformel gemäß Art. 297 Abs. 2 lit c DVO unter den Angaben zum Kapitalmanagement aufzuführen, weshalb in dem hier diskutierten Berichtsabschnitt ein Verweis auf diese Angaben ausreicht.

[975] § 108 Abs. 2 DVO n. F.

währt werden – sollte auch brutto über die Risiken, d. h. vor einer solcher risikomindernden Anpassung, berichtet werden.

562. Angaben zu versicherungstechnischen Risiken

Als **versicherungstechnisches Risiko** wird das Risiko eines Verlusts oder einer nachteiligen Veränderung des Wertes der Versicherungsverbindlichkeiten, das sich aus einer unangemessenen Preisfestlegung und nicht angemessenen Rückstellungsannahmen ergibt, definiert.[976] Je nach Art des betriebenen Versicherungsgeschäfts handelt es sich dabei um lebensversicherungstechnische, nichtlebensversicherungstechnische oder krankenversicherungstechnische Risiken.[977] Diese werden im Folgenden nacheinander analysiert und anschließend werden inhaltliche Gestaltungsempfehlungen gegeben. Dabei wird der Aufbau der Standardformel zugrundegelegt, denn durch diese werden die genannten Risikomodule weiter untergliedert. Diese Disaggregation der Risiken eignet sich, um differenziert über das versicherungstechnische Risikoprofil im SFCR zu berichten. Die Angaben sollen dem Adressaten ermöglichen, Art und Ausmaß der Risiken, die sich aus dem jeweiligen Versicherungsgeschäft ergeben, zu beurteilen.[978]

„Das **nichtlebensversicherungstechnische Risikomodul** gibt das sich aus Nichtlebensversicherungsverpflichtungen ergebende Risiko in Bezug auf die abgedeckten Risiken und die verwendeten Prozesse bei der Ausübung des Geschäfts wieder. Das Risikomodul hat die Ungewissheit der Ergebnisse der Versicherungsunternehmen im Hinblick auf die bestehenden Versicherungsverpflichtungen und auf die in den folgenden zwölf Monaten erwarteten

[976] Vgl. § 7 Nr. 32 VAG n. F. Das versicherungstechnische Risiko resultiert aus der Übernahme von vielen Einzelrisiken gegen Entgelt und deren Aggregation im Rahmen der Risikotransformationsfunktion eines Versicherers. Vgl. dazu ausführlich JÄGER, B., Risikosituation und Risikopolitik von Versicherungsunternehmen, S. 251-255 und die dort angegebene Literatur. In DRS 20.11 wird das versicherungstechnische Risiko wie folgt definiert: „Risiko, dass für einen bestimmten Zeitraum die Versicherungsleistung des versicherten Bestandes die Summe der für die Risikoübernahme zur Verfügung stehenden Prämien und des vorhandenen Sicherheitskapitals übersteigt." Mit Ausnahme des in DRS 20.11 eingebrachten Zeitbezugs sind die Definition inhaltlich sehr ähnlich.

[977] Vgl. § 97 Abs. 3 Nr. 1-3 VAG n. F. Vgl. ähnlich DRS 20.A2.4.a, wonach die versicherungstechnischen Risiken getrennt nach Risiken der Schaden-/Unfallversicherung und der Lebensversicherung angegeben werden sollten, wobei die Risiken der Krankenversicherung entsprechend der Art des betriebenen Geschäfts den Risiken der Schaden- /Unfallversicherung oder den Risiken der Lebensversicherung zuzuordnen sind.

[978] Vgl. auch IFRS 4.38. Vgl. dazu auch RIPPEL, M., Risikoberichterstattung von Versicherungsunternehmen, S. 46, 51.

neuen Geschäfte zu berücksichtigen."[979] Es wird „als eine Kombination der Kapitalanforderungen für mindestens dasjenige Risiko eines Verlusts oder einer nachteiligen Veränderung des Wertes der Versicherungsverbindlichkeiten, das sich ergibt aus [...] Schwankungen in Bezug auf das Eintreten, die Häufigkeit und die Schwere der versicherten Ereignisse und in Bezug auf die Dauer und den Betrag der Schadenabwicklung (Nichtlebensversicherungsprämienrisiko und -reserverisiko) sowie [aus] einer wesentlichen Ungewissheit in Bezug auf die Preisfestlegung und die Annahmen bei der Bildung der versicherungstechnischen Rückstellungen für extreme oder außergewöhnliche Ereignisse (Nichtlebenskatastrophenrisiko)"[980] bezeichnet. Das Nichtlebensversicherungsprämienrisiko[981] und -reserverisiko[982] und das Nichtlebenskatastrophenrisiko[983] werden im Folgenden gemäß der Terminologie der DVO als (Risiko-)Untermodule bezeichnet. Diese Risikountermodule werden selbst ggfs. aus weiteren ihnen untergeordneten Risikountermodulen aggregiert. Aus dem Begriff Risikountermodul lässt sich daher nicht die (Aggregations-)Stufe der Risikoaggregation herauslesen.[984] Zudem wird gemäß Art. 114 Abs. 1 lit c DVO das Untermodul Nichtlebensversicherungsstornorisiko[985] dem Risikomodul Nichtlebensversicherungstechnische Risiken hinzugefügt. Den Versicherungsunternehmen wird in der vorliegenden Untersuchung empfohlen, die qualitativen und quantitativen Informationen über nichtlebensversicherungstechnische Risiken mindestens nach diesen drei Risikountermodulen (Prämien-/Reserveri-

[979] § 101 Abs. 1 VAG n. F., Hervorhebung durch den Verfasser.

[980] § 101 Abs. 2 VAG n. F., Auslassung und Einfügung durch den Verfasser. Vgl. dazu auch Art. 114 DVO. Vgl. die ähnliche handelsrechtliche Berichtspflicht gemäß DRS 20.A2.6: „Die Darstellung der Risiken aus der Schaden-/Unfallversicherung umfasst insbesondere Angaben zum Prämien-/Schadenrisiko sowie zum Reserverisiko. Innerhalb der Angaben zum Prämien-/Schadenrisiko, sind die Risiken aus Naturkatastrophen und sonstige Kumulrisiken gesondert zu erfassen."

[981] In DRS 20.11 wird das Prämien-/Schadenrisiko wie folgt definiert: „Risiko in der Schaden-/Unfallversicherung, dass die im Voraus festgesetzte feste Prämie nicht ausreicht, um später eintretende Schäden zu zahlen."

[982] Rückstellungsrisiko (gemäß DVO-Terminologie) und Reserverisiko (gemäß VAG-Terminologie) werden synonym verwendet. Vgl. zur Berechnung des Nichtlebensversicherungsprämien- und -rückstellungsrisikos Art. 115-117 DVO sowie zu den diesbezüglichen Annahmen in der Standardformel BAFIN, Standardformel zur SCR-Berechnung, S. 43-52. In DRS 20.11 wird das Reserverisiko wie folgt definiert: „Risiko, dass bilanzierte versicherungstechnische Rückstellungen nicht ausreichen, um künftige Schadensersatzansprüche abzudecken."

[983] Vgl. zur Berechnung des Nichtlebenskatastrophenrisikos Art. 119-135 DVO.

[984] So besteht das o. g. Risikountermodul Nichtlebenskatastrophenrisiko u. a. aus dem Untermodul Naturkatastrophenrisiko. Vgl. Art. 119 DVO. Das Untermodul Naturkatastrophenrisiko wird wiederum aus fünf verschiedenen Risikountermodulen (Sturm-, Erdbeben-, Überschwemmungs-, Hagel- und Bodensenkungsrisikomodul) ermittelt. Vgl. Art. 120 DVO.

[985] Vgl. zur Berechnung des Nichtlebensversicherungsstornorisikos Art. 118 DVO.

siko; Naturkatastrophenrisiko; Stornorisiko) weiter zu untergliedern. Zwar wird es vom Autor nicht als zielführend erachtet, diese Risikomodule weiter zu disaggregieren, denn dadurch würde der SFCR überladen,[986] doch anhand ihrer Komponenten und deren Größenrelationen zueinander können wesentliche Konzentrationen im Risikoprofil bestimmt werden. Diese Konzentrationsrisiken können sich entweder durch Schwerpunkte in der Segmentierung des Nichtlebensversicherungsgeschäfts, die durch Anhang II der DVO vorgegeben ist,[987] also durch die Art des versicherten Ereignisses, oder durch geografische Konzentrationen sowie aufgrund der Rückversicherungspolitik durch bestimmte Risikoquellen ergeben.[988] Über solche wesentlichen Konzentrationen ist entsprechend zu berichten.

Aufgrund der Vielzahl von (überwiegend vorgegebenen) Stressfaktoren, die verwendet werden, um die Solvabilitätskapitalanforderung für verschiedene Risikountermodule zu berechnen, sind die Angaben zu Risikosensitivitäten auf wenige Stressfaktoren bzw. Szenarien zu begrenzen. Das Versicherungsunternehmen sollte in einer Sensitivitätsanalyse die Kapitalanforderung für das nichtlebensversicherungstechnische Risiko für ein Szenario berechnen, für das es die Annahmen und Stressfaktoren, auf die die Höhe der Kapitalanforderung besonders sensitiv reagiert, variiert, und für ein weiteres Szenario, für das es die Annahmen und Stressfaktoren variiert, die mit einer besonders hohen Unsicherheit verbunden sind. Um diese festzustellen, kann das Versicherungsunternehmen z. B. durch Abweichungsanalysen feststellen, d. h. durch einen Vergleich der tatsächlichen Schäden mit früheren Schätzungen, welche Erwartungswerte in der Vergangenheit von den tatsächlichen Realisationen regelmäßig besonders stark abwichen.[989] Werden die für die Sensitivitätsanalysen verwendeten Methoden und Annahmen im Vergleich zum Vorjahr geändert, ist dies anzugeben, zu begründen und die Auswirkung dieser Änderungen zu erläutern.

---

986 Allein die Vorschriften zur Ermittlung des Untermoduls Nichtlebenskatastrophenrisiko umfassen 16 Artikel (Art. 119-135 DVO) über 18 Seiten.

987 In Anhang II der DVO werden die Nichtlebensversicherungs- und Rückversicherungsverpflichtungen aus den in Anhang I DVO genannten Geschäftsbereichen zwölf Segmenten zugeordnet, z. B. Kraftfahrzeughaftpflichtversicherung und proportionale Rückversicherung, sonstige Kraftfahrtversicherung und proportionale Rückversicherung, Allgemeine Haftpflichtversicherung und proportionale Rückversicherung, Rechtsschutzversicherung und proportionale Rückversicherung. Für jedes dieser Segmente werden Standardabweichungen für das Bruttoprämienrisiko und das Rückstellungsrisiko vorgegeben, welche Bestandteil der vorgegebenen Formeln zur Berechnung der Kapitalanforderungen sind.

988 Vgl. dazu mit teilweiser Übereinstimmung IFRS 4.39 lit c ii.

989 Vgl. auch IFRS 4.39 lit c iii.

Das **lebensversicherungstechnische Risiko** „gibt das sich aus Lebensversicherungsverpflichtungen ergebende Risiko in Bezug auf die abgedeckten Risiken und die verwendeten Prozesse bei der Ausübung des Geschäfts wieder."[990] Es setzt sich mindestens aus dem Sterblichkeitsrisiko[991], Langlebigkeitsrisiko[992], Invaliditäts- und Morbiditätsrisiko,[993] Lebensversicherungskostenrisiko[994], Revisionsrisiko[995], Stornorisiko[996] und Lebensversicherungskatastrophenrisiko[997] zusammen.[998] Die Berichterstattung über lebensversicherungstechnische Risi-

990 § 102 Abs. 1 VAG n. F.

991 Das Sterblichkeitsrisiko bezeichnet das Risiko von „Veränderungen in der Höhe, im Trend oder in der Volatilität der Sterblichkeitsraten, wenn der Anstieg der Sterblichkeitsrate zu einem Anstieg des Wertes der Versicherungsverbindlichkeiten führt." § 102 Abs. 2 Nr. 1 VAG n. F. Vgl. zur Berechnung des Sterblichkeitsrisikos Art. 137 DVO.

992 Das Langlebigkeitsrisiko bezeichnet das Risiko von „Veränderungen in der Höhe, im Trend oder in der Volatilität der Sterblichkeitsraten, wenn der Rückgang der Sterblichkeitsrate zu einem Anstieg des Wertes der Versicherungsverbindlichkeiten führt." § 102 Abs. 2 Nr. 2 VAG n. F. Vgl. zur Berechnung des Langlebigkeitsrisikos Art. 138 DVO.

993 Das Invaliditäts- und Morbiditätsrisiko bezeichnet das Risiko „von Veränderungen in der Höhe, im Trend oder in der Volatilität der Invaliditäts-, Krankheits- und Morbiditätsraten". § 102 Abs. 2 Nr. 3 VAG n. F. Vgl. zur Berechnung des Invaliditäts-/Morbiditätsrisikos Art. 139 DVO. Es berücksichtigt sowohl das Eintrittsrisiko (Risiko, dass mehr Versicherungsnehmer als erwartet während der Vertragslaufzeit invalide oder krank werden) und das Reaktivierungsrisiko (Risiko, dass sich invalide Personen weniger gut als erwartet erholen). Vgl. dazu BAFIN, Standardformel zur SCR-Berechnung, S. 35.

994 Das Lebensversicherungskostenrisiko bezeichnet das Risiko von „Veränderungen in der Höhe, im Trend oder in der Volatilität der bei der Verwaltung von Versicherungsverträgen anfallenden Kosten". § 102 Abs. 2 Nr. 4 VAG n. F. Vgl. zur Berechnung des Lebensversicherungskostenrisikos Art. 140 DVO. Zu diesen Kosten zählen vor allem Personalaufwendungen, Kosten für Provisionen von Vermittlern, Kosten für IT-Struktur oder Mieten. Vgl. BAFIN, Standardformel zur SCR-Berechnung, S. 36.

995 Das Revisionsrisiko bezeichnet das Risiko von „Veränderungen in der Höhe, im Trend oder in der Volatilität der Revisionsraten für Rentenversicherungen auf Grund von Rechtsänderungen oder der gesundheitlichen Verfassung des Versicherten". § 102 Abs. 2 Nr. 5 VAG n. F. Vgl. zur Berechnung des Revisionsrisikos Art. 141 DVO.

996 Das Stornorisiko bezeichnet das Risiko von „Veränderungen in der Höhe oder in der Volatilität der Storno-, Kündigungs-, Verlängerungs- und Rückkaufsraten von Versicherungspolicen". § 102 Abs. 2 Nr. 6 VAG n. F. Vgl. zur Berechnung des Stornorisikos Art. 142 DVO. In DRS 20.11 wird das Stornorisiko definiert als „Risiko, dass die tatsächlichen von den erwarteten Stornierungen abweichen. Unter dem Begriff „Storno" werden Kündigung, Rückkäufe und Beitragsfreistellungen von Verträgen verstanden."

997 Das Lebensversicherungskatastrophenrisiko bezeichnet das Risiko aus „einer wesentlichen Ungewissheit in Bezug auf die Annahmen über extreme oder außergewöhnliche Ereignisse bei der Preisfestlegung und bei der Bildung versicherungstechnischer Rückstellungen". § 102 Abs. 2 Nr. 7 VAG n. F. Vgl. zur Berechnung des Lebensversicherungskatastrophenrisikos Art. 143 DVO. Zu den Lebensversicherungskatastrophenrisiken zählen z. B. Pandemien. Vgl. BAFIN, Standardformel zur SCR-Berechnung, S. 41.

998 Vgl. § 102 Abs. 2 VAG n. F.; Art. 136 DVO. In DRS 20.11 werden diese Risiken im Wesentlichen als biometrisches Risiko zusammengefasst, das wie folgt definiert wird: „Risiko, das unmittelbar mit

ken sollte diese Risikountermodule berücksichtigen. Dabei sollte vom Versicherungsunternehmen ein Bezug zu den Angaben über die Bewertung der versicherungstechnischen Rückstellungen gemäß Art 296 Abs. 2 DVO hergestellt werden, denn die Bewertung der (lebens-)versicherungstechnischen Risiken und die o. g. Risikountermodule stehen in enger Beziehung zueinander. So werden die Kapitalanforderungen für die einzelnen o. g. Risikountermodule dadurch bestimmt, dass das Versicherungsunternehmen die Parameter, die es zur Berechnung der versicherungstechnischen Rückstellungen anwendet, zu seinen Ungunsten um vorgegebene Prozentsätze variieren muss.[999] Die Differenz zwischen der auf Basis dieser ungünstigen Parametervariation berechneten Rückstellungshöhe und der, die tatsächlich für die Solvabilitätsübersicht ermittelt wurde, entspricht einem Verlust an Basiseigenmitteln und bildet, vereinfachend ausgedrückt, die Kapitalanforderung (vor Ausgleichseffekten) für jedes Risikountermodul. Anhand ihrer Höhen lassen sich vom Versicherungsunternehmen Risikokonzentrationen feststellen, über die ebenfalls zu berichten ist. Um Transparenz über die Sensitivitäten der Kapitalanforderungen bezüglich der Parametervariationen zu schaffen, könnten vom Versicherungsunternehmen die Kapitalanforderungen noch für zwei weitere Szenarien berechneten werden, z. B. eins bei dem nur 50 % und eins bei dem 150 % der aufsichtsrechtlich vorgegebenen Parametervariationen berücksichtigt werden, d. h. z. B. eine Variation der für die Berechnung der versicherungstechnischen Rückstellungen verwendeten Sterblichkeitsrate nicht nur um 15 % wie in Art. 137 Abs. 1 DVO vorgegeben, sondern auch um nur 7,5 % und um 22,5 %. Ferner sind für den Adressaten Angaben zum Grad der Unsicherheit der verwendeten Parameter relevant. Solche Angaben zum „Grad der Unsicherheit, mit dem der Wert der versicherungstechnischen Rückstellungen behaftet ist", ist indes gemäß Art. 296 Abs. 2 lit b DVO den Angaben zur Bewertung der versicherungstechnischen Rückstellungen vorbehalten.

„Das **krankenversicherungstechnische Risikomodul** gibt das sich aus Krankenversicherungsverpflichtungen ergebende Risiko in Bezug auf die abgedeckten Risiken und verwen-

dem Leben einer Person verknüpft ist. Hierzu zählen insbesondere folgende Risiken: Sterblichkeit bzw. Lebenserwartung, Erwerbsunfähigkeit, Krankheit, Pflegebedürftigkeit."

999 Vgl. z. B. Art. 137 Abs. 1 DVO, wonach die Kapitalanforderung für das Sterblichkeitsrisiko dem Verlust an Basiseigenmitteln entspricht, der sich aus einem unmittelbaren dauerhaften Anstieg der für die Berechnung der versicherungstechnischen Rückstellungen verwendeten Sterblichkeitsraten um 15 % ergäbe. Vgl. dieser Logik ähnlich, Art. 138 Abs. 1, Art. 139-143 DVO.

deten Prozesse bei der Ausübung des Geschäfts wieder."[1000] Es „umfasst mindestens das Risiko eines Verlusts oder einer nachteiligen Veränderung des Wertes der Versicherungsverbindlichkeiten, das sich ergibt aus 1. Veränderungen in der Höhe, im Trend oder in der Volatilität der bei der Bedienung von Versicherungsverträgen angefallenen Kosten, 2. Schwankungen in Bezug auf das Eintreten, die Häufigkeit und die Schwere der versicherten Ereignisse sowie in Bezug auf die Dauer und den Betrag der Regulierungen zum Zeitpunkt der Bildung der versicherungstechnischen Rückstellungen und 3. einer wesentlichen Ungewissheit der Annahmen in Bezug auf die Preisfestlegung und die Bildung versicherungstechnischer Rückstellungen im Hinblick auf den Ausbruch größerer Epidemien sowie der ungewöhnlichen Häufung der unter diesen extremen Umständen auftretenden Risiken."[1001] Neben dem Krankenversicherungskatastrophenrisiko werden die versicherungstechnischen Risiken der Krankenversicherung in zwei Kategorien aufgeteilt. Die versicherungstechnischen Risiken der Krankenversicherung werden danach unterschieden, ob diese auf vergleichbarer versicherungstechnischer Basis betrieben wird wie die Schadenversicherung oder wie die Lebensversicherung.[1002] Wird die Krankenversicherung auf vergleichbarer versicherungstechnischer Basis betrieben wie die Schadenversicherung,[1003] werden in der Standardformel folgende weitere Risikountermodule für das krankenversicherungstechnische Risikomodul berücksichtigt: das Prämien- und Rückstellungsrisiko[1004] der Krankenversicherung sowie das Stornorisiko[1005] der Krankenversicherung.[1006] Wird die Krankenversicherung auf vergleichbarer versicherungstechnischer Basis betrieben wie die Lebensversicherung,[1007] wer-

[1000] § 103 Abs. 1 VAG n. F., Hervorhebung durch den Verfasser.

[1001] § 103 Abs. 2 VAG n. F.

[1002] Vgl. Art. 144 Abs. 1 DVO. Welche Geschäftsbereiche welchem Risikomodul zugeordnet werden, wird durch Art. 144 Abs. 4 lit a u. b DVO i. V. m. Anhang I DVO geregelt.

[1003] Dies sind gemäß Art. 144 Abs. 4 lit a DVO i. V. m. Anhang I DVO Krankheitskostenversicherungen, Berufsunfähigkeitsversicherungen und Arbeitsunfallversicherungen, sofern diese jeweils nicht auf einer der Lebensversicherung vergleichbaren technischen Basis betrieben werden, sowie die diesbezüglichen proportionalen Rückversicherungen.

[1004] Vgl. zur Berechnung des Prämien- und Rückstellungsrisikos der Krankenversicherung, die auf vergleichbarer versicherungstechnischer Basis betrieben wird wie die Schadenversicherung Art. 146-149 DVO.

[1005] Vgl. zur Berechnung des Stornorisikos der Krankenversicherung, die auf vergleichbarer versicherungstechnischer Basis betrieben wird wie die Schadenversicherung Art. 150 DVO.

[1006] Vgl. Art. 145 Abs. 1 DVO.

[1007] Dies sind gemäß Art. 144 Abs. 4 lit b DVO i. V. m. Anhang I DVO Krankenversicherungen, bei denen das zugrundeliegende Geschäft auf einer der Lebensversicherung vergleichbaren[*)] technischen Basis betrieben wird, Renten aus Nichtlebensversicherungsverträgen und Renten im Zusammen-

den in der Standardformel folgende weitere Risikountermodule für das krankenversicherungstechnische Risikomodul berücksichtigt:[1008] Sterblichkeitsrisiko[1009], Langlebigkeitsrisiko[1010], Invaliditäts- und Morbiditätsrisiko[1011], Kostenrisiko[1012], Revisionsrisiko[1013] und Stornorisiko[1014].[1015] Das Krankenversicherungskatastrophenrisiko setzt sich aus den Risikountermodulen Massenunfallrisiko[1016], Unfallkonzentrationsrisiko[1017] und Pandemierisiko[1018] zusammen.[1019] Für das krankenversicherungstechnische Risikomodul können ähnliche inhaltliche Gestaltungsempfehlungen gegeben werden, wie für das nichtlebens- und lebensversicherungstechnische Risikomodul, d. h. die qualitativen und quantitativen Informationen sollten mindestens entlang der Risikountermodule jeweils des versicherungstechnischen Risikos nach Art der Schadenversicherung und nach Art der Lebensversicherung sowie entlang dem Krankenversicherungskatastrophenrisiko gegeben werden. Die diesen Risikountermodulen zugrundeliegenden weiteren o. g. Risikountermodule können analog den bisher gegebenen inhaltlichen Gestaltungsempfehlungen dazu genutzt werden, wesentliche und damit berichtspflichtige Risikokonzentrationen zu identifizieren. Ferner sind Angaben zu den Solvenzkapitalanforderungen zu machen, die sich unter Variation der aufsichtsrechtlich vorgegebenen Parameter ergeben würden, wobei wiederum diejenigen Szenarien zu berichten sind, in denen sich Parametervariationen besonders sensitiv auf die Höhe der Solvenz-

hang mit Krankenversicherungsverpflichtungen sowie Krankenrückversicherungen für die zuvor aufgezählten Versicherungsgeschäftsbereiche.

*): Im Wortlaut der DVO ist in Anhang I Nr. 29 „Krankenversicherungsverpflichtungen, bei denen das zugrundeliegende Geschäft **nicht auf einer der Lebensversicherung vergleichbaren technischen Basis** betrieben wird“ gedruckt. Dies ist inhaltlich falsch, geht es an dieser Stelle doch gerade um Lebensversicherungsverpflichtungen und erweist sich als Übersetzungsfehler. In der englischen Fassung heißt es unter Anhang I Nr. 29 DVO: „Health insurance obligations where the underlying business **is pursued on a similar technical basis to that of life insurance**“. Hervorhebungen und Unterstreichungen jeweils durch den Verfasser.

1008 Vgl. zu den nachfolgenden Begrifflichkeiten bereits Fn. 991-996.

1009 Vgl. zur Berechnung des Sterblichkeitsrisikos der Krankenversicherung Art. 152 DVO.

1010 Vgl. zur Berechnung des Langlebigkeitsrisikos der Krankenversicherung Art. 153 DVO.

1011 Vgl. zur Berechnung des Invaliditäts- und Morbiditätsrisikos der Krankenversicherung Art. 154-156 DVO.

1012 Vgl. zur Berechnung des Kostenrisikos der Krankenversicherung Art. 157 DVO.

1013 Vgl. zur Berechnung des Revisionsrisikos der Krankenversicherung Art. 158 DVO.

1014 Vgl. zur Berechnung des Stornorisikos der Krankenversicherung Art. 159 DVO.

1015 Vgl. Art. 151 Abs. 1 DVO.

1016 Vgl. zur Berechnung des Massenunfallrisikos der Krankenversicherung Art. 161 DVO.

1017 Vgl. zur Berechnung des Unfallkonzentrationsrisikos der Krankenversicherung Art. 162 DVO.

1018 Vgl. zur Berechnung des Pandemierisikos der Krankenversicherung Art. 163 DVO.

1019 Vgl. Art. 160 DVO.

kapitalanforderungen auswirken und solche, in denen Parameter variiert werden, die mit einer besonders hohen Unsicherheit verbunden sind.

Sollten gemäß § 100 Abs. 5 VAG n. F. geografische Besonderheiten bei der Berechnung der versicherungstechnischen Module zugrunde gelegt worden sein, sind diese Besonderheiten zu benennen und ihre Auswirkungen auf die Kapitalanforderung und Sensitivitätsanalysen zu erläutern.

Ferner „sollten" Versicherungsunternehmen in diesem Abschnitt gemäß Leitlinie 5 „betreffend die Verwendung von Zweckgesellschaften darlegen, ob diese gemäß Artikel 211 der Solvabilität II-Richtlinie zugelassen wurden, die darauf übertragenen Risiken feststellen und erläutern, wie das Prinzip der vollständigen Abdeckung laufend bewertet wird."[1020]

563. Angaben zu Marktrisiken

Als Marktrisiko wird „das Risiko eines Verlustes oder nachteiliger Veränderungen der Finanzlage, das sich direkt oder indirekt aus Schwankungen in der Höhe und in der Volatilität der Marktpreise für die Vermögenswerte, Verbindlichkeiten und Finanzinstrumente ergibt"[1021], bezeichnet. Das diesbezügliche Marktrisikomodul in der Standardformel hat dabei explizit „die strukturelle Inkongruenz zwischen Vermögenswerten und Verbindlichkeiten, insbesondere bezüglich deren Laufzeit, angemessen widerzuspiegeln."[1022] Die Kapitalanforderung für das Marktrisikomodul berücksichtigt die Sensitivitäten der Werte von Vermögensteilen, Verbindlichkeiten und Finanzinstrumente mindestens auf Veränderungen der Zinskurve und der Volatilität der Zinssätze (Zinsänderungsrisiko[1023]) sowie Veränderungen der Höhe oder Volatilität der Marktpreise von Aktien (Aktienrisiko[1024]), Immobilien (Immobilienrisiko[1025]), Kreditspreads über der risikofreien Zinskurve (Spread-Risiko[1026])

1020 EIOPA, Leitlinien über die Berichterstattung und die Veröffentlichung, S. 5 (Leitlinie 5, Tz. 1.17).

1021 § 7 Nr. 20 VAG n. F. Vgl. ähnlich SCHARPF, der Marktpreisrisiken vor allem als „Vermögenseinbußen aufgrund von möglichen Veränderungen der Marktpreise bzw. der preisbildenden Parameter von Finanzinstrumenten selbst (Zinssätze, Währungs- und Aktienkurse, Rohstoffpreise, Volatilitäten, Laufzeiten) bzw. bei Finanzderivaten aus Veränderungen der preisbildenden Parameter der Basiswerte (Underlying)" definiert. Vgl. SCHARPF, P., Risikomanagement- und Überwachungssystem, S. 194.

1022 § 104 Abs. 1 VAG n. F.

1023 Vgl. zur Berechnung des Zinsänderungs- bzw. Zinsrisikos Art. 165-167 DVO.

1024 Vgl. zur Berechnung des Aktienrisikos Art. 168-173 DVO.

1025 Vgl. zur Berechnung des Immobilienrisikos Art. 174 DVO.

1026 Vgl. zur Berechnung des Spread-Risikos Art. 175-181 DVO.

und der Wechselkurse (Wechselkursrisiko[1027]),[1028] wobei dem Risikomodul in der Standardformel die Annahme zugrunde gelegt wird, „dass die Sensitivität der Vermögenswerte und Verbindlichkeiten für Änderungen der Volatilität der Marktparameter nicht wesentlich ist."[1029] Zudem sind zusätzliche Risiken in Form von Marktrisikokonzentrationen zu erfassen, die durch eine mangelnde Diversifikation des Kapitalanlageportfolios oder durch eine hohe Exponierung ggü. dem Ausfallrisiko eines einzelnen Wertpapieremittenten bzw. einer Gruppe verbundener Emittenten bedingt sind.[1030] Das Marktrisiko resultiert – wie an seinen Komponenten ersichtlich ist – vor allem aus Risiken aus Kapitalanlagen.[1031]

Über das Marktrisiko sollte nicht nur in Summe, sondern auch anhand seiner einzelnen Bestandteile (vor Berücksichtigung von Diversifikationseffekten) berichtet werden. Dabei ist – wie im Folgenden dargelegt wird – teilweise auf die Spezifika der einzelnen Marktrisikokomponenten einzugehen.[1032]

Zinsänderungsrisiken entstehen vor allem aus unterschiedlichen Zinsbindungsdauern auf der Aktiv- und Passivseite der aufsichtsrechtlichen Versicherungsbilanz. Sie stehen in Zusammenhang mit Wertänderungen der Aktiva und Passiva als Reaktion auf Änderungen von Zinssätzen, welche sich nicht vollständig ausgleichen. Das Zinsänderungsrisiko wird im Wesentlichen dadurch ermittelt, dass die Zinsstrukturkurve (für den risikofreien Zins) um jeweils ein vorgegebenes Szenario nach oben und unten verschoben wird und der daraus resultierende (hypothetische) Verlust an Basiseigenmitteln infolge der Wertänderungen berechnet wird. Da diese Berechnung auf nur einem vorgegebenen Szenario basiert, können dem Adressaten durch Berichterstattung über das Ergebnis weiterer Simulationsrechnungen für mehrere Zinsszenarien mehr Informationen über Zinssensitivitäten gegeben werden. Dabei sollten auch Veränderungen der Form der Zinsstrukturkurve berücksichtigt werden,

[1027] Vgl. zur Berechnung des Wechselkursrisikos Art. 188 DVO.

[1028] Vgl. § 104 Abs. 3 Nr. 1-5 VAG n. F.; Art. 164 Abs. 1 DVO.

[1029] BAFIN, Standardformel zur SCR-Berechnung, S. 13.

[1030] Vgl. zur Berechnung der Kapitalanforderung für Marktrisikokonzentrationen Art. 182-187 DVO. Dabei sind Interdependenzen der einzelnen Risikokategorien zu beachten, so dass auch über Risiken berichtet wird, die im Einzelnen ggfs. unwesentlich erscheinen, jedoch gemeinsam mit anderen zu erheblichen negativen Auswirkungen auf die Solvabilitäts- und Finanzlage führen können. Vgl. KAJÜTER, P., Risikoberichterstattung, S. 106.

[1031] Vgl. ähnlich auch DRS 20.A2.3.c sowie DRS 20.11 zu einer nicht-versicherungsspezifischen Definition des Marktpreisrisikos, welches in weniger Unterrisikokategorien gegliedert ist.

[1032] Vgl. zu der Berichterstattung über Risiken aus Kapitalanlagen auch DRS 20.A2.11-16.

da die Standardformel zur Berechnung der Solvabilitätskapitalanforderung keine Veränderungen der Form der Zinskurve berücksichtigt.[1033] Ferner kann das Versicherungsunternehmen die sog. Duration[1034] bzw. modifizierte Duration der Aktiv- und Passivseite angeben, und anhand dieser die Zinsrisiken erläutern. Sollte die Duration der Aktiv- und Passivseite zwar ähnlich hoch sein, aber ihr deutlich voneinander abweichende Zinsbindungsprofile auf Aktiv- und Passivseite zugrunde liegen,[1035] ist dies so anzugeben, dass das Zinsrisiko aus nicht parallelen Zinsstrukturänderungen deutlich wird. Im Zusammenhang mit dem Zinsrisiko sollte auch auf das Zinsgarantierisiko eingegangen werden, welches sich – unter Beachtung der bereits bestehenden Kapitalanlagen – daraus ergibt, wenn in Versicherungsverträgen garantierte Zinsleistungen das Renditeniveau am Kapitalmarkt übersteigen.[1036]

Das **Aktienrisiko**[1037] wird durch vorgegebene Szenarien für Aktienkursrückgänge ermittelt, wobei dabei grob zwischen verschiedenen Aktienkategorien[1038], z. B. danach, ob und wo diese an Börsen notiert sind, unterschieden wird. Für den Adressaten des SFCR ist daher relevant, dass über die regionale Aufteilung des Aktienengagements berichtet wird. Diese Informationen sind indes besser im Abschnitt zu den Angaben zu Art. 296 Abs. 2 lit c (Kapitalanlagen und diesbezügliche Risiken) zu berichten.[1039] Ferner gewährt die Standardformel gemäß Art. 171 DVO bezüglich der Kapitalanforderung Erleichterungen für sog. stra-

[1033] Vgl. EIOPA-14-322, S. 14; BAFIN, Standardformel zur SCR-Berechnung, S. 14.

[1034] Die Duration wird auch als „mittlere Restbindungsdauer" bezeichnet und ist der gewogene Mittelwert jener Zeitpunkte, zu denen Zahlungen stattfinden. Vgl. HARTMANN-WENDELS, T./PFINGSTEN, A./WEBER, M., Bankbetriebslehre, S. 579.

[1035] Zwei Portfolien können dieselbe Duration aufweisen, aber unterschiedliche Zinsbindungsstrukturen aufweisen. Dies liegt daran, dass die Duration ein gewichteter Durchschnitt ist. So kann ein Portfolio aus nur kurz- und sehr langlaufenden Finanztiteln so zusammengestellt werden, dass es dieselbe Duration aufweist, wie ein Portfolio aus Finanztiteln ausschließlich mittlerer Laufzeit. Obwohl die Duration zur Berechnung eines Näherungswerts für Wertveränderungen eines zinssensitiven Portfolios infolge von Zinsänderungen verwendet wird, können sich in diesem Fall die Werte beider Portfolien deutlich verschieden voneinander verändern, je nachdem, in welchem Laufbandbereich der Zinsstrukturkurve Zinsänderungen auftreten. Vgl. zu dieser Problematik der Duration auch HARTMANN-WENDELS, T./PFINGSTEN, A./WEBER, M., Bankbetriebslehre, S. 583-585.

[1036] Vgl. DRS 20.11.

[1037] Angaben zur Verwendung des durationsbasierten Untermoduls Aktienrisiko gemäß Art. 170 DVO sind gemäß Art. 297 Abs. 3 DVO unter einem eigenen Berichtspunkt unter den Angaben zu den Eigenmitteln und Kapitalanforderungen zu machen.

[1038] Vgl. dazu Art. 168 Abs. 1-3 u. 6 DVO.

[1039] Vgl. dazu Abschnitt 568.

tegische Aktieninvestitionen in verbundene Unternehmen.[1040] Deshalb sollte an eben genannter Stelle auch darauf eingegangen werden, welchen Anteil strategische Aktieninvestitionen an den gesamten Aktieninvestitionen einnehmen und die wesentlichsten von ihnen genannt werden. Da die Solvabilitätskapitalanforderung auf Basis sehr undifferenzierter Szenarien für den Gesamtbestand an Aktien berechnet wird, sollten vom Versicherungsunternehmen weitere Informationen über die mit seinem Aktienengagement behafteten Risiken gegeben werden. Hierzu können beispielsweise Angaben zur Standardabweichung des Portfolios oder moderne Portfoliostatistiken wie R^2 und Beta berichtet werden.

Die Kapitalanforderung für **Immobilienrisiken** entspricht dem Verlust an Basiseigenmitteln, der sich aus einem unmittelbaren Rückgang des Werts der Immobilie um 25 % ergäbe. In der diesbezüglichen Risikoberichterstattung kann auf besondere Risiken, die mit dem Immobilienportfolio verbunden sind, eingegangen werden. Von Bedeutung sind hierbei besonders Risikokonzentrationen ggü. einzelnen Regionen, Mietern oder Immobilienarten, z. B. bestimmte Gewerbeimmobilienarten wie Büroflächen, Shopping-Center, o. Ä.

Das **Spread-Risiko** wird gemäß Art. 175 DVO gesondert für Anleihen und Kredite (ausgenommen Hypothekendarlehen für Wohnimmobilien), Verbriefungspositionen sowie Kreditderivate ermittelt. Unterteilt nach diesen Kategorien kann das Versicherungsunternehmen über diese Risiken berichten und dabei Konzentrationsrisiken beschreiben. Die Kapitalanforderung für das Spread-Risiko von Anleihen und Krediten wird durch durations- und sofern verfügbar bonitätsabhängige vorgegebene Wertrückgänge – ggfs. unter Berücksichtigung von Sicherheiten – ermittelt.[1041] Bei Verbriefungspositionen wird zwischen sog. Typ-1- und Typ-2-Verbriefungspositionen unterschieden. Die Kriterien, um eine Verbriefung als – als sicherer geltende – Typ-1-Verbriefungsposition klassifizieren zu können, umfassen vier Seiten der DVO.[1042] Indes gelten Verbriefungen, die vor dem In-

[1040] Zur Klassifizierung einer Aktieninvestition als strategischer Natur hat das Versicherungsunternehmen gemäß Art. 171 lit a DVO nachzuweisen, dass „der Wert der Aktieninvestition […] aufgrund der Natur der Investition und des von dem beteiligten Unternehmen in dem verbundenen Unternehmen ausgeübten Einflusses in den folgenden zwölf Monaten wahrscheinlich wesentlich weniger volatil als der Wert anderer Aktien während desselben Zeitraums“ ist. (Auslassung durch den Verfasser.) Bei der Beurteilung, ob eine Investition strategisch ist sind fünf Faktoren gemäß Art. 171 lit b DVO zu berücksichtigen. Diese umfassen u. a. eine langfristige Halteabsicht der Investition und die Fähigkeit dazu sowie das Bestehen einer stabilen Unternehmensbeziehung.

[1041] Vgl. ausführlich Art. 176 DVO.

[1042] Vgl. Art. 177 Abs. 2 lit a-t DVO. Diese Kriterien umfassen u. a. Mindestanforderungen an die Bonitätseinstufung und Handelbarkeit, den Rang der Tranche innerhalb der Verbriefung, die

krafttreten der DVO emittiert wurden, auch dann als Typ-1-Verbriefungen, wenn sie nur wenige ausgewählte der Kriterien erfüllen.[1043] Für den Adressaten ist es daher nicht nur relevant zu wissen, wie hoch der Anteil der Typ-1-Verbriefungen an den gesamten Verbriefungen ist, sondern auch, welcher Anteil der Typ-1-Verbriefungen nur deshalb als solche klassifiziert sind, weil auf sie als Altbestände die Erleichterungen angewendet wurden. Die Kapitalanforderung für das Spread-Risiko von Verbriefungen wird durch durations- und bonitätsabhängige vorgegebene Wertrückgänge ermittelt.[1044] Das Spread-Risiko bei Kreditderivaten wird für solche Finanzinstrumente nur dann in diesem Risikountermodul berücksichtigt, wenn sie nicht Teil einer Risikominderungsstrategie des Unternehmens sind.[1045] Das Versicherungsunternehmen sollte daher in jedem Fall auf das Spread-Risiko bei Kreditderivaten eingehen, auch wenn die diesbezügliche Kapitalanforderung gering ist. Denn aufgrund der erhöhten Risiken, die mit Derivaten verbunden sein können, ist dem Adressaten offenzulegen, für welche Zwecke Kreditderivate eingesetzt werden, wenn diese nicht Teil einer Risikominderungstechnik sind, sondern lediglich eine effiziente Portfoliosteuerung erleichtern.[1046] Ferner kann angegeben werden, wie hoch das Maximalrisiko aus diesen Derivaten ist, d. h. ob im *worst-case* Szenario die Verlustrisiken auf den investierten Betrag begrenzt sind (z. B. bei Kauf einer Option) oder ob die Risiken theoretisch unbegrenzt sind.

Bezüglich der Berichterstattung von Credit-Spread-Risiken sind insb. auch die Vorgaben für spezifische Risikoexponierungen gemäß Art. 180 DVO zu beachten, weil diese mit von o. g. Credit-Spread-Risiko abweichenden Kapitalanforderungen belegt sind. So ist beispielsweise beachtlich, dass Risikoexponierungen ggü. europäischen Zentralstaaten und Zentralbanken, die auf die einheimische Währung dieser lauten – trotz der jüngsten Erfahrungen aus der anhaltenden Staatsschuldenkrise in Europa – mit einem Risikofaktor

Durchsetzbarkeit der zugrundeliegenden Forderungen und Beleihungsgrenzen bei mit vorrangigen Hypotheken besicherten Darlehen für Wohnimmobilien.

1043 Vgl. Art. 177 Abs. 4 DVO. Vgl. in diesem Zusammenhang auch die Übergangsfrist für Verbriefungspositionen, denen Wohnimmobiliendarlehen zugrunde liegen, gemäß Art. 177 Abs. 5 DVO.

1044 Vgl. ausführlich Art. 178 DVO.

1045 Vgl. Art. 179 Abs. 3 DVO.

1046 Vgl. zum Umfang des zulässigen Einsatzes von Derivaten auch BAFIN, Solvency II Vorbereitungs-Leitlinien: Vorsichtsgrundsatz, Leitlinien 73-80.

(Stress) von 0 % belegt sind.[1047] Unter den Angaben zum Kapitalanlageportfolio sollte daher differenziert über solche Risikoexponierungen berichtet werden.

Ferner ist zu den Kreditrisiken aus dem Kapitalanlageportfolio, das überwiegend aus dem Besitz festverzinslicher Wertpapiere und aus Ausleihungen resultiert, zu berichten, wie sich diese auf (externe) Ratingklassen – möglichst differenziert nach Art der Emittenten, d. h. z. B. Staatsanleihen, Unternehmensanleihen, Banken, Pfandbriefe i. e. S., ABS – verteilt.[1048]

Die Solvabilitätskapitalanforderung für das Risikountermodul **Wechselkursrisiko** ist in Art. 188 DVO geregelt und wird auf Basis einer 25-prozentigen Auf- bzw. Abwertung der entsprechenden Fremdwährung ermittelt. Neben der Angabe der daraus resultierenden Kapitalanforderung könnte das Versicherungsunternehmen kurz auf die wesentlichen Währungskonzentrationen eingehen.

Das Risikountermodul **Marktrisikokonzentrationen** wird in Art. 182-187 DVO geregelt. Dabei werden Risikokonzentrationen als Überschreiten von Konzentrationsschwellen in Bezug auf eine Risikoexponierung gegenüber einer Einzeladresse, wobei Risikoexponierungen gegenüber Unternehmen, die zur selben Unternehmensgruppe gehören, als zugehörig zu einer Einzeladresse behandelt werden, begriffen.[1049] Das Risikountermodul ist dabei auf das Gegenparteirisiko begrenzt, wodurch beispielweise die Belegenheit dieser Risiken oder Sektorkonzentrationen in diesem Modul nicht berücksichtigt wird.[1050]

564. Angaben zu Kreditrisiken

Der größte Teil der Aktiva eines Versicherungsunternehmens besteht aus festverzinslichen Wertpapieren. Sie verbriefen eine Zahlungsanwartschaft gegenüber dem Emittenten bzw. Schuldner und unterliegen damit grundsätzlich der Gefahr, dass der Emittent bzw. Schuldner insolvent wird und das Wertpapier an Wert verliert oder wertlos wird.[1051] Darüber hin-

1047 Vgl. Art 180 Abs. 2 lit b DVO.

1048 Vgl. ähnlich DRS 20.A2.15. Vgl. zur Berichterstattung über das Kapitalanlageportfolio ausführlich Abschnitt 568.

1049 Vgl. Art. 182 Abs. 1 u. Art. 184. Abs. 1 DVO. Bei der Berechnung der Marktrisikokonzentration (Assets) sind solche Vermögenswerte ausgenommen, die bereits als Risikoexponierung im Anwendungsbereich des Gegenparteiausfallrisikos erfasst werden. Vgl. Art. 184 Abs. 2 lit d. Vgl. dazu nachfolgenden Abschnitt.

1050 Vgl. HÜBEL, M., Aufsichtsrechtliche Eigenmittelanforderungen nach dem Standardmodell, S. 135; BAFIN, Standardformel zur SCR-Berechnung, S. 27 f.

1051 Vgl. HARTMANN-WENDELS, T./PFINGSTEN, A./WEBER, M., Bankbetriebslehre (2010), S. 416.

aus ist die künftige Solvabilitäts- und Finanzlage eines Versicherungsunternehmens aber auch von der Zahlungsfähigkeit von Geschäftspartnern, etwa Rückversicherungsunternehmen, Derivate-Gegenparteien oder Vermittlern und Versicherungsnehmern, abhängig. Aus den Kapitalanlagen in festverzinslichen Wertpapieren und den gerade exemplarisch genannten Geschäftsbeziehungen, entstehen für das Versicherungsunternehmen Kreditrisiken. Kreditrisiko wird im VAG n. F. als „das Risiko eines Verlusts oder nachteiliger Veränderungen der Finanzlage [definiert], das sich aus Fluktuationen bei der Bonität von Wertpapieremittenten, Gegenparteien und anderen Schuldnern ergibt, gegenüber denen die Versicherungsunternehmen Forderungen haben, und das in Form von Gegenparteiausfallrisiken, Spread-Risiken oder Marktrisikokonzentrationen auftritt.“[1052] Da Spread-Risiken und Marktrisikokonzentrationen, wie oben bereits beschrieben, als Komponenten des Marktrisikomoduls erfasst werden und deshalb über sie unter den Angaben zum Marktrisiko berichtet werden sollte, ist zum Berichtsgegenstand Kreditrisiken nur über das Gegenparteiausfallrisiko[1053] zu berichten, denn die Anwendungsbereiche des Gegenparteiausfallrisikos und der Untermodule Spread-Risiko und Marktrisikokonzentrationen des Marktrisikomoduls sind disjunkt,[1054] um eine Doppelterfassung von Risiken zu vermeiden. Diese Vermutung stützt sich auf die Gegenüberstellung der Risiken, die die Solvabilitätskapitalanforderung gemäß § 97 Abs. 3 VAG n. F. abzudecken hat und des Aufbaus der Basissolvabilitätskapitalanforderung gemäß § 100 Abs. 1 VAG n. F., welche mit der Standardformel berechnet wird. Diese Gegenüberstellung wird in Tabelle 7 gezeigt.

Aus dieser Gegenüberstellung ist ersichtlich, dass das Gegenparteiausfallrisiko offenbar synonym zum Kreditrisiko gebraucht wird, auch wenn in der zuvor zitierten Definition des Kreditrisikos das Gegenparteiausfallrisiko nur eine Komponente darstellt. Diese Interpretation wird zusätzlich durch die DVO gestützt, in der die übergeordnete Abschnittsbezeichnung zu diesem Risikomodul der Standardformel „Gegenparteiausfallrisikomodul“ lau-

1052 § 7 Nr. 18 VAG n.F., Einfügung durch den Verfasser.

1053 In DRS 20.11 wird das Ausfallrisiko bzw. Adressenausfallrisiko als „Risiko des teilweisen oder vollständigen Ausfalls von Forderungen oder anderen schuldrechtlichen Instrumenten“ definiert. Das Ausfallrisiko bzw. Adressenausfallrisiko umschließt vor allem das Kreditrisiko, das Emittentenrisiko und das Kontrahentenrisiko (jeweils einschließlich des Länderrisikos). Diese Risikodefinitionen bzw. -einteilungen unterscheiden sich von denen im VAG n. F.

1054 Vgl. HÜBEL, M., Aufsichtsrechtliche Eigenmittelanforderungen nach dem Standardmodell, S. 144, 149.

tet.[1055] Den Versicherungsunternehmen wird in der vorliegenden Untersuchung daher empfohlen, zum Berichtsgegenstand Kreditrisiko nur über das Gegenparteiausfallrisiko und

Risiken, die die Solvabilitätskapitalanforderung gemäß § 97 Abs. 3 VAG n. F. abzudecken hat	Aufbau der Basissolvabilitätskapitalanforderung gemäß § 100 Abs. 1 VAG n. F. und Kapitalanforderung für das operationelle Risiko gemäß § 107 VAG n. F.
Nichtlebensversicherungstechnisches Risiko	Nichtlebensversicherungstechnisches Risiko
Lebensversicherungstechnisches Risiko	Lebensversicherungstechnisches Risiko
Krankenversicherungstechnisches Risiko	Krankenversicherungstechnisches Risiko
Marktrisiko	Marktrisiko
Kreditrisiko	**Gegenparteiausfallrisiko**
Operationelles Risiko	Operationelles Risiko

Tabelle 7: **Gegenüberstellung der durch die Solvabilitätskapitalanforderung abzudeckenden Risiken und des Aufbaus der Basiskapitalanforderung sowie der Kapitalanforderung für operationelle Risiken**

über das Spread-Risiko und zu Marktrisikokonzentrationen im Abschnitt über das Marktrisiko zu berichten. „Das Gegenparteiausfallrisikomodul trägt möglichen Verlusten Rechnung, die sich aus einem unerwarteten Ausfall oder der Verschlechterung der Bonität von Gegenparteien und Schuldnern des Versicherungsunternehmens während der nächsten zwölf Monate ergeben."[1056] Es umfasst Verträge zur Risikominderung wie Rückversicherungsvereinbarungen, Verbriefungen und Derivate,[1057] Forderungen gegenüber Vermittlern[1058] und alle sonstigen Kreditrisiken, die nicht vom Spread-Risiko abgedeckt werden, z. B. Hypothekendarlehen für Wohnimmobilien.[1059] Dabei werden unter Beachtung der mit ihnen verbundenen Risiken Sicherheiten berücksichtigt.

Hier wird empfohlen, neben der Nennung der Solvabilitätskapitalanforderung für das Gegenparteiausfallrisiko zu dem Berichtsgegenstand Kreditrisiken mindestens die Angaben zu machen, die gemäß DRS 20.A2.10 zu den Risiken aus dem Ausfall von Forderungen aus dem Versicherungsgeschäft zu berichten sind. Diese umfassen die Summe der ausstehenden Forderungen, deren Fälligkeitszeitpunkt am Bilanzstichtag mehr als 90 Tage zurückliegt, die durchschnittliche Ausfallquote der vergangenen drei Jahre und die Forderungsbeträge

[1055] Vgl. Überschrift zu Art. 189 ff. DVO.
[1056] § 105 Abs. 1 VAG n. F.
[1057] Vgl. § 105 Abs. 2 Nr. 1 VAG n. F.
[1058] Vgl. § 105 Abs. 2 Nr. 2 VAG n. F.
[1059] Vgl. § 105 Abs. 2 Nr. 3 VAG n. F.

gegenüber Rückversicherern, soweit wie möglich gegliedert nach externen Ratingklassen.[1060] Sofern wesentlich, sollte auch auf außerbilanzielle Ausfallrisiken eingegangen werden.

565. Angaben zu Liquiditätsrisiken

Als Liquiditätsrisiko wird „das Risiko, dass Versicherungsunternehmen nicht in der Lage sind, Anlagen und andere Vermögenswerte zu realisieren, um ihren finanziellen Verpflichtungen bei Fälligkeit nachzukommen“[1061], definiert. Darin sind zwei Bedeutungen der Illiquidität verknüpft, nämlich eine unternehmensbezogene Illiquidität (allgemeines Finanzierungsrisiko[1062]) und eine marktbezogene Illiquidität (Risiko unzureichender Marktliquidität[1063] der gehaltenen Vermögenswerte).[1064] Unternehmensbezogene Illiquidität wird hier als Situation begriffen, in der ein Versicherungsunternehmen mit der vorhandenen Liquidität nicht in der Lage ist, Zahlungsverpflichtungen am Fälligkeitstermin zu erfüllen. Marktbezogene Illiquidität bedeutet, dass Versicherungsunternehmen die zur Auszahlung erforderliche Liquidität selbst unter Inkaufnahme von gewissen Preisabschlägen aufgrund einer unzulänglichen Markttiefe oder wegen Marktstörungen auch nicht durch den Verkauf von Vermögensgegenständen (Kapitalanlagen) generieren können.

Obwohl Versicherungsunternehmen gemäß Art. 260 Abs. 1 lit e DVO angehalten sind, über ein wirksames Liquiditätsrisikomanagement zu verfügen, das insb. die „Angemessenheit der Zusammensetzung der Vermögenswerte hinsichtlich Art, Laufzeit und Liquidität mit Blick auf die Erfüllung der Verpflichtungen des Unternehmens bei Fälligkeit“[1065] gewährleisten soll, ist den Liquiditätsrisiken kein Risiko(unter)modul gewidmet, d. h. Liquiditätsrisiken werden in der Standardformel zur Berechnung der Solvabilitätskapitalanforderung nicht berücksichtigt.[1066] Daher können Versicherungsunternehmen keine branchen-

---

[1060] Vgl. DRS 20.A2.10 lit a-c. Vgl. dazu auch RIPPEL, M., Risikoberichterstattung von Versicherungsunternehmen, S. 33 f.

[1061] § 7 Nr. 19 VAG n. F.

[1062] In DRS 20.11 wird dies als „Risiko, Zahlungsverpflichtungen im Zeitpunkt der Fälligkeit nicht nachkommen zu können“ definiert.

[1063] In DRS 20.11 wird das Marktliquiditätsrisiko wie folgt definiert: „Risiko, aufgrund unzulänglicher Markttiefe oder Marktstörungen Geschäfte nicht oder nur mit Verlusten auflösen bzw. glattstellen zu können.“

[1064] Vgl. zu dieser Unterscheidung auch SCHARPF, P., Risikomanagement- und Überwachungssystem, S. 190; DRS 20.11.

[1065] Art. 260 Abs. 1 lit d ii DVO.

[1066] Vgl. so auch explizit EIOPA: *"The risk that insurance and reinsurance undertakings are unable to realize investments and other assets in order to settle their financial obligations when they fall due is not*

weit normierte Kapitalanforderung für diese Risikoart berichten. Gerade weil Liquiditätsrisiken nicht in der Solvabilitätskapitalanforderung gemäß der Standardformel abgebildet sind, ist die Berichterstattung über diese Risiken für den Adressaten besonders relevant. Versicherungsunternehmen könnten Bilanzkennzahlen, wie das Verhältnis aus kurzfristigem Vermögen zu kurzfristigen Verbindlichkeiten,[1067] oder auf Basis von Fälligkeitsanalysen erstellte Ablaufbilanzen, in denen die Fälligkeit von Vermögenswerten und die Zeitpunkte erwarteter Mittelabflüsse nach Laufzeitbändern ausgewiesen werden, veröffentlichen.[1068] Die Darstellung des Liquiditätsrisikos hat entsprechend dem Entwicklungsstand der angewendeten Risikomodelle Angaben zur Abstimmung des Kapitalanlagenbestands und der laufenden Zahlungsströme mit den Verpflichtungen aus dem Versicherungsgeschäft zu enthalten.[1069] Da die Mittelabflüsse im Versicherungsgeschäft stochastischer Natur sind, können – sofern intern zur Steuerung verwendet – ferner Liquiditätsrisikokennzahlen, wie z. B. *Liquidity-at-risk* oder der Liquiditätsbedarf unter Stress-Szenarien, berichtet werden. Zudem sollten Liquiditätsrisiken, die sich aus außerbilanziellen Geschäften ergeben, zumindest erwähnt und ihr (potenzieller) Umfang erläutert werden. Es sind aber auch das Liquiditätsrisiko mindernde Aspekte zu benennen, wie z. B. das Bestehen einer zugesagten Kreditlinie.[1070]

Aus Art. 295 Abs. 5 DVO ergibt sich zudem die besondere Berichtspflicht, hinsichtlich des Liquiditätsrisikos „den Gesamtbetrag des bei künftigen Prämien einkalkulierten erwarteten Gewinns, berechnet gemäß Artikel 260 Absatz 2“ DVO zu nennen.[1071]

---

explicitly covered in the standard formula SCR calculation. It is assumed that a capital requirement to cover liquidity risk would be ineffective and that it is appropriate to cover such risk by an explicit liquidity risk management policy within the overall risk management system. Undertakings are supposed to publicly disclose qualitative and quantitative information regarding their risk profile, including exposures to liquidity risk where these are material or in case of material changes in the liquidity risk profile." EIOPA-14-322, S. 11.

[1067] Vgl. im Versicherungskontext etwa das Modell zur Beurteilung der Liquiditätsrisiken der Versicherungs-Ratingagentur A.M. Best A.M. BEST, Liquidity Model, S. 1.

[1068] Vgl. ähnlich die IFRS-Anhangangaben zum Liquiditätsrisiko gemäß IFRS 4.39 lit d i. V. m. IFRS 7.39. Vgl. dazu auch RIPPEL, M., Risikoberichterstattung von Versicherungsunternehmen, S. 70 f.

[1069] Vgl. DRS 20.A2.16.

[1070] Vgl. IFRS 7.B11F lit a.

[1071] Vgl. zur Definition des bei künftigen Prämien einkalkulierten erwarteten Gewinns Art. 260 Abs. 2 DVO.

566. Angaben zu operationellen Risiken

Als operationelles Risiko wird „das Verlustrisiko, das sich aus der Unangemessenheit oder dem Versagen von internen Prozessen, Mitarbeitern oder Systemen oder durch externe Ereignisse ergibt“[1072] bezeichnet und ist damit abstrakt definiert. Das operationelle Risiko umfasst auch Rechtsrisiken[1073], indes weder Reputationsrisiken noch Risiken, die sich aus strategischen Entscheidungen ergeben.[1074] Zu beachten ist, dass die Kapitalanforderung für das operationelle Risiko gemäß § 107 Abs. 1 VAG n. F. nur solche operationellen Risiken abdeckt, die nicht bereits in den o. g. Risikomodulen berücksichtigt werden. Nicht zuletzt aufgrund von operationellen Risiken, die zwar sehr selten eintreten, dann aber einen hohen Schaden verursachen, sind operationelle Risiken die wohl am schwersten risikogerecht zu quantifizierenden Risiken. Mangels besserer Quantifizierbarkeit wird die Solvabilitätskapitalanforderung für operative Risiken daher nur näherungsweise bzw. pauschalisiert berechnet und sie basiert im Wesentlichen entweder auf einem vorgegebenen Prozentsatz der Basiskapitalanforderung oder dem Geschäftsvolumen (höherer der entweder auf Basis der verdienten Prämien oder der Rückstellungen ermittelten Kapitalanforderung für operative Risiken).[1075]

Diese Risiken sind daher besonders zu erläutern.[1076] Bei der Darstellung der betrieblichen Risiken könnte vor allem auf organisatorische und funktionale Aspekte im Bereich der Verwaltung (z. B. Prozesse), des Personalwesens (z. B. Schutz vor Fehlern oder dolosen Handlungen)[1077] und der technischen Ausstattung, einschließlich der Funktionsfähigkeit

1072 § 7 Nr. 24 VAG n. F. In DRS 20.11 wird das operationelle Risiko wie folgt definiert: „Risiko aus betrieblichen Systemen oder Prozessen. Dazu gehören insbesondere: a) betriebliche Risiken, die durch menschliches oder technisches Versagen bzw. durch externe Einflussfaktoren entstehen, oder b) rechtliche Risiken, die aus vertraglichen Vereinbarungen oder rechtlichen Rahmenbedingungen resultieren.“

1073 Vgl. auch BAFIN, Solvency II Vorbereitungs-Leitlinien: Risikomanagement, Leitlinien 35 f. Rechtliche Risiken können bei konkreten Sachverhalten oder bei veränderten Rahmenbedingungen entstehen und sind in geeigneter Form darzustellen. Vgl. DRS 20.A2.17.

1074 Vgl. § 97 Abs. 4 VAG n. F.; BAFIN, Solvency II Vorbereitungs-Leitlinien: Risikomanagement, Leitlinie 37; BAFIN, Standardformel zur SCR-Berechnung, S. 11.

1075 Vgl. Art. 204 DVO.

1076 Vgl. zur handelsrechtlichen Vorgabe für Versicherungsunternehmen, über operationelle Risiken zu berichten DRS 20.A2.3 lit d.

1077 Neben diesen Risiken sind auch Personalrisiken i. w. S. zu beachten, z. B. Fluktuation von wichtigen Mitarbeitern, die nicht unmittelbar ersetzt werden können oder Probleme bei der Personalbeschaffung und -entwicklung. Vgl. PRIGGE, C., Konzernlageberichterstattung, S. 182; MEYDING, T./FABIAN, C.-P., Rechtliche Risiken, S. 290.

von EDV-Systemen, eingegangen werden.[1078] „Die quantitative Darstellung kann auf Szenariotechniken, Sensitivitätsanalysen oder andere geeignete Methoden gestützt werden und soll auch Worst-Case-Annahmen einbeziehen. Soweit im Konzern operationelle Risiken nicht mit quantitativen Verfahren gesteuert werden, sind qualitative Ausführungen und Einschätzungen zu den möglichen Folgen bei Eintritt der Risiken zu geben."[1079]

567. Angaben zu sonstigen wesentlichen Risiken

Zu diesem Berichtsgegenstand könnten Versicherungsunternehmen beispielsweise über das Reputationsrisiko oder das strategische Risiko berichten, da diese vom operationellen Risiko nicht erfasst werden. Bezüglich des strategischen Risikos ist insb. die Konkurrenzfähigkeit des Produkt- und Dienstleistungsportfolios (Grad der Akzeptanz der Produkte des Unternehmens am Absatzmarkt)[1080] unter Berücksichtigung der Absatzpreise zu berücksichtigen. Zudem können Umfeld- und Branchenrisiken berichtet werden, sofern diese wesentlich sind und nicht bereits unter den o. g. Risikokategorien genannt wurden. Zu den Umfeldrisiken können etwa gesellschaftspolitische Ereignisse zählen, sofern diese sich beispielsweise negativ auf die Bereitschaft der potenziellen Kunden, Versicherungen abzuschließen, auswirken. Bezüglich dieser Risiken ist wünschenswert, dass die Versicherungsunternehmen diesen Entwicklungen Eintrittswahrscheinlichkeiten zuordnen und erläutern, wie sich der Eintritt dieser Risiken betragsmäßig auf die Solvabilität und Finanzlage des Versicherungsunternehmens auswirken würde. Dabei ist zu erläutern, wie, d. h. mit welchen Modellen und Prämissen die Werte ermittelt wurden und wie diese sich ggü. dem Vorjahr verändert haben.[1081] Zu Branchenrisiken kann insb. über Veränderungen der Branchenstruktur bzw. des eigenen Marktanteils sowie über Wettbewerbsverhältnisse und Marktbedingungen berichtet werden.[1082]

Gemäß Art. 203 DVO wird ferner ein Risikomodul für immaterielle Vermögenswerte definiert. Die Kapitalanforderung dafür wird indes regelmäßig unwesentlich sein, denn sie bezieht sich – unter Berücksichtigung eines Faktors in Höhe von 0,8 – auf den Wertansatz der immateriellen Vermögenswerte in der Solvabilitätsübersicht. Doch gemäß Art. 12

[1078] Vgl. DRS 20.A2.17.

[1079] DRS 20.A2.18.

[1080] BAETGE, J./SCHULZE, D., Lageberichterstattung über "Risiken der künftigen Entwicklung", S. 940.

[1081] Vgl. für den handelsrechtlichen Lagebericht PRIGGE, C., Konzernlageberichterstattung, S. 179 f.

[1082] Vgl. PRIGGE, C., Konzernlageberichterstattung, S. 180.

DVO werden immaterielle Vermögenswerte – einschließlich eines Geschäfts- oder Firmenwerts – regelmäßig mit null bewertet.[1083] Sie werden unter den Vermögenswerten in der Solvabilitätsübersicht regelmäßig nicht angesetzt und haben die Eigenmittel somit in entsprechender Höhe verringert, so dass ihren Risiken bereits bei der Eigenmittelermittlung entsprechend Rechnung getragen wird. Lediglich immaterielle Vermögenswerte, die einzeln veräußert werden können und für die (oder denen ähnliche Vermögenswerte) ein Marktpreis ermittelt werden kann, können in der Solvabilitätsübersicht als immaterielle Vermögenswerte angesetzt werden.[1084] Aufgrund des Fehlens aktiver Märkte für immaterielle Vermögenswerte, werden diese in der Solvabilitätsübersicht regelmäßig mit null anzusetzen sein. Durch einen vollständigen Abzug von den Vermögenswerten und damit von den Eigenmitteln ist eine mehr als ausreichende Risikovorsorge für diese Vermögenswerte getroffen worden, weshalb über sie nicht noch ausführlich berichtet werden muss.

568. Sonstige Angaben zum Risikoprofil

Grundsätzlich sollten die quantitativen Informationen zur Risikolage durch weitere Angaben ergänzt bzw. besonders erläutert werden, wenn diese zum Bilanzstichtag nicht repräsentativ für die Berichtsperiode bzw. die kommende Periode waren.

Sofern nicht abweichend von dem für den SFCR vorgegebenen Berichtsgliederungsschema unter einer zusätzlichen Überschrift über das Kapitalanlagenportfolio berichtet wird, haben diesbezügliche Angaben unter dem hier genannten Berichtsgegenstand zu erfolgen. Gemäß Art. 295 Abs. 2 lit c DVO ist zu beschreiben, wie die Vermögenswerte im Einklang mit dem (Anlage-)Grundsatz der unternehmerischen Vorsicht angelegt wurden.[1085] Dieser Grundsatz wird in § 124 VAG n. F. durch acht Kriterien konkretisiert, von denen hier die Wichtigsten wiedergegeben werden, um aus diesen Berichtsempfehlungen herzuleiten. Demnach dürfen Versicherungsunternehmen nur in solche Vermögenswerte und Instrumente investieren, deren Risiken sie hinreichend identifizieren, bewerten, überwachen, steuern, kontrollieren und in ihre Berichterstattung einbeziehen sowie bei der eigenständigen Bewertung des Solvabilitätsbedarfs berücksichtigen können (1).[1086] Ferner sind sämtli-

[1083] Vgl. Art. 12 DVO.

[1084] Vgl. Art. 12 Abs. 2 i. V. m. Art 10 DVO.

[1085] Vgl. einleitend bereits Abschnitt 561.

[1086] Vgl. § 124 Abs. 1 Nr. 1 VAG n. F.

che Vermögenswerte so anzulegen, dass Sicherheit, Qualität, Liquidität und Rentabilität des Portfolios als Ganzes sichergestellt werden (2).[1087] Vermögenswerte, die zur Bedeckung der versicherungstechnischen Rückstellungen gehalten werden, sind nach einer deren Art und Laufzeit angemessenen Weise anzulegen (3).[1088] Ferner sind die Anlagen in angemessener Weise so zu mischen und zu streuen, dass das Anlageportfolio nicht übermäßig von einem bestimmten Vermögenswert, Emittenten, einer bestimmten Unternehmensgruppe oder einem geografischen Raum abhängt und eine übermäßige Risikokonzentration im Portfolio als Ganzem vermieden wird (4).[1089] Der Einsatz derivativer Finanzinstrumente ist erlaubt, indes nur wenn dadurch Risiken vermieden werden oder zu einer effizienten Portfolioverwaltung beigetragen wird (5).[1090] Da der Großteil der Aktiva eines Versicherungsunternehmens aus den Kapitalanlagen besteht, sind Angaben dazu für den Adressaten von besonderer Bedeutung. Denn erweisen sich die Kapitalanlagen als nicht werthaltig, sind die Zahlungsansprüche der Versicherten bzw. Anspruchsberechtigten stark gefährdet. Indes werden Informationen über die Anlagegrundsätze (1) - (3) bereits zu anderen Berichtsgegenständen, z. B. unter den Angaben zum Risikomanagement (betrifft (1)),[1091] zur Risikolage entlang der verschiedenen Risikoarten in diesem Kapitel (betrifft (2) und (3)) und zum Kapitalanlageergebnis[1092] (betrifft (2)) gegeben. Damit sind für die Angaben zum Kapitalanlagenportfolio im Wesentlichen Informationen bezüglich der Anlagegrundsätze (4) und (5) zu fordern, d. h. solche über die Zusammensetzung der Kapitalanlagen und den Einsatz von derivativen Finanzinstrumenten. Mithilfe solcher Portfolioangaben können sich die Adressaten selbst ein Urteil über die angemessene Qualität, Mischung und Streuung und den angemessenen Einsatz von Derivaten bilden. Wie wichtig dem Gesetzgeber eine solche Berichterstattung grundsätzlich erscheint, lässt sich anhand der für den Bericht an die Aufsichtsbehörde geregelten Berichtsanforderungen über die Kapitalanlagen belegen: Gemäß

[1087] Vgl. § 124 Abs. 1 Nr. 2 VAG n. F. Der vom Unternehmen angestrebte Grad an Sicherheit, Qualität, Liquidität, Rentabilität und Verfügbarkeit ist in den internen Risikomanagementleitlinien anzugeben. Vgl. BAFIN, Solvency II Vorbereitungs-Leitlinien: Risikomanagement, Leitlinie 53.

[1088] Vgl. § 124 Abs. 1 Nr. 3 VAG n. F.

[1089] Vgl. § 124 Abs. 1 Nr. 7 VAG n. F.

[1090] Vgl. § 124 Abs. 1 Nr. 5 VAG n. F. Vgl. zu den Anlagegrundsätzen ausführlich BAFIN, Solvency II Vorbereitungs-Leitlinien: Vorsichtsgrundsatz, Leitlinien 31-37. Reine Handelspositionen zum Zweck von Arbitragegeschäften und Leerverkäufen sind nicht gestattet. Vgl. BAFIN, Solvency II Vorbereitungs-Leitlinien: Vorsichtsgrundsatz, Leitlinie 75.

[1091] Vgl. Abschnitt 554.

[1092] Vgl. Abschnitt 543.

Art. 309 Abs. 2 lit e DVO sind im aufsichtlichen Bericht „ein vollständiges Verzeichnis der Vermögenswerte und Angabe[n] der Art und Weise, wie diese im Einklang mit dem „Grundsatz der unternehmerischen Vorsicht" [...] angelegt wurden", aufzuführen.[1093] Für den SFCR wird empfohlen, die Kapitalanlagen, einschließlich der Derivate, mindestens nach den Vermögenswertklassen aufzuschlüsseln, die in der vorliegenden Untersuchung bereits für die Berichterstattung über die Kapitalanlageerträge vorgeschlagen wurden. Diese umfassen Anleihen (aufgeteilt nach Staats- und Unternehmensanleihen, strukturierte Schuldverschreibungen und besicherte Schuldverschreibungen), Aktien, zu Anlagezwecken gehaltene Immobilien, Organismen für gemeinsame Anlagen in Wertpapiere, Derivate, Kredite und Hypothekendarlehen, sonstige Investitionen sowie Barmittel und Einlagen.

Ferner könnte – auf freiwilliger Basis – unter den sonstigen Angaben zum Risikoprofil über die qualitativen und quantitativen Ergebnisse der sog. unternehmenseigenen Risiko- und Solvabilitätsbeurteilung[1094] gemäß § 27 VAG n. F. berichtet werden, um eine, bezogen auf die Pflichtangaben, größere Transparenz zu schaffen. Gemäß Art. 304 Abs. 1 lit c i. V. m. Art. 306 DVO ist die Berichterstattung über die unternehmenseigene Risiko- und Solvabilitätsbeurteilung nur für den Bericht an die Aufsichtsbehörden vorgeschrieben. Neben den Ergebnissen ist darin auch auf die aus diesen Ergebnissen gezogenen Schlussfolgerungen des Versicherungsunternehmens einzugehen. Für den Adressaten wären solche Angaben vor allem aus einem Grund von hohem Interesse: Im Gegensatz zur Kapitalanforderung, die auf einem 1-Jahres-Betrachtungszeitraum beruht, umfasst die unternehmenseigene Risiko- und Solvabilitätsbeurteilung einen Betrachtungszeitraum von 3-5 Jahren.[1095] Die Berücksichtigung einer solchen, längeren Bezugsperiode ist zumindest für Lebensversicherer aufgrund der Langfristigkeit dieses Geschäftsbereichs für die Risikoberichterstattung geboten. Die Relevanz einer solchen Berichterstattung wird wiederum aus den Berichtspflichten gegenüber der Aufsichtsbehörde deutlich: Gemäß Art. 309 Abs. 2 lit a DVO ist im vertrau-

[1093] Da eine solche Auflistung angesichts hunderter, wenn nicht tausender oder zehntausender, Positionen eines diversifizierten Portfolios in einem Bericht dem Grundsatz der Klarheit i. S. d. Übersichtlichkeit widerspräche, ist davon auszugehen, dass diese Berichtspflicht durch Übermittlung des diesbezüglichen QRTs in elektronischer Form erfüllt ist. Im QRT S.06.02.01 sind die Kapitalanlagen einzeln aufzulisten.

[1094] Vgl. dazu bereits die Abschnitte 234.23, 554.2.

[1095] Vgl. § 27 Abs. 3 VAG n. F. sowie die diesbezügliche Gesetzesbegründung. Vgl. für eine ausführliche Beschreibung und kritische Analyse der unternehmenseigenen Risiko- und Solvabilitätsbeurteilung DREHER, M./BALLMAIER, C., Unternehmenseigene Risiko- und Solvabilitätsbeurteilung, S. 129-143.

lichen Bericht an die Aufsichtsbehörde eine „Übersicht über alle wesentlichen Risikoexponierungen, die im Zeitraum der Geschäftsplanung angesichts der Geschäftsstrategie des Unternehmens erwartet werden, und [eine] Beschreibung des Umgangs mit diesen Risikoexponierungen“[1096] zu geben. Auch bezüglich der Berichterstattung über Risikokonzentrationen sind solche zu beachten, die erst künftig aufgrund der Geschäftsstrategie des Versicherungsunternehmens im Zeitraum der Geschäftsplanung erwartet werden.[1097]

Ferner könnte unter den sonstigen Angaben zum Risikoprofil die Angabe eines Unternehmensratings integriert werden, denn damit „würde den Adressaten eine verdichtete, standardisierte Information über das potenzielle Gesamtrisiko gegeben“[1098] werden.[1099] Dabei sind mindestens die Rating-Noten der drei großen internationalen Rating-Agenturen und möglichst auch die diesen Noten zugrundeliegenden Ausfallwahrscheinlichkeiten anzugeben oder es sollte jeweils durch eine Fehlanzeige klar gemacht werden, dass von diesen kein Rating vorliegt. Grund für die geforderte Fehlanzeige ist, dass die Versicherungsunternehmen nicht nur selektiv das von verschiedenen Rating-Urteilen beste Rating veröffentlichen sollen. Wurde das Versicherungsunternehmen von der Rating-Agentur informiert, dass sich die Rating-Note in naher Zukunft verschlechtern könnte, ist dies anzugeben.

Das Berichtskapitel über die Risikosituation sollte mit einer Gesamtaussage zur Risikolage des Versicherungsunternehmens enden, um die Ausführungen zu einzelnen Risikokategorien zu einer Gesamteinschätzung der Risikolage zu aggregieren (Verdichtung[1100]).[1101] Im Fall der hier unterstellten Anwendung der Standardformel ist indes nicht zu erläutern, nach welchen Kriterien und mit welchen Methoden die Einzelrisiken aggregiert werden, denn dies ist in den aufsichtsrechtlichen Vorgaben mittels vorgegebener Formeln und Korrelationsparameter geregelt. Stattdessen sollte darauf eingegangen werden, wie sich höhere als die vorgegebenen Korrelationen zwischen den Risikomodulen auf die Solvabilität und Finanz-

[1096] Art. 309 Abs. 2 lit a DVO, Einfügung durch den Verfasser.

[1097] Vgl. Art. 309 Abs. 4 DVO.

[1098] KAJÜTER, P., Risikoberichterstattung, S. 109.

[1099] Vgl. hierzu und in diesem Absatz auch PRIGGE, C., Konzernlageberichterstattung, S. 190 f.

[1100] Vgl. so auch BAETGE, J./SCHULZE, D., Lageberichterstattung über "Risiken der künftigen Entwicklung", S. 943.

[1101] Gemäß der MaRisk VA hat sich die Geschäftsleitung einen Überblick über das Gesamtrisikoprofil zu verschaffen. Vgl. ELLENBÜRGER, F., U. A., MaRisk für Versicherungen, S. 61. Vgl. zur vergleichbaren handelsrechtlichen Vorgabe, Ausführungen im Lagebericht zu verdichten: DRS 20.58 zum Geschäftsverlauf und zur Lage des Konzerns sowie DRS 20.118 zur Prognose.

lage auswirken würden. Diese Zusammenfassung sollte ebenfalls eine mehrperiodige Darstellung der zeitlichen Entwicklung des Gesamtrisikoprofils umfassen, z. B. eine 7-10 Jahresübersicht[1102] der Solvabilitätskapitalanforderung, der anrechenbaren Eigenmittel und der Solvabilitätsquote. Um als Adressat die Glaubwürdigkeit der Berichterstattung ex post beurteilen zu können, sollten Soll-Ist-Vergleiche bezüglich der Zielerreichung der mit der Risikostrategie verfolgten Ziele veröffentlicht werden.

Eine Chancen-Berichterstattung ist in den aufsichtsrechtlichen Vorgaben nicht kodifiziert.

[1102] Da nach der Einführung von Solvency II diese Daten noch nicht für einen entsprechend langen Zeitraum zur Verfügung stehen werden, ist die Mehrperiodenübersicht von Jahr zu Jahr weiter zu ergänzen, bis der empfohlene Zeitraum erreicht ist.

6 Zusammenfassung

Durch das EU-Reformprojekt Solvency II wurde das deutsche Versicherungsaufsichtsgesetz umfassend überarbeitet bzw. in großen Teilen neu verfasst. Im Kern sind durch Solvency II die Kapitalanforderungen an Versicherungsunternehmen durch neue, risikotheoretisch fundierte Methoden zu bestimmen und die zur Deckung dieser Kapitalanforderungen zur Verfügung stehenden Eigenmittel aus einer aufsichtsrechtlichen Solvabilitätsübersicht, die auf marktnahen Bewertungsansätzen basiert, zu ermitteln (Säule 1). Ferner werden zahlreiche Anforderungen an die Organisation eines Versicherungsunternehmens kodifiziert und die aufsichtliche Überprüfung von Versicherungsunternehmen geregelt (Säule 2). Neben Berichts- und Meldepflichten gegenüber der/den Aufsichtsbehörde/n wird **durch Solvency II erstmals eine aufsichtsrechtlich determinierte Publizitätspflicht in Form des *Solvency and Financial Condition Reports* (SFCR) für Versicherungsunternehmen eingeführt (Säule 3).**

Um verstehen zu können, weshalb der Versicherungssektor umfassend reguliert wird, wurden in **Abschnitt 2** zunächst die Besonderheiten des Versicherungsprodukts dargestellt. Das **Versicherungsprodukt** zeichnet sich durch seine **Zeitraumbezogenheit, Stochastizität, Kollektivbezogenheit** und **Immaterialität** aus. Insb. die Immaterialität und bedingte, von stochastischen, (weit) in der Zukunft liegenden, Ereignissen abhängende Zahlungsansprüche der Versicherungsnehmer und Begünstigten führen dazu, dass die Eigenschaften des Versicherungsprodukts und -anbieters für den Versicherungsnehmer weniger greifbar sind als dies bei dinglichen Gütern der Fall ist. Ferner fallen insb. Versicherungsverträge mit langer Laufzeit unter die sog. **Vertrauensgüter**. Dies sind Güter, bei denen die Güterqualität selbst nach dem Kauf (also durch Erfahrung) nicht zeitnah festgestellt werden kann, da diese Erfahrung erst im Versicherungsfall gemacht werden kann. Zudem zeichnet sich das Vertragsverhältnis zwischen Versicherungsnehmern und Versicherungsunternehmen durch **asymmetrische Informationsverteilungen** aus. Bezogen auf seine Solvabilitäts- und Finanzlage hat das Versicherungsunternehmen einen Informationsvorsprung und könnte diesen zu Lasten des Versicherungsnehmers ausnutzen. Der Versicherungsnehmer bzw. die Anspruchsberechtigten sind darauf angewiesen, dass ein Versicherungsunternehmen auch in ferner Zukunft finanziell in der Lage sein wird, die versprochenen Leistungen gewähren zu können. Aus der fehlenden Fähigkeit der Versicherungsnehmer, die Eigenschaften des Versicherungsprodukts und -anbieters selbst zu beurteilen und aus der Abhängigkeit ihrer Ansprüche vom finanziellen Wohlergehen des Versicherungsunternehmens wird eine **besondere Schutzbedürftigkeit des Versicherungsnehmers** begründet, dem durch die Versicherungsregulierung und -aufsicht Rechnung getragen wird. Der Schutz der Versicherungsnehmer ist das Hauptziel von Solvency II und dem VAG n. F. Zwar lag dieses Ziel bereits dem VAG a. F. zugrunde, indes soll dieses Ziel durch die neuen Regelungen noch besser erreicht werden. Daher wurden in Abschnitt 2 ferner die Regelungen nach Solvency I, die zwar das Geschäftsvolumen, nicht aber die tatsächlichen Risiken eines Versicherungsunternehmens berücksichtigten, dargestellt und die Neuregelungen von Solvency II als 3-Säulen-Modell skizziert. Dies war notwendig, um aus dem Zusammenwirken von Säule 3 mit den Säulen 1 und 2 die Berichtsempfehlungen hermeneutisch herleiten zu können.

Um die **Solvabilitätspublizität** vollständig zu beschreiben und die **Grundlagen** für die Analyse der Berichtsgegenstände und für die diesbezüglichen Gestaltungsempfehlungen zu legen, wurden in **Abschnitt 3** der SFCR in seinen Grundzügen beschrieben und insb. der Berichtszweck, die Adressaten einschließlich ihrer berechtigten (vermuteten) Informationsinteressen und deren Grenzen sowie Grundsätze ordnungsmäßiger Solvabilitäts- und Finanzberichterstattung (GoSFB) hermeneutisch ermittelt. Angaben zu Erstellungspflicht, Prüfung, Offenlegungsintervall, -fristen und Form der Offenlegung komplettierten diese Grundlagen. Die diesbezüglichen Untersuchungsergebnisse lassen sich wie folgt zusammenfassen:

- Die **Angabepflichten im SFCR** umfassen **fünf Themenbereiche**, die in **finanzielle, formal-organisatorische** und in solche **Informationen über das Risikomanagement** systematisiert werden können. Die diesbezüglichen Berichtsvorgaben sind verschiedenen, aufeinander aufbauenden, Regelungsquellen (VAG n. F.; DVO; technische Standards; Leitlinien & Empfehlungen) zu entnehmen. Der SFCR umfasst **qualitative und quantitative Angaben.**

- Den Hauptzweck des VAG n. F. – nämlich den Schutz der Versicherungsnehmer, Versicherten und Anspruchsberechtigten – unterstützend, liegt der **Zweck der Solvabilitätspublizität** in der **Rechenschaft bzw. Informationsvermittlung**. Durch den SFCR soll Transparenz bezüglich der Solvabilitäts- und Finanzlage eines Versicherungsunternehmens geschaffen werden. Auf dieser Basis informierte Marktteilnehmer sollen einen disziplinierenden Effekt auf das Management eines Versicherungsunternehmens ausüben und so – die institutionalisierte Versicherungsaufsicht ergänzend – dazu beitragen, dass Versicherungsunternehmen im Sinne der Versicherungsnehmer geführt werden. Aus dem ermittelten Zweck der Solvabilitätspublizität resultieren eine **Analyse- und Beurteilungsfunktion**, sowie eine **Verdichtungsaufgabe** für den SFCR.

- Als **Adressaten**, d. h. die berechtigten Informationsempfänger, des SFCR wurden die **Informationsintermediäre der Versicherungsnehmer, d. h. Versicherungsvermittler, Finanzanalysten, andere professionelle Berater oder Rating-Agenturen sowie Fremdkapitalgeber** ermittelt. Die **Versicherungsnehmer und Anspruchsberechtigten** sind die **Adressaten** der gemäß Art. 292 Abs. 1 DVO vorgegebenen **Zusammenfassung des SFCR.** Das Informationsinteresse der Adressaten besteht darin, die gegenwärtige Solvabilitäts- und Finanzlage zu beurteilen und die künftige einzuschätzen. Dazu bedarf es Informationen über alle Aspekte, die die künftige Solvabilitäts- und Finanzlage beeinflussen könnten, d. h. umfassende Finanz- und Risikoinformationen aber auch ausführliche Angaben über die Führung und Organisation des sowie Anreizstrukturen innerhalb des Versicherungsunternehmens. **Begrenzt** wird dieses **Informationsinteresse** nur hinsichtlich solcher Angaben, deren Veröffentlichung zu einem wesentlichen, **ungerechtfertigten Vorteil der Wettbewerber** führen würde oder wenn aufgrund **vertraglicher Geheimhaltungsklauseln** des Versicherungsunternehmens eine Veröffentlichung einer Information unterbleiben darf.

- Grundsätzlich sind **alle (Rück-)Versicherungsunternehmen**, die gemäß §§ 1-3 VAG n. F. dem neuen VAG unterliegen und für die es keine Ausnahme von der Anwendungspflicht der §§ 40-42 VAG n. F. gibt, gemäß §§ 40-42 VAG n. F. **verpflichtet**, einen **SFCR zu erstellen**. Gemäß der gegenwärtigen Rechtslage besteht für den SFCR **keine ganzheitliche Prüfungspflicht** durch einen Wirtschaftsprüfer. Einer solchen Prüfungspflicht ist derzeit nur die Solvabilitätsübersicht unterworfen, wobei der genaue Prüfungsumfang Gegenstand aktueller berufsständischer

Diskussionen ist. Aus dieser eingeschränkten Prüfungspflicht können erhebliche Glaubwürdigkeitsprobleme des SFCR resultieren.

- Der SFCR ist gemäß § 40 Abs. 1 VAG n. F. **jährlich zu veröffentlichen.** Darüber hinaus besteht eine **unterjährige Aktualisierungspflicht** der im letzten SFCR gegebenen Informationen, wenn wichtige Entwicklungen eintreten, die die Bedeutung dieser Informationen erheblich verändern.

- Der SFCR ist **spätestens 14 Wochen nach Ende des Geschäftsjahres zu veröffentlichen,** wobei in den ersten Anwendungsjahren von Solvency II Übergangsvorschriften mit verlängerten Offenlegungsfristen gelten. Für Versicherungsunternehmen, bei denen das Geschäftsjahr dem Kalenderjahr entspricht, ist der Bericht erstmals 2017 für das Geschäftsjahr 2016 zu publizieren. Das regelmäßige Publizitätsmedium wird die **unternehmenseigene Website** sein.

- Folgende **Grundsätze ordnungsmäßiger Solvabilitäts- und Finanzberichterstattung (GoSFB)** wurden ermittelt:
    - Grundsatz der Wesentlichkeit
    - Grundsatz der Verständlichkeit
    - Grundsatz der Vollständigkeit
    - Grundsatz der Verlässlichkeit bzw. Richtigkeit
    - Grundsatz der Stetigkeit
    - Grundsatz der Informationsabstufung nach der Art, dem Umfang und der Komplexität der Geschäftstätigkeit und der Risiken des Unternehmens

In **Abschnitt 4** wurden die inhaltlichen Überschneidungen zwischen dem SFCR und dem deutschen (Konzern-)Lagebericht herausgearbeitet und gezeigt, wie die Regelungen für den Lagebericht in den deutschen Rechnungslegungsstandards und der entsprechenden Literatur für den SFCR herangezogen werden können. Versicherungsunternehmen sind sowohl nach dem HGB als auch nach dem VAG n. F. verpflichtet, bestimmte Informationen über ihre Geschäftstätigkeit und -ergebnisse, ihre Risikolage, Teile ihrer Geschäftsorganisation (insb. Risikomanagementsystem) und ihr Kapital- bzw. Finanzmanagement zu publizieren. In der vorliegenden Untersuchung wurden die Gestaltungsempfehlungen für den SFCR im Wesentlichen aus dem Zusammenwirken der Säule 3 mit den Säulen 1 und 2 und den vermuteten Informationsinteressen der Adressaten sowie aus den Regelungen in DRS 20 und den mittlerweile entstandenen Grundsätzen ordnungsmäßiger Lageberichterstattung hergeleitet. Aufgrund der weitgehenden Adressaten- und Zweckübereinstimmung des handelsrechtlichen (Konzern-)Lageberichts und des SFCR bestehen gewisse Ausstrahlungswirkungen des Lageberichts auf den SFCR, weshalb für vergleichbare Berichtsgegenstände im SFCR die Lageberichtsregelungen als „Ideengeber" für weitere Gestaltungsempfehlungen verwendet wurden.

In **Abschnitt 5** wurden die Berichtsvorgaben für den SFCR (für drei der fünf Berichtskapitel) entlang dem durch die DVO vorgegebenen Berichtsgliederungsschema dargestellt, analysiert, gewürdigt und entsprechende inhaltliche Gestaltungsempfehlungen gegeben. Neben zahlreichen *de lege lata*-Konkretisierungen wurden dabei auch darüber hinaus gehende Empfehlungen gegeben. Zu zahlreichen Berichtsgegenständen musste festgestellt werden, dass die aufsichtsrechtlichen Informationsanforderungen an den SFCR niedriger sind als für den Bericht an die Aufsichtsbehörde(n) und auch an einigen Stellen niedriger als für den Lagebericht, obwohl die Adressaten des SFCR an solchen Informationen genauso interessiert sind, wie die Aufsichtsbehörde(n) und die Adressaten des allgemeinen Lageberichts. Den Adressaten werden im SFCR bestimmte Informationen, die für den Bericht an die Aufsichtsbehörde(n) vorgeschrieben und damit als wesentlich beurteilt werden, vorenthalten. Dies betrifft vor allem die fehlenden prognostischen Angaben zu den Geschäftsergebnissen im SFCR. Da durch solche Angaben im Zeitverlauf indes Vertrauen zwischen der Führung des Versicherungsunternehmens und den Berichtsadressaten aufgebaut werden kann, ist eine Erweiterung des SFCR um solche Berichtselemente entsprechend bestimmten Berichtspflichten im Bericht an die Aufsichtsbehörde zu empfehlen. Dazu sind vor allem quantitative prognostische Angaben zusammen mit den ihnen zugrunde gelegten Szenarien geeignet, da sie ex post mit den tatsächlich realisierten Werten vom Versicherungsunternehmen verglichen werden könnten und so der Informationsgehalt bzw. die Verlässlichkeit der Berichtsinhalte ex post durch die Adressaten evaluiert werden könnte. Bei Ist-Werten, die deutlich vom jeweils prognostizierten Wert bzw. Wertbereich abweichen, sollte das Versicherungsunternehmen erklären, warum die Werte abweichen. Eine fehlerhafte (abweichende) Prognose ist dabei per se nicht als schlecht zu beurteilen, denn für den Adressaten ist wichtiger zu erkennen, wie gut solche Abweichungen begründet werden, d. h., der Adressat wird beurteilen, ob die Prognose mangelhaft war oder ob überraschende externe Faktoren für die Abweichungen ausschlaggebend waren. Diese vertrauensbildenden Angaben wären notwendig, um die aus der fehlenden Prüfung des SFCR resultierenden Glaubwürdigkeitsprobleme der Angaben im SFCR zu lösen. Denn selbst bei einer redlichen Absicht des Versicherungsunternehmens, d. h. einer wahrheitsgetreuen Berichterstattung, können auch durch den SFCR die Informationsasymmetrien zwischen dem Versicherungsunternehmen und den Versicherungsnehmern nicht vollständig beseitigt werden, denn ein (Versicherungs-)Unternehmen „ist [...] ein zu komplexes System, um es nach außen vollständig abbilden zu können.“[1103] Die Notwendigkeiten, einerseits als Versicherungsunternehmen aus den betrieblichen Sachverhalten für die externe Berichterstattung zu selektieren und diese zu verdichten, und andererseits als Gesetzgeber den berichtenden Versicherungsunternehmen die dafür notwendigen inhaltlichen Gestaltungsspielräume zu gewähren, führt zu einer eingeschränkten Glaubwürdigkeit nicht testierter Berichtsangaben.

Die Untersuchungsergebnisse legen nahe, dass der Gesetzgeber über eine **Ausdehnung der prospektiven Berichtsgegenstände** nachdenken sollte und erwägen sollte, eine Reihe der wesentlichen Berichtspflichten, die bisher ausschließlich im Bericht an die Aufsichtsbehörde enthalten sind, z. B. solche

- zur Wettbewerbsposition,
- zu Zielen und Strategien des Versicherungsunternehmens,
- zu Ursachen der Änderungen im Kapitalanlageergebnis,
- zu erwarteten Kapitalmarktentwicklungen, insb. Annahmen des Unternehmens bei Anlageentscheidungen bezüglich Änderungen der Zinssätze, Wechselkurse und anderer relevanter Marktparameter im Zeitraum der Geschäftsplanung,
- zu risikopolitischen Zielen,
- zu Ergebnissen der unternehmenseigenen Risiko- und Solvabilitätsbeurteilung,
- zu Ergebnissen der durchgeführten internen Revisionen, und
- zu ergriffenen Maßnahmen der versicherungsmathematischen Funktion,

auch für den SFCR vorzuschreiben. Denn erst wenn die Marktteilnehmer alle für sie relevanten Informationen erhalten, sind die hypothetischen Voraussetzungen zum Funktionieren des Mechanismus der Marktdisziplin erfüllt, mit der der Gesetzgeber die neu eingeführten Veröffentlichungspflichten begründet.

[1103] TICHY, E., Inhalt des Lageberichts, S. 134, Auslassung durch den Verfasser.

Darüber hinaus ist zu prüfen, ob die veröffentlichten Berichte den Qualitätsvorstellungen der Gesetz- und Regelungsgeber sowie der Adressaten entsprechen.[1104] Beispielsweise stellte KAJÜTER 2004 im Rahmen einer empirischen Untersuchung der Praxis der Risikoberichterstattung deutscher Konzerne fest, dass „Rechnungslegungsstandards und Prüfungspflichten alleine noch keine gute Unternehmenspublizität sicherstellen“[1105] und er schlug als Lösung vor, eine unabhängige Enforcement-Instanz einzurichten. Wichtig erscheint es dem Verfasser der vorliegenden Untersuchung, dass der SFCR nur die vom Gesetzgeber erhoffte Anerkennung der Adressaten und die allgemeine Bedeutung erlangen kann, wenn der europäische und der deutsche Gesetzgeber eine allgemeine Prüfungspflicht für den SFCR vorsehen. Übrigens könnten die Aufsichtsbehörden – auf nationaler Ebene die BaFin, auf europäischer Ebene EIOPA – die Rolle einer entsprechenden Enforcement-Instanz übernehmen.[1106]

1104 In einer nicht repräsentativen Untersuchung ermittelte IOVKOVA für fünf Versicherungsunternehmen eine Durchschnittsbewertung von 59 Punkten für die internen Risikoberichte, welcher ein Wert von nur 42 Punkten für die externen handelsrechtlichen Risikoberichte gegenübersteht. Vgl. IOVKOVA, I., Risikoberichte von Lebensversicherern, S. 81. Die Autorin ermittelte gar, dass vier der fünf Versicherungsunternehmen durch Vorenthalten meist quantitativer Angabe versuchten, erkannte und intern berichtete Schwächen extern zu verbergen. Vgl. IOVKOVA, I., Risikoberichte von Lebensversicherern, S. 93. Eine solche einseitige, schön gefärbte externe Berichterstattung kann seine Informationsfunktion indes nicht erfüllen.

1105 KAJÜTER, P./WINKLER, C., Risikoberichterstattung, S. 260. Vgl. dazu auch KAJÜTER, P., Prüfung der Risikoberichterstattung, S. 243.

1106 Im Kontext der Beurteilung, ob Prüfungspflichten auszuweiten sind, hat EIOPA bereits angekündigt, die Qualität der publizierten Berichte anhand der rechtlichen Anforderungen zu evaluieren: „*Therefore, EIOPA and its members will be very attentive to the actual application of the Solvency II public disclosure by insurance and reinsurance undertakings and potentially divergent levels of quality in different Member States.*“ EIOPA, SFCR and potential role of external audit, S. 1.

7 Ausblick

Im Geschäftsjahr 2016 steht den Versicherungsunternehmen die Generalprobe bevor, intern einen nach den ab 1. Januar 2016 anzuwendenden aufsichtsrechtlichen Vorgaben verfassten SFCR zu entwerfen. Im Frühjahr/Sommer 2017 werden Versicherungsunternehmen dann erstmals ihre Berichte über ihre Solvabilität und Finanzlage veröffentlichen. Danach ist empirisch zu erforschen, ob die in dieser Untersuchung aus dem Regelwerk hergeleiteten Adressaten tatsächliche Nutzer des SFCR sind und wie gut ihre Informationsinteressen durch die publizierten Berichte erfüllt werden. Auf der Grundlage ihrer Erfahrungen mit verschiedenen Berichten kann durch Befragung der Berichtsleser ein gewichteter Kriterienkatalog entwickelt werden, mit dem die publizierten Berichte objektiv auf ihren Informationsgehalt überprüft werden könnten. Damit ließen sich ferner *best practice*-Angaben in den publizierten Berichten identifizieren und das in dieser Untersuchung (für ausgewählte Kapitel des SFCR) entwickelte Soll-Objekt weiter durch Berichtsbeispiele konkretisieren und verbessern. Die in dieser Untersuchung entwickelten inhaltlichen Gestaltungsempfehlungen für ausgewählte Kapitel des SFCR können als Grundlage verwendet werden, um einen solchen gewichteten Kriterienkatalog zu erstellen und die Qualität der publizierten Berichte anhand diesem zu messen. Dabei ist insb. zu überprüfen, ob die in der Arbeit vorgelegten Empfehlungen von den Adressaten als ihr Informationsbedürfnis bestätigt werden. Ferner ist eine vergleichbare Untersuchung zu verfassen, in der die beiden, in dieser Untersuchung ausgelassenen, Berichtskapitel über die, für die Solvabilitätsübersicht verwendeten, Bewertungsmethoden sowie über die Eigenmittel und Kapitalanforderungen analysiert werden.

Wie die Historie der aktienrechtlichen Geschäfts- und handelsrechtlichen (Konzern-) Lageberichterstattung zeigt, wird die Berichtsqualität der SFCR vermutlich erst im Zeitverlauf auf der Grundlage des Zusammenwirkens von publizierten Berichten, deren Informationsbeurteilung durch die Adressaten und anhand wissenschaftlicher Analysen sowie der daraus ggfs. notwendigen Anpassungen der Berichtsvorschriften erhöht werden. Möglich ist indes auch, dass empirische Untersuchungen ergeben werden, dass dem SFCR in seiner jetzigen Form nicht zuletzt aufgrund seiner Überschneidungen zu anderen Publizitätsinstrumenten und aufgrund der fehlenden Glaubwürdigkeit und fehlenden wesentlichen Informationen von den Adressaten zumindest in Deutschland wenig oder kein Informationsmehrwert beigemessen wird und die aufsichtsrechtliche Solvabilitätspublizität aufgrund der damit verbundenen Kosten, die nicht zuletzt indirekt der Versicherungsnehmer zu tragen hat, gänzlich in Frage gestellt wird.

Ferner ist die neu eingeführte Solvabilitätspublizität im Kontext weiterer Publizitätsprojekte zu beurteilen. Mit dem sog. Integrated Reporting stehen bereits neue Konzepte zur Verbesserung der externen Berichterstattung von Unternehmen vor einer flächendeckenden Anwendung. Kernelemente des Integrated Reporting, z. B. das Wegkommen von themenbezogenen Berichtssilos, die inhaltlich nicht miteinander verknüpft sind, werden in den Berichtsvorgaben zum SFCR jedenfalls nicht reflektiert.

8 Anhang

81 Ausgewählte Formblätter, auf die in der Untersuchung verwiesen wird

Annex I
S.05.01.02
Premiums, claims and expenses by line of business

		Line of Business for: **non-life insurance and reinsurance obligations (direct business and accepted proportional**								
		Medical expense insurance	Income protection insurance	Workers' compensation insurance	Motor vehicle liability insurance	Other motor insurance	Marine, aviation and transport insurance	Fire and other damage to property insurance	General liability insurance	Credit and suretyship insurance
		C0010	**C0020**	**C0030**	**C0040**	**C0050**	**C0060**	**C0070**	**C0080**	**C0090**
Premiums written										
Gross - Direct Business	**R0110**									
Gross - Proportional reinsurance accepted	**R0120**									
Gross - Non-proportional reinsurance accepted	**R0130**									
Reinsurers' share	**R0140**									
Net	**R0200**									
Premiums earned										
Gross - Direct Business	**R0210**									
Gross - Proportional reinsurance accepted	**R0220**									
Gross - Non-proportional reinsurance accepted	**R0230**									
Reinsurers' share	**R0240**									
Net	**R0300**									
Claims incurred										
Gross - Direct Business	**R0310**									
Gross - Proportional reinsurance accepted	**R0320**									
Gross - Non-proportional reinsurance accepted	**R0330**									
Reinsurers' share	**R0340**									
Net	**R0400**									
Changes in other technical provisions										
Gross - Direct Business	**R0410**									
Gross - Proportional reinsurance accepted	**R0420**									
Gross - Non- proportional reinsurance accepted	**R0430**									
Reinsurers'share	**R0440**									
Net	**R0500**									
Expenses incurred	**R0550**									
Other expenses	**R1200**									
Total expenses	**R1300**									

		Line of Business for: **non-life insurance and reinsurance obligations (direct business and accepted proportional reinsurance)**			Line of business for: **accepted non-proportional reinsurance**				Total
		Legal expenses insurance	Assistance	Miscellaneous financial loss	Health	Casualty	Marine, aviation, transport	Property	
		C0100	C0110	C0120	C0130	C0140	C0150	C0160	C0200
Premiums written									
Gross - Direct Business	R0110								
Gross - Proportional reinsurance accepted	R0120								
Gross - Non-proportional reinsurance accepted	R0130								
Reinsurers' share	R0140								
Net	R0200								
Premiums earned									
Gross - Direct Business	R0210								
Gross - Proportional reinsurance accepted	R0220								
Gross - Non-proportional reinsurance accepted	R0230								
Reinsurers' share	R0240								
Net	R0300								
Claims incurred									
Gross - Direct Business	R0310								
Gross - Proportional reinsurance accepted	R0320								
Gross - Non-proportional reinsurance accepted	R0330								
Reinsurers' share	R0340								
Net	R0400								
Changes in other technical provisions									
Gross - Direct Business	R0410								
Gross - Proportional reinsurance accepted	R0420								
Gross - Non- proportional reinsurance accepted	R0430								
Reinsurers'share	R0440								
Net	R0500								
Expenses incurred	R0550								
Other expenses	R1200								
Total expenses	R1300								

		Line of Business for: **life insurance obligations**						**Life reinsurance obligations**		Total
		Health insurance	Insurance with profit participation	Index-linked and unit-linked insurance	Other life insurance	Annuities stemming from non-life insurance contracts and relating to health insurance obligations	Annuities stemming from non-life insurance contracts and relating to insurance obligations other than health insurance obligations	Health reinsurance	Life reinsurance	
		C0210	C0220	C0230	C0240	C0250	C0260	C0270	C0280	C0300
Premiums written										
Gross	R1410									
Reinsurers' share	R1420									
Net	R1500									
Premiums earned										
Gross	R1510									
Reinsurers' share	R1520									
Net	R1600									
Claims incurred										
Gross	R1610									
Reinsurers' share	R1620									
Net	R1700									
Changes in other technical provisions										
Gross	R1710									
Reinsurers' share	R1720									
Net	R1800									
Expenses incurred	R1900									
Other expenses	R2500									
Total expenses	R2600									

Tabelle 8: Geschäftsbereichsbezogene Angaben zur versicherungstechnischen Leistung (Formblatt S.05.01.02)

Annex I
S.05.02.01
Premiums, claims and expenses by country

		Home Country	Top 5 countries (by amount of gross premiums written) - non-life obligations					Total Top 5 and home country
		C0010	C0020	C0030	C0040	C0050	C0060	C0070
	R0010							
		C0080	C0090	C0100	C0110	C0120	C0130	C0140
Premiums written								
Gross - Direct Business	R0110							
Gross - Proportional reinsurance accepted	R0120							
Gross - Non-proportional reinsurance accepted	R0130							
Reinsurers' share	R0140							
Net	R0200							
Premiums earned								
Gross - Direct Business	R0210							
Gross - Proportional reinsurance accepted	R0220							
Gross - Non-proportional reinsurance accepted	R0230							
Reinsurers' share	R0240							
Net	R0300							
Claims incurred								
Gross - Direct Business	R0310							
Gross - Proportional reinsurance accepted	R0320							
Gross - Non-proportional reinsurance accepted	R0330							
Reinsurers' share	R0340							
Net	R0400							
Changes in other technical provisions								
Gross - Direct Business	R0410							
Gross - Proportional reinsurance accepted	R0420							
Gross - Non- proportional reinsurance accepted	R0430							
Reinsurers'share	R0440							
Net	R0500							
Expenses incurred	R0550							
Other expenses	R1200							
Total expenses	R1300							

(Fortsetzung auf der nächsten Seite)

		Home Country	Top 5 countries (by amount of gross premiums written) - life obligations					Total Top 5 and home country
		C0150	C0160	C0170	C0180	C0190	C0200	C0210
	R1400							
		C0220	C0230	C0240	C0250	C0260	C0270	C0280
Premiums written								
Gross	R1410							
Reinsurers' share	R1420							
Net	R1500							
Premiums earned								
Gross	R1510							
Reinsurers' share	R1520							
Net	R1600							
Claims incurred								
Gross	R1610							
Reinsurers' share	R1620							
Net	R1700							
Changes in other technical provisions								
Gross	R1710							
Reinsurers' share	R1720							
Net	R1800							
Expenses incurred	R1900							
Other expenses	R2500							
Total expenses	R2600							

Tabelle 9: Länderbezogene Angaben zur versicherungstechnischen Leistung jeweils nach Lebens- und Nichtlebensversicherungsgeschäft (Formblatt S.05.02.01)

Annex I
S.02.01.02
Balance sheet

Assets		**Solvency II value**
		C0010
Intangible assets	**R0030**	
Deferred tax assets	**R0040**	
Pension benefit surplus	**R0050**	
Property, plant & equipment held for own use	**R0060**	
Investments (other than assets held for index-linked and unit-linked contracts)	**R0070**	
Property (other than for own use)	**R0080**	
Holdings in related undertakings, including participations	**R0090**	
Equities	**R0100**	
Equities - listed	**R0110**	
Equities - unlisted	**R0120**	
Bonds	**R0130**	
Government Bonds	**R0140**	
Corporate Bonds	**R0150**	
Structured notes	**R0160**	
Collateralised securities	**R0170**	
Collective Investments Undertakings	**R0180**	
Derivatives	**R0190**	
Deposits other than cash equivalents	**R0200**	
Other investments	**R0210**	
Assets held for index-linked and unit-linked contracts	**R0220**	
Loans and mortgages	**R0230**	
Loans on policies	**R0240**	
Loans and mortgages to individuals	**R0250**	
Other loans and mortgages	**R0260**	
Reinsurance recoverables from:	**R0270**	
Non-life and health similar to non-life	**R0280**	
Non-life excluding health	**R0290**	
Health similar to non-life	**R0300**	
Life and health similar to life, excluding health and index-linked and unit-linked	**R0310**	
Health similar to life	**R0320**	
Life excluding health and index-linked and unit-linked	**R0330**	
Life index-linked and unit-linked	**R0340**	
Deposits to cedants	**R0350**	
Insurance and intermediaries receivables	**R0360**	
Reinsurance receivables	**R0370**	
Receivables (trade, not insurance)	**R0380**	
Own shares (held directly)	**R0390**	
Amounts due in respect of own fund items or initial fund called up but not yet	**R0400**	
Cash and cash equivalents	**R0410**	
Any other assets, not elsewhere shown	**R0420**	
Total assets	**R0500**	

(Fortsetzung auf der nächsten Seite)

Liabilities		**Solvency II value**
		C0010
Technical provisions – non-life	**R0510**	
Technical provisions – non-life (excluding health)	**R0520**	
TP calculated as a whole	**R0530**	
Best Estimate	**R0540**	
Risk margin	**R0550**	
Technical provisions - health (similar to non-life)	**R0560**	
TP calculated as a whole	**R0570**	
Best Estimate	**R0580**	
Risk margin	**R0590**	
Technical provisions - life (excluding index-linked and unit-linked)	**R0600**	
Technical provisions - health (similar to life)	**R0610**	
TP calculated as a whole	**R0620**	
Best Estimate	**R0630**	
Risk margin	**R0640**	
Technical provisions – life (excluding health and index-linked and unit-linked)	**R0650**	
TP calculated as a whole	**R0660**	
Best Estimate	**R0670**	
Risk margin	**R0680**	
Technical provisions – index-linked and unit-linked	**R0690**	
TP calculated as a whole	**R0700**	
Best Estimate	**R0710**	
Risk margin	**R0720**	
Contingent liabilities	**R0740**	
Provisions other than technical provisions	**R0750**	
Pension benefit obligations	**R0760**	
Deposits from reinsurers	**R0770**	
Deferred tax liabilities	**R0780**	
Derivatives	**R0790**	
Debts owed to credit institutions	**R0800**	
Financial liabilities other than debts owed to credit institutions	**R0810**	
Insurance & intermediaries payables	**R0820**	
Reinsurance payables	**R0830**	
Payables (trade, not insurance)	**R0840**	
Subordinated liabilities	**R0850**	
Subordinated liabilities not in BOF	**R0860**	
Subordinated liabilities in BOF	**R0870**	
Any other liabilities, not elsewhere shown	**R0880**	
Total liabilities	**R0900**	
Excess of assets over liabilities	**R1000**	

Tabelle 10: Solvabilitätsübersicht gemäß Formblatt S.02.01.02

Annex I S.09.01.01 Income/gains and losses in the period							
Asset category	Portfolio	Asset held in unit-linked and index-linked contracts	Dividends	Interest	Rent	Net gains and losses	Unrealised gains and losses
C0040	C0050	C0060	C0070	C0080	C0090	C0100	C0110

Tabelle 11: Aufschlüsselung der Erträge und Aufwendungen aus Kapitalanlagen gemäß Formblatt S.09.01.01

82 Aufbau der Standardformel von Solvency II nach Risikomodulen

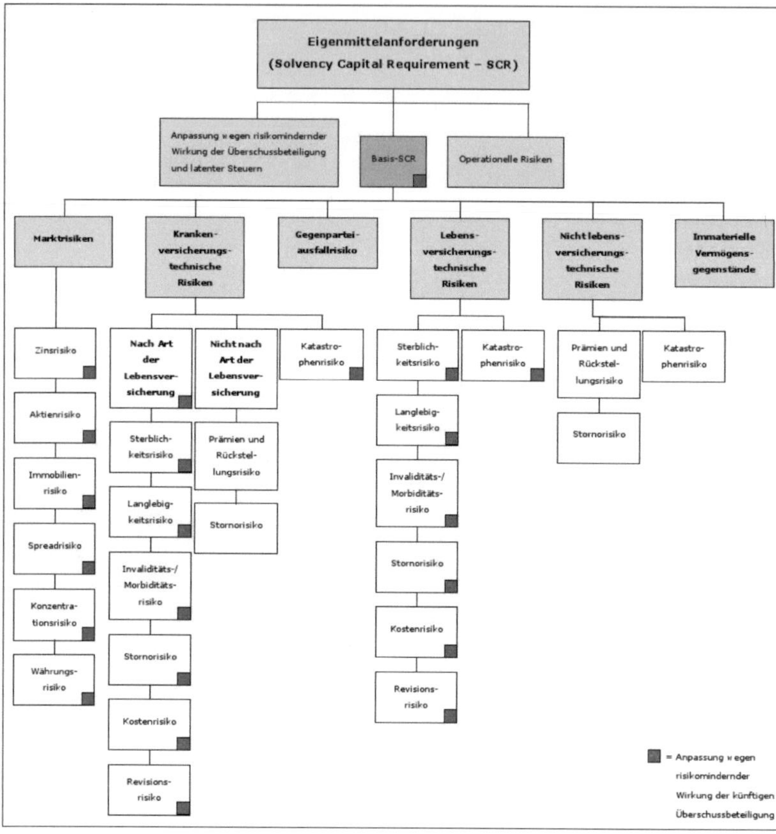

Abbildung 8: Risikomodule der Solvabilitätskapitalanforderung nach der Standardformel von Solvency II[1107]

[1107] Entnommen von http://www.bafin.de/SharedDocs/Veroeffentlichungen/DE/Fachartikel/2014/fa_bj_1404_solvency_II.html; letzter Abruf 02.06.2015. Vgl. auch EIOPA-14-322, S. 6.

83 Aufsichtsrechtliche Vorgaben zu den in der vorliegenden Untersuchung nicht analysierten Berichtskapiteln

831. Angaben zu den für Solvabilitätszwecke (Aufsichtsbilanz) verwendeten Bewertungsmethoden

831.1 Angaben zu der Bewertung der Vermögenswerte (Art. 296 Abs. 1 DVO)

Art. 296 Abs. 1 DVO:

„Der Bericht über [die] Solvabilität und Finanzlage enthält alle folgenden Informationen zur Bewertung der Vermögenswerte des Versicherungs- oder Rückversicherungsunternehmens für Solvabilitätszwecke

(a) getrennt für jede Klasse von Vermögenswerten den Wert der Vermögenswerte sowie eine Beschreibung der Grundlagen, Methoden und Hauptannahmen, auf die sich die Bewertung für Solvabilitätszwecke stützt;

(b) getrennt für jede Klasse von Vermögenswerten eine quantitative und qualitative Erläuterung etwaiger wesentlicher Unterschiede zwischen den Grundlagen, Methoden und Hauptannahmen, auf die sich das Unternehmen bei der Bewertung für Solvabilitätszwecke stützt, und den Grundlagen, Methoden und Hauptannahmen, auf die es sich bei der Bewertung in seinem Abschluss stützt.“

831.2 Angaben zu der Bewertung der versicherungstechnischen Rückstellungen (Art. 296 Abs. 2 DVO)

Art. 296 Abs. 2 DVO:

„Der Bericht über [die] Solvabilität und Finanzlage enthält alle folgenden Informationen zur Bewertung der versicherungstechnischen Rückstellungen des Versicherungs- oder Rückversicherungsunternehmens für Solvabilitätszwecke

(a) getrennt für jeden wesentlichen Geschäftsbereich den Wert der versicherungstechnischen Rückstellungen, einschließlich des Betrags des besten Schätzwerts und der Risikomarge, sowie eine Beschreibung der Grundlagen, Methoden und Hauptannahmen, auf die sich die Bewertung für Solvabilitätszwecke stützt;

(b) Angaben zum Grad der Unsicherheit, mit dem der Wert der versicherungstechnischen Rückstellungen behaftet ist;

(c) getrennt für jeden wesentlichen Geschäftsbereich eine quantitative und qualitative Erläuterung etwaiger wesentlicher Unterschiede zwischen den Grundlagen, Methoden und Hauptannahmen, auf die sich das Unternehmen bei der Bewertung für Solvabilitätszwecke stützt, und den Grundlagen, Methoden und Hauptannahmen, auf die es sich bei der Bewertung in seinem Abschluss stützt;

(d) sofern eine Matching-Anpassung gemäß Artikel 77b der Richtlinie 2009/138/EG vorgenommen wird, eine Beschreibung der Matching-Anpassung und des Portfolios der Verpflichtungen und der zugeordneten Vermögenswerte, auf die die Matching-Anpassung angewandt wird, sowie eine Quantifizierung der Auswirkungen, die eine Änderung der

Matching-Anpassung auf null auf die Finanzlage des Unternehmens hätte, unter anderem auf die Höhe der versicherungstechnischen Rückstellungen, die Solvenzkapitalanforderung, die Mindestkapitalanforderung, die Basiseigenmittel und den Betrag der auf die Mindestkapitalanforderung und die Solvenzkapitalanforderung anrechenbaren Eigenmittel;

(e) *eine Erklärung dazu, ob die Volatilitätsanpassung gemäß Artikel 77d der Richtlinie 2009/138/EG vom Unternehmen verwendet wird, sowie eine Quantifizierung der Auswirkungen, die eine Änderung der Volatilitätsanpassung auf null auf die Finanzlage des Unternehmens hätte, unter anderem auf die Höhe der versicherungstechnischen Rückstellungen, die Solvenzkapitalanforderung, die Mindestkapitalanforderung, die Basiseigenmittel und den Betrag der auf die Mindestkapitalanforderung und die Solvenzkapitalanforderung anrechenbaren Eigenmittel;*

(f) *eine Erklärung dazu, ob die vorübergehende risikolose Zinskurve gemäß Artikel 308c der Richtlinie 2009/138/EG angewandt wird, sowie eine Quantifizierung der Auswirkungen, die eine Nichtanwendung der Übergangsmaßnahme auf die Finanzlage des Unternehmens hätte, unter anderem auf die Höhe der versicherungstechnischen Rückstellungen, die Solvenzkapitalanforderung, die Mindestkapitalanforderung, die Basiseigenmittel und den Betrag der auf die Mindestkapitalanforderung und die Solvenzkapitalanforderung anrechenbaren Eigenmittel;*

(g) *eine Erklärung dazu, ob der vorübergehende Abzug gemäß Artikel 308d der Richtlinie 2009/138/EG angewandt wird, sowie eine Quantifizierung der Auswirkungen, die eine Nichtanwendung des Abzugs auf die Finanzlage des Unternehmens hätte, unter anderem auf die Höhe der versicherungstechnischen Rückstellungen, die Solvenzkapitalanforderung, die Mindestkapitalanforderung, die Basiseigenmittel und den Betrag der auf die Mindestkapitalanforderung und die Solvenzkapitalanforderung anrechenbaren Eigenmittel;*

(h) *Angaben zu*

  i.) *den einforderbaren Beträgen aus Rückversicherungsverträgen und gegenüber Zweckgesellschaften;*

  ii.) *etwaigen wesentlichen Änderungen der bei der Berechnung der versicherungstechnischen Rückstellungen zugrunde gelegten relevanten Annahmen gegenüber dem vorangegangenen Berichtszeitraum."*

831.3 Angaben zu der Bewertung der sonstigen Verbindlichkeiten (Art. 296 Abs. 3 DVO)

Art. 296 Abs. 3 DVO:

„Der Bericht über [die] Solvabilität und Finanzlage enthält alle folgenden Informationen zur Bewertung der sonstigen Verbindlichkeiten des Versicherungs- oder Rückversicherungsunternehmens für Solvablitätszwecke:

(a) *getrennt für jede Klasse anderer Verbindlichkeiten den Wert der Verbindlichkeiten sowie eine Beschreibung der Grundlagen, Methoden und Hauptannahmen, auf die sich die Bewertung für Solvabilitätszwecke stützt;*

(b) *getrennt für jede Klasse anderer Verbindlichkeiten eine quantitative und qualitative Erläuterung etwaiger wesentlicher Unterschiede zwischen den Grundlagen, Methoden und*

Hauptannahmen, auf die sich das Unternehmen bei der Bewertung für Solvabilitätszwecke stützt, und den Grundlagen, Methoden und Hauptannahmen, auf die es sich bei der Bewertung in seinem Abschluss stützt."

831.4 Angaben zu alternativen Bewertungsmethoden

Art. 296 Abs. 4 DVO:

„Der Bericht über [die] Solvabilität und Finanzlage enthält Informationen zu den in Artikel 260 genannten Bereichen, wobei den in den Absätzen 1 und 3 festgelegten Offenlegungspflichten des Versicherungs- und Rückversicherungsunternehmens Rechnung zu tragen ist."

831.5 Sonstige Angaben zu den für Solvabilitätszwecke verwendeten Bewertungsmethoden (Art. 296 Abs. 5 DVO)

Art. 296 Abs. 5 DVO:

„Der Bericht über [die] Solvabilität und Finanzlage enthält in einem separaten Abschnitt alle anderen wesentlichen Informationen zur Bewertung der Vermögenswerte und Verbindlichkeiten für Solvabilitätszwecke."

832. Angaben zum Kapitalmanagement (Eigenmittel und Kapitalanforderungen)

832.1 Angaben zu den Eigenmitteln (Art. 297 Abs. 1 DVO)

Art. 297 Abs. 1 DVO:

„Der Bericht über [die] Solvabilität und Finanzlage enthält alle folgenden Informationen über die Eigenmittel des Versicherungs- oder Rückversicherungsunternehmens:

- *(a) Angaben zu den vom Unternehmen beim Management seiner Eigenmittel zugrunde gelegten Zielen, Politiken und Verfahren, unter anderem zum Zeithorizont der Geschäftsplanung sowie zu wesentlichen Änderungen im Berichtszeitraum;*
- *(b) getrennt für jeden Tier Informationen zu Struktur, Höhe und Qualität der Eigenmittel am Ende des Berichtszeitraums und am Ende des vorangegangenen Berichtszeitraums, einschließlich einer Analyse der wesentlichen Änderungen innerhalb jedes einzelnen Tiers im Berichtszeitraum;*
- *(c) den anrechnungsfähigen Betrag der Eigenmittel zur Bedeckung der Solvenzkapitalanforderung, unterteilt nach Tiers;*
- *(d) den anrechnungsfähigen Betrag der Basiseigenmittel zur Bedeckung der Mindestkapitalanforderung, unterteilt nach Tiers;*
- *(e) eine quantitative und qualitative Erläuterung etwaiger wesentlicher Unterschiede zwischen dem Eigenkapital laut Unternehmensabschluss und dem für Solvabilitätszwecke berechneten Überschuss der Vermögenswerte über die Verbindlichkeiten;*

(f) für jeden Basiseigenmittelbestandteil, für den die in Artikel 308b Absätze 9 und 10 der Richtlinie 2009/138/EG festgelegten Übergangsregelungen gelten, eine Beschreibung von Art und Höhe des Eigenmittelbestandteils;

(g) für jeden wesentlichen Bestandteil der ergänzenden Eigenmittel eine Beschreibung des betreffenden Bestandteils, die Höhe des jeweiligen Betrags und, sofern eine Methode zur Bestimmung der Höhe des betreffenden Bestandteils festgelegt wurde, eine Erläuterung dieser Methode sowie die Namen der Gegenparteien oder der Gruppe von Gegenparteien für die in Artikel 89 Absatz 1 Buchstaben a, b und c der Richtlinie 2009/138/EG genannten Bestandteile;

(h) eine Beschreibung jedes von den Eigenmitteln abgezogenen Postens sowie eine kurze Erläuterung etwaiger wesentlicher Beschränkungen, die sich auf die Verfügbarkeit und Übertragbarkeit von Eigenmitteln innerhalb des Unternehmens auswirken.

Für die Zwecke des Buchstabens g werden die Namen der Gegenparteien nicht offengelegt, sofern eine solche Offenlegung rechtlich nicht möglich oder nicht praktikabel ist oder sofern die betreffenden Gegenparteien nicht wesentlich sind."

832.2 Angaben zu der Solvenz- und Mindestkapitalanforderung (Art. 297 Abs. 2 DVO)

Art. 297 Abs. 2 DVO:

„Der Bericht über [die] Solvabilität und Finanzlage enthält alle folgenden Informationen zur Solvenzkapitalanforderung und Mindestkapitalanforderung des Versicherungs- oder Rückversicherungsunternehmens:

(a) Beträge der Solvenzkapitalanforderung des Unternehmens und der Mindestkapitalanforderung am Ende des Berichtszeitraums, gegebenenfalls zusammen mit einem Hinweis darauf, dass der endgültige Betrag der Solvenzkapitalanforderung noch der aufsichtlichen Prüfung unterliegt;

(b) Aufschlüsselung des Betrags der Solvenzkapitalanforderung des Unternehmens nach Risikomodulen, sofern das Unternehmen die Standardformel verwendet, und nach Risikokategorien, sofern das Unternehmen ein internes Modell verwendet;

(c) Angaben dazu, ob das Unternehmen vereinfachte Berechnungen anwendet, und, falls ja, für welche Risikomodule und Untermodule der Standardformel;

(d) Angaben dazu, ob das Unternehmen unternehmensspezifische Parameter gemäß Artikel 104 Absatz 7 der Richtlinie 2009/138/EG verwendet, und, falls ja, für welche Parameter der Standardformel;

(e) gegebenenfalls eine Erklärung darüber, dass der Mitgliedstaat, in dem das Unternehmen ansässig ist, von der in Artikel 51 Absatz 2 Unterabsatz 3 der Richtlinie 2009/138/EG vorgesehenen Option Gebrauch macht;

(f) sofern der Mitgliedstaat, in dem das Unternehmen ansässig ist, nicht von der in Artikel 51 Absatz 2 Unterabsatz 3 der Richtlinie 2009/138/EG vorgesehenen Option Gebrauch macht, Angaben zu etwaigen unternehmensspezifischen Parametern, die das Unternehmen gemäß Artikel 110 der Richtlinie zu verwenden hat, und Angaben zur Höhe etwaiger bei der Solvenzkapitalanforderung vorgenommener Kapitalaufschläge sowie präzise Angaben zu der von der betreffenden Aufsichtsbehörde hierfür angeführten Begründung;

(g) Angaben zu den vom Unternehmen bei der Berechnung der Mindestkapitalanforderung verwendeten Inputs;

(h) etwaige wesentliche Änderungen der Solvenzkapitalanforderung und der Mindestkapitalanforderung im Berichtszeitraum sowie die Gründe für die entsprechenden Änderungen."

832.3 Angaben zur Verwendung des durationsbasierten Untermoduls Aktienrisiko bei der Berechnung der Solvenzkapitalanforderung (Art. 297 Abs. 3 DVO)

Art. 297 Abs. 3 DVO:

„Der Bericht über [die] Solvabilität und Finanzlage enthält alle folgenden Informationen zu der in Artikel 304 der Richtlinie 2009/138/EG vorgesehenen Option:

(a) die Feststellung, dass das Unternehmen – nach Genehmigung durch die zuständige Aufsichtsbehörde – bei der Berechnung seiner Solvenzkapitalanforderung das durationsbasierte Untermodul Aktienrisiko gemäß Artikel 304 anwendet;

(b) die sich daraus ergebende Höhe der Eigenkapitalanforderung für das durationsbasierte Untermodul Aktienrisiko."

832.4 Angaben zu den Unterschieden zwischen der Standardformel und etwa verwendeten internen Modellen (Art. 297 Abs. 4 DVO)

Art. 297 Abs. 4 DVO:

„Wird zur Berechnung der Solvenzkapitalanforderung ein internes Modell verwendet, enthält der Bericht über [die] Solvabilität und Finanzlage darüber hinaus alle folgenden Informationen:

(a) eine Beschreibung der verschiedenen Zwecke, für die das Unternehmen ein internes Modell verwendet;

(b) eine Beschreibung des Geltungsbereichs des internen Modells in Bezug auf Geschäftsbereiche und Risikokategorien;

(c) sofern ein internes Partialmodell verwendet wird, eine Beschreibung der Technik, die zur Integration des Partialmodells in die Standardformel verwendet wird, gegebenenfalls einschließlich einer Beschreibung anderer verwendeter Techniken;

(d) eine Beschreibung der im internen Modell für die Berechnung der Wahrscheinlichkeitsverteilungsprognose und der Solvenzkapitalanforderung verwendeten Methoden;

(e) eine Erläuterung – für jedes einzelne Risikomodul – der Hauptunterschiede bei den in der Standardformel und im internen Modell verwendeten Methoden und Annahmen;

(f) das Risikomaß und den Zeitraum, die im internen Modell zugrunde gelegt wurden, und, sofern diese nicht mit den in Artikel 101 Absatz 3 der Richtlinie 2009/138/EG genannten identisch sind, eine Erläuterung dazu, dass die nach dem internen Modell berechnete Solvenzkapitalanforderung den Versicherungsnehmern und Anspruchsberechtigten ein Schutzniveau bietet, das dem in Artikel 101 der Richtlinie vorgesehenen Schutzniveau vergleichbar ist;

(g) *eine Beschreibung von Art und Angemessenheit der im internen Modell verwendeten Daten."*

832.5 Angaben zu der Nichteinhaltung der Mindestkapitalanforderung und zu einem wesentlichen Unterschreiten der Solvenzkapitalanforderung (Art. 297 Abs. 5 DVO)

Art. 297 Abs. 5 DVO:

„Der Bericht über [die] Solvabilität und Finanzlage enthält alle folgenden Informationen über eine Nichteinhaltung der Mindestkapitalanforderung oder eine wesentliche Nichteinhaltung der Solvenzkapitalanforderung des Versicherungs- oder Rückversicherungsunternehmens:

(a) *bei Nichteinhaltung der Mindestkapitalanforderung des Unternehmens Zeitraum und Höchstbetrag jeder Nichteinhaltung während des Berichtszeitraums, Erläuterung der Gründe und Konsequenzen und gegebenenfalls ergriffene Abhilfemaßnahmen – im Einklang mit Artikel 51 Absatz 1 Buchstabe e Ziffer v der Richtlinie 2009/138/EG – sowie eine Erläuterung der Wirkung entsprechender Abhilfemaßnahmen;*

(b) *wenn die Nichteinhaltung der Mindestkapitalanforderung des Unternehmens in der Folge nicht korrigiert wurde, Betrag der Nichteinhaltung zum Zeitpunkt der Berichterstattung;*

(c) *bei einer wesentlichen Nichteinhaltung der Solvenzkapitalanforderung des Unternehmens während des Berichtszeitraums Zeitraum und Höchstbetrag jeder wesentlichen Nichteinhaltung, Erläuterung der Gründe und Konsequenzen, gegebenenfalls ergriffene Abhilfemaßnahmen – im Einklang mit Artikel 51 Absatz 1 Buchstabe e Ziffer v der Richtlinie 2009/138/EG – sowie eine Erläuterung der Wirkung entsprechender Abhilfemaßnahmen.*

(d) *wenn eine wesentliche Nichteinhaltung der Solvenzkapitalanforderung des Unternehmens in der Folge nicht korrigiert wurde, Betrag der Nichteinhaltung zum Zeitpunkt der Berichterstattung."*

832.6 Sonstige Angaben zum Kapitalmanagement (Art. 297 Abs. 6 DVO)

Art. 297 Abs. 6 DVO:

„Der Bericht über [die] Solvabilität und Finanzlage enthält in einem separaten Abschnitt alle anderen wesentlichen Informationen über das Kapitalmanagement des Versicherungs- oder Rückversicherungsunternehmens."

Quellenverzeichnis

Verzeichnis der Gesetze einschließlich der Rechtsquellen der EG/EU, Verzeichnis der Gesetzgebungsmaterialien und vergleichbaren Quellen

AKTIENGESETZ vom 6. September 1965 (BGBl. I S. 1089), das zuletzt durch Artikel 198 der Verordnung vom 31. August 2015 (BGBl. I S. 1474) geändert worden ist.

ANLAGEVERORDNUNG vom 20. Dezember 2001 (BGBl. I S. 3913), die zuletzt durch Artikel 1 der Verordnung vom 3. März 2015 (BGBl. I S. 188) geändert worden ist

BAFIN, Begründung zur Verordnung über die aufsichtsrechtlichen Anforderungen an Vergütungssysteme im Versicherungsbereich (Versicherungs-Vergütungsverordnung – VersVergV), https://www.bafin.de/SharedDocs/Aufsichtsrecht/DE/Verordnung/VersVergV_101006_begruendung_va.html;jsessionid=E889EC72AB25A22131DC09F59C95E0B0.1_cid290 (Zuletzt geprüft am: 02.10.2015) (Begründung zur Versicherungs-Vergütungsverordnung).

BAFIN, Informationsübermittlung an die zuständigen nationalen Aufsichtsbehörden während der Vorbereitungsphase auf Solvency II, http://www.bafin.de/SharedDocs/Veroeffentlichungen/DE/Berichte/vorbereitung_solvency_II_12-13_berichtswesen_va.html?nn=2798666#doc5276792bodyText10 (Zuletzt geprüft am: 30.09.2015) (Informationsübermittlung Vorbereitungsphase).

BAFIN, Merkblatt für die Prüfung der fachlichen Eignung und Zuverlässigkeit von Geschäftsleitern gemäß VAG, KWG, ZAG und InvG, https://www.bafin.de/SharedDocs/Veroeffentlichungen/DE/Merkblatt/mb_130205_GL-VAG-KWG-ZAG-InvG_ba_va.html (Zuletzt geprüft am: 30.09.2015) (Merkblatt Geschäftsleitereignung und -zuverlässigkeit).

BAFIN, Merkblatt zur Kontrolle der Mitglieder von Verwaltungs- und Aufsichtsorganen gemäß KWG und VAG, http://www.bafin.de/SharedDocs/Veroeffentlichungen/DE/Merkblatt/mb_121203_kontrolle_ar_vr_ba_va.html (Zuletzt geprüft am: 30.09.2015) (Merkblatt Verwaltungs- und Aufsichtsorganen).

BAFIN, Rundschreiben 4/2005 (VA) - Solvabilität der Versicherungsunternehmen, 2005 (R 4/2005 (VA)).

BAFIN, Vorbereitung auf Solvency II: Allgemeine Governance-Anforderungen, http://www.bafin.de/SharedDocs/Veroeffentlichungen/DE/Berichte/vorbereitung_solvency_II_01_allgemeine_governance_anforderungen.html (Zuletzt geprüft am: 30.09.2015) (Solvency II Vorbereitungs-Leitlinien: Allgemeine Governance-Anforderungen).

BAFIN, Vorbereitung auf Solvency II: Beurteilung des Gesamtsolvabilitätsbedarfs und allgemeine Anforderungen für den ORSA, https://www.bafin.de/SharedDocs/Veroeffentlichungen/DE/Berichte/vorbereitung_solvency_II_09_gesamtsolvabilitaetsbedarf_va.html (Zuletzt geprüft am: 30.09.2015) (Solvency II Vorbereitungs-Leitlinien: ORSA).

BAFIN, Vorbereitung auf Solvency II: Eigenmittelanforderungen und Governance-System, http://www.bafin.de/SharedDocs/Veroeffentlichungen/DE/Berichte/vorbereitung_solvency_II_05_eigenmittel_va.html (Zuletzt geprüft am: 30.09.2015) (Solvency II Vorbereitungs-Leitlinien: Eigenmittelanforderungen).

BAFIN, Vorbereitung auf Solvency II: Grundsatz der unternehmerischen Vorsicht, https://www.bafin.de/SharedDocs/Veroeffentlichungen/DE/Berichte/vorbereitung_solvency_II_04_grundsatz_der_unternehmerischen-vorsicht_va.html (Zuletzt geprüft am: 30.09.2015) (Solvency II Vorbereitungs-Leitlinien: Vorsichtsgrundsatz).

BAFIN, Vorbereitung auf Solvency II: Interne Kontrollen und interne Revision, http://www.bafin.de/SharedDocs/Veroeffentlichungen/DE/Berichte/vorbereitung_solvency_II_int_kontrollen_u_revision_va.html (Zuletzt geprüft am: 30.09.2015) (Solvency II Vorbereitungs-Leitlinien: Interne Kontrollen und interne Revision).

BAFIN, Vorbereitung auf Solvency II: Prüfung der fachlichen Eignung und Zuverlässigkeit, http://www.bafin.de/SharedDocs/Veroeffentlichungen/DE/Berichte/vorbereitung_solvency_II_02_fit_proper_va.html (Zuletzt geprüft am: 30.09.2015) (Solvency II Vorbereitungsleitlinien: Fachliche Eignung u. Zuverlässigkeit).

BAFIN, Vorbereitung auf Solvency II: Outsourcing, https://www.bafin.de/SharedDocs/Veroeffentlichungen/DE/Berichte/vorbereitung_solvency_II_08_outsourcing_va.html?nn=4974774 (Zuletzt geprüft am: 30.09.2015) (Solvency II Vorbereitungs-Leitlinien: Outsourcing).

BAFIN, Vorbereitung auf Solvency II: Risikomanagement, https://www.bafin.de/SharedDocs/Veroeffentlichungen/DE/Berichte/vorbereitung_auf_solvency_II_risikomanagement_va.html (Zuletzt geprüft am: 30.09.2015) (Solvency II Vorbereitungs-Leitlinien: Risikomanagement).

BAFIN, Vorbereitung auf Solvency II: Versicherungsmathematische Funktion, http://www.bafin.de/SharedDocs/Veroeffentlichungen/DE/Berichte/vorbereitung_solvency_II_07_versicherungsmathematische_funktion_va.html?nn=4974774 (Zuletzt geprüft am: 30.09.2015) (Solvency II Vorbereitungs-Leitlinien: Versicherungsmathematische Funktion).

BAFIN, Zugrunde liegende Annahmen der Standardformel für die Berechnung der Solvenzkapitalanforderung (SCR), https://www.bafin.de/SharedDocs/Downloads/DE/Leitfaden/VA/dl_lf_solvency_annahmen_standardformel_scr.pdf?__blob=publicationFile&v=2 (Zuletzt geprüft am: 05.10.2015) (Standardformel zur SCR-Berechnung).

BASELER AUSSCHUSS FÜR BANKENAUFSICHT, Internationale Konvergenz der Kapitalmessung und Eigenkapitalanforderungen - Überarbeitete Rahmenvereinbarung, 2004 (Überarbeitete Rahmenvereinbarung (Basel II)).

BUNDESRAT, Entwurf eines Gesetzes zur Modernisierung der Finanzaufsicht über Versicherungen, 2014 (BR-Drucks. 430/14).

CEIOPS, CEIOPS' Advice for Level 2 Implementing Measures on Solvency II: Supervision of Risk Concentration and Intra-Group Transactions, https://eiopa.europa.eu/CEIOPS-Archive/Documents/Advices/CEIOPS-L2-Final-Advice-Intra-group-transactions-and-risk-concentration.pdf (Zuletzt geprüft am: 02.10.2015) (CEIOPS-DOC-53/09).

DELEGIERTE VERORDNUNG (EU) 2015/35 der Kommission vom 10. Oktober 2014 zur Ergänzung der Richtlinie 2009/138/EG des Europäischen Parlaments und des Rates betreffend die Aufnahme und Ausübung der Versicherungs- und der Rückversicherungstätigkeit (Solvabilität II), DVO.

DEUTSCHER BUNDESTAG, Entwurf eines Gesetzes über die Offenlegung der Vorstandsvergütungen (Vorstandsvergütungs-Offenlegungsgesetz – VorstOG), 2005 (BT-Drucks. 15/5577).

DEUTSCHES RECHNUNGSLEGUNGS STANDARDS COMMITTEE E.V., Deutscher Rechnungslegungs Standard Nr. 3 – Segmentberichterstattung.

DEUTSCHES RECHNUNGSLEGUNGS STANDARDS COMMITTEE E.V., Deutscher Rechnungslegungs Standard Nr. 5 – Risikoberichterstattung (ersetzt durch DRS 20).

DEUTSCHES RECHNUNGSLEGUNGS STANDARDS COMMITTEE E.V., Deutscher Rechnungslegungs Standard Nr. 17 (geändert 2010) – Berichterstattung über die Vergütung der Organmitglieder.

DEUTSCHES RECHNUNGSLEGUNGS STANDARDS COMMITTEE E.V., Deutscher Rechnungslegungs Standard Nr. 20 – Konzernlagebericht.

DG ECFIN, Impact Assessment: Possible macroeconomic and financial effects of Solvency II, http://ec.europa.eu/internal_market/insurance/docs/solvency/impact assess/annex-c06_en.pdf (Zuletzt geprüft am: 30.09.2015) (Impact Assessment Solvency II).

EINFÜHRUNGSGESETZ ZUM HANDELSGESETZBUCH in der im Bundesgesetzblatt Teil III, Gliederungsnummer 4101-1, veröffentlichten bereinigten Fassung, das zuletzt durch Artikel 2 des Gesetzes vom 28. Juli 2015 (BGBl. I S. 1400) geändert worden ist.

EIOPA, Final Report on Public Consultation No. 14/017 on Guidelines on own risk and solvency assessment - EIOPA-BoS-14/259, 2015 (Final Report on Public Consultation No. 14/017 (ORSA)).

EIOPA, Final Report on public consultation No. 14/047 on Guidelines on reporting and public disclosure, 2015 (Final Report on public consultation No. 14/047 (SFCR)).

EIOPA, Final report on public consultation No. 14/052 on the implementing technical standards on the templates for the submission of information to the supervisory authorities, 2015 (Final report on public consultation No. 14/052 (supervisory reporting)).

EIOPA, Final report on public consultation No. 14/055 on the implementing technical standards with regard to procedures, formats and templates of the solvency and financial condition report - EIOPA-Bos-15/1182015 (Final report on public consultation No. 14/055 (SFCR)).

EIOPA, Guidelines on Forward Looking assessment of own risks (based on the ORSA principles) - EIOPA-CP-13/09, 2013 (FLAOR-Principles).

EIOPA, Leitlinien für die unternehmenseigene Risiko- und Solvabilitätsbeurteilung - EIOPA-BoS-14/259 DE, 2015 (ORSA-Leitlinien).

EIOPA, Leitlinien über die Berichterstattung und die Veröffentlichung - EIOPA-BoS-15/109 DE, 2015 (Leitlinien über die Berichterstattung und die Veröffentlichung).

EIOPA, Leitlinien zu ergänzenden Eigenmitteln - EIOPA-BoS-14/167 DE (Leitlinien zu ergänzenden Eigenmitteln).

EIOPA, Leitlinien zum Governance-System - EIOPA-BoS-14/253 DE (Leitlinien zum Governance-System).

EIOPA, Leitlinien zur Einstufung der Eigenmittel - EIOPA-BoS-14/168 DE (Leitlinien zur Einstufung der Eigenmittel).

EIOPA, Need for high quality public disclosure: Solvency II's report on solvency and financial condition and the potential role of external audit, https://eiopa.europa.eu/Publications/Other%20Documents/EIOPA_high%20quality%20public%20disclosure_Solvency%20II.pdf (Zuletzt geprüft am: 20.09.2015) (SFCR and potential role of external audit).

EIOPA, The underlying assumptions in the standard formula for the Solvency Capital Requirement calculation, https://eiopa.europa.eu/Publications/Standards/EIOPA-14-322_Underlying_Assumptions.pdf (Zuletzt geprüft am: 12.10.2015) (Assumptions in the Solvency II standard formula).

EUROPÄISCHE KOMMISSION, Beschluss der Kommission vom 5. November 2003 zur Einsetzung des Europäischen Ausschusses für das Versicherungswesen und die betriebliche Altersversorgung, 2004/9/EG. (2004/9/EG).

EUROPÄISCHE KOMMISSION, Empfehlung der Kommission vom 30. April 2009 zur Ergänzung der Empfehlungen 2004/913/EG und 2005/162/EG zur Regelung der Vergütung von Mitgliedern der Unternehmensleitung börsennotierter Gesellschaften - 2009/385/EG, Brüssel 2009 (Kommissionsempfehlung zur Vergütungsregelung).

EUROPÄISCHE KOMMISSION, Empfehlung der Kommission vom 30. April 2009 zur Vergütungspolitik im Finanzdienstleistungssektor - 2009/384/EG, Brüssel 2009 (Kommissionsempfehlung zur Vergütungspolitik im Finanzdienstleistungssektor).

EUROPÄISCHE KOMMISSION, Entwurf eines künftigen Aufsichtssystems in der EU. Empfehlungen der Kommissionsdienststellen, MARKT/2509/03-DE, Brüssel 2003 (Aufsichtssystem).

EUROPÄISCHE KOMMISSION, Informationspapier für den Unterausschuss "Solvabilität", MARKT/2535/02-DE, Brüssel 2002 (MARKT/2535/02-DE).

EUROPÄISCHE KOMMISSION, IP/99/327. Finanzdienstleistungen: Kommission legt Aktionsplan für Finanzbinnenmarkt vor, 1999 (IP/99/327).

EUROPÄISCHE KOMMISSION, Report on prudential supervision of insurance undertakings, Brüssel 2002 (Sharma-Report).

EUROPÄISCHE KOMMISSION, The Review of the overall financial position of an insurance undertaking, MARKT/2095/99, Brüssel 1999 (MARKT/2095/99).

EUROPÄISCHE KOMMISSION, Vermerk an die Mitglieder des Unterausschusses Solvabilität, MARKT/5219/02-DE, Brüssel 2002 (Erweiterung des 'Lamfalussy-Konzepts' auf die Versicherungsregulierung).

FINANZKONGLOMERATE-AUFSICHTSGESETZ vom 27. Juni 2013 (BGBl. I S. 1862), das zuletzt durch Artikel 2 Absatz 35 des Gesetzes vom 1. April 2015 (BGBl. I S. 434) geändert worden ist.

GESETZ ZUR DURCHFÜHRUNG DER RICHTLINIE DES RATES DER EUROPÄISCHEN GEMEINSCHAFTEN ÜBER DEN JAHRESABSCHLUß UND DEN KONSOLIDIERTEN ABSCHLUß VON VERSICHERUNGSUNTERNEHMEN (VERSICHERUNGSBILANZRICHTLINIE-GESETZ-VERSRILIG) vom 30. Juni 1994 (BGBl. I S. 1377).

HANDELSGESETZBUCH in der im Bundesgesetzblatt Teil III, Gliederungsnummer 4100-1, veröffentlichten bereinigten Fassung, das zuletzt durch Artikel 190 der Verordnung vom 31. August 2015 (BGBl. I S. 1474)geändert worden ist.

INVESTMENTGESETZ, aufgehoben.

JOINT COMMITTEE OF THE EUROPEAN SUPERVISORY AUTHORITIES, Joint Consultation Paper, http://www.esma.europa.eu/system/files/jc-cp-2014-04_joint_consultation_paper_draft_rts_art_21a_1a_ficod.pdf (Zuletzt geprüft am: 02.10.2015) (Risk concentration and intra-group transactions).

KAPITALAUSSTATTUNGS-VERORDNUNG vom 13. Dezember 1983 (BGBl. I S. 1451), die zuletzt durch Artikel 1 der Verordnung vom 16. August 2013 (BGBl. I S. 3275) geändert worden ist.

KREDITWESENGESETZ in der Fassung der Bekanntmachung vom 9. September 1998 (BGBl. I S. 2776), das zuletzt durch Artikel 339 der Verordnung vom 31. August 2015 (BGBl. I S. 1474) geändert worden ist.

KPMG/EUROPÄISCHE KOMMISSION, Study into the methodologies to assess the overall financial position of an insurance undertaking from the perspective of prudential supervision, 2002 (KPMG-Studie).

LANGHEID, THEO; WANDT, MANFRED (HRSG.), Münchener Kommentar Versicherungsvertragsgesetz: VAG, München 2010 (zitiert: BEARBEITER, in: Münchener Kommentar zum VVG).

REGIERUNGSKOMMISSION DEUTSCHER CORPORATE GOVERNANCE KODEX, Deutscher Corporate Governance Kodex, http://www.dcgk.de//files/dcgk/usercontent/de/download/kodex/2015-05-05_Deutscher_Corporate_Goverance_Kodex.pdf (Zuletzt geprüft am: 02.10.2015) (Deutscher Corporate Governance Kodex).

RICHTLINIE 91/674/EWG des Rates vom 19. Dezember 1991 über Jahresabschlüsse und den konsolidierten Abschluss von Versicherungsunternehmen [Amtsblatt L 374 vom 31.12.1991].

RICHTLINIE 2009/138/EG des europäischen Parlaments und des Rates vom 25. November 2009 betreffend die Aufnahme und Ausübung der Versicherungs- und der Rückversicherungstätigkeit (Solvabilität II) (Neufassung), 2009/138/EG, in: Amtsblatt der EU L 335 vom 17.12.2009, S. 1-155.

RICHTLINIE 2014/51/EU des europäischen Parlaments und des Rates vom 16. April 2014 zur Änderung der Richtlinien 2003/71/EG und 2009/138/EG und der Verordnungen (EG) Nr. 1060/2009, (EU) Nr. 1094/2010 und (EU) Nr. 1095/2010 im Hinblick auf die Befugnisse der Europäischen Aufsichtsbehörde (Europäische Aufsichtsbehörde für das Versicherungswesen und die betriebliche Altersversorgung) und der Europäischen Aufsichtsbehörde (Europäische Wertpapier- und Marktaufsichtsbehörde).

SIEBENTE RICHTLINIE 83/349/EWG DES RATES VOM 13. JUNI 1983 AUFGRUND VON ARTIKEL 54 ABSATZ 3 BUCHSTABE G) DES VERTRAGES ÜBER DEN KONSOLIDIERTEN ABSCHLUß.

VERSICHERUNGSAUFSICHTSGESETZ (a. F.) in der Fassung der Bekanntmachung vom 17. Dezember 1992 (BGBl. 1993 I S. 2), das zuletzt durch Artikel 353 der Verordnung vom 31. August 2015 (BGBl. I S. 1474) geändert worden ist.

VERSICHERUNGSAUFSICHTSGESETZ (n. F.) in der Fassung der Bekanntmachung im Gesetz zur Modernisierung der Finanzaufsicht über Versicherungen vom 10. April 2015 (BGBl. 2015 I Nr. 14 S. 434).

VERSICHERUNGSBERICHTERSTATTUNGS-VERORDNUNG vom 29. März 2006 (BGBl. I S. 622), die zuletzt durch Artikel 1 der Verordnung vom 16. Dezember 2013 (BGBl. I S. 4353) geändert worden ist.

VERSICHERUNGSUNTERNEHMENS-RECHNUNGSLEGUNGSVERORDNUNG vom 8. November 1994 (BGBl. I S. 3378), die zuletzt durch Artikel 8 Absatz 14 des Gesetzes vom 17. Juli 2015 (BGBl. I S. 1245) geändert worden ist.

VERSICHERUNGS-VERGÜTUNGSVERORDNUNG vom 6. Oktober 2010 (BGBl. I S. 1379), die durch Artikel 7 der Verordnung vom 20. September 2013 (BGBl. I S. 3672) geändert worden ist.

VERSICHERUNGSVERTRAGSGESETZ vom 23. November 2007 (BGBl. I S. 2631), das zuletzt durch Artikel 8 Absatz 21 des Gesetzes vom 17. Juli 2015 (BGBl. I S. 1245) geändert worden ist.

VERTRAG ÜBER DIE ARBEITSWEISE DER EUROPÄISCHEN UNION in der Fassung aufgrund des am 1.12.2009 in Kraft getretenen Vertrages von Lissabon.

VVG-INFORMATIONSPFLICHTENVERORDNUNG vom 18. Dezember 2007 (BGBl. I S. 3004), die zuletzt durch Artikel 2 Absatz 50 des Gesetzes vom 1. April 2015 (BGBl. I S. 434) geändert worden ist.

ZAHLUNGSDIENSTEAUFSICHTSGESETZ vom 25. Juni 2009 (BGBl. I S. 1506), das zuletzt durch Artikel 342 der Verordnung vom 31. August 2015 (BGBl. I S. 1474) geändert worden ist.

Verzeichnis der Aufsätze und Monographien

AKERLOF, GEORGE, The Market for "Lemons": Quality Uncertainty and the Market Mechanism, in: Quarterly Journal of Economics 1970, S. 488-500 (Quality Uncertainty and the Market Mechanism).

ALBRECHT, PETER, Die Versicherungsproduktion - eine Kuppelproduktion bei Risiko, in: ZfB 1987, S. 316-328 (Versicherungsproduktion).

ALBRECHT, PETER, Gewinn und Sicherheit als Ziele der Versicherungsunternehmung: Bernoulli-Prinzip vs. Safety first-Prinzip, in: Dieter Farny und die Versicherungswissenschaft, hrsg. v. Schwebler, Robert, Karlsruhe 1994, S. 1-18 (Gewinn und Sicherheit).

A.M. BEST, A.M. Best's Liquidity Model for U.S. Life Insurers, http://www3.ambest.com/ambv/ratingmethodology/OpenPDF.aspx?rc=197655 (Zuletzt geprüft am: 15.06.2015) (Liquidity Model).

BAETGE, JÖRG, Bilanzen, 1. Aufl., Düsseldorf 1991 (Bilanzen).

BAETGE, JÖRG/FISCHER, THOMAS/PASKERT, DIERK, Der Lagebericht - Aufstellung, Prüfung und Offenlegung, Stuttgart 1989 (GoL).

BAETGE, JÖRG/KIRSCH, HANS-JÜRGEN/THIELE, STEFAN, Bilanzanalyse, 2., vollst. überarb. und erw. Aufl., Düsseldorf 2004 (Bilanzanalyse).

BAETGE, JÖRG/KIRSCH, HANS-JÜRGEN/THIELE, STEFAN, Bilanzen, 12. Aufl., Düsseldorf 2012 (Bilanzen).

BAETGE, JÖRG/KIRSCH, HANS-JÜRGEN/THIELE, STEFAN, Bilanzen, 13., überarb. Aufl., Düsseldorf 2014 (Bilanzen (2014)).

BAETGE, JÖRG/LAPPENKÜPER, ILKA/MAY, MARKUS, Zusammenhänge zwischen der Konsistenz und der Qualität der Unternehmenskultur einerseits und dem Risiko durch wirtschaftskriminelle Handlungen und dem diesbezüglichen Prüfungsrisiko andererseits, in: Festschrift zu Ehren von Christian Kirchner, hrsg. v. Kaal, Wulf Alexander/Schmidt, Matthias/Schwartze, Andreas, 1. Aufl., Tübingen 2014, S. 605-624 (Unternehmenskultur und Risiken).

BAETGE, JÖRG/SCHEWE, GERHARD/SCHULZ, ROLAND/SOLMECKE, HENRIK, Unternehmenskultur und Unternehmenserfolg: Stand der empirischen Forschung und Konsequenzen für die Entwicklung eines Messkonzeptes, in: JfB 2007, S. 183-218 (Unternehmenskultur und Unternehmenserfolg).

BAETGE, JÖRG/SCHULZE, DENNIS, Möglichkeiten der Objektivierung der Lageberichterstattung über "Risiken der künftigen Entwicklung" - Ein Vorschlag zur praktischen Umsetzung der vom KonTraG verlangten Berichtspflichten, in: DB 1998, S. 937-948 (Lageberichterstattung über "Risiken der künftigen Entwicklung").

BALLWIESER, WOLFGANG, Informations-Gob - auch im Lichte von IAS und US-GAAP, in: KoR 2002, S. 115-121 (Informations-GoB).

BENSTON, GEORGE/SMITH JR., CLIFFORD, A transactions cost approach to the theory of financial intermediation, in: Journal of Finance 1976, S. 215-231 (Theory of financial intermediaton).

BLANKART, CHARLES B./POMMEREHNE, WERNER W., Zwei Wege zur Privatisierung öffentlicher Dienstleistungen: Wettbewerb auf einem Markt und Wettbewerb um einen Markt - Eine kritische Beurteilung, in: Rationale Wirtschaftspolitik in komplexen Gesellschaften, hrsg. v. Milde, Hellmuth/Monissen, Hans G., Stuttgart, u.a. 1985 (Wettbewerb und Markt).

BÖCKING, HANS-JOACHIM, Zur Notwendigkeit von Grundsätzen für die Lageberichterstattung, in: Rechnungslegung und Wirtschaftsprüfung, hrsg. v. Kirsch, Hans-Jürgen/Thiele, Stefan, Düsseldorf 2007, S. 25-61 (Notwendigkeit von Lageberichtsgrundsätzen).

BRAUMÜLLER, PETER, Versicherungsaufsichtsrecht - Internationale Standards, europäische Richtlinien und österreichisches Recht, Wien 1999 (Versicherungsaufsichtsrecht).

BROSZEIT, TIMO/KRUSCHITZ, ERICH, Solvency II - Mögliche Lehren aus der Finanzmarktkrise - Teil 2: Die Folgen für Risikomanagement, Bewertung und Offenlegungspflichten, in: VW 2008, S. 1600-1605 (Offenlegungspflichten).

BÜRKLE, JÜRGEN, Die rechtliche Dimension von Solvency II, in: VersR 2007, S. 1595-1601 (Rechtliche Dimension).

BÜRKLE, JÜRGEN, Die Compliance-Praxis im Finanzdienstleistungssektor nach Solvency II, in: CCZ 2008, S. 50-56 (Compliance).

BÜRKLE, JÜRGEN, Die aufsichtsbehördlichen Eingriffsbefugnisse nach Solvency II, in: Solvency II in der Rechtsanwendung, hrsg. v. Wandt, Manfred/Dreher, Meinrad, 1. Aufl., Karlsruhe 2009, S. 191-224 (Aufsichtsbehördliche Eingriffsbefugnisse).

BÜRKLE, JÜRGEN, Compliance und Revision im Versicherungssektor nach Solvency II, in: CCZ 2012, S. 220-226 (Compliance und Revision).

BÜRKLE, JÜRGEN, Europarechtliche Vorgaben für die interne Governance im Versicherungssektor, in: Zeitschrift für Wirtschafts- und Bankrecht 2012, S. 878-886 (Vorgaben für die interne Governance).

BÜTTNER, THOMAS/GOECKE, OSKAR/KNOBLAUCH, RALF, Liquiditätsrisiken stehen auf der Agenda der Versicherer - Durch richtiges Risikomanagement lassen sich die hoch liquide zu haltenden Mittel reduzieren, in: VW 2015, S. 62-65 (Liquiditätsrisiken bei Versicherungsunternehmen).

CLAßEN, RUTH/HEEGEMANN, VOLKER, Das Lamfalussy-Verfahren - Bestandsaufnahme, Bewertung und Ausblick, in: ZfgK 2003, S. 1200-1203 (Lamfalussy-Verfahren).

DAL SANTO, DANIEL, Kapitalmanagement bei Allfinanzkonglomeraten - Ausgestaltung im Spannungsfeld zwischen staatlichen Eigenmittelvorschriften und Marktdisziplin, Bern, Stuttgart, Wien 2002 (Eigenmittelvorschriften).

DIAMOND, DOUGLAS, Financial Intermediation and Delegated Monitoring, in: Review of Economic Studies 1984, S. 393-414 (Financial Intermediation and Delegated Monitoring).

DIENER, MICHAEL/NEUKAMP, CHRISTIAN, Die Finanzverfassung von Erst- und Rückversicherungsunternehmen, in: Grundzüge des Versicherungsaufsichtsrechts, hrsg. v. Erdmann, Kay Uwe, Karlsruhe 2011, S. 133-194 (Finanzverfassung).

DOBLER, MICHAEL, Risikoberichterstattung - Eine ökonomische Analyse, Frankfurt a. M., u. w. 2004 (Risikoberichterstattung).

DOBLER, MICHAEL, Zur Verbindung von Risikomanagement und Risikopublizität - Prozess, Regulierung, Empirie, in: ZfCM 2005, S. 144-152 (Verbindung von Risikomanagement und Risikopublizität).

DÖRNER, DIETRICH/BISCHOF, STEFAN, Risikoberichterstattung nach DRS 5, in: Reform des Aktienrechts, der Rechnungslegung und der Prüfung, hrsg. v. Dörner, Dietrich/Menold, Dieter/Pfitzer, Norbert/Oser, Peter, 2., überarb. u. erw. Aufl., Stuttgart 2003, S. 617-647 (Risikoberichterstattung).

DÖRNER, DIETRICH/WOLLMERT, PETER/BISCHOF, STEFAN, Risikoberichterstattung im Konzernlagebericht, in: Wirtschaftsprüfung und Unternehmensüberwachung, hrsg. v. Wollmert, Peter/Schönbrunn, Norbert/Jung, Udo/Siebert, Hilmar/Henke Michael, Düsseldorf 2003, S. 305-334 (Risikoberichterstattung).

DOTZLER, FLORIAN/RECHTERN, FRANK/SCHREIBER, KARINA, Analyse wesentlicher Aspekte und Praxisimplikationen - Die MaRisk für Versicherungsunternehmen, in: Risiko Manager 2008, S. 17-23 (MaRisk für Versicherungsunternehmen).

DREHER, MEINRAD, Solvenzanforderungen in der Versicherungsaufsicht nach Solvency II und künftigem VAG, in: ZVersWiss 2012, S. 381-429 (Solvenzanforderungen).

DREHER, MEINRAD/BALLMAIER, CHRISTOPH, Die unternehmenseigene Risiko- und Solvabilitätsbeurteilung (ORSA) nach Solvency II und VAG 2012, in: VersR 2012, S. 129-143 (Unternehmenseigene Risiko- und Solvabilitätsbeurteilung).

DREHER, MEINRAD/LANGE, MARTIN, Die Vollharmonisierung der Versicherungsaufsicht durch Solvency II, in: VersR 2011, S. 825-834 (Vollharmonisierung).

DREHER, MEINRAD/SCHAAF, MARTIN, Die Veröffentlichungspflichten von Versicherungsunternehmen gegenüber der Allgemeinheit nach Solvency II, in: Solvency II in der Rechtsanwendung, hrsg. v. Wandt, Manfred/Dreher, Meinrad, 1. Aufl., Karlsruhe 2009, S. 129-185 (Veröffentlichungspflichten von Versicherungsunternehmen).

DREHER, MEINRAD/SCHAAF, MARTIN, Inhalt und Organisation des Risiko- sowie des Revisionsberichts, in: VersR 2009, S. 1151-1168 (Risiko- und Revisionsberichte).

EHRLICH, KATHLEEN, Wertorientierte Steuerung von Versicherungsunternehmen mit Solvency II, Lohmar u. a. 2009 (Wertorientierte Steuerung von Versicherungsunternehmen).

ELING, MARTIN, Marktsignale erkennen und mehr beachten - Die dritte Säule von Solvency II: Marktdisziplin als Aufsichtselement und die Harmonisierung mit IFRS, in: VW 2009, S. 658-664 (Marktsignale).

ELING, MARTIN, The Role of Market Discipline in the Insurance Industry, in: The future of insurance regulation and supervision, hrsg. v. Liedtke, Patrick M./Monkiewicz,

Jan, Basingstoke Hampshire, New York 2011, S. 131-148 (Role of Market Discipline in the Insurance Industry).

ELING, MARTIN, What do we know about market discipline in insurance?, in: RMIR (Risk Management and Insurance Review) 2012, S. 185-223 (Market discipline in insurance).

ELING, MARTIN/SCHMEISER, HATO, Versicherungsaufsicht unter Solvency II - zwei Phasen, drei Säulen und zwei Stufen, in: Kreditwesen 2006, S. 768-770 (Versicherungsaufsicht unter Solvency II).

ELLENBÜRGER, FRANK/HUSCH, RAINER, Der Konzernabschluss von Versicherungsunternehmen, in: Rechnungslegung und Prüfung der Versicherungsunternehmen, hrsg. v. IDW, 5., vollst. aktualisierte Aufl., Düsseldorf 2011, S. 755-834 (Konzernabschluss von Versicherungsunternehmen).

ELLENBÜRGER, FRANK/OTT, PETER/FREY, CLEMENS/BOETIUS, FREDERIK, Mindestanforderungen an das Risikomanagement (MaRisk) für Versicherungen - Eine einführende Kommentierung, Stuttgart 2009 (MaRisk für Versicherungen).

ERDMANN, KAY UWE/KAULBACH, DETLEF, Erst- und Rückversicherungsrecht mit Ausnahme der Finanzverfassung, in: Grundzüge des Versicherungsaufsichtsrechts, hrsg. v. Erdmann, Kay Uwe, Karlsruhe 2011, S. 1-129 (Erst- und Rückversicherungsrecht).

FARNY, DIETER, Buchführung und Periodenrechnung im Versicherungsunternehmen, Wiesbaden 1982 (Periodenrechnung im Versicherungsunternehmen).

FARNY, DIETER, Solvabilität und Solvabilitätspolitik der Versicherungsunternehmen, in: ZVersWiss 1984, S. 35-67 (Solvabilität).

FARNY, DIETER, Über Regulierung und Deregulierung von Versicherungsmärkten, in: ZfB 1987, S. 1001-1023 (Regulierung von Versicherungsmärkten).

FARNY, DIETER, Shareholder Value versus Policyholder Value von Versicherungsunternehmen - Dargestellt am Beispiel von Lebensversicherungen, Lohmar 2003 (Shareholder Value versus Policyholder Value von Versicherungsunternehmen).

FARNY, DIETER, Versicherungsbetriebslehre, 5., überarb. Aufl., Karlsruhe 2011 (Versicherungsbetriebslehre).

FAULHABER, MARKUS, Risikosteuerung in Lebensversicherungsunternehmen - die Entwicklung der Aufgaben des Verantwortlichen Aktuars seit 1994, in: Versicherungen im Umbruch, hrsg. v. Spremann, Klaus, Berlin 2005, S. 97-114 (Risikosteuerung).

FINK, CHRISTIAN, Lageberichterstattung und Erfolgspotenzialanalyse - Eignung der Lageberichterstattung nach deutschem Recht und IFRS für die strategische Unternehmensanalyse, 1. Aufl., Marburg 2007 (Lageberichterstattung).

FINK, CHRISTIAN/KAJÜTER, PETER/WINKELJOHANN, NORBERT, Lageberichterstattung - HGB, DRS und IFRS Practice Statement Management Commentary, Stuttgart 2013 (Lageberichterstattung).

FISCHER, THOMAS/WENZEL, JULIA, Wertorientierte Berichterstattung (Value Reporting) in deutschen börsennotierten Unternehmen - Ergebnisse einer empirischen Studie, Leipzig 2003 (Wertorientierte Berichterstattung).

FLANNERY, MARK, The Faces of 'Market Discipline", in: Journal of Financial Services Research 2001, S. 107-119 (Market Discipline).

FMA - ÖSTERREICHISCHE FINANZMARKTAUFSICHT, Solvency-II-Handbuch - Eine Einführung in das neue europäische Versicherungsaufsichtsrecht, Wien 2012 (Versicherungsaufsichtsrecht).

FOLLMANN, DAVID, Basel II und Solvency II - Aufsichtsmodelle im Vergleich, Saarbrücken 2007 (Basel II und Solvency II).

FREILING, ANDREAS, Anhang und Lagebericht, in: Rechnungslegung und Prüfung der Versicherungsunternehmen, hrsg. v. IDW, 5., vollst. aktualisierte Aufl., Düsseldorf 2011, S. 503-637 (Anhang und Lagebericht).

FÜHRER, CHRISTIAN/GRIMMER, ARND, Versicherungsbetriebslehre, 1. Aufl., Ludwigshafen (Rhein) 2009 (Versicherungsbetriebslehre).

FÜSER, KARSTEN/MERZ, CHRISTOF, Interne Überwachung minimiert die Ruinwahrscheinlichkeit - Wie sich durch Solvency II die Kontrollen verändern müssen, in: VW 2004, S. 604-606 (Interne Kontrollen).

GAL, JENS/SEHRBROCK, DAVID, Die Umsetzung der Solvency II-Richtlinie durch die 10. VAG-Novelle, Karlsruhe 2013 (10. VAG-Novelle).

GEIB, GERD/KÖLSCHBACH, JOACHIM, Berichterstattung über die Risiken der künftigen Entwicklung bei Versicherungsunternehmen, in: Festschrift Professor Dr. Günter Minz, hrsg. v. Geib, Gerd, Köln 2001, S. 76-92 (Risiken der künftigen Entwicklung bei Versicherungsunternehmen).

GESAMTVERBAND DER DEUTSCHEN VERSICHERUNGSWIRTSCHAFT E.V., Statistisches Taschenbuch der Versicherungswirtschaft 2014, http://www.gdv.de/wp-content/uploads/2014/09/Statistisches-Taschenbuch_2014_Versicherungswirtschaft.pdf (Zuletzt geprüft am: 19.11.2014) (Statistisches Taschenbuch der Versicherungswirtschaft 2014).

GIESE, ROLF, Die Prüfung des Risikomanagementsystems gemäß § 317 Abs. 4 HGB, in: Investororientierte Unternehmenspublizität, hrsg. v. Lachnit, Laurenz/Freidank, Carl-Christian, 1. Aufl., Wiesbaden 2000, S. 465-493 (Prüfung des Risikomanagementsystems).

GOLDMANN, JULIUS/PURNHAGEN, KAI, EIOPA - Die neue europäische Versicherungsaufsicht, in: VersR 2012, S. 29-33 (Europäische Versicherungsaufsicht).

GRÄWERT, ALEXANDER/STEVENS, ANTHONY/TADROS, RAMY, Solvency II: Ein Regulierungsrahmen für risikobasiertes Kapital, in: VW 2003, S. 394-397 (Regulierungsrahmen).

GROTE, JOACHIM, Die aufsichtsbehördlichen Eingriffsbefugnisse nach Solvency II - Die besonderen Eingriffsbefugnisse, in: Solvency II in der Rechtsanwendung, hrsg. v. Wandt, Manfred/Dreher, Meinrad, 1. Aufl., Karlsruhe 2009, S. 225-244 (Besondere aufsichtsbehördliche Eingriffsbefugnisse).

GROTE, JOACHIM/SCHAAF, MARTIN, Zum Referentenentwurf der 10. VAG-Novelle zur Umsetzung der Solvency-II-Richtlinie in deutsches Recht - eine erste Analyse, in: VersR 2012, S. 17-28 (Umsetzung der Solvency II-Richtlinie).

HARTMANN, CHRISTINA, Internationalisierung der Lageberichterstattung - Darstellung und Vergleich des deutschen Lageberichts und der US-amerikanischen MD&A, Marburg 2006 (Lageberichterstattung).

HARTMANN-WENDELS, THOMAS/PFINGSTEN, ANDREAS/WEBER, MARTIN, Bankbetriebslehre, 5., überarb. Aufl., Berlin 2010 (Bankbetriebslehre (2010)).

HARTMANN-WENDELS, THOMAS/PFINGSTEN, ANDREAS/WEBER, MARTIN, Bankbetriebslehre, 6. Aufl., Berlin, Heidelberg 2015 (Bankbetriebslehre).

HARTUNG, THOMAS, Unternehmensbewertung von Versicherungsgesellschaften, Wiesbaden 2000 (Versicherungsgesellschaften).

HARTUNG, THOMAS, Überprüfungsverfahren und Marktdisziplin als Instrumente der Versicherungsaufsicht, in: Solvency II & Risikomanagement, hrsg. v. Gründl, Helmut/Perlet, Helmut, 1. Aufl, Wiesbaden 2005, S. 53-70 (Versicherungsaufsicht).

HAX, KARL, Grundlagen des Versicherungswesens, Wiesbaden 1964 (Versicherungswesen).

HENNIES, MARCUS, Die Finanzaufsicht über Versicherungen in der europäischen Gemeinschaft, 1. Aufl., Frankfurt a. M. 2003 (Finanzaufsicht).

HIPPEL, BORIS, Konzernlagebericht und Kapitalmarkt - Eine empirische Analyse der Berichtspflichten nach HGB und DRS, Düsseldorf 2011 (Konzernlagebericht).

HÖLZL, WERNER, Die nicht versicherungstechnischen Posten des Jahresabschlusses, in: Rechnungslegung und Prüfung der Versicherungsunternehmen, hrsg. v. IDW, 5., vollst. aktualisierte Aufl., Düsseldorf 2011, S. 421-501 (Nichtversicherungstechnische Posten des Jahresabschlusses).

HORAK, TIM, Outsourcing bei Versicherungsunternehmen - Deutsche und europäische aufsichtsrechtliche Rahmenbedingungen, Karlsruhe 2011 (Outsourcing bei Versicherungsunternehmen).

HORSCH, ANDREAS, Versichertenschutzfonds in der deutschen Assekuranz - Möglichkeiten und Grenzen ihres Einsatzes in der Kfz-Haftpflicht- und Lebensversicherung, Wiesbaden 1998 (Versichertenschutzfonds).

HORSCH, ANDREAS, Agency und Versicherungsintermediation, in: WiSt 2004, S. 531-536 (Agency und Versicherungsintermediation).

HÜBEL, MARKUS, Aufsichtsrechtliche Eigenmittelanforderungen an Kompositversicherungsunternehmen unter Solvency II nach dem Standardmodell - Kritische Würdigung für den Zweck der Verwendung zur wertorientierten Unternehmenssteuerung, 1. Aufl., Karlsruhe 2013 (Aufsichtsrechtliche Eigenmittelanforderungen nach dem Standardmodell).

IOVKOVA, IRINA, Risikoberichterstattung - Analyse und Vergleich der internen und externen Risikoberichte von Lebensversicherern, 1. Aufl., Lohmar u.a. 2014 (Risikoberichte von Lebensversicherern).

IRR-ARBEITSKREIS, Konzept für den Aufbau eines Risikomanagementsystems (RMS) unter Berücksichtigung der Anforderungen durch das KonTraG, in: IR 1999, S. 185-215 (Aufbau eines Risikomanagementsystems).

JÄGER, BERND, Branchenbesonderheiten der Risikosituation und der Risikopolitik von Versicherungsunternehmen, in: Liber discipulorum für Elmar Helten, hrsg. v. Albrecht, Peter/Hartung, Thomas, Karlsruhe 2005, S. 247-272 (Risikosituation und Risikopolitik von Versicherungsunternehmen).

KAJÜTER, PETER, Risikoberichterstattung: Empirische Befunde und der Entwurf des DRS 5, in: DB 2001, S. 105-111 (Risikoberichterstattung).

KAJÜTER, PETER, Prüfung der Risikoberichterstattung im Lagebericht, in: BB 2002, S. 243-249 (Prüfung der Risikoberichterstattung).

KAJÜTER, PETER/ESSER, SIMON, Risiko- und Chancenberichterstattung im Lagebericht - Eine empirische Analyse der HDAX-Unternehmen, in: IRZ 2007, S. 381-390 (Risiko- und Chancenberichterstattung).

KAJÜTER, PETER/WINKLER, CARSTEN, Praxis der Risikoberichterstattung deutscher Konzerne, in: WPg 2004, S. 249-261 (Risikoberichterstattung).

KIRSCH, HANS-JÜRGEN/SCHEELE, ALEXANDER, Neugestaltung von Prognose- und Risikoberichterstattung im Lagebericht durch das Bilanzrechtsreformgesetz, in: WPg 2005, S. 1149-1154 (Risikoberichterstattung).

KISLAT, DIETRICH, Kapitalanlagen und Controlling: Funktionsorientierte Qualifikationen, 2. Aufl., Karlsruhe 2005 (Kapitalanlagen und Controlling).

KLIKOVICS, THOMAS, Externes Risikoreporting, http://www1.unisg.ch/www/edis.nsf/SysLkpByIdentifier/3512/$FILE/dis3512.pdf (Zuletzt geprüft: 02.10.2015) (Externes Risikoreporting).

KOCH, OLIVER, Markttransparenz durch Versicherungsaufsicht - Informationsökonomische Begründung der dritten Säule von Solvency II, in: ZVersWiss (Supplement mit Vorträgen der Jahrestagung des Deutschen Vereins für Versicherungswissenschaft e.V.) 2006, S. 129-164 (Markttransparenz durch Versicherungsaufsicht).

KRÄMER, GERRIT, Das neue VAG im System von Solvency II, in: Solvency II in der Rechtsanwendung 2012, hrsg. v. Wandt, Manfred/Dreher, Meinrad, 1. Aufl., Frankfurt 2012, S. 15-19 (Versicherungsaufsichtsgesetz).

KRIELE, MARCUS/LIM, GISELLE/REICH, HANNO, Das Solvabilitätskapital in Solvency II - Ein Diskussionsbeitrag zum Berechnungsrahmen, in: VW 2014, S. 1048-1054 (Solvabilitätskapital).

KRIMPMANN, ANDREAS, Vergütungsbericht, in: Handbuch Lagebericht, hrsg. v. Müller, Stefan/Stute, Andreas/Withus, Karl-Heinz, Berlin 2013, S. 305-341 (Vergütungsbericht).

KRUMBHOLZ, MARCUS, Die Qualität publizierter Lageberichte - Ein empirischer Befund zur Unternehmenspublizistik, Düsseldorf 1994 (Lagebericht).

KUHN, WOLFGANG, Forschung und Entwicklung im Lagebericht - Eine theoretische und empirische Untersuchung, Hamburg 1992 (Lagebericht).

KÜTING, KARLHEINZ/HÜTTEN, CHRISTOPH, Die Lageberichterstattung über Risiken der künftigen Entwicklung - Annäherung an die geplante Änderung der §§ 289, 315 HGB durch das KonTraG, in: Die Aktiengesellschaft 1997, S. 250-256 (Lageberichterstattung über Risiken der künftigen Entwicklung).

KÜTING, KARLHEINZ/HÜTTEN, CHRISTOPH, Darstellung und Prüfung der künftigen Entwicklungsrisiken und -chancen im Lagebericht, in: Investororientierte Unternehmenspublizität, hrsg. v. Lachnit, Laurenz/Freidank, Carl-Christian, 1. Aufl., Wiesbaden 2000, S. 399-431 (Künftige Entwicklungsrisiken).

KÜTING, KARLHEINZ/KEßLER, MARCO/GATTUNG, ANDREAS, Die Gewinn- und Verlustrechnung nach HGB und IFRS - Auswirkungen der Überarbeitung des IAS 1 auf die GuV und insbesondere auf die Erfolgsspaltungskonzeption der IFRS-Bilanzierung, in: KoR 2005, S. 15-22 (Erfolgsspaltungskonzeption).

LAIER, RAINER, Value Reporting - Analyse von Relevanz und Qualität der wertorientierten Berichterstattung von DAX-30-Unternehmen, 1. Aufl., Wiesbaden 2011 (Wertorientierte Berichterstattung).

LARENZ, KARL, Methodenlehre der Rechtswissenschaft, 6., neu bearb. Aufl, Berlin 1991 (Methodenlehre der Rechtswissenschaft).

LEFFSON, ULRICH, Die Grundsätze ordnungsmäßiger Buchführung, 3., geringfügig veränd. Aufl., Düsseldorf 1972 (GoB).

LEFFSON, ULRICH, Die Grundsätze ordnungsmäßiger Buchführung, 7., rev. und erw. Aufl., Düsseldorf 1987 (Grundsätze ordnungsmäßiger Buchführung).

LIEBWEIN, PETER, Strukturierung von Rückversicherungsentscheidungen - Ein entscheidungstheoretisches Modell der Risikopolitik von Versicherungsunternehmen, Karlsruhe 2000 (Risikopolitik).

LIGGIO, CARL, The Expectation Gap: The Accountant's Legal Waterloo?, in: Journal of Contemporary Business 1974, S. 27-44 (Expectation Gap).

LINK, ROBERT, Abschlussprüfung und Geschäftsrisiko - Normative Anforderungen an die Abschlussprüfung und ihre Erfüllung durch einen geschäftsrisikoorientierten Prüfungsprozess, 1. Aufl., Wiesbaden 2006 (Abschlussprüfung).

LIPOWSKY, URSULA, Das aufsichtliche Überprüfungsverfahren aus Sicht der Versicherungswirtschaft, in: Solvency II in der Rechtsanwendung 2012, hrsg. v. Wandt, Manfred/Dreher, Meinrad, 1. Aufl., Frankfurt 2012, S. 57-72 (Aufsichtliches Überprüfungsverfahren).

LÜTTRINGHAUS, JAN, Neue Governance- und Aufsichtsregeln für die europäische Versicherungswirtschaft nach Solvency II - Überblick über die qualitativen Anforderungen der zweiten und dritten Säule der Solvency II-Richtlinie 2009/138/EG sowie die neue Gruppenaufsichtsarchitektur, in: EuZW 2011, S. 856-860 (Governance- und Aufsichtsregeln).

LÜTTRINGHAUS, JAN, Solvency II - Grundlagen der Reform des europäischen Versicherungsaufsichtsrechts und Auswirkungen der neuen Eigenmittelvorschriften, in: EuZW 2011, S. 822-829 (Grundlagen der Reform des europäischen Versicherungsaufsichtsrechts).

MARTIN, EDGAR, Risikomanagement in Versicherungen, in: Praxis des Risikomanagements, hrsg. v. Dörner, Dietrich/Horváth, Péter/Kagermann, Henning, Stuttgart 2000, S. 669-680 (Risikomanagement in Versicherungen).

MEYDING, THOMAS/FABIAN, CLAUS-PETER, Rechtliche Risiken, in: Praxis des Risikomanagements, hrsg. v. Dörner, Dietrich/Horváth, Péter/Kagermann, Henning, Stuttgart 2000, S. 283-309 (Rechtliche Risiken).

MOLINARI, ROBERT/NGUYEN, TRISTAN, Anforderungen an die Solvabilitätsregulierung - Teil 1: Anforderungskatalog, in: Der Aktuar 2009, S. 67-70 (Anforderungen).

MOLINARI, ROBERT/NGUYEN, TRISTAN, Anforderungen an die Solvabilitätsregulierung - Teil 2: Analyse der geplanten Regelungen für Solvency II, in: Der Aktuar 2009, S. 105-113 (Solvabilitätsregulierung).

MÖLLERS, THOMAS, Europäische Methoden- und Gesetzgebungslehre im Kapitalmarktrecht - Vollharmonisierung, Generalklauseln und soft law im Rahmen des Lamfalussy-Verfahrens als Mittel zur Etablierung von Standards, in: ZEuP 2008, S. 480-505 (Lamfalussy-Verfahren).

MOXTER, ADOLF, Bilanzlehre, Wiesbaden 1974 (Bilanzlehre).

MOXTER, ADOLF, Fundamentalgrundsätze ordnungsmäßiger Rechenschaft, in: Bilanzfragen, hrsg. v. Baetge, Jörg/Moxter, Adolf/Schneider, Dieter, Düsseldorf 1976, S. 87-100 (Fundamentalgrundsätze).

MÜLLER, HELMUT, Erste Überlegungen zu einer Neuordnung der europäischen Solvabilitätsanforderungen an Versicherungsunternehmen, in: VW 1996, S. 358-364 (Neuordnung).

MÜLLER, HELMUT, Versicherungsaufsicht an der Schwelle zum Jahr 2000, in: ZVersWiss 1999, S. 297-320 (Versicherungsaufsicht).

MÜLLER, HELMUT, Vom Sinn der Solvabilitätsvorschriften, in: Zeitschrift für Versicherungswesen 2004a, S. 723-728 (Solvabilitätsvorschriften).

MÜLLER, HELMUT, Vom Sinn der Solvabilitätsvorschriften, in: Zeitschrift für Versicherungswesen 2004b, S. 764-767 (Solvabilitätsvorschriften (Teil 2)).

MÜLLER, STEFAN/ERGÜN, ISMAIL, Grundlagen des Konzerns, in: Handbuch Lagebericht, hrsg. v. Müller, Stefan/Stute, Andreas/Withus, Karl-Heinz, Berlin 2013, S. 41-104 (Grundlagen des Konzerns).

MÜLLER, STEFAN/ERGÜN, ISMAIL, Wirtschaftsbericht, in: Handbuch Lagebericht, hrsg. v. Müller, Stefan/Stute, Andreas/Withus, Karl-Heinz, Berlin 2013, S. 105-175 (Wirtschaftsbericht).

MÜßIG, ANKE, Bilanzielle Risikovorsorge und außerbilanzielle Risikoberichterstattung - Das Verhältnis von Lagebericht und Management Commentary zum Jahresabschluss nach HGB und IFRS, 1. Aufl., Wiesbaden 2006 (Risikoberichterstattung).

MÜßIG, ANKE, Lagebericht und Value Reporting, in: Internationale Rechnungslegung und Internationales Controlling, hrsg. v. Funk, Wilfried/Rossmanith, Jonas, 1. Aufl., Wiesbaden 2008, S. 187-221 (Lagebericht und Value Reporting).

NAUMANN, KLAUS-PETER, Ausgewählte Kapitel aus Rechnungslegung und Prüfung (Vorlesungsskript) http://www.wiwi.uni-muenster.de/25/content/html_de/studieren/material/12wise_AKRLWP2_Kap1.pdf (Zuletzt geprüft am: 20.09.2015) (Rechnungslegung und Prüfung).

NELSON, PHILLIP, Information and Consumer Behavior, in: Journal of Political Economy 1970, S. 311-329 (Information and Consumer Behavior).

NELSON, PHILLIP, Advertising as Information, in: Journal of Political Economy 1974, S. 729-754 (Advertising as Information).

NEUBECK, GUIDO, Prüfung von Risikomanagementsystemen, Düsseldorf 2003 (Prüfung von Risikomanagementsystemen).

NGUYEN, TRISTAN, Offenlegungspflichten von Versicherungsunternehmen gemäß der dritten Säule von Solvency II, in: WPg 2008, S. 651-658 (Offenlegungspflichten).

NOACK, THOMAS/SCHÄFER, ANDREAS/WOLF, STEFAN, 100 Versicherungskennzahlen, 1. Aufl., Wiesbaden 2010 (Versicherungskennzahlen).

OSETROVA, ANNA, Die Regulierung des Versicherungsmarkts unter besonderer Berücksichtigung der Solvabilitätsvorschriften, Karlsruhe 2007 (Regulierung des Versicherungsmarkts).

PERLET, HELMUT/GUHE, JÜRGEN, Anforderungen an ein unternehmerisches Risikomanagement, in: Solvency II & Risikomanagement, hrsg. v. Gründl, Helmut/Perlet, Helmut, 1. Aufl, Wiesbaden 2005, S. 145-161 (Risikomanagement).

PERRIDON, LOUIS/STEINER, MANFRED/RATHGEBER, ANDREAS, Finanzwirtschaft der Unternehmung, 16., überarb. und erw. Aufl., München 2012 (Finanzwirtschaft).

PICOT, ARNOLD/DIETL, HELMUT/FRANCK, EGON/FIEDLER, MARINA/ROYER, SUSANNE, Organisation - Theorie und Praxis aus ökonomischer Sicht, 6., völlig überarb. Aufl., Stuttgart 2012 (Organisation).

POPPER, KARL, Logik der Forschung, 5. Auflage, Tübingen 1973 (Logik der Forschung).

POTTIER, STEVEN/SOMMER, DAVID, Property-liability insurer financial strength ratings: Differences across rating agencies, in: Journal of Risk and Insurance 1999, S. 621-642 (Insurer financial strength ratings).

PRIGGE, CORD, Konzernlageberichterstattung vor dem Hintergrund einer Bilanzierung nach IFRS, Düsseldorf 2006 (Konzernlageberichterstattung).

RABE, THOMAS, Liberalisierung und Deregulierung im Europäischen Binnenmarkt für Versicherungen, Berlin 1997 (Deregulierung).

REITTINGER, WOLFGANG, Die Prüfung des Lageberichts nach Aktienrecht und nach den Vorschriften der 4. EG-Richtlinie, Frankfurt a. M. 1983 (Prüfung des Lageberichts).

RIPPEL, MARINA, Die Risikoberichterstattung von Versicherungsunternehmen nach HGB, IFRS und Solvency II, Karlsruhe 2006 (Risikoberichterstattung von Versicherungsunternehmen).

RITTMANN, MARION, Neuausrichtung der Versicherungsaufsicht im Rahmen von Solvency II - Implikationen und Ansatzpunkte für die Gestaltung des Risikomanagements in Versicherungsunternehmen, Wiesbaden 2010 (Neuausrichtung der Versicherungsaufsicht).

RITTMANN, MARION/ROCKEL, WERNER, Rechnungslegung und Aufsicht von Versicherungsunternehmen - Zur Vereinbarkeit von IFRS und Solvency II, in: ZVersWiss 2004, S. 441-475 (Rechnungslegung und Aufsicht).

ROCKEL, WERNER/HELTEN, ELMAR/OTT, PETER/SAUER, ROMAN, Versicherungsbilanzen - Rechnungslegung nach HGB und IFRS, 3., überarb. Aufl, Stuttgart, 2012 (Versicherungsbilanzen).

ROMEIKE, FRANK, Rating von Versicherungsunternehmen, in: Rating von Versicherungsunternehmen, hrsg. v. Hirschmann, Stefan/Romeike, Frank, 1. Aufl., Köln 2004, S. 9-48 (Rating von Versicherungsunternehmen).

RÖTTING, MICHAEL/LANG, CHRISTINA, Das Lamfalussy-Verfahren im Umfeld der Neuordnung der europäischen Finanzaufsichtsstrukturen - Entwicklung und Ablauf, in: EuZW 2012, S. 8-14 (Lamfalussy-Verfahren).

SASSERATH-ALBERTI, NATASCHA, Aufgaben und Befugnisse von EIOPA - Möglichkeiten und Grenzen der Leitlinienbefugnis nach Art. 16 EIOPA-VO, in: Solvency II in der Rechtsanwendung 2013, hrsg. v. Wandt, Manfred/Dreher, Meinrad, 1. Aufl., Karlsruhe 2014 (Aufgaben und Befugnisse).

SAUER, ROMAN, Solvabilitätsorientierte Gestaltung der Bilanzierung von Versicherungsunternehmen, Karlsruhe 2006 (Bilanzierung von Versicherungsunternehmen).

SCHANTÉ, DANIEL/CAUDET, LUCIA, Wer entscheidet über zukünftige Solvabilitätsregeln für europäische Versicherer?, in: Solvency II & Risikomanagement, hrsg. v. Gründl, Helmut/Perlet, Helmut, 1. Aufl, Wiesbaden 2005, S. 71-83 (Solvabilitätsregeln).

SCHARPF, PAUL, Risikomanagement- und Überwachungssystem im Finanzbereich, in: Reform des Aktienrechts, der Rechnungslegung und Prüfung, hrsg. v. Dörner, Dietrich/Menold, Dieter/Pfitzer, Norbert, Stuttgart 1999, S. 177-202 (Risikomanagement- und Überwachungssystem).

SCHMEISER, HATO, Risikomanagement von Versicherungsunternehmen nach KonTraG, in: ZVersWiss 2001, S. 139-159 (Risikomanagement von Versicherungsunternehmen).

SCHMOLKE, KLAUS, Der Lamfalussy-Prozess im Europäischen Kapitalmarktrecht - eine Zwischenbilanz, in: NZG 2005, S. 912-919 (Lamfalussy-Prozess).

SCHMOLKE, KLAUS, Die Einbeziehung des Komitologieverfahrens in den Lamfalussy-Prozess - Zur Forderung des Europäischen Parlaments nach mehr Entscheidungsteilhabe, in: EuR 2006, S. 432-448 (Einbeziehung des Komitologieverfahrens in den Lamfalussy-Prozess).

SCHRADIN, HEINRICH, Entwicklung der Versicherungsaufsicht, in: ZVersWiss 2003, S. 611-664 (Entwicklung der Versicherungsaufsicht).

SCHRADIN, HEINRICH, Entwicklung der Rahmenbedingungen für die Finanzaufsicht - Auswirkungen auf die Versicherungswirtschaft, Karlsruhe 2004 (Finanzaufsicht).

SCHRÄPEL, STEFANIE, Das Proportionalitätsprinzip unter Solvency II mit Blick auf kleine und mittelgroße Versicherungsunternehmen - Chancen und Herausforderungen, Karlsruhe 2014 (Proportionalitätsprinzip unter Solvency II).

SCHUBERT, THOMAS/GRIEßMANN, GUNDULA, Solvency II = Basel II + X, in: VW 2004, S. 1399-1404 (Solvency II).

SCHULENBURG, JOHANN-MATTHIAS VON DER, Marktgeschehen bei unvollständigen Nachfragerinformationen - Die Auswirkungen von Anbieterwechselkosten und Informationskosten in dynamischen Marktprozessen, in: ZfB 1987, S. 699-719 (Marktgeschehen bei unvollständigen Nachfragerinformationen).

SEHRBROCK, DAVID/GAL, JENS, Solvency II - Europäischer Rechtsrahmen einer neuen Versicherungsaufsicht, in: Corporate Finance law 2012, S. 140-148 (Solvency II Rechtsrahmen).

SELCH, BARBARA, Der Lagebericht - Risikoberichterstattung und Aufstellung nach IDW RS HFA 1, Wiesbaden 2003 (Lagebericht).

SELCHERT, FRIEDRICH/ERHARDT, MARTIN/FUHR, ANNETTE/GREINERT, MARKUS, Prüfung des Lageberichts - Einschließlich Konzernlagebericht nach deutschem und internationalem Recht, 1. Aufl., Bielefeld 2000 (Prüfung des Lageberichts).

SELL, MICHAEL/GRUND, MARKUS, Die Vorschriften über die Rechnungslegung und Prüfung der Versicherungsunternehmen, in: Rechnungslegung und Prüfung der Versicherungsunternehmen, hrsg. v. IDW, 5., vollst. aktualisierte Aufl., Düsseldorf 2011, S. 1-43 (Rechnungslegung und Prüfung der Versicherungsunternehmen).

SPENCE, MICHAEL, Job Market Signaling, in: Quarterly Journal of Economics 1973, S. 355-374 (Signaling).

SPENCE, MICHAEL, Signaling, Screening, and Information, in: Studies in Labor Markets, hrsg. v. Rosen, Sherwin, Chicago 1981, S. 319-358 (Signaling, Screening and Information).

SPREMANN, KLAUS, Der Zielkonflikt als strategisches Dreieck, in: Versicherungen im Umbruch, hrsg. v. Spremann, Klaus, Berlin 2005, S. 3-16 (Zielkonflikt).

SPRENGER, REINHARD, Grundsätze gewissenhafter und getreuer Rechenschaft im Geschäftsbericht - Ein Beitrag zur Interpretation von §160 IV 1 AktG, Wiesbaden 1976 (Rechenschaftsgrundsätze).

STIGLITZ/JOSEPH E., The Theory of "Screening", Education, and the Distribution of Income, in: American Economic Review 1975, S. 283-300 (Theory of Screening).

STOBBE, THOMAS, Der Lagebericht, in: BB 1988, S. 303-311 (Lagebericht).

SURREY, INGE, Die Bilanzierung von Versicherungsgeschäften nach IFRS, Düsseldorf 2006 (Bilanzierung von Versicherungsgeschäften).

TELSCHOW, INGO, Integrierte Markt- und Risikosegmentierung zur erfolgsorientierten Steuerung von Versicherungsunternehmen, Karlsruhe 1997 (Steuerung von Versicherungsunternehmen).

TESCH, JÖRG/WIßMANN, RALF, Lageberichterstattung, 2., akt. Aufl., Weinheim 2009 (Lageberichterstattung).

TICHY, ERHARD, Der Inhalt des Lageberichts nach § 160 I AktG - Eine theoretische und empirische Untersuchung, Darmstadt 1979 (Inhalt des Lageberichts).

TIGGES, MICHAEL, Geschichte und Entwicklung der Versicherungsaufsicht, Karlsruhe 1985 (Entwicklung der Versicherungsaufsicht).

TREUBERG, HUBERT VON/ANGERMAYER, BIRGIT, Jahresabschluß von Versicherungsunternehmen - Handbuch zum Versicherungsbilanzrichtlinie-Gesetz und zur RechVersV, Stuttgart 1995 (Jahresabschluss von Versicherungsunternehmen).

UNSELD, MARTIN, Theoretische Überlegungen zur Erweiterung der Aussagefähigkeit des Lageberichts im Rahmen der Geschäftsberichterstattung, München 1976 (Geschäftsberichterstattung).

VANINI, UTE, Risikomanagement - Grundlagen, Instrumente, Unternehmenspraxis, 1. Aufl., Stuttgart 2012 (Risikomanagement).

VELTHUIS, ANGELA, Qualität als Aspekt des Versicherungsproduktes, Karlsruhe 2003 (Qualität als Aspekt des Versicherungsproduktes).

VIELMEYER, UWE, Risikoorientierte Unternehmenspublizität - Theorie und Empirie, Frankfurt a. M. 2004 (Risikoorientierte Unternehmenspublizität).

WAKKER, PETER/THALER, RICHARD/TVERSKY, AMOS, Probabilistic Insurance, in: Journal of Risk and Uncertainty 1997, S. 7-28 (Probabilistic Insurance).

WANDT, MANFRED, Solvency II: Wird die Aufsicht zum "Mitunternehmer"? - Juristische Implikationen finden in der Diskussion noch zu wenig Beachtung, in: VW 2007, S. 473-476 (Solvency II Aufsicht).

WANDT, MANFRED, Prinzipienbasiertes Recht und Verhältnismäßigkeitsgrundsatz im Rahmen von Solvency II, 1. Aufl., Karlsruhe 2012 (Prinzipienbasiertes Recht).

WANDT, MANFRED/GAL, JENS, Grenzbereiche der Befugnisse von EIOPA, in: Solvency II in der Rechtsanwendung 2013, hrsg. v. Wandt, Manfred/Dreher, Meinrad, 1. Aufl., Karlsruhe 2014, S. 147-179 (Befugnisse von EIOPA).

WANDT, MANFRED/SEHRBROCK, DAVID, Regelungsziele der Solvency II-Rahmenrichtlinie, in: ZVersWiss 2011, S. 193-206 (Regelungsziele der Solvency II-Rahmenrichtlinie).

WEBER-REY, DANIELA/HORAK, TIM, Europäischer Finanzsektor und Gesetzgebungsverfahren - Ein Zwischenbericht am Beispiel des Versicherungssektors, in: WM 2013, S. 721-726 (Europäischer Finanzsektor und Gesetzgebungsverfahren).

WEHLING, AXEL/WINTER, MARGARITA, Ein transparenter Markt könnte das Vertrauen in die Assekuranz stärken - Positionen der deutschen Versicherungswirtschaft zum Entwurf der Solvency II-Rahmenrichtlinie, in: VW 2007, S. 1386-1390 (Vertrauen in die Assekuranz).

WEIßENBERGER, BARBARA/SIEBER, TOM/KRAFT, JENS-CHRISTIAN, Strategieberichterstattung deutscher Aktiengesellschaften im Lagebericht nach HGB: Eine Bestandsaufnahme, in: KoR 2011, S. 254-263 (Strategieberichterstattung).

WIESEMANN, HANS-OLAF, Solvency II - Einführung in die neuen Eigenmittelregeln für Versicherungen, in: WiSt 2011, S. 338-344 (Eigenmittelregeln).

WITHUS, KARL-HEINZ, Neue Anforderungen nach BilMoG zur Beschreibung der wesentlichen Merkmale des Internen Kontroll- und Risikomanagementsystems im Lagebericht kapitalmarktorientierter Unternehmen, in: KoR 2009, S. 440-451 (Beschreibung des IKS und RMS).

WITHUS, KARL-HEINZ, Überwachung der Wirksamkeit von Internen Kontroll- und Risikomanagementsystemen - Effizienzgewinne durch "Ongoing monitoring", in: ZIR 2009, S. 262-268 (Wirksamkeit von IKS und RMS).

WITHUS, KARL-HEINZ, Prognose-, Chancen- und Risikobericht, in: Handbuch Lagebericht, hrsg. v. Müller, Stefan/Stute, Andreas/Withus, Karl-Heinz, Berlin 2013, S. 190-241 (Risikobericht).

WITHUS, KARL-HEINZ, Internes Kontrollsystem und Risikomanagementsystem bezogen auf den Rechnungslegungsprozess, in: Handbuch Lagebericht, hrsg. v. Müller, Stefan/Stute, Andreas/Withus, Karl-Heinz, Berlin 2013 (Internes Kontrollsystem).

WOLLE, BJÖRN, Risikomanagementsysteme in Versicherungsunternehmen - Von regulatorischen Vorgaben zum nachhaltigen Risikomanagement, Wiesbaden 2014 (Risikomanagement in Versicherungsunternehmen).

ZIMMERMANN, CHRISTOPH/BACH, CARSTEN/RAUB, JÜRGEN, Von der Pflicht zur Kür im Risikomanagement (I) - Vorbereitung auf Solvency II, in: VW 2004, S. 220-224 (Risikomanagement).

ZIMMERMANN, CHRISTOPH/BACH, CARSTEN/RAUB, JÜRGEN, Von der Pflicht zur Kür im Risikomanagement (II) - Vorbereitung auf Solvency II, in: VW 2004, S. 299-303 (Risikomanagement).